いちばんやさしい

ワード&エクセル&パワーポイント

Office 2024／Microsoft 365 対応

超入門

SB Creativ

本書に関するお問い合わせ

この度は小社書籍をご購入いただき誠にありがとうございます。小社では本書の内容に関するご質問を受け付けております。本書を読み進めていただきます中でご不明な箇所がございましたらお問い合わせください。なお、ご質問の前に小社Webサイトで「正誤表」をご確認ください。最新の正誤情報を下記Webページに掲載しております。

本書サポートページ https://isbn2.sbcr.jp/31079/

上記ページの「サポート情報」をクリックし、「正誤情報」のリンクからご確認ください。
なお、正誤情報がない場合は、リンクは用意されていません。

ご質問送付先

ご質問については下記のいずれかの方法をご利用ください。

Webページより

上記サポートページ内にある「お問い合わせ」をクリックしていただき、メールフォームの要綱に従ってご質問をご記入の上、送信してください。

郵送

郵送の場合は下記までお願いいたします。

〒105-0001
東京都港区虎ノ門2-2-1
SBクリエイティブ 読者サポート係

はじめに

ワード、エクセル、パワーポイントは仕事において必須のアプリケーションです。ワードで社内閲覧資料や案内状を作成し、エクセルで経理作業や売上計算を行い、パワーポイントでプレゼンテーション用のスライドを作成するなど、これらのアプリケーションを使わない会社はないと言えるほど普及しています。

本書は、

「仕事で必要だけど、使い方がよくわからない……」

といったワード、エクセル、パワーポイントの超初心者に向けた1冊です。本書を読めば、自信を持ってワード、エクセル、パワーポイントの基本操作が行えるようになります。紙面はすっきり理解できるよう読みやすいデザインを採用し、操作の解説は重要な部分のみを簡潔に伝えるようにしました。文字の入力方法から、文書や表計算、スライドの作成、編集、保存、プリンターでの印刷まで、一通り行えるようになります。各ステップを一つずつ学習してもよいですし、わからないところだけを読むのもよいでしょう。付録の練習用ファイルも存分に使ってください。

読者のみなさまがワード、エクセル、パワーポイントを快適に使えるようになれば幸いです。

2025年5月
大石 賢治

本書の使い方

本書は、これからワード＆エクセル＆パワーポイントをはじめる方の入門書です。78のレッスンを順番に行っていくことで、ワード＆エクセル＆パワーポイントの基本がしっかり身につくように構成されています。

紙面の見方

レッスン
本書はワードとエクセルとパワーポイントそれぞれ4～5章で構成されています。レッスンは1章から通し番号が振られています。

ここでの操作
レッスンで使用する操作を示しています。

アドバイス
操作の補足説明を掲載しています。

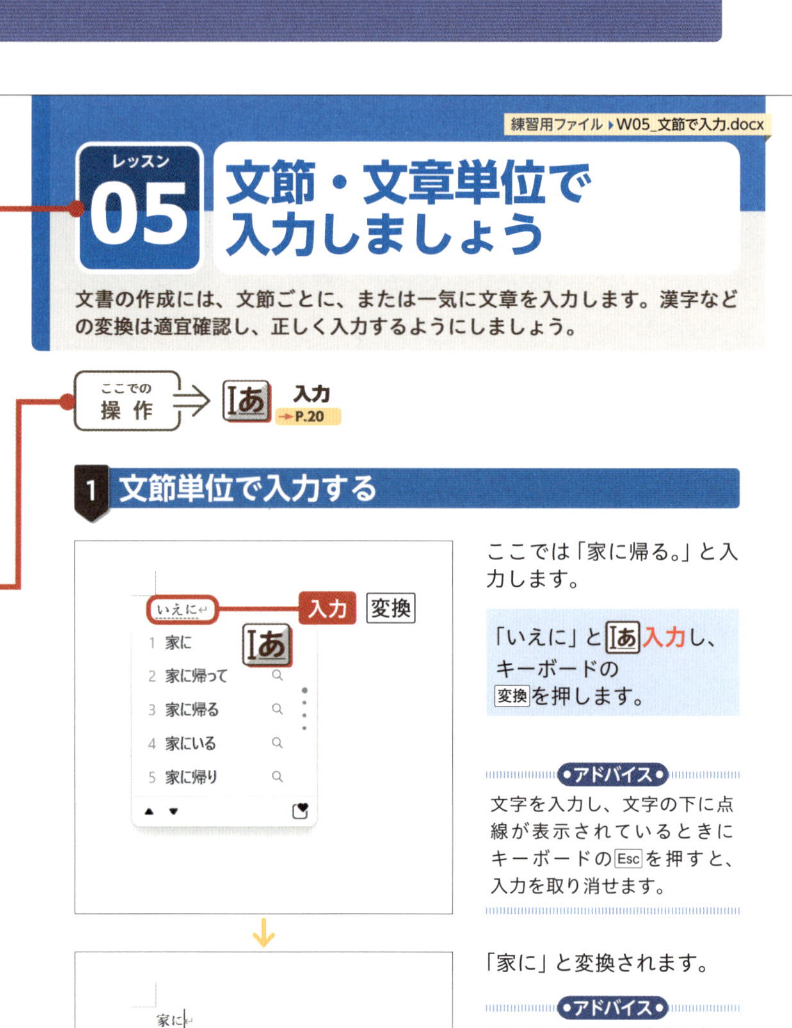

読みやすい！

書籍全体にわたって、読みやすい、太く、大きな文字を使っています。

安心！

一つひとつの手順を全部掲載。初心者がつまずきがちな落とし穴も丁寧にフォローしています。

役立つ！

多くの人がやりたいことを徹底的に研究し、仕事に役立つ内容に仕上げています。

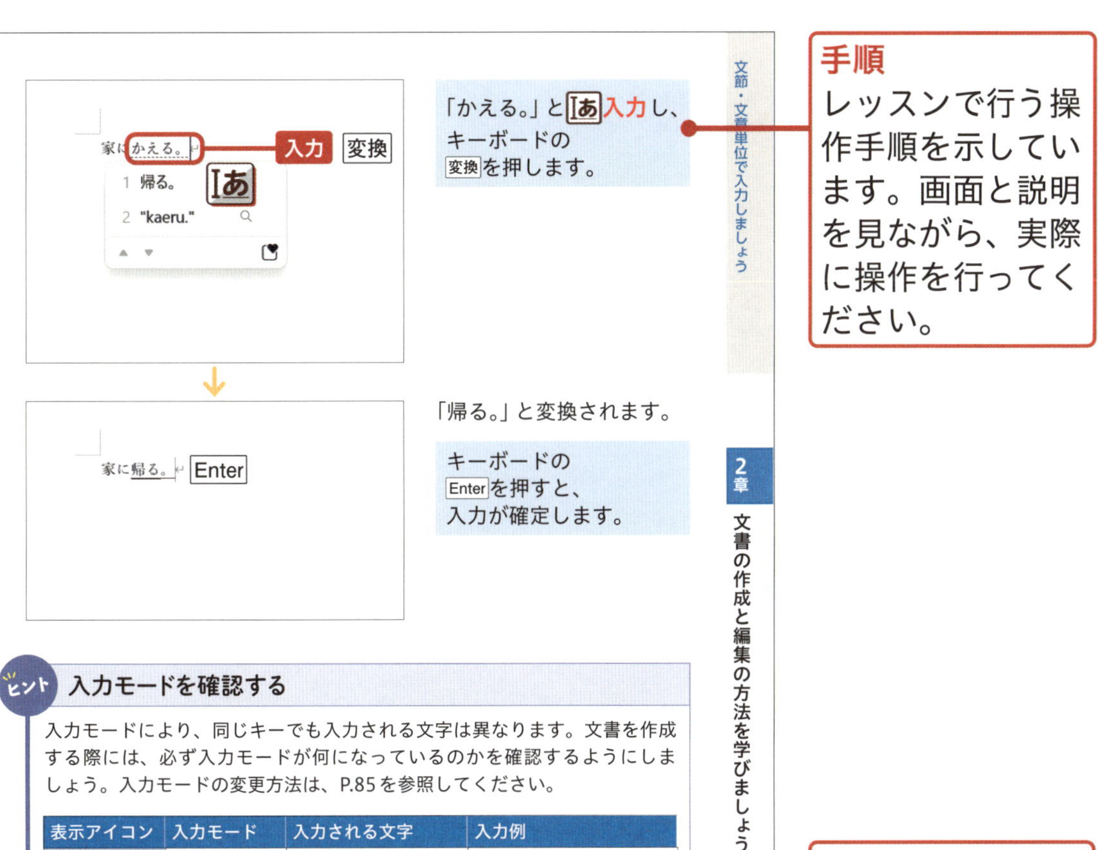

手順
レッスンで行う操作手順を示しています。画面と説明を見ながら、実際に操作を行ってください。

ヒント　入力モードを確認する

入力モードにより、同じキーでも入力される文字は異なります。文書を作成する際には、必ず入力モードが何になっているのかを確認するようにしましょう。入力モードの変更方法は、P.85を参照してください。

表示アイコン	入力モード	入力される文字	入力例
あ	ひらがな	ひらがな、漢字	さくら、紫陽花
カ	全角カタカナ	全角カタカナ	チューリップ
ｶ	半角カタカナ	半角カタカナ	ﾁｭｰﾘｯﾌﾟ
A	全角英数字	全角アルファベット、数字、記号	Ｆｌｏｗｅｒ、１２３、！
A	半角英数字	半角アルファベット、数字、記号	Flower、123、!

次のページへ　91

ヒント
レッスンに関連する、役立つ情報を掲載しています。

練習用ファイルの使い方

学習を進める前に、本書の各レッスンで使用する練習用ファイルをダウンロードしてください。以下のWeb ページからダウンロードできます。

練習用ファイルのダウンロード

https://www.sbcr.jp/support/4815631079/

ここでは、Microsoft Edgeを使ったダウンロード方法を紹介します。

❶上記のURLを入力してWebページを開いて、「WordExcelPowerPointTraining.zip」を**クリック**してダウンロードします。

※Microsoft Edgeのバージョンによっては「保存」をクリックしてダウンロードを行ってください。

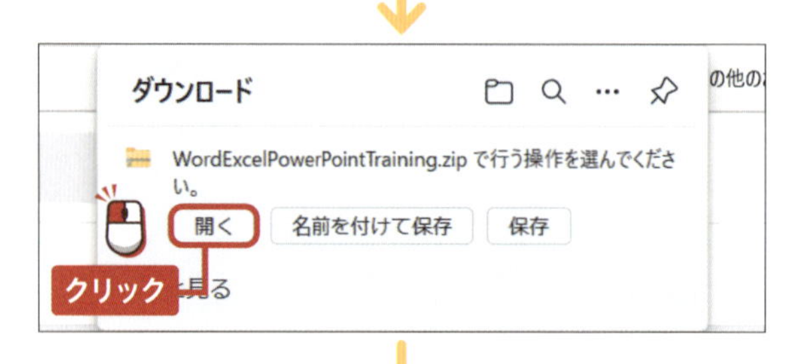

❷「開く」を**クリック**します。

※Microsoft Edgeのバージョンによっては「フォルダーを開く」をクリックして、「ダウンロード」フォルダーで「WordExcelPowerPointTraining.zip」をダブルクリックして開いてください。

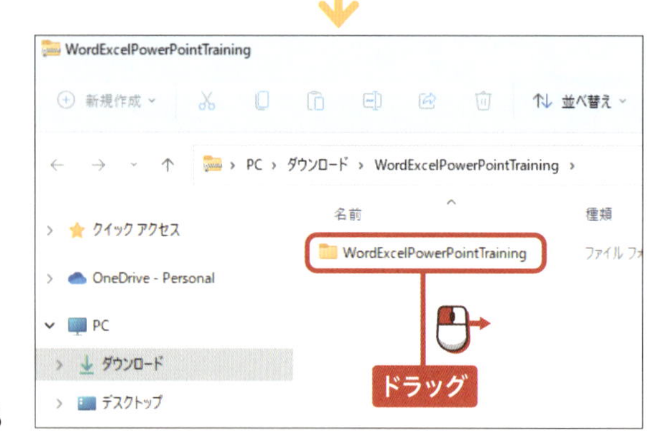

❸ZIPファイルの内容が表示されたら、「WordExcelPowerPointTraining」フォルダーをデスクトップなどの好きな場所に、**ドラッグ**してコピーしてください。

以降はコピーしたファイルをワードやエクセル、パワーポイントで開いて使用します。

練習用ファイルの内容

練習用ファイルの内容は下図のようになっています。ファイルの先頭のアルファベットがアプリの種類を、続く数字がレッスン番号を表します。なお、レッスンによっては練習用ファイルがない場合もあります。

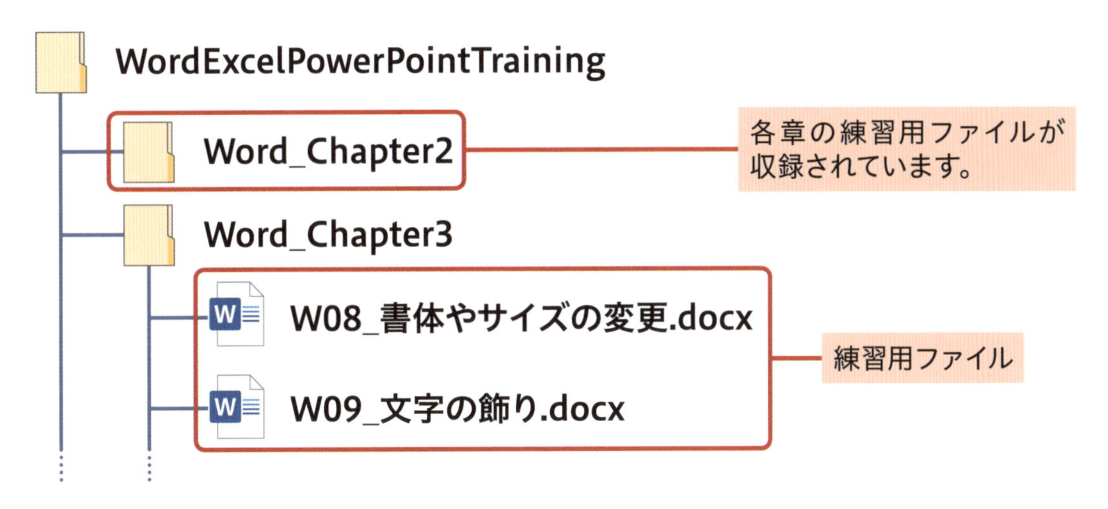

使用時の注意点

練習用ファイルを開こうとすると、画面の上部に警告が表示されます。これはインターネットからダウンロードしたファイルには危険なプログラムが含まれている可能性があるためです。本書の練習用ファイルは問題ありませんので、「編集を有効にする」をクリックして、各レッスンの操作を行ってください。

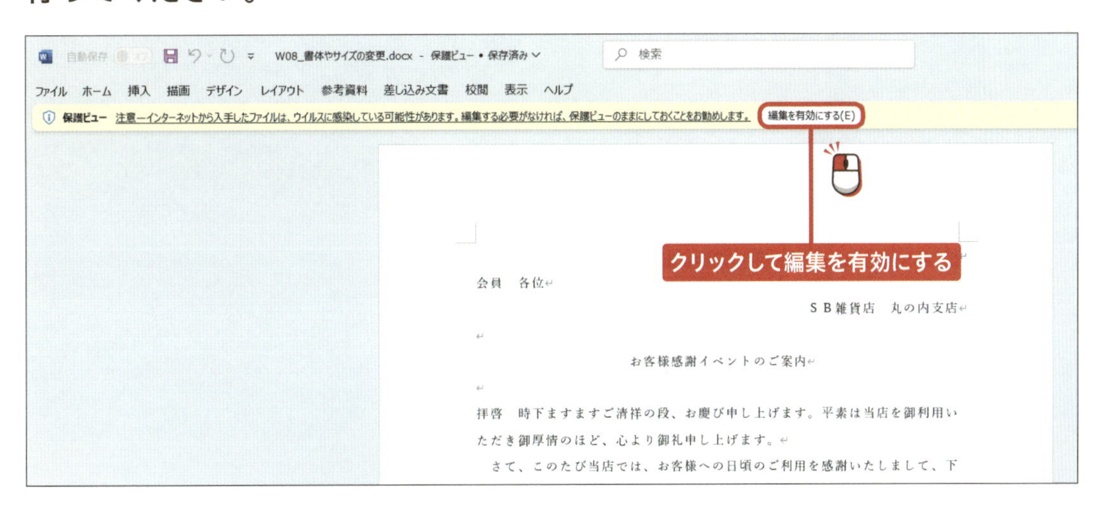

目次

共通操作　ワード編

1章 ワードの基本を学びましょう

目次

2章 文書の作成と編集の方法を学びましょう

3章 文書のデザインを行いましょう

4章 文書に表や写真を挿入しましょう

1章 エクセルの基本を学びましょう

目次

2章 データの入力と編集の方法を学びましょう

3章 表の作り方を学びましょう

4章 エクセルで計算を行いましょう

目次

5章 グラフの作り方を学びましょう

1章 パワーポイントの基本を学びましょう

2章 文字の入力と編集の方法を学びましょう

3章 図形や画像を配置しましょう

パワーポイント編

4章 スライドショーを開始しましょう

学習の準備 1

マウス操作の基本を覚えましょう

ワード＆エクセル＆パワーポイントの操作では、マウスを使用する場面が多くあります。ここで、マウス操作の基本を身につけましょう。

1 クリック

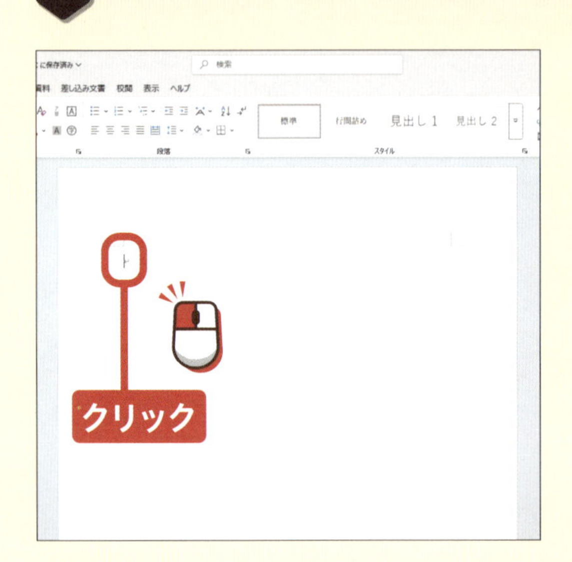

マウスの左側のボタンを「カチ」と押す操作です。メニューやボタンによる操作の際や、ワードで文書内にマウスカーソルを置くとき、エクセルでセルを選択するとき、パワーポイントでスライドやオブジェクトを選択するときなどに使用します。マウス操作の中で、一番使う機会が多い操作です。

2 ダブルクリック

マウスの左側のボタンを「カチカチ」と素早く2回続けてクリックする操作です。デスクトップ画面のアイコンからワードやエクセルやパワーポイントを起動するときや、エクセルのセルに入力されたデータを編集するときなどに使用します。

3 ドラッグ（&ドロップ）

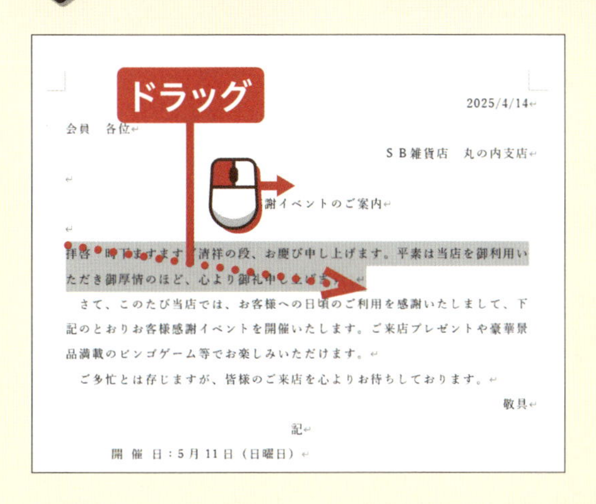

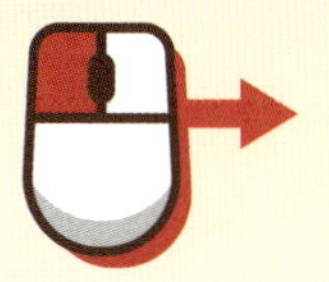

マウスの左側のボタンを押したまま、マウスを移動させる操作です。移動させた先で指を離す操作を「ドロップ」といいます。ワードで文字を選択するときや、エクセルで複数のセルを選択するとき、パワーポイントで図形を配置するときなどに使用します。

4 右クリック

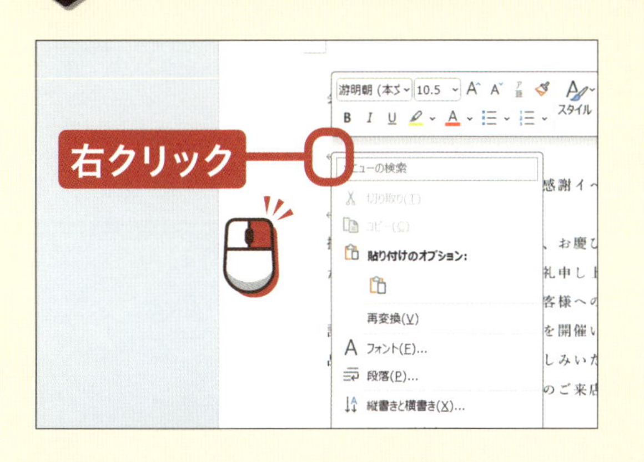

マウスの右側のボタンを「カチ」と押す操作です。ワードの編集領域内やエクセルのワークシート、パワーポイントのスライド上で行うと、操作メニューが表示されます。

5 ホイール

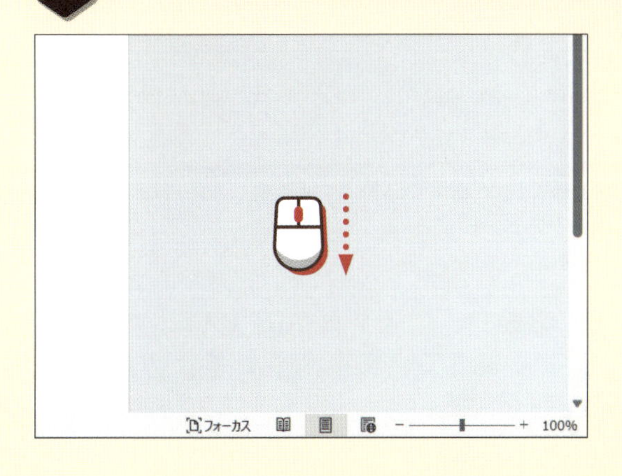

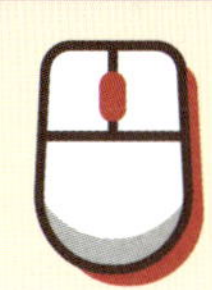

マウス中央にある回転する部分を「ホイール」といいます。これを上下に回転することで、画面を上下にスクロールすることができます。また、キーボードのCtrlと組み合わせて画面の拡大・縮小をすることもできます。

学習の準備 2

キーボード操作の基本を覚えましょう

ワード＆エクセル＆パワーポイントでは、文字や数値などをキーボードから入力してデータを作成します。キーボード操作の基本を身につけましょう。

1 キーボードの基本

ここではキーボードの基礎について解説します。なお、入力についてはワード編とエクセル編とパワーポイント編それぞれの2章でも詳しく解説をしています。

デスクトップパソコンのキーボード

通常のキーボードの配列です。アルファベットとひらがなの記入されているキーで日本語を、数字の記入されているキーで数値を入力します。また、数値は右側にある電卓のようなキーでも入力することができます。

ノートパソコンのキーボード

ノートパソコンのキーボードの配列です。多くの場合、デスクトップパソコンのキーボードとは違い、右側の電卓のようなキーがなくなっています。最上部のファンクションキーの幅が隙間なく配列されているのも特徴です。

2 数値の入力

数値の入力は、数字が記入されているキーを押して行います。

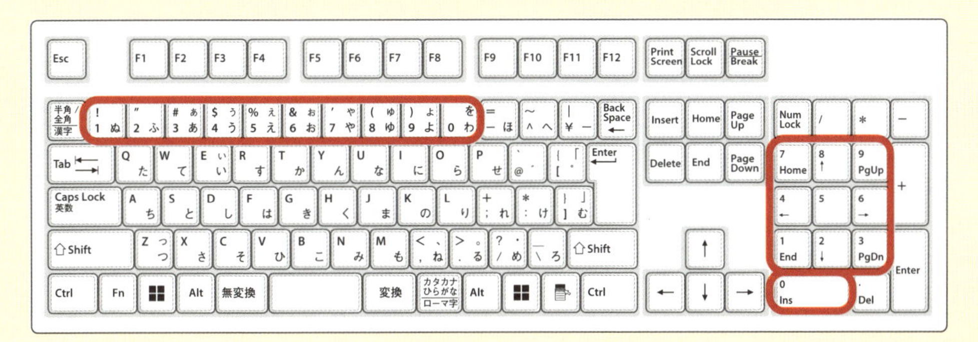

たとえば、1のキーを押すと、パソコン上で数字の「1」が入力されます。

3 アルファベットの入力

アルファベットの入力は、アルファベットが記入されているキーを押して行います。

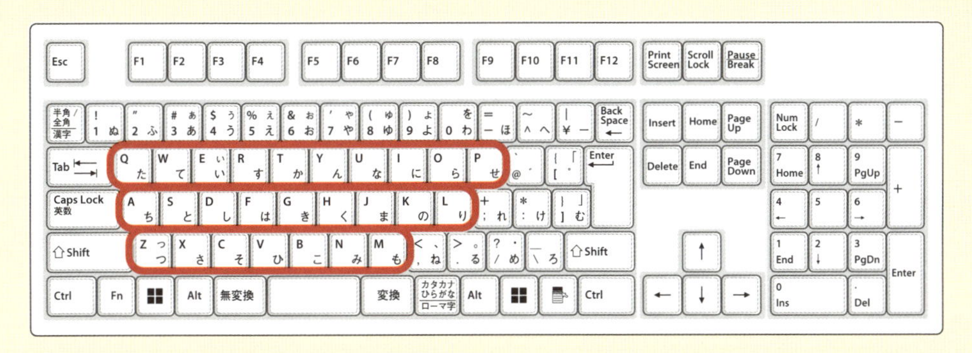

たとえば、Tのキーを押すと、パソコン上でアルファベットの「t」が入力されます（初期設定では小文字が入力されます）。

4 日本語の入力

日本語の入力は、アルファベットが記入されているキーを押して行います（ローマ字で入力の場合）。なお、「ひらがな」を使った入力についてはP.78を参照してください。

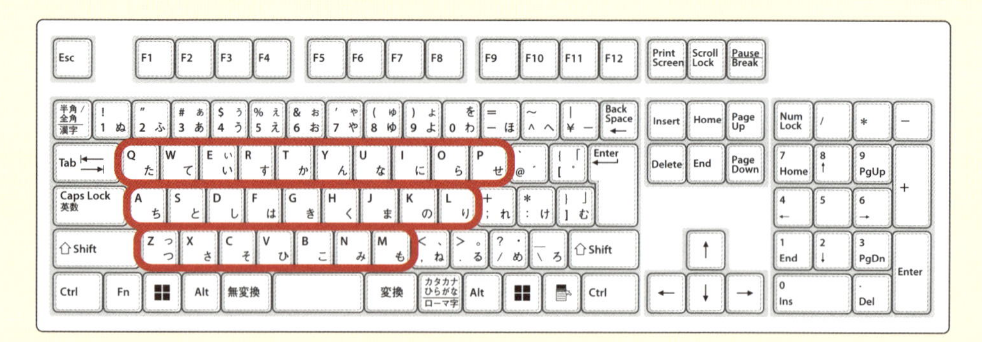

たとえば、Kのキーに続けてAのキーを押すと、パソコン上でひらがなの「か」が入力されます。

ローマ字の母音

A	I	U	E	O
あ	い	う	え	お

ローマ字の子音

K	S	T	N	H
か行	さ行	た行	な行	は行

M	Y	R	W
ま行	や行	ら行	わ行

また小さい「ゃ」「ゅ」「ょ」を入力したい場合は、まず子音のキーを入力してから「Y」を入力し、その後に母音を入力します。たとえば、Tのキーに続けてYのキーを押し、その後にAのキーを押すと、「ちゃ」が入力されます。

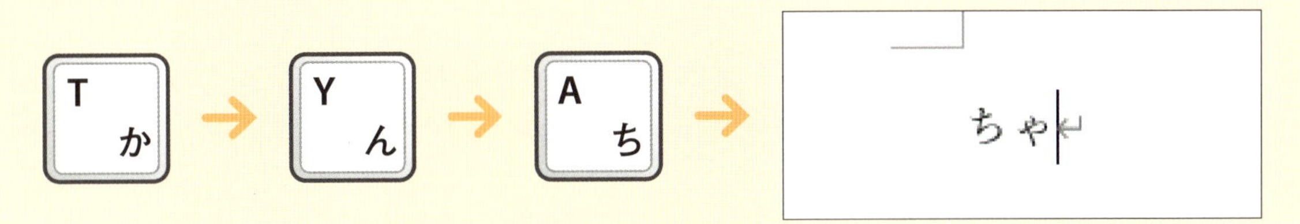

さらに小さい「っ」を入力したい場合は、子音のキーを2回入力してからその後に母音を入力します。たとえば、Sのキーを2回押してIのキーを押すと、「っし」が入力されます。

入力した日本語を漢字に変換したい場合は、変換またはSpaceを押しましょう。変換候補が表示されます（P.80を参照）。入力を確定したい場合はEnterを押しましょう。

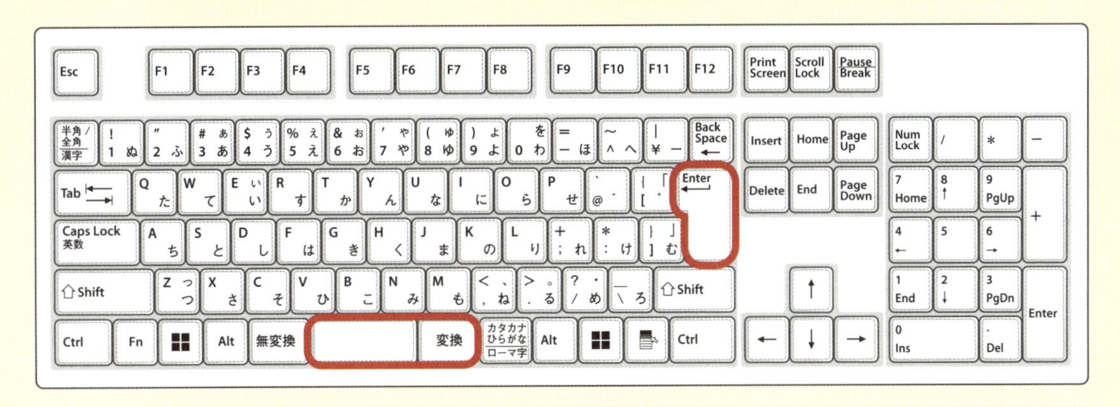

入力モードの切り替えやローマ字入力とかな入力の切り替え、全角と半角の切り替えについては、ワード編の2章で詳しく解説をしています。

学習の準備 3

ワード＆エクセル＆パワーポイントの種類と導入

ワード＆エクセル＆パワーポイントを導入するには、永続ライセンス版のOfficeを購入するか、サブスクリプションに契約する必要があります。

1 永続ライセンス版（Office 2024）

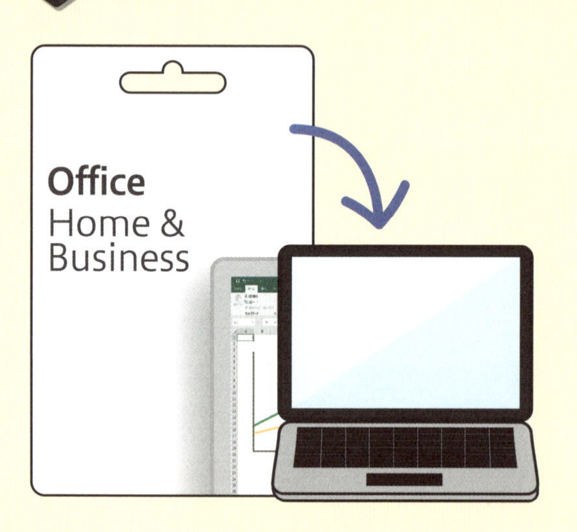

家電量販店やインターネットの通販サイトで購入ができる永続ライセンス版からは、「ワード2024」「エクセル2024」「パワーポイント2024」をインストールすることができます（本書ではこの2024版で解説しています）。永続ライセンス版は一度買えば永久に使い続けることができます。
購入後は永続ライセンス版に記載されている方法でパソコンにインストールしてから、ライセンス認証を行います。

2 サブスクリプション版（Microsoft 365）

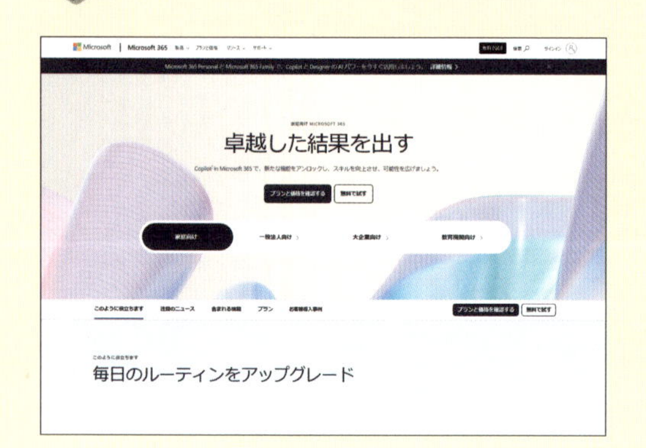

Microsoftの公式ホームページから契約することのできるサブスクリプション版からは、「Microsoft 365」をインストールすることができます（この中にワードやエクセル、パワーポイントが含まれています）。サブスクリプションとは、月額もしくは年額を支払うことで、そのアプリやサービスを利用できる定額制のサービスです。契約を解除するとそのアプリやサービスを使うことができなくなります。
契約後は画面の指示に従ってパソコンにMicrosoft 365をインストールします。

3 Microsoftアカウントにサインインする

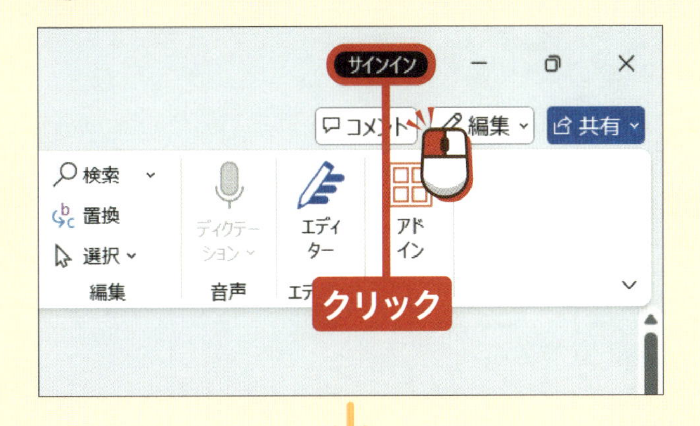

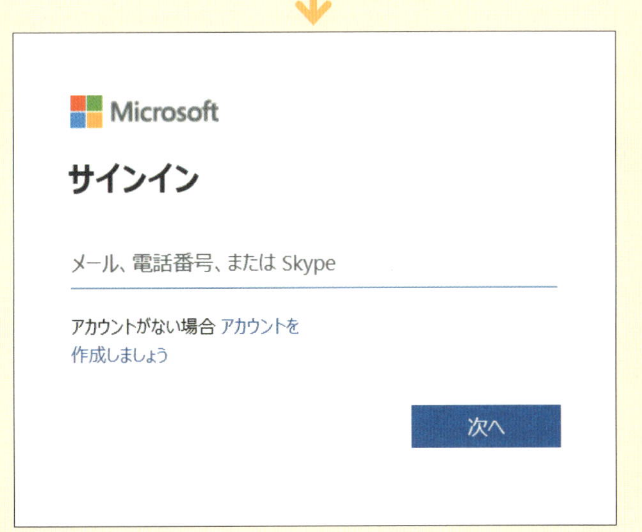

ワードやエクセル、パワーポイントなどの永続ライセンス版（Office 2024）は、Microsoftアカウントにサインインしなくても利用できます。しかし、サインインすることで、ストレージサービス「OneDrive」にファイルが簡単に保存できるなどのメリットがあります。サインインは、ワードの文書作成画面、エクセルの表計算画面、パワーポイントのスライド作成画面ともに、右上にある「サインイン」をクリックして行います。

ヒント ファイルをOneDriveに保存する

OneDriveとは、Microsoftが提供するクラウドストレージサービスです。Microsoftアカウントがあれば無料で利用できます。OneDrive（クラウド）上にファイルを保存しておけば、そのファイルを複数人で共有できたり、いろいろなデバイスでファイルを開いて閲覧、編集を行ったりすることができるようになります。

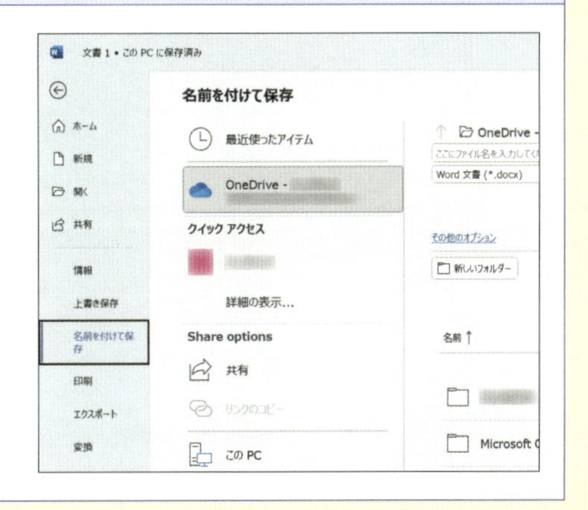

起動と終了の方法を覚えましょう

まずは起動と終了の方法を覚えましょう。ここでは、ワードを例に解説しますが、エクセルやパワーポイントも同様の手順で行えます。

 クリック →P.18

 入力 →P.20

1 スタート画面から起動する

パソコンを起動してデスクトップ画面を表示します。

デスクトップ画面の下側にある を クリックします。

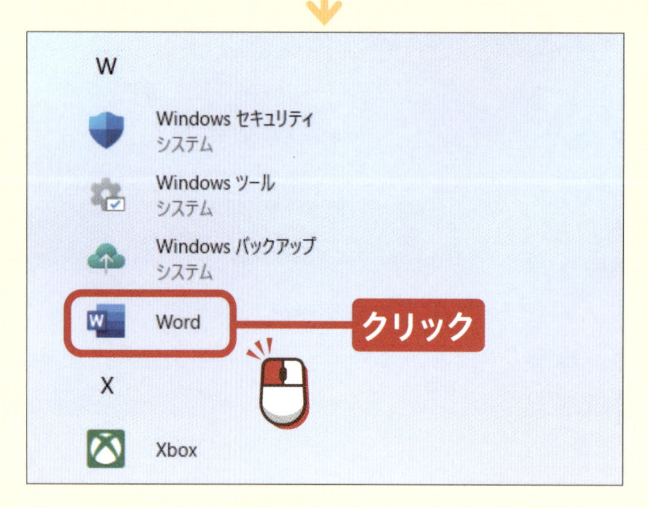

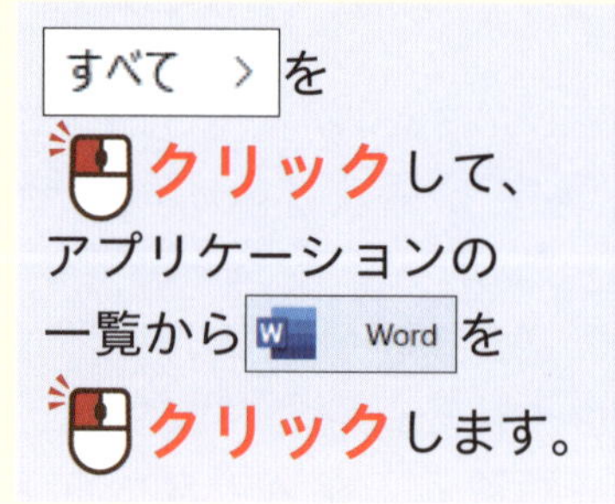

すべて ＞ を クリックして、アプリケーションの一覧から Word を クリックします。

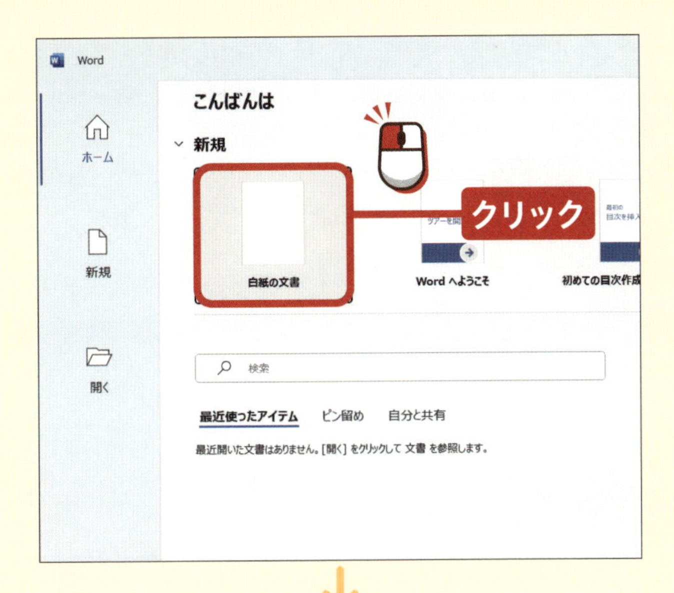

ワードが起動して、ホーム画面が表示されます。

●アドバイス●

エクセルは「空白のブック」、パワーポイントは「新しいプレゼンテーション」をクリックします。

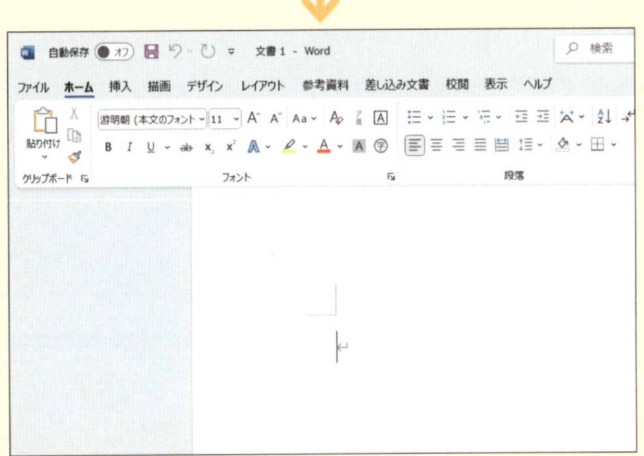

文書作成画面が表示されます。

ヒント Microsoftアカウントの作成方法

Microsoftアカウントは、インターネットブラウザーでMicrosoftのWebサイト「https://account.microsoft.com/account」にアクセスし、「アカウントを作成」をクリックして作成することができます。アカウントはメールアドレスがなくても無料で作成することができます。

2 パソコン内を検索して起動する

パソコンを起動してデスクトップ画面を表示します。

デスクトップ画面の下側にある 検索 をクリックします。

入力欄に「ワード」と入力します。

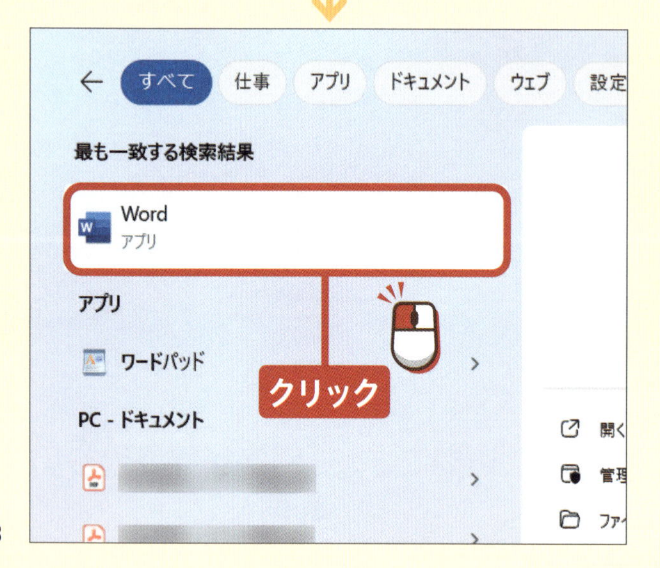

検索された一覧から Word アプリ をクリックします。

ワードが起動してホーム画面が表示されるので、白紙の文書 を選択します。

●アドバイス●

文字の入力はP.22を参照してください。

3 ワードを終了する

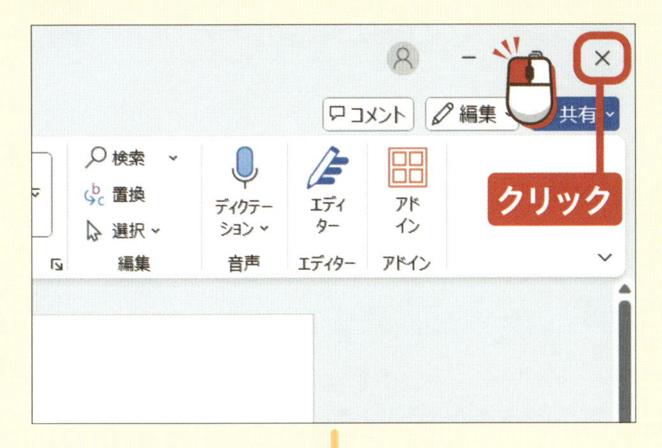

ワードの画面右上にある✕を クリックします。

●アドバイス●

✕にマウスポインターを重ね合わせると、色が✕に変わりますが、問題ありません。

ワードが終了します。

ヒント 「変更を保存しますか?」と表示された場合

終了する際に、「このファイルの変更内容を保存しますか?」と表示される場合があります。
これは、文書作成画面や表計算画面、スライド作成画面に何か入力や変更、編集などを行った際に、保存せずに終了しようとすると表示されます。
表示された場合は、「保存」または「保存しない」のどちらかを選択しましょう。

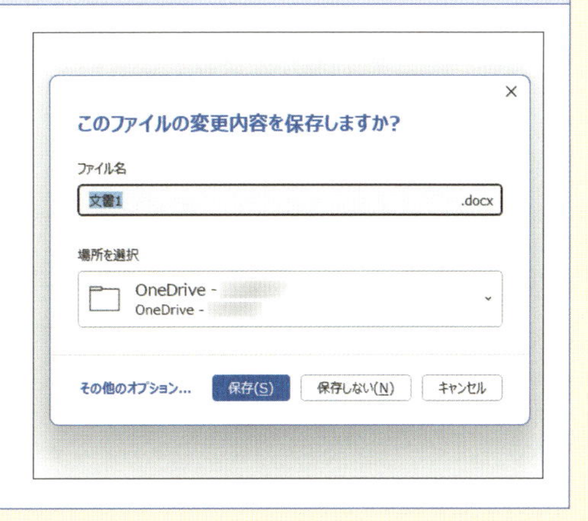

ご購入・ご利用の前に必ずお読みください

- 本書では、2025年4月現在の情報に基づき、ワード＆エクセル＆パワーポイントについての解説を行っています。
- 画面および操作手順の説明には、以下の環境を利用しています。ワード＆エクセル＆パワーポイントのバージョンによっては異なる部分があります。あらかじめご了承ください。
  ・ワード＆エクセル＆パワーポイント：Office 2024
  ・パソコン：Windows 11
- 本書の発行後、ワード＆エクセル＆パワーポイントがアップデートされた際に、一部の機能や画面、操作手順が変更になる可能性があります。あらかじめご了承ください。

共通操作

1章

共通する操作を学びましょう

レッスンをはじめる前に

ファイルを新規で作成しましょう

Officeソフトでデータを作成するために、まずは最初にファイルを新規で作成しましょう。新規で作成したファイルは何も入力がされていない、白紙の状態で表示されます。ここから自分の入力したい文字を入力し、データを作成していきます。
データを入力して作成したファイルは保存をしておかないと、次にファイルを開いたときにもう一度データを入力し直さないといけません。データを保存しておけば、入力が途中になってしまっても続きから再開することができたり、保存したファイルをほかの人に渡して確認してもらったりすることができます。
保存する際は、自分がわかるように名前を付けて保存しましょう。ほかの人に渡すデータには、相手にもわかるような名前を付けるとよいでしょう。編集を更新する「上書き保存」もできます。

Officeソフトを起動したら「新規」をクリックして、白紙のファイルを作成します。

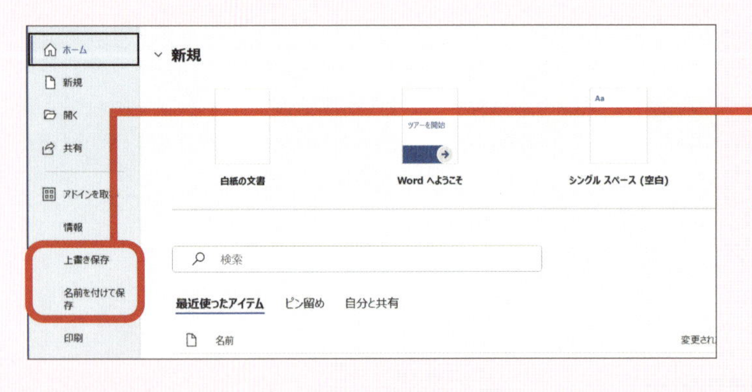

作成した文書ファイルは、「上書き保存」または「名前を付けて保存」をクリックして保存します。

作成したデータは印刷できます

Officeソフトで作成したデータは、プリンターを利用して紙に印刷することができます。報告書をはじめ、見積書や納品書のような帳票、会議で配布する資料や議事録など、さまざまなデータを印刷して仕事で利用することができます。

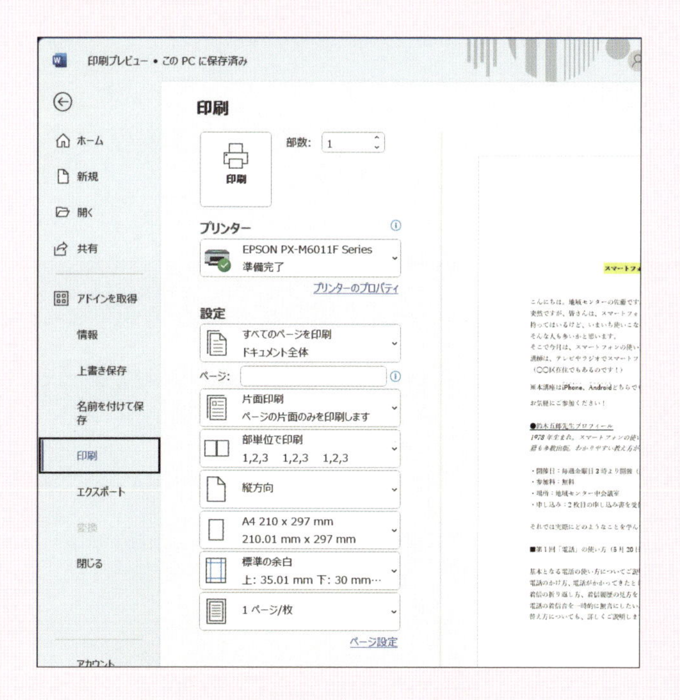

プリンターで紙に印刷することで、内容を共有したい人に配布して、読んでもらうことができます。

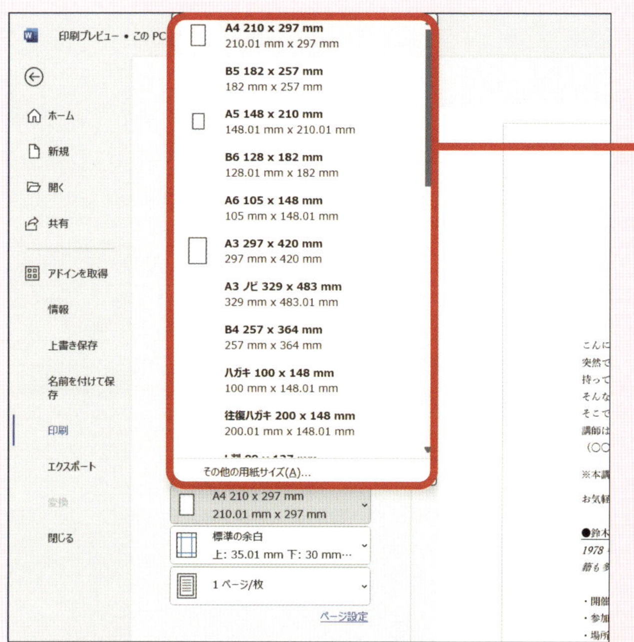

印刷する用紙のサイズを設定できます。作成したデータが実際に印刷する用紙サイズと異なる場合、用紙サイズに合わせて拡大・縮小して印刷することも可能です。

レッスン 01

ファイルを新規作成しましょう

Officeソフトでデータを作成する前に、まずは新規でファイルを作成しましょう。今回は何も入力されていない状態のファイルを作成します。

 クリック →P.18
 入力 →P.20
 ダブルクリック →P.18

1 白紙のファイルから作成する

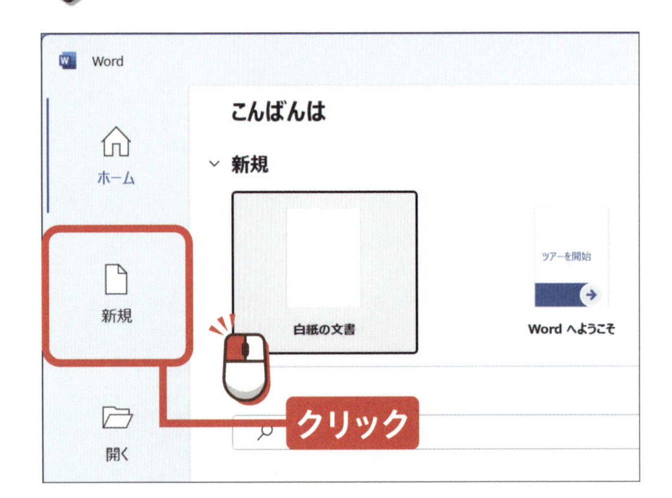

P.26を参考にOfficeソフトを起動します。

を

クリックします。

ヒント すでにファイルを開いている場合

すでにファイルを開いている場合は、「ファイル」タブをクリックするとホーム画面が表示されます。

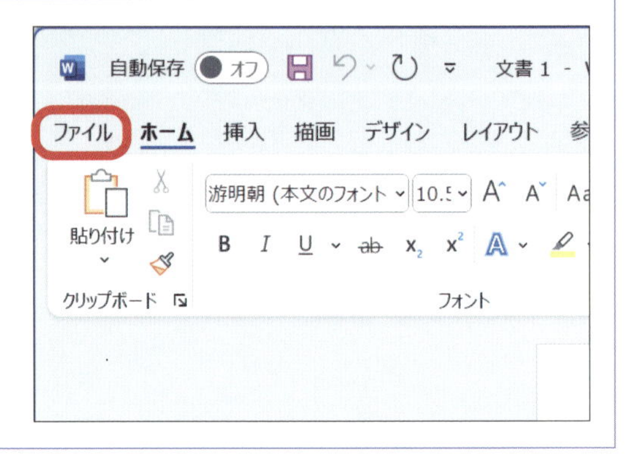

●アドバイス●

エクセルでは「空白のブック」、パワーポイントでは「新しいプレゼンテーション」をクリックしましょう。

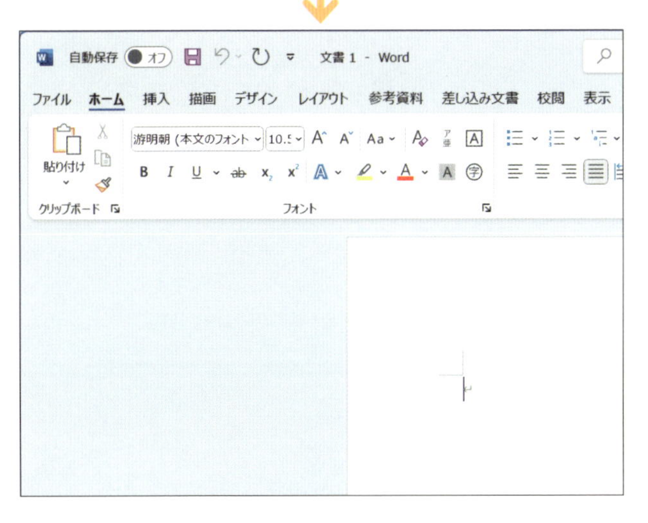

新規でファイルが作成され、作成画面が表示されます。

ヒント ショートカットキーで白紙のファイルを新規作成する

ファイルを開いている状態で、キーボードのCtrlとNを同時に押すと、新規の白紙の作成画面が表示されます。

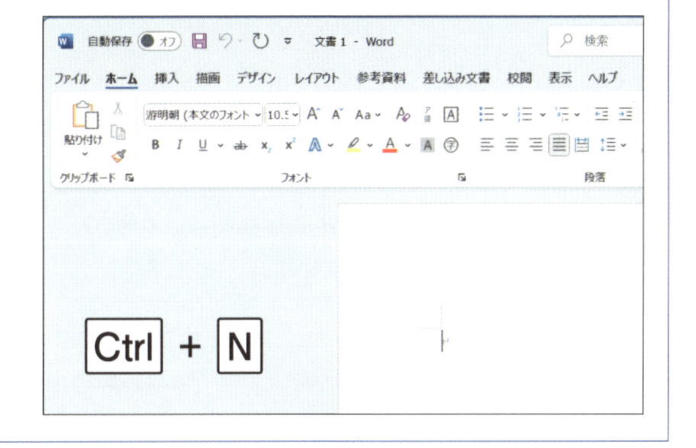

次のページへ

2 テンプレートからファイルを作成する

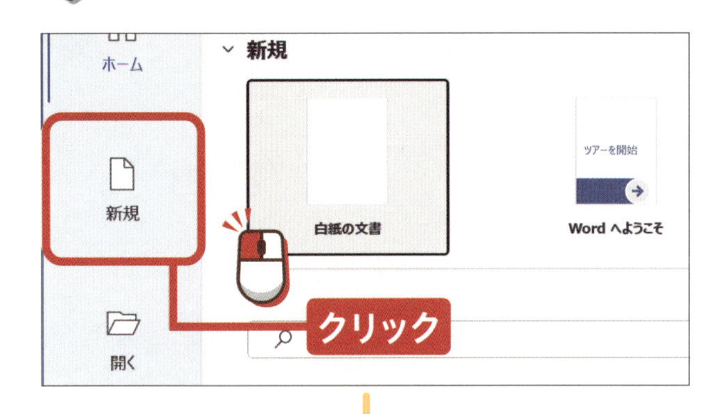

Officeソフトを起動します。

をクリックします。

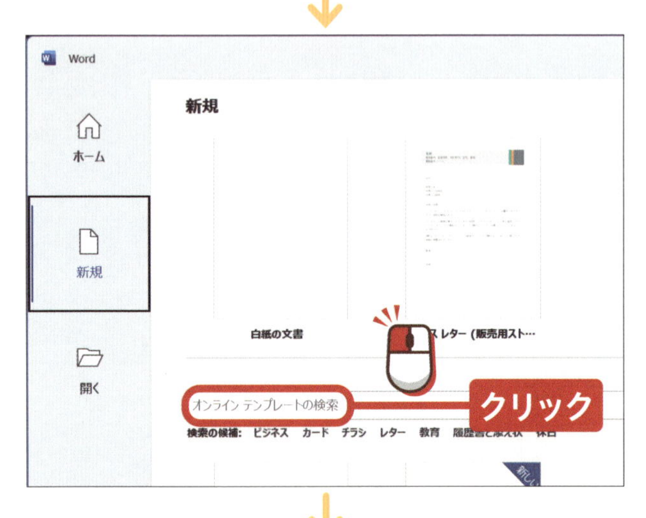

オンライン テンプレートの検索 をクリックします。

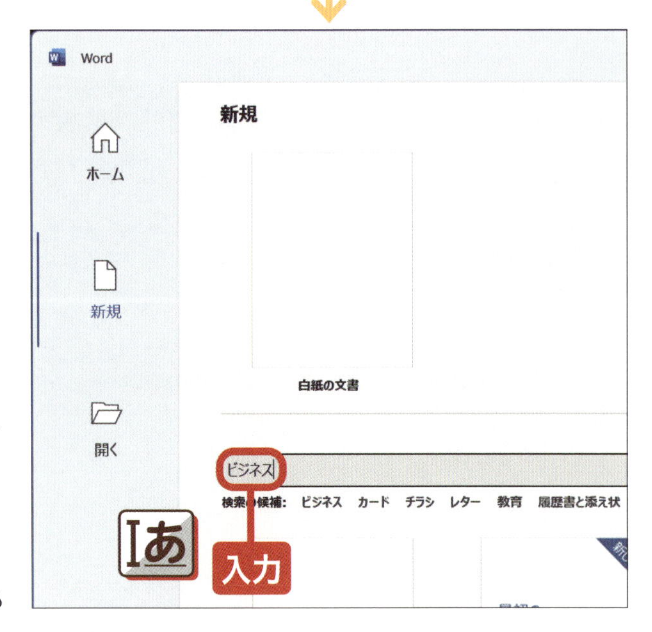

作成するファイルの内容に関するキーワード（今回は「ビジネス」）を入力します。

入力後にキーボードのEnterを押します。文字入力の方法は、P.20、P.78を参照してください。

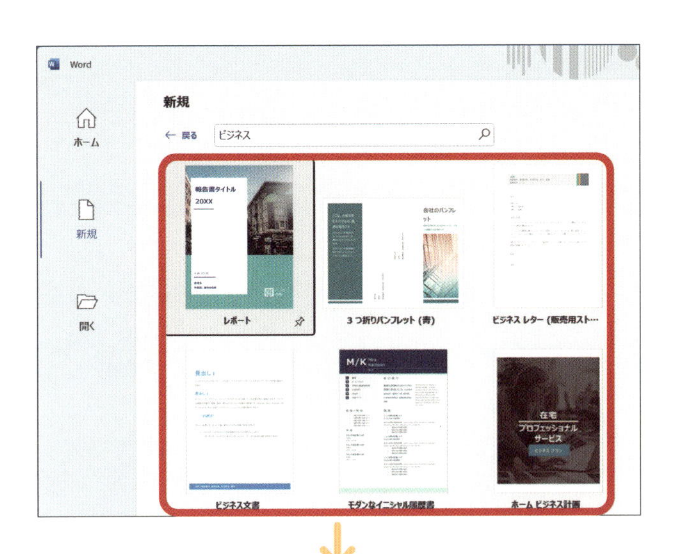

入力したキーワードに関連するテンプレートが表示されます。

利用したいテンプレートをクリックします。

ダブルクリックすると、下の画面を省略してテンプレートの作成画面が開きます。

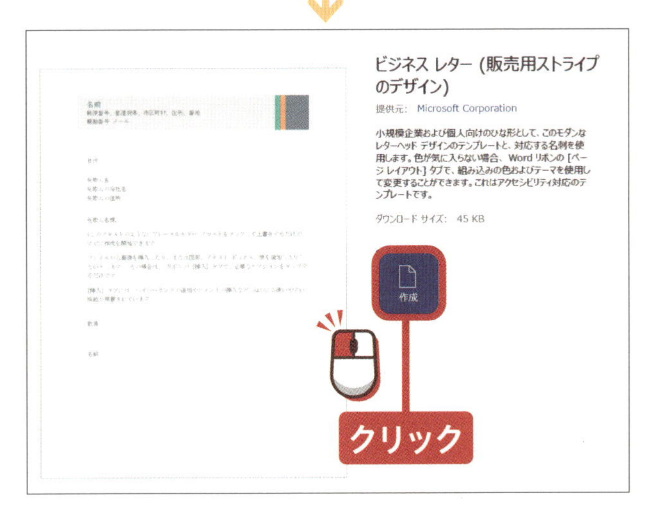

作成 をクリックします。

テンプレートがダウンロードされ、作成画面が表示されます。

終わり

レッスン 02 ファイルを保存しましょう

データを作成したら、忘れずに保存を行いましょう。保存しないと、作成したデータが消去されてしまいます。

クリック →P.18

入力 →P.20

1 ファイルに名前を付けて保存する

ファイル を

クリックします。

名前を付けて保存 を

クリックします。

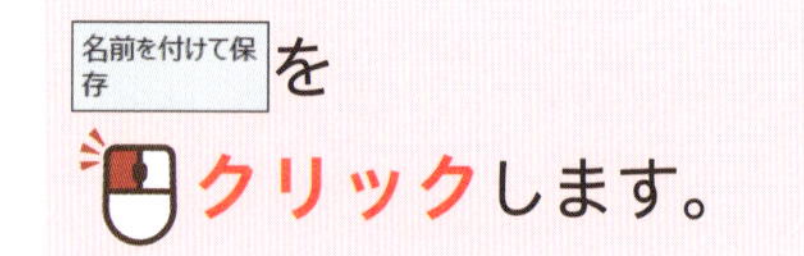

アドバイス

キーボードの Ctrl + W を押すことでも、ファイルを保存してファイルを閉じることができます。

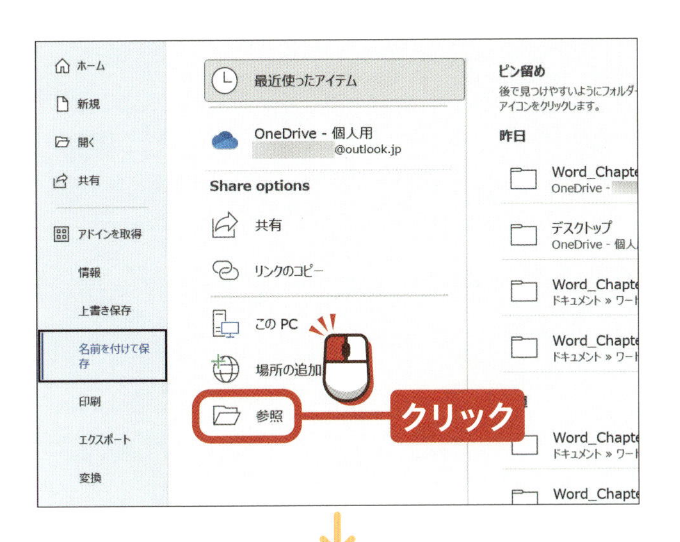

保存先を指定します。

画面左の 参照 を クリックします。

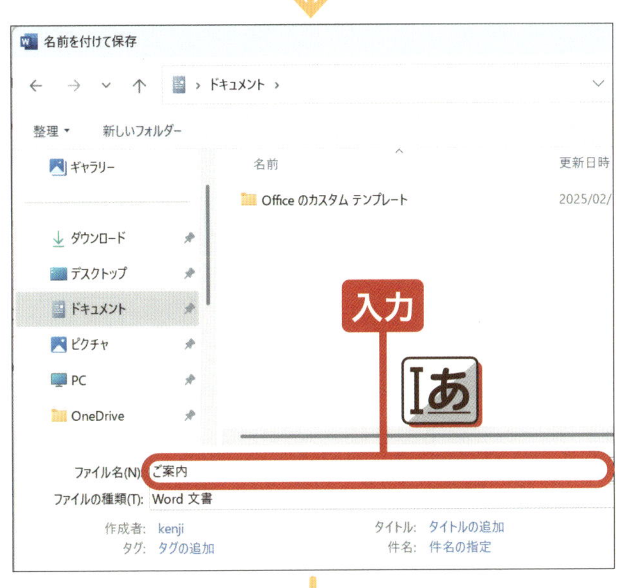

ここでは「ドキュメント」フォルダーに保存します。「ドキュメント」フォルダーを指定しておきます。

ファイル名を 入力します。

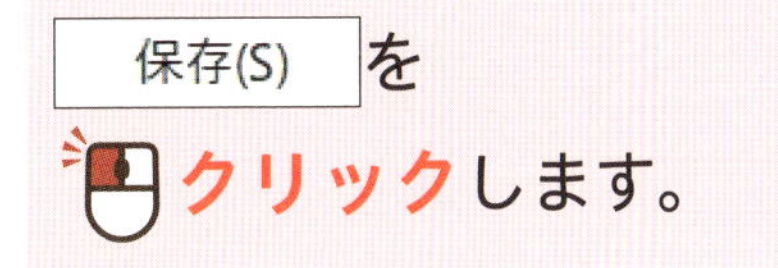

ここでは「ご案内」というファイル名を設定します。

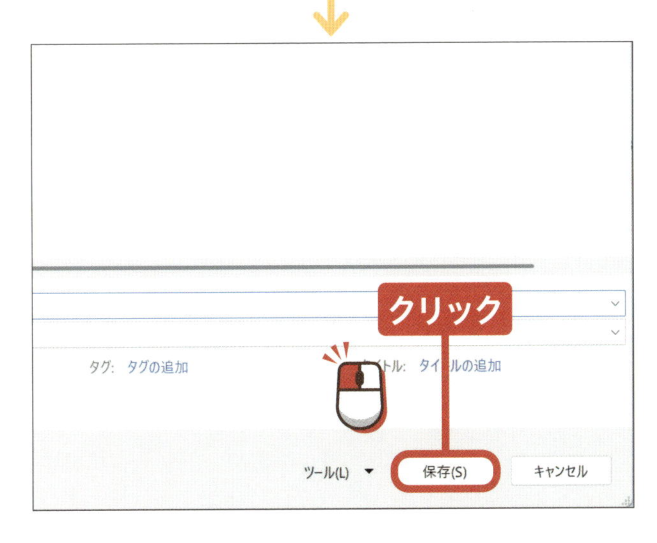

保存(S) を クリックします。

指定した「ドキュメント」フォルダーにファイルが保存されます。

次のページへ

バックアップとして名前を変えて保存する

Officeソフトのファイルを異なる名前で複数保存しておくと、何らかの理由でファイルが破損してしまった場合にも、もう一方のファイルで問題なく作業を行うことができます。仕事でデータを管理している場合は、バックアップファイルとして別名のファイルを用意しておくとよいでしょう。バックアップファイルを用意する場合は、通常のファイルとは分けて名前を付けます。その際、「○○_バックアップ」などと名前を付けるとよいのですが、その後ろにさらに日付を入れておくと、いつのバックアップファイルなのかが一目瞭然となります。「○○_バックアップ_20250414」と付けると、2025年4月14日にバックアップしたファイルだということがすぐにわかります。

わかりにくい例

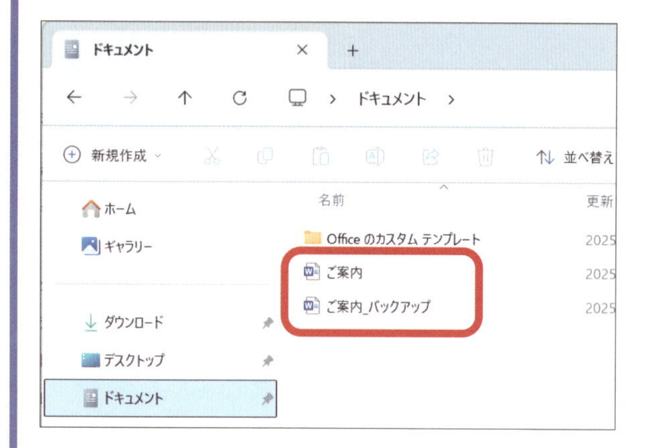

ファイル名ではたしかにバックアップファイルということがわかりますが、いつのバックアップファイルなのかわかりません。

わかりやすい例

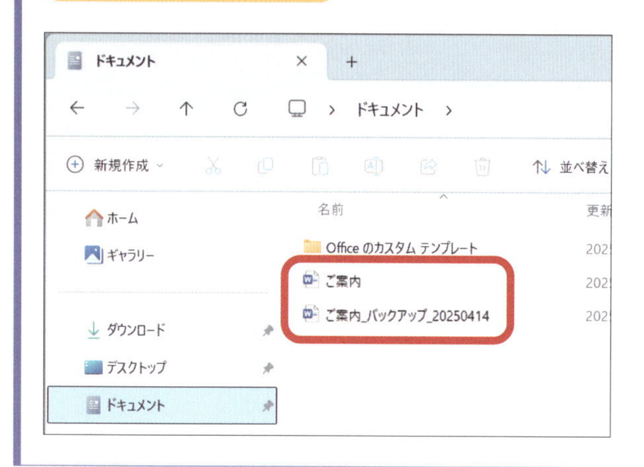

バックアップファイルを作る際には、バックアップだとわかるように名前を付けて、さらに後ろに日付を付けるなどすると非常にわかりやすいです。

2 ファイルを上書き保存する

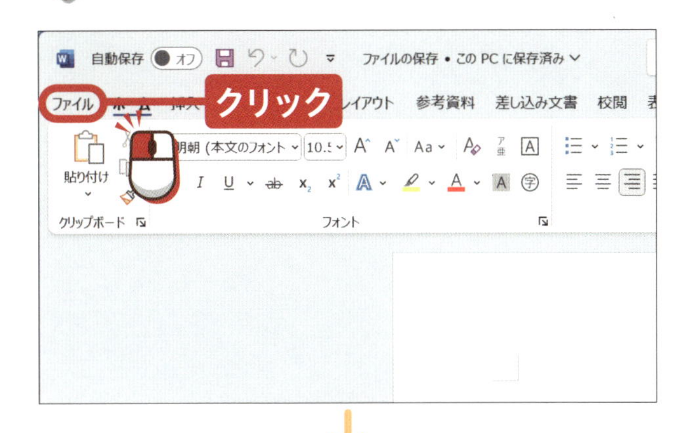

ファイルを

クリックします。

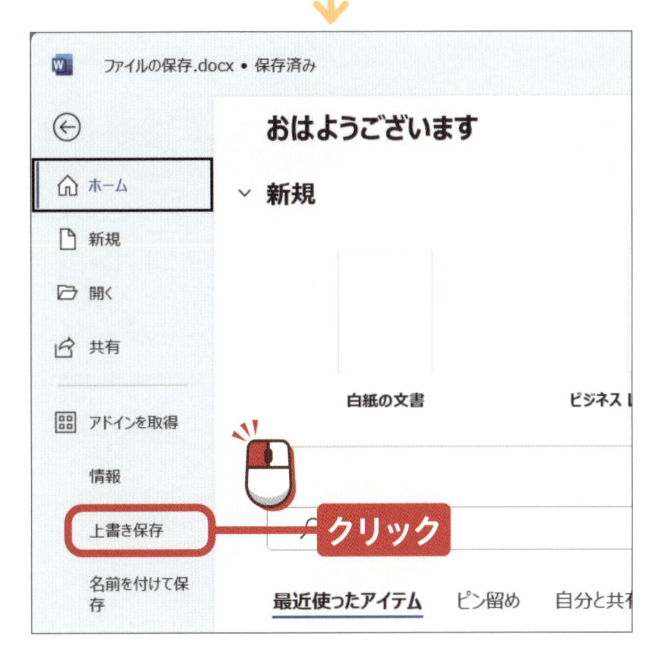

上書き保存を

クリックします。

ファイルが保存されます。

キーボードのCtrl＋Sを押すことでも、上書き保存を行うことができます。

ヒント 画面上部のアイコンから上書き保存する

作成画面のクイックアクセスツールバーには、(上書き保存のアイコン) が表示されています。これをクリックすることでも、上書き保存を行うことができます。

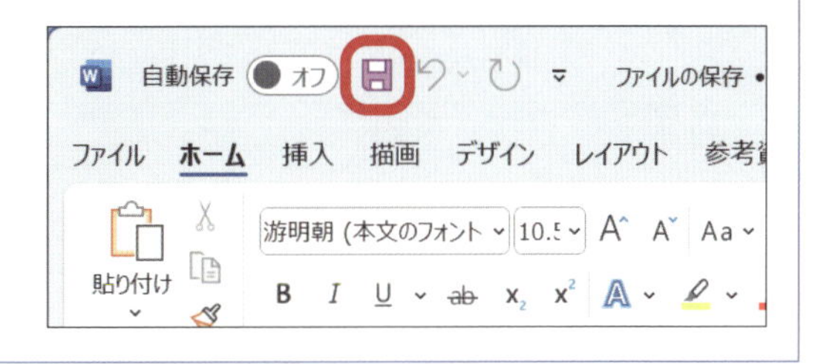

終わり

練習用ファイル ▶ K03_ファイルを開く.docx

レッスン 03 保存したファイルを開きましょう

保存したデータの続きから作業したい場合は、以前のデータを選択してファイルを開きましょう。

クリック
→P.18

1 Officeソフトを起動してからファイルを選択する

Officeソフトを起動します。

保存されたファイルを指定します。

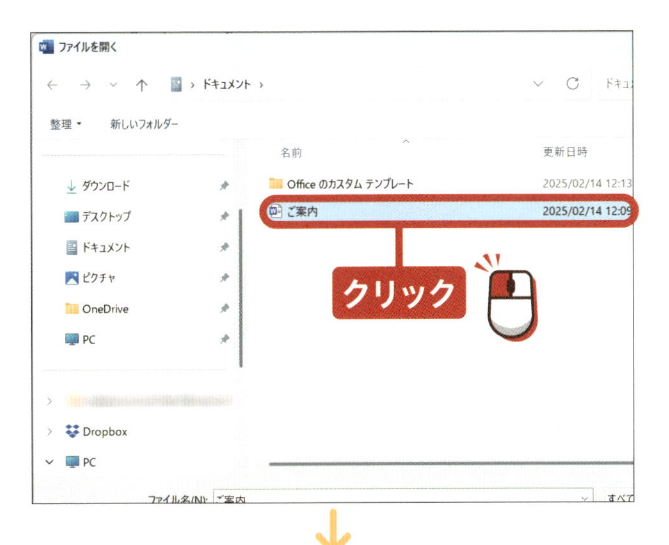

保存されたファイルがあるフォルダーを表示します。

開きたいファイルをクリックして選択します。

アドバイス

ここでは先ほど保存した「ご案内」を開きます。

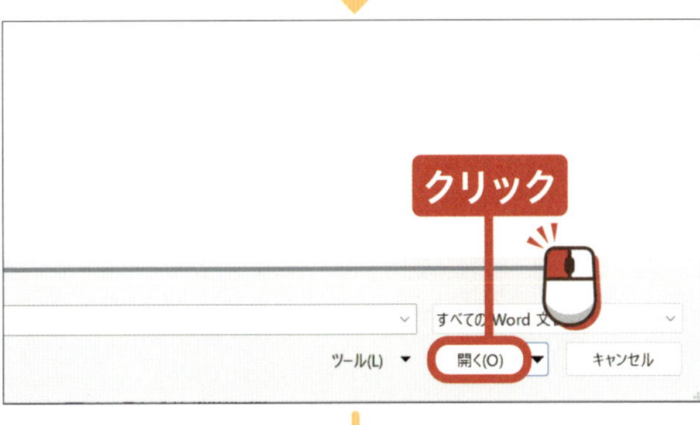

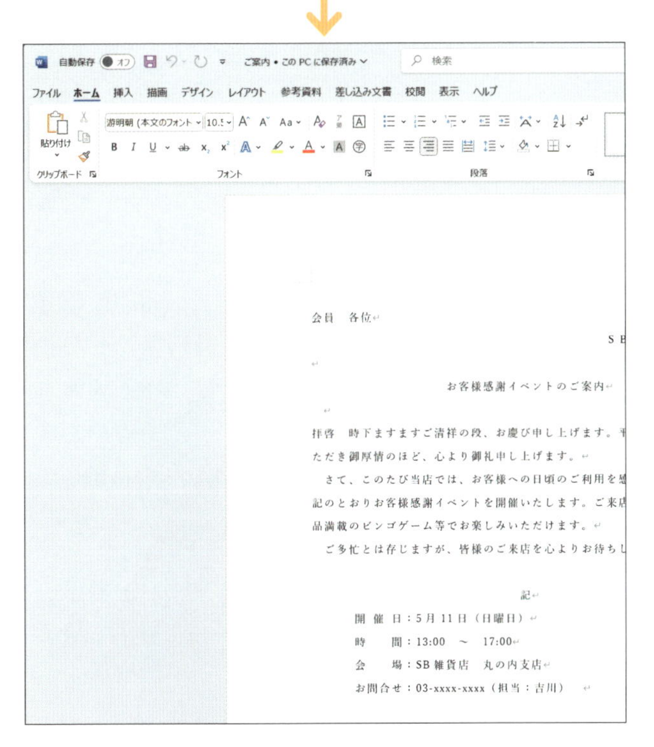

保存されたファイルが開きます。

終わり

練習用ファイル ▸ K04_入力方法の切り替え.docx

レッスン04 入力する方法を切り替えましょう

Officeソフトに文字を入力する際、「ひらがな／半角英数字」モードや「かな／ローマ字」入力を切り替えます。

1 「ひらがな／半角英数字」モードを切り替える

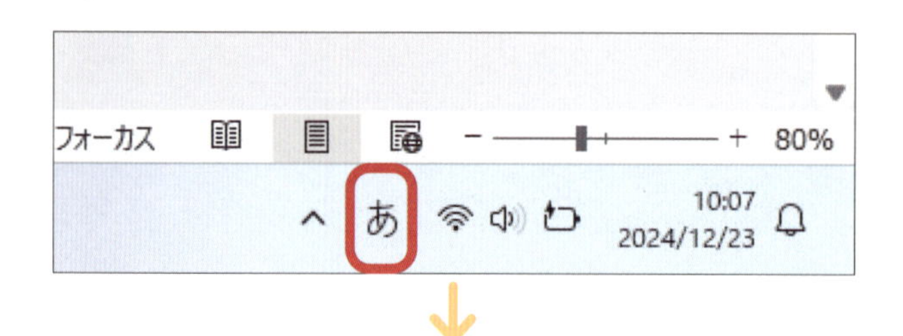

入力モードはWindowsのタスクバーで確認、切り替えを行います。

半角／全角

あ（ひらがなモード）のときにキーボードの半角／全角を押します。

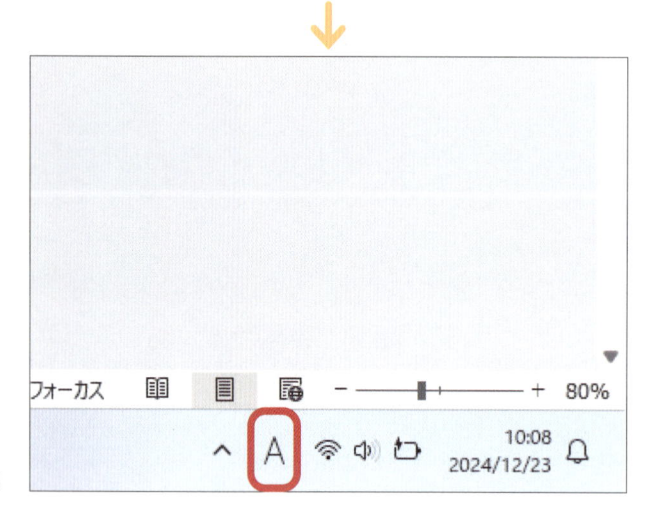

入力モードがA（半角英数字モード）に切り替わります。Aのときに半角／全角を押すと、ひらがなモードに切り替わります。

アドバイス

あまたはAをクリックすることでも入力モードの切り替えが行えます。

2 「かな／ローマ字」入力を切り替える

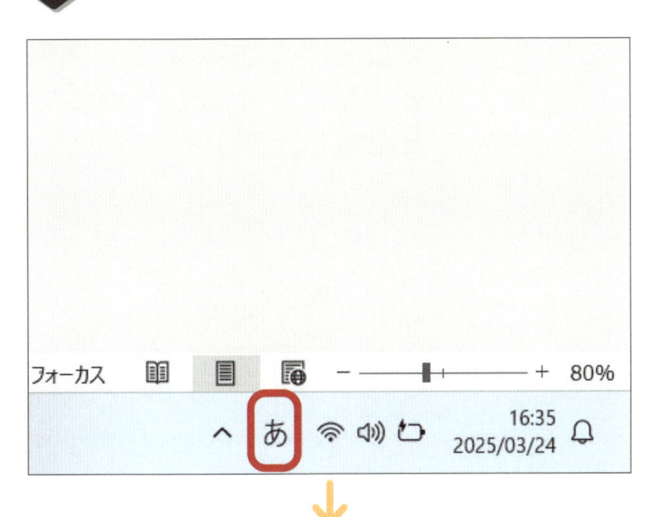

入力モードが あ（ひらがなモード）になっていることを確認します。

●アドバイス●

かな入力はひらがなモードの状態でないと利用できないので、A となっていたら、前ページを参考にひらがなモードに切り替えましょう。

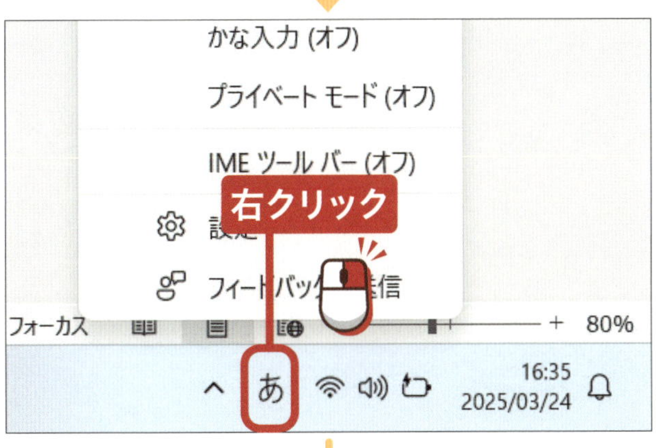

あ を

右クリックします。

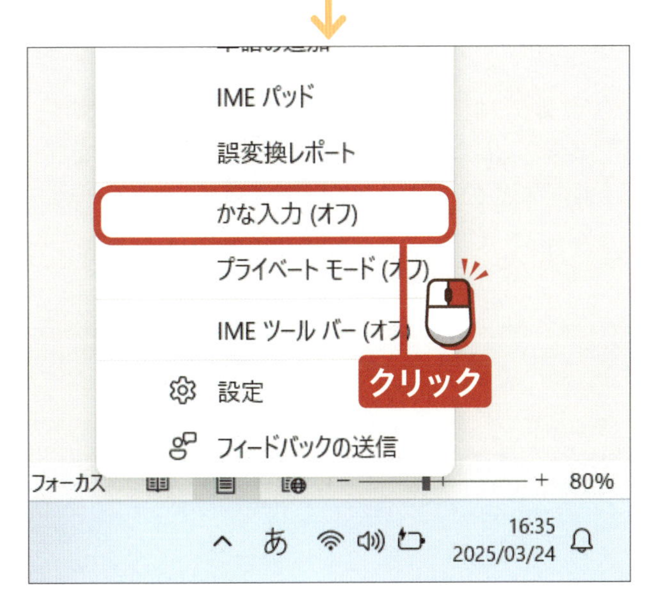

かな入力 (オフ) を

クリックすると、
かな入力に
切り替わります。

●アドバイス●

「かな入力（オン）」をクリックすると、ローマ字入力に切り替わります。

次のページへ

3 かな入力で文字を入力する

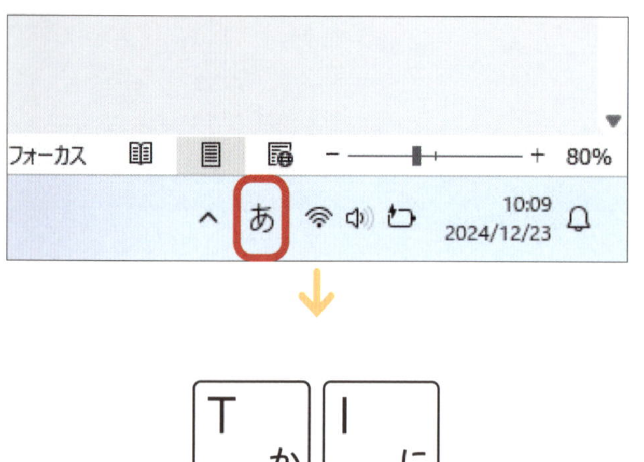

かな入力に切り替え、ひらがなモードとなっているのを確認します。

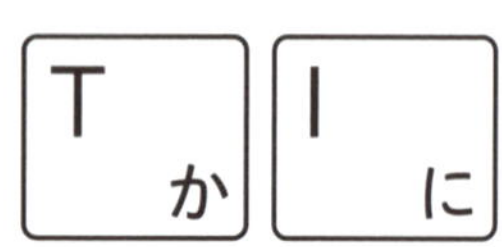

キーボードのTIを順番に押します。

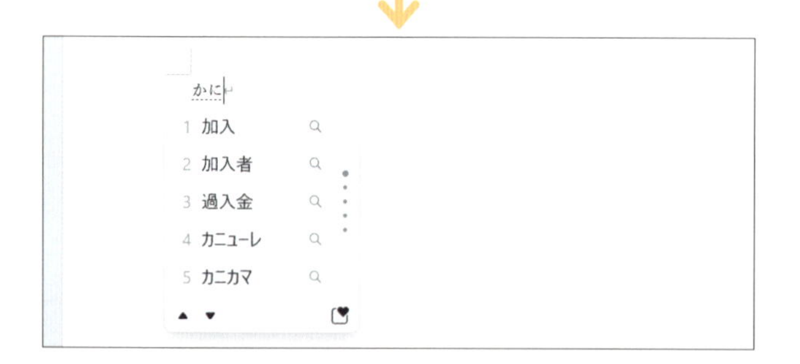

「か」「に」と入力されます。

●アドバイス●

かな入力ではキーの右下に書かれているひらがなが入力されます。

ヒント 濁音や促音などをかな入力する

かな入力で「ば」などの濁音を入力するには、もととなる文字キーを押した後に、@を押すことで入力ができます。また、半濁音の「ぱ」の場合は「、促音の「っ」や「ゃ」などの拗音、「ぁ」などの小さい文字の場合はShiftと一緒に文字キーを押します。

入力例

ばく → F @ H
ぱり → F 「 L
きって → G Shift Z W
しゃけ → D Shift 7 ＊
てぃー → W Shift E ￥
を → Shift 0

4 ローマ字入力で文字を入力する

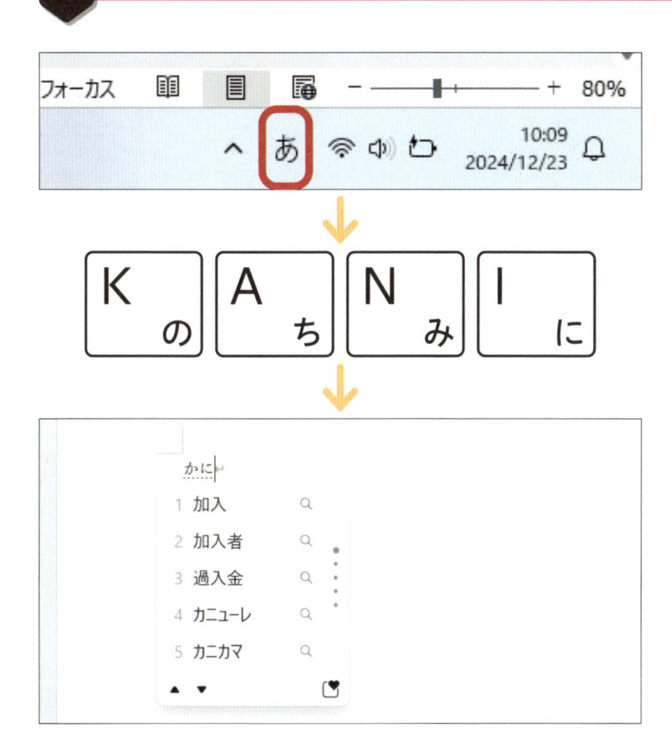

ローマ字入力に切り替え、ひらがなモードとなっているのを確認します。

キーボードのKANIを順番に押します。

「か」「に」と入力されます。

アドバイス

ローマ字入力では、キーの左上に書かれているアルファベットをローマ字読みにして入力します。

ヒント 濁音や促音などをローマ字入力する

ローマ字入力で「ば」などの濁音を入力するには、たとえば「ば行」の場合、Bを押して母音の文字キーを押します（が行はG、ざ行はZ、だ行はD）。また、半濁音の「ぱ」の場合はPを押して母音となる文字キー、促音（「っ」）の場合は次に続く子音を2回押して入力します。また、「ゃ」などの拗音や「ぁ」などの小さい文字の場合は子音と母音の間にYまたはHを押すか、LかXを押して小さくしたい文字キーを押します。

入力例

ばく → BAKU

ぱり → PARI

きって → KITTE

しゃけ → SYAKE

てぃー → TEXI−

を → WO

終わり

練習用ファイル ▶ K05_印刷プレビュー.docx

レッスン 05

プレビューでデータを確認しましょう

作成したファイルのデータをプリンターで紙に印刷しましょう。まずは、どのように印刷されるか、プレビューで確認します。

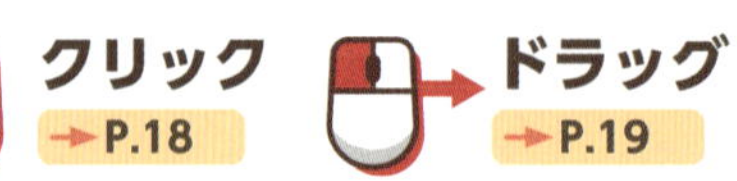

1 プレビューを表示する

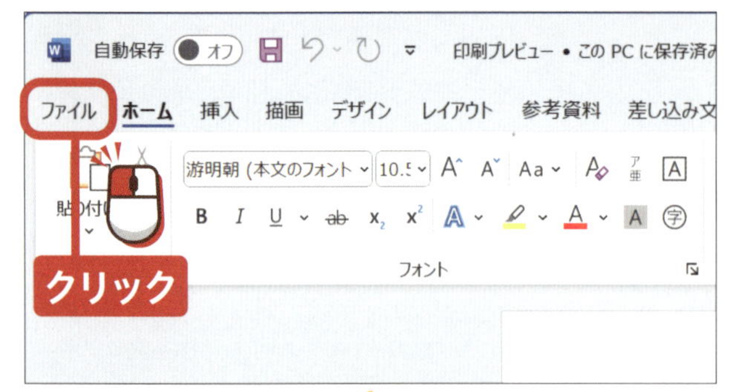

印刷したいファイルを開きます。

ファイル を クリックします。

印刷 を クリックします。

アドバイス

「共有」をクリックするとOneDriveにファイルを保存することができます。

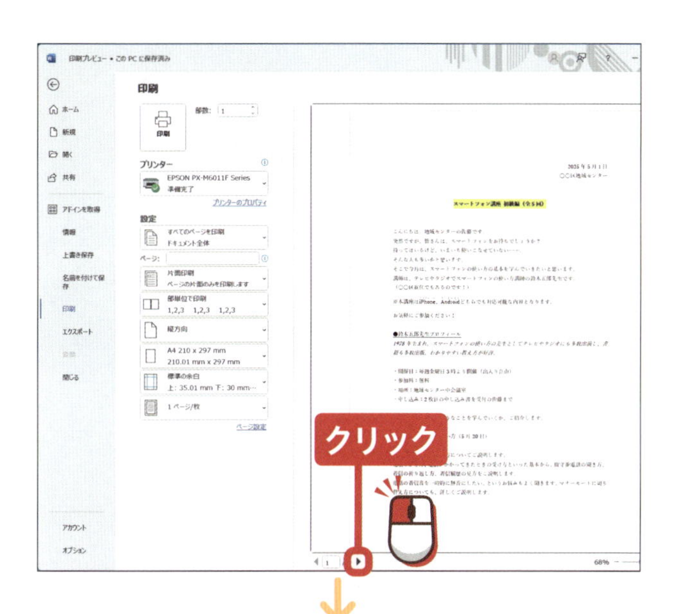

「印刷」画面が表示され、右側にプレビューが表示されます。

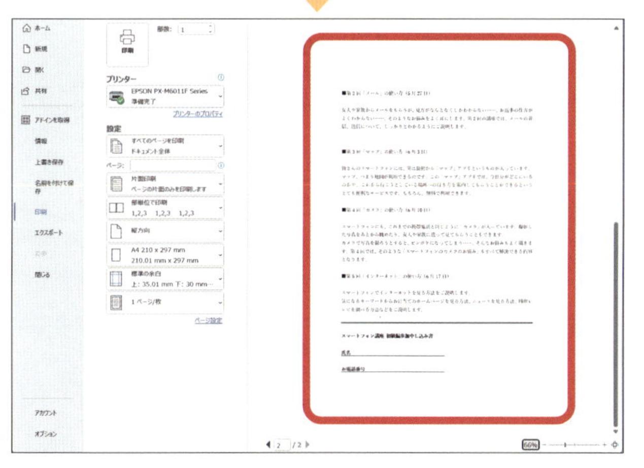

データの2ページ目がプレビュー表示されます。

ヒント プレビュー表示を拡大・縮小する

プレビュー画面の右下の＋❶をクリックすると表示が拡大し、−❷をクリックすると縮小します。また、真ん中の❸を左右にドラッグすることでも拡大・縮小できます。なお、右にある❹をクリックすると、画面の大きさに合わせて1ページ全体が表示されます。

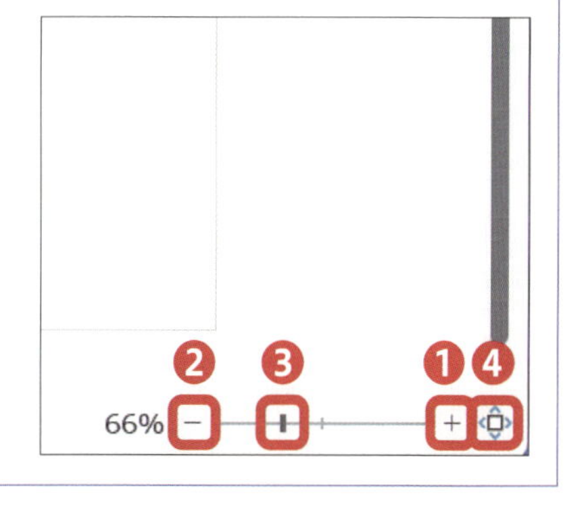

終わり

レッスン06 ヘッダーやフッターを追加しましょう

ヘッダーやフッターが印刷されるように設定しましょう。ここではエクセルでヘッダーにページ数、フッターにタイトルを入力します。

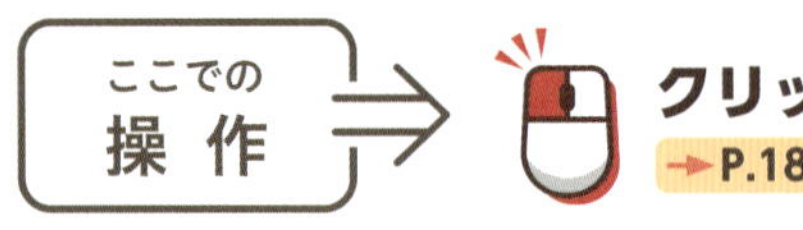

1 ヘッダーを挿入する

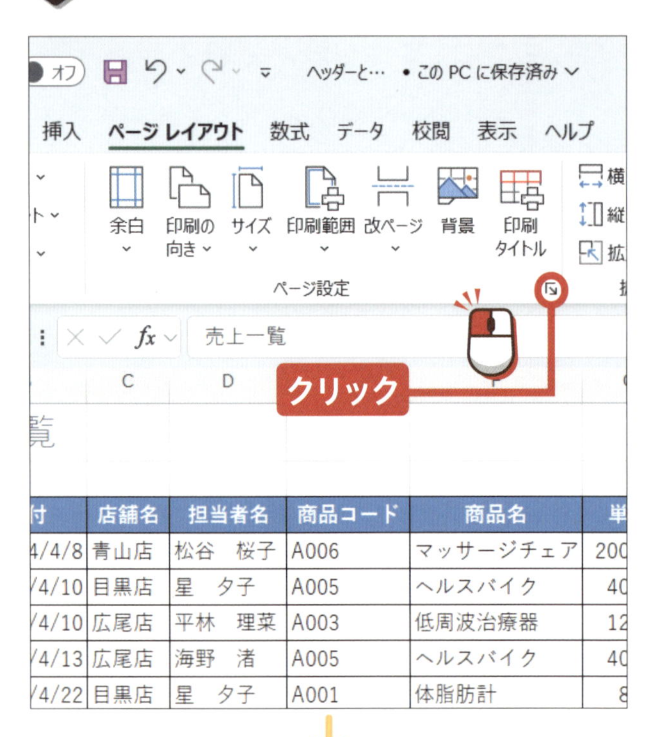

「ページレイアウト」タブの「ページ設定」グループの右下にある[↘]をクリックします。

アドバイス

ワードでは「挿入」タブの「ヘッダーとフッター」グループの「ヘッダー」または「フッター」をクリックします。パワーポイントでは「挿入」タブの「テキスト」グループの「ヘッダーとフッター」をクリックします。

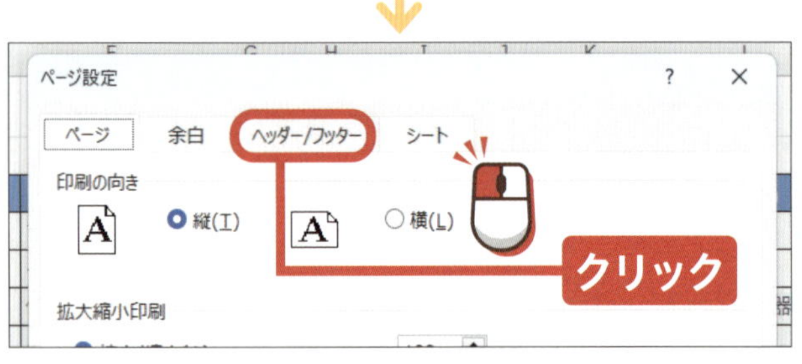

「ページ設定」ダイアログボックスが表示されます。

[ヘッダー/フッター]をクリックします。

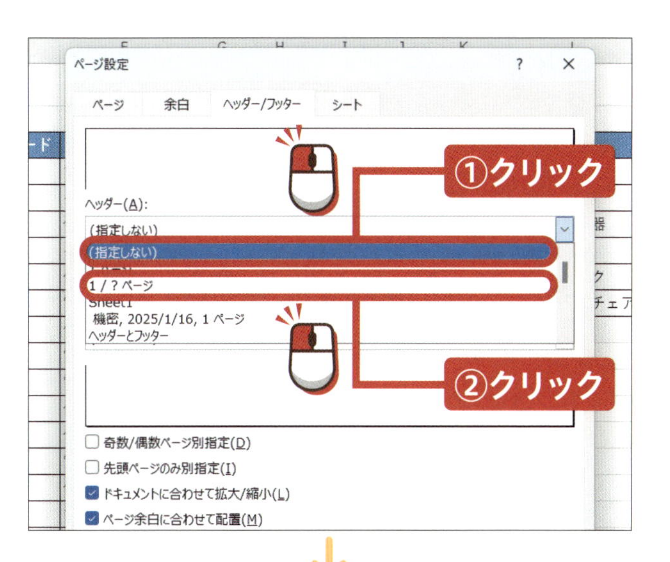

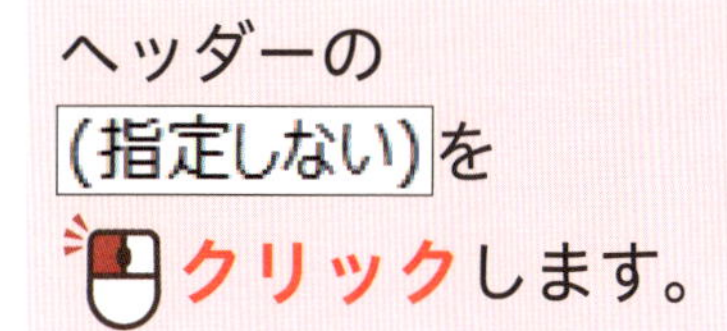

ヘッダーの(指定しない)をクリックします。

ここではページ数を表示したいので、1 / ? ページをクリックします。

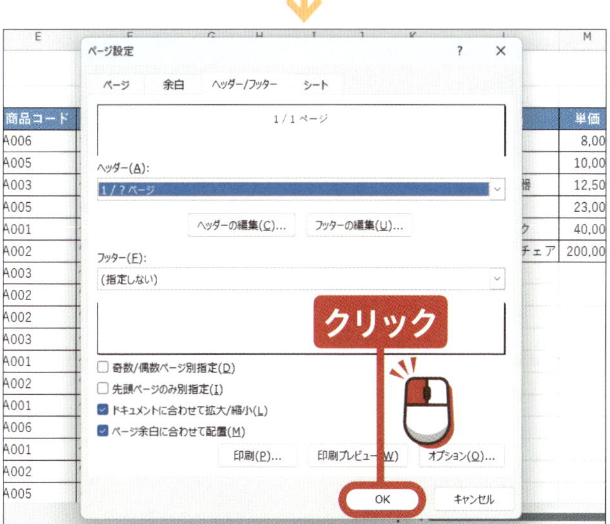

OKをクリックします。

アドバイス

ヘッダーはページ上部の中央に設定されます。

ヒント フッターを挿入する

フッターを挿入するには、上の画面で「フッターの編集」をクリックし、「フッター」ダイアログボックスから編集を行います。タイトルなどを入れるとよいでしょう。

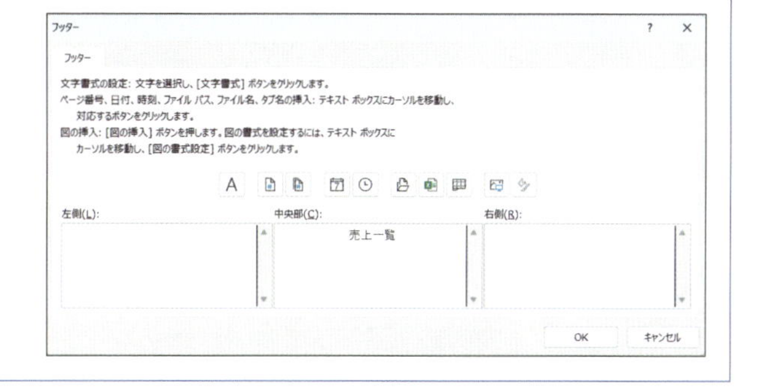

終わり

練習用ファイル ▶K07_印刷範囲の設定.docx

レッスン 07 印刷される範囲を設定しましょう

印刷したい箇所がファイルの一部のみの場合、印刷範囲を設定してその部分だけが印刷されるようにしましょう。

クリック
→P.18

1 印刷する範囲を変更する

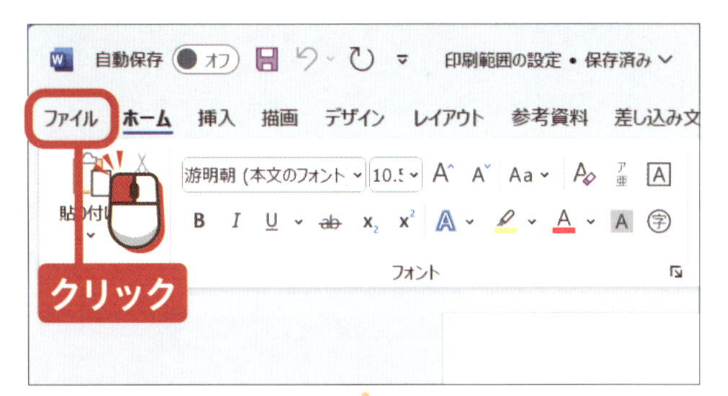

印刷したいファイルを開きます。

ファイル を

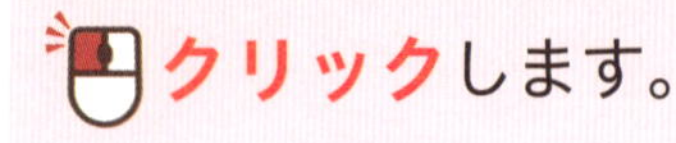

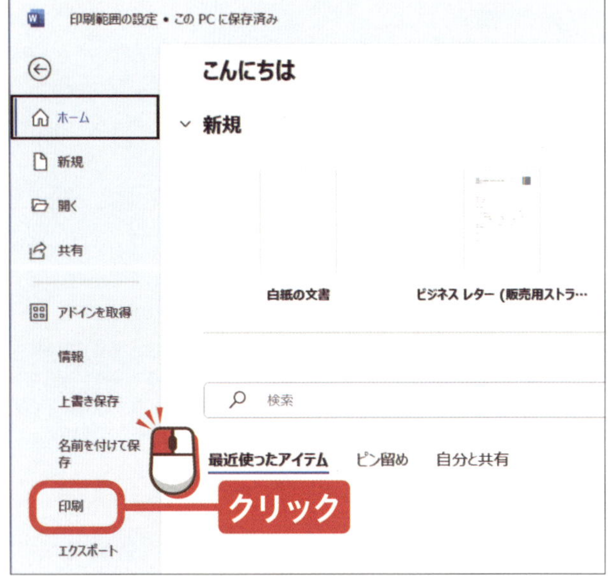

印刷 を

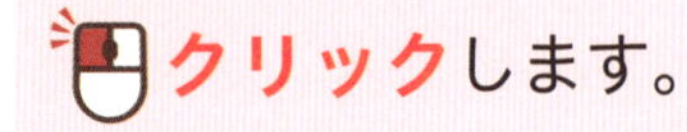

アドバイス

奇数ページのみや偶数ページのみ印刷するなど、特殊な設定もできます。

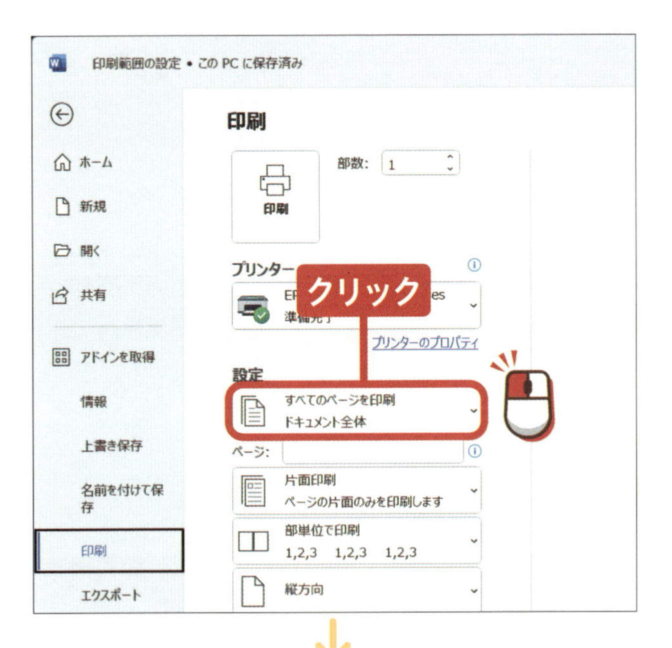

「印刷」画面が表示され、左側に印刷設定メニューが表示されます。

「設定」の

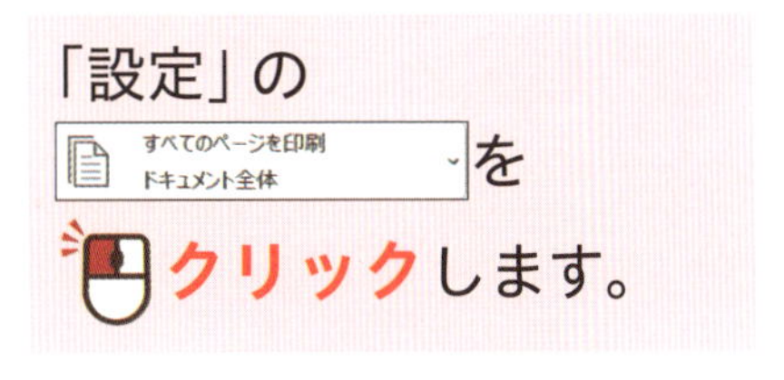

をクリックします。

アドバイス

表示されているボタンは、現在の設定状況に応じて変わります。

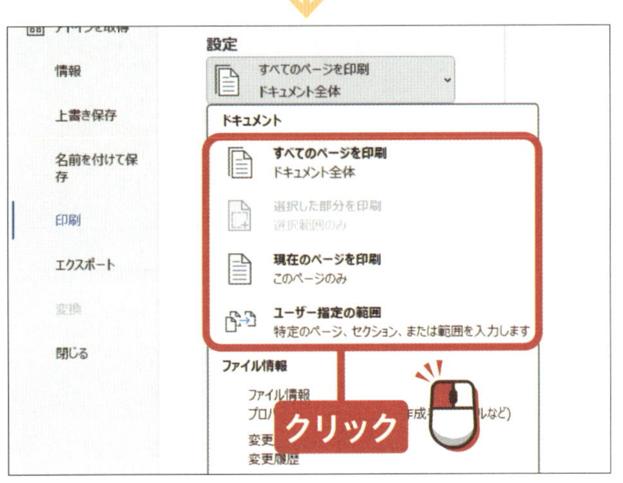

任意の印刷範囲を選択してクリックします。

ヒント 印刷するページを指定する

「印刷」画面の「設定」の下にある「ページ」の入力欄に、印刷したいページ番号を入力すると、入力したページのみを印刷することができます。

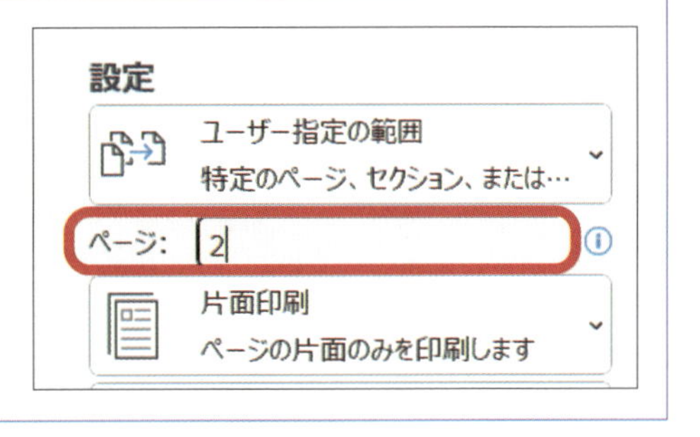

終わり

練習用ファイル ▸ K08_用紙の設定.docx

レッスン08 印刷の用紙を設定しましょう

初期設定では、A4で印刷されるように用紙が設定されています。紙にはさまざまなサイズがあるので、印刷したい用紙に合わせて設定しましょう。

1 印刷の用紙を変更する

印刷したいファイルを開きます。

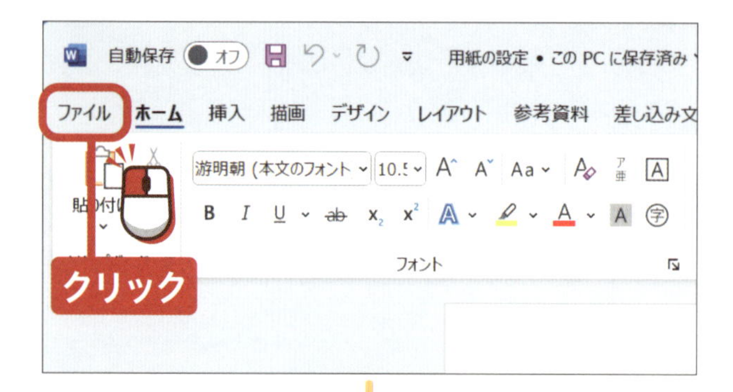

ファイルをクリックします。

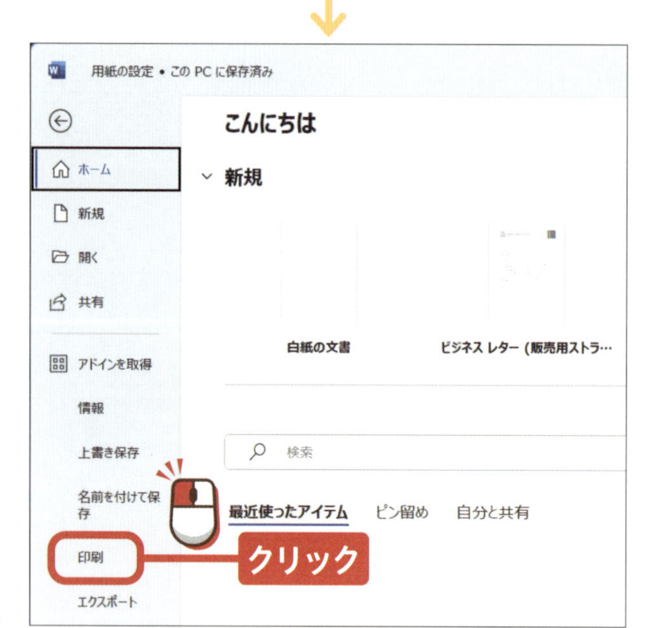

印刷をクリックします。

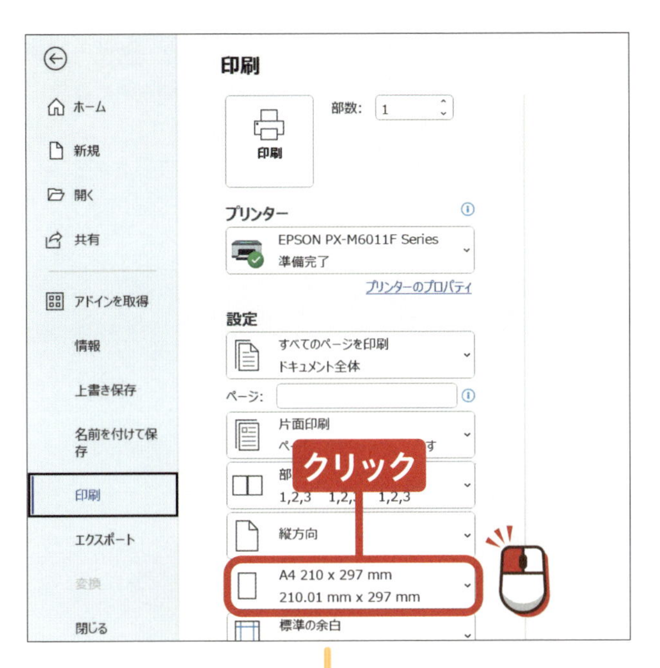

「印刷」画面が表示され、左側に印刷設定メニューが表示されます。

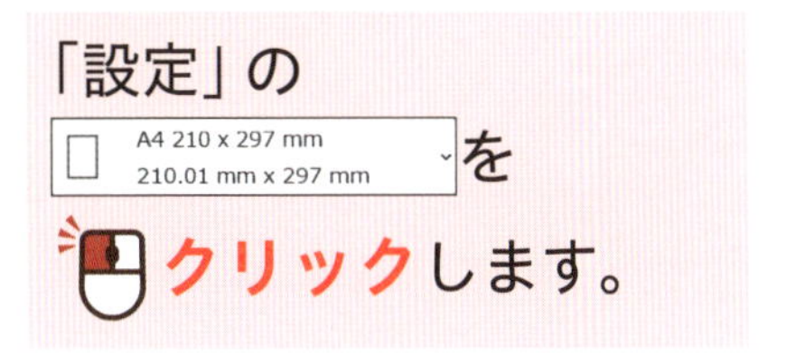

●アドバイス●

表示されているボタンは、現在の設定状況に応じて変わります。

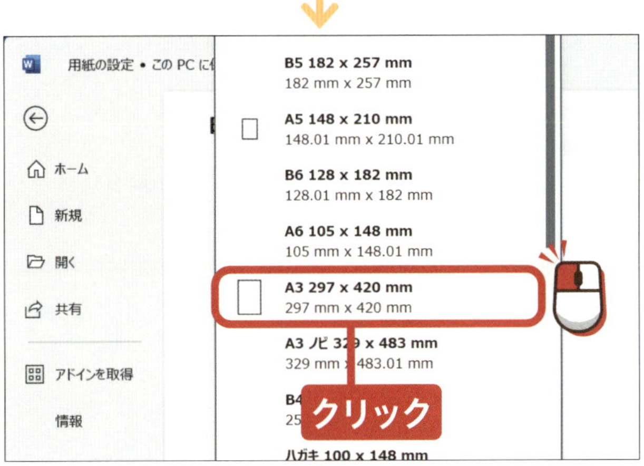

ここでは「A3」の用紙を選択します。

A3 297 x 420 mm
297 mm x 420 mm
をクリックします。

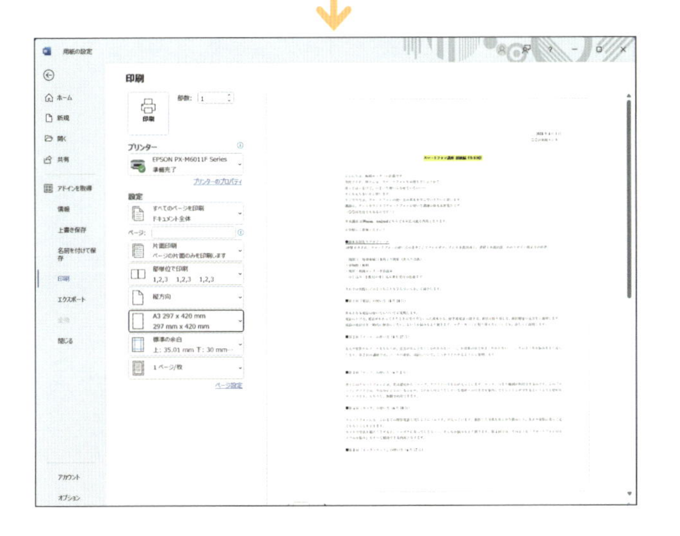

用紙の設定が変更され、プレビュー表示が設定した用紙サイズのものに変更されます。

●アドバイス●

「縦方向」をクリックすると、用紙の向きの設定を変更することができます。

次のページへ

2 1枚の用紙に複数ページを印刷する

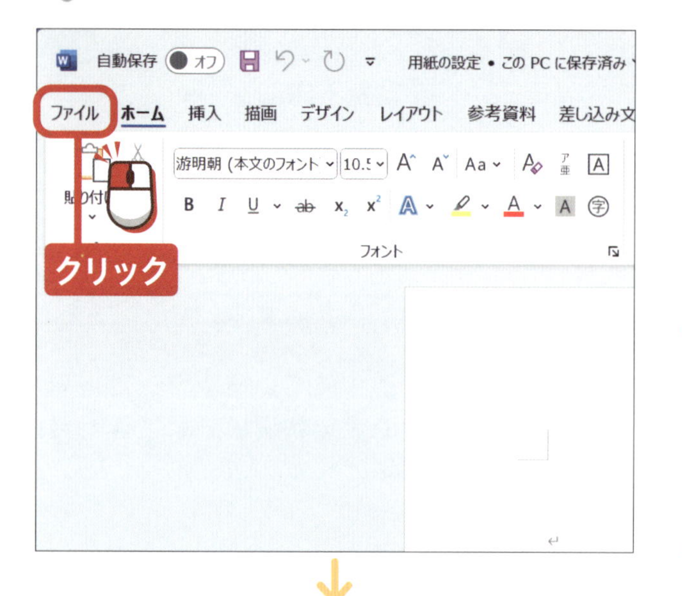

1枚に2ページを印刷する設定を行います。

●アドバイス●

この操作はワードとパワーポイントのみです。なお、エクセルではシートの拡大・縮小の設定ができます。

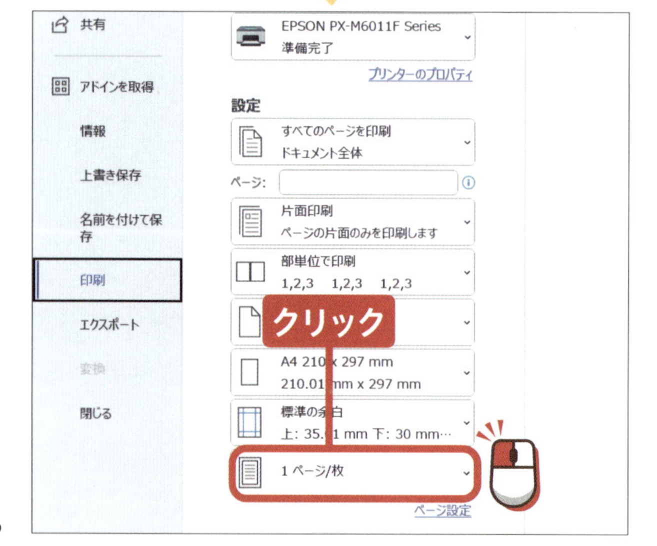

「印刷」画面が表示され、左側に印刷設定メニューが表示されます。

●アドバイス●

パワーポイントでは「1スライド／ページで印刷」をクリックして設定します。

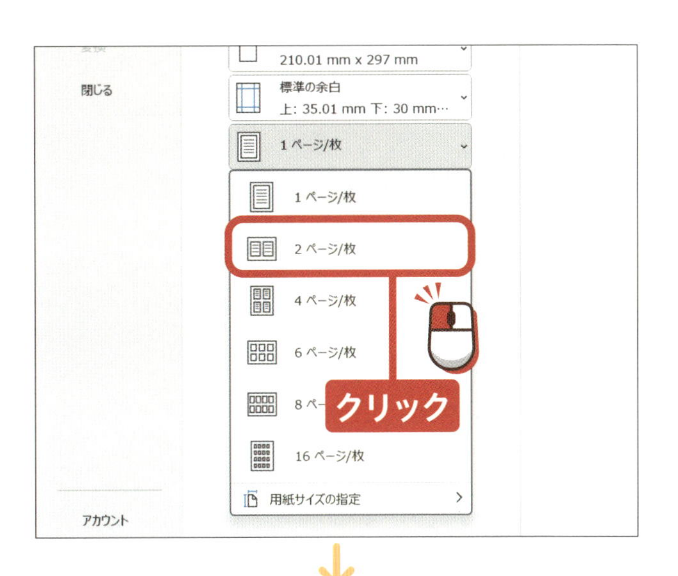

1枚あたりに印刷したいページ数（ここでは ）を

クリックします。

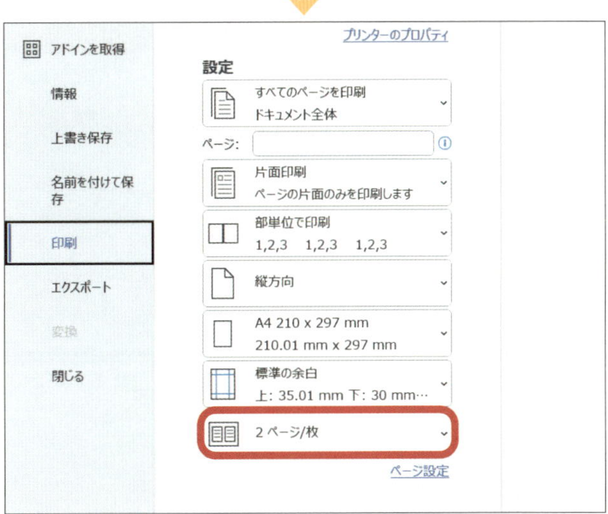

印刷の設定が変更されます。

●アドバイス●

「片面印刷」をクリックすると、両面印刷を設定することができます。

ヒント 用紙に合わせて拡大・縮小印刷する

設定した用紙サイズと実際に印刷する用紙サイズが異なる場合は、上の画面で1枚あたりのページ数を「1ページ」に設定し、メニューの下にある「用紙サイズの指定」をクリックして、実際の用紙サイズを選択します。

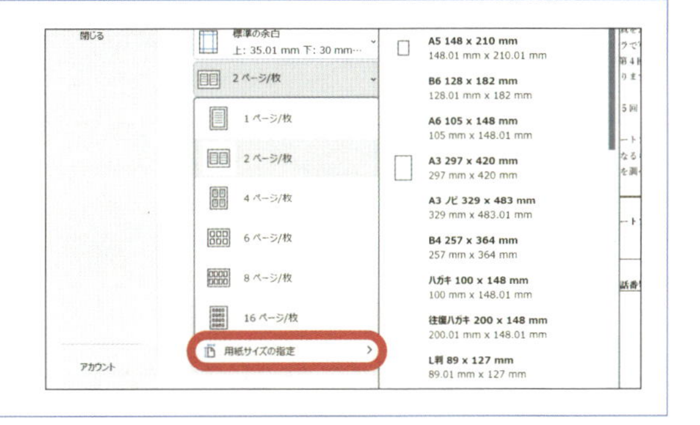

終わり

練習用ファイル ▶ K09_文書の印刷.docx

レッスン 09 完成したデータを印刷しましょう

印刷の設定が完了したら実際に印刷しましょう。印刷する際は、プリンターの設定も忘れずに行いましょう。

1 文書を印刷する

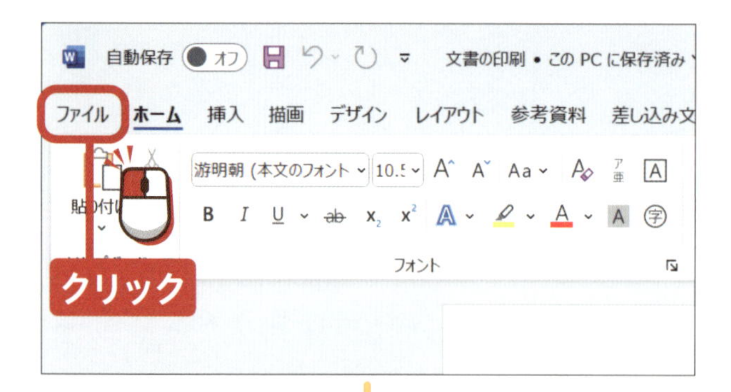

印刷したいファイルを開きます。

ファイル を クリックします。

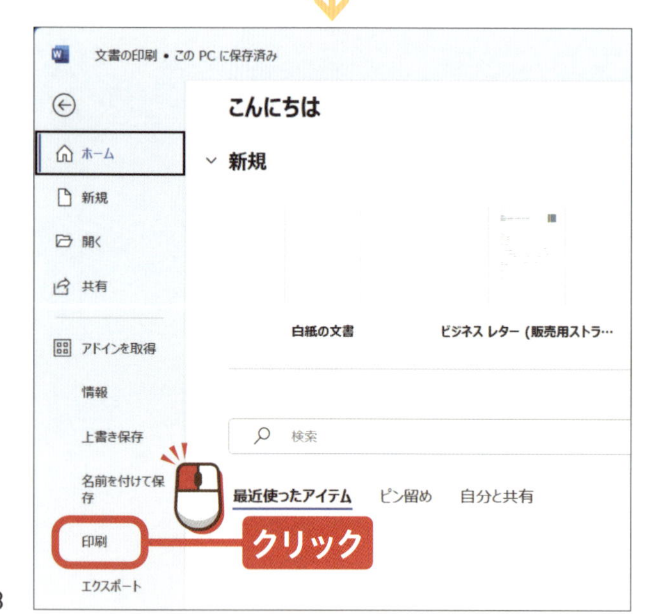

印刷 を クリックします。

アドバイス

キーボードの Ctrl + P を押すことでも、「印刷」画面を表示することができます。

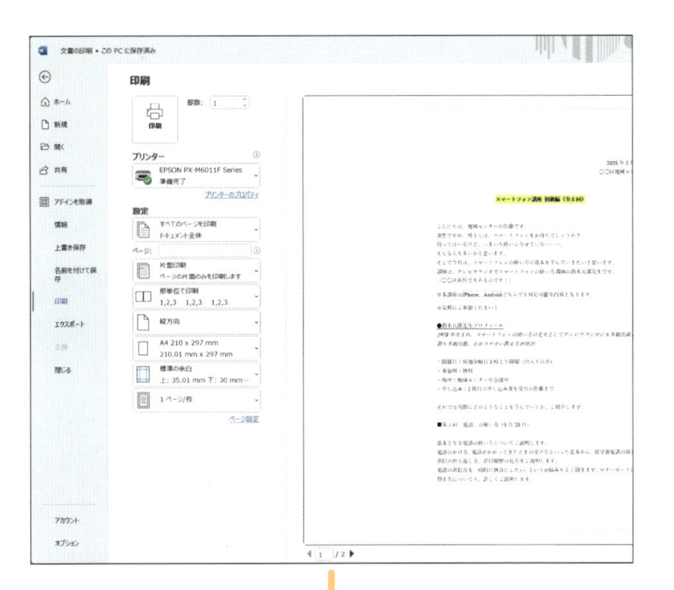

「印刷」画面が表示されます。

左側の印刷設定を行います。

右側のプレビュー表示を確認します。

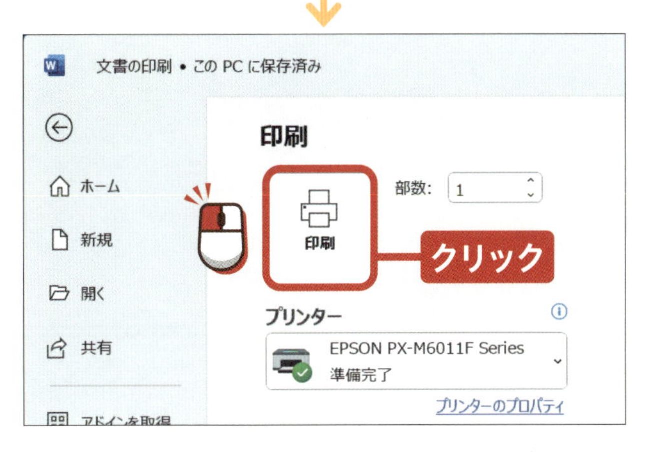

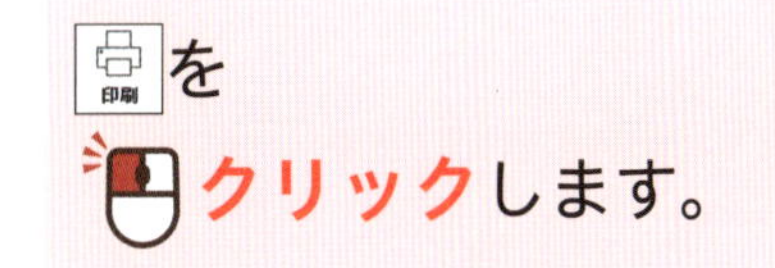

をクリックします。

プリンターが起動して印刷が開始されます。

ヒント プリンターの設定

「印刷」をクリックする前に、下にある「プリンター」を確認しましょう。ここに表示されているプリンターで実際に印刷されます。プリンターを変更したい場合はプリンター名をクリックして、印刷を行いたいプリンターを指定しましょう。

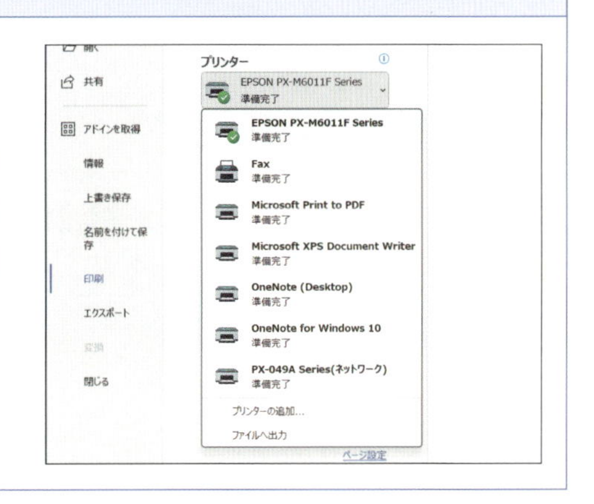

終わり

練習用ファイル ▸ K10_PDF出力.xlsx

レッスン 10

データをPDFに出力しましょう

紙に印刷する以外にも、PDFファイルとして出力することができます。PDFファイルなら、メールに添付して送信することもできます。

1 PDFに出力する

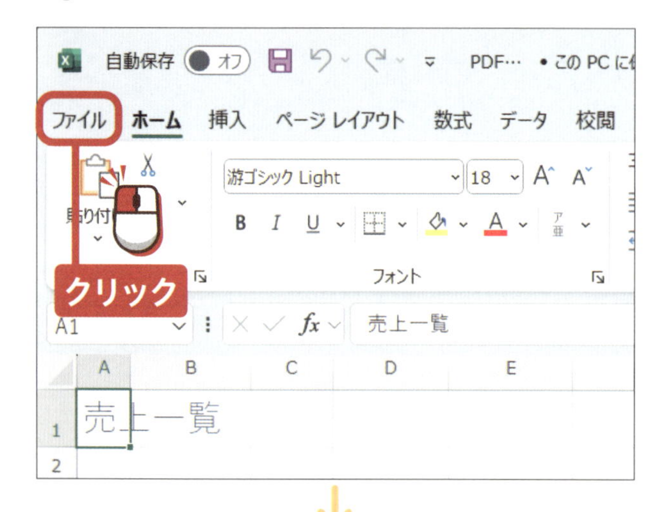

ファイル を
クリックします。

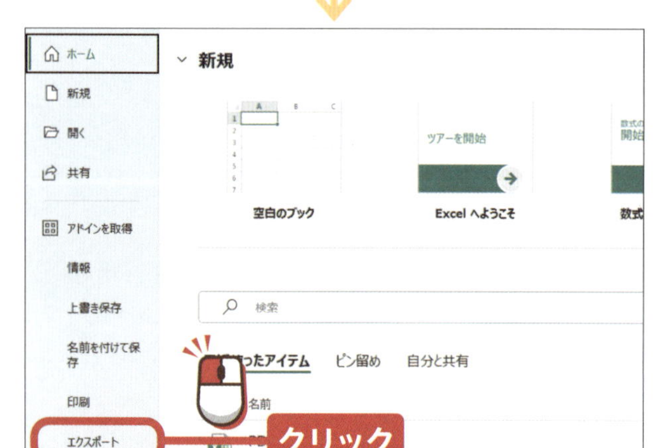

エクスポート を
クリックします。

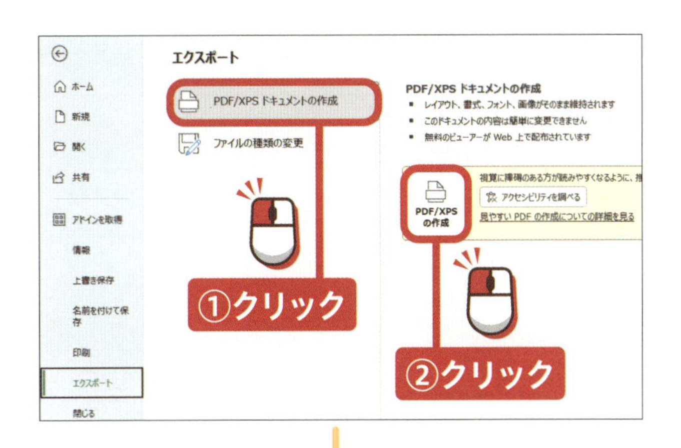

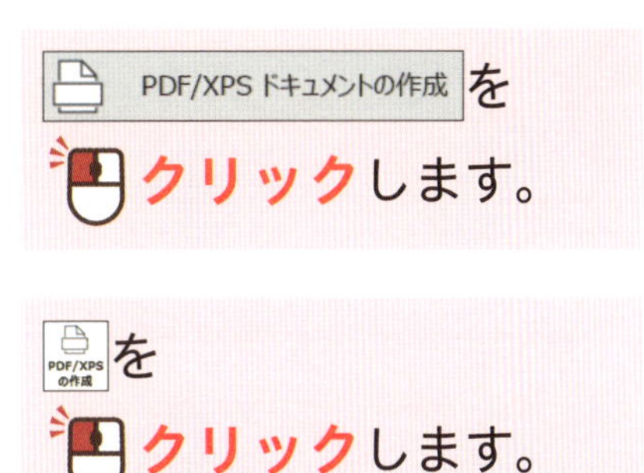

を

クリックします。

PDF/XPS の作成 を

クリックします。

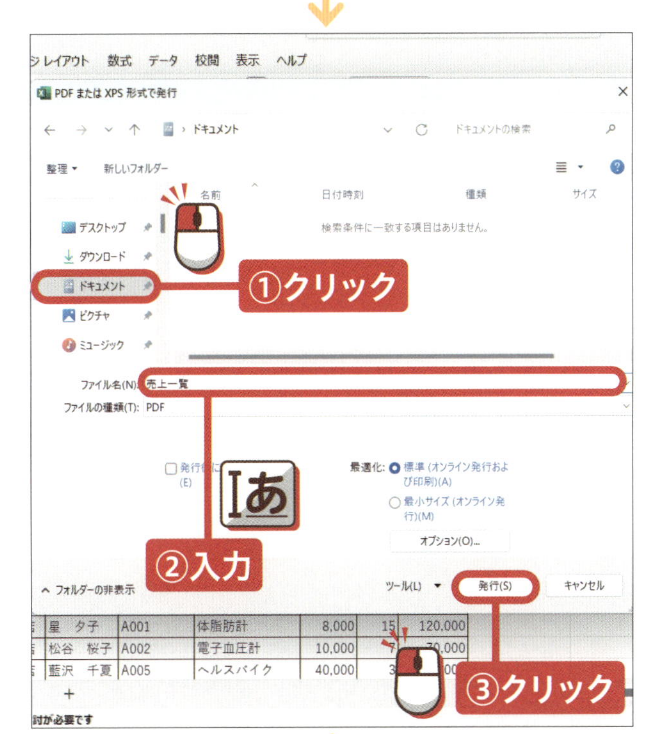

ここでは「ドキュメント」フォルダーに保存します。

保存先のフォルダーを

クリックして

指定します。

ファイル名を

入力します。

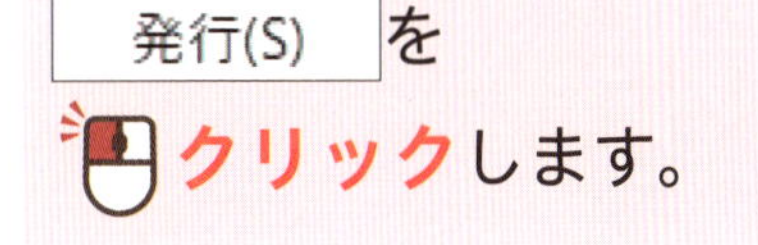

を

クリックします。

PDF ファイルが保存されます。

●アドバイス●

発行が完了すると、自動的に PDF ソフトが起動してファイルが開く場合があります。

終わり

パワーポイントで動画に出力する

パワーポイントではスライドをPDF以外にも動画形式で出力することができます。スライドに設定した画面切り替え効果（P.316を参照）やタイミング（P.318を参照）なども反映された状態で出力が可能です。動画への出力はPDFと同様にエクスポートから操作します。

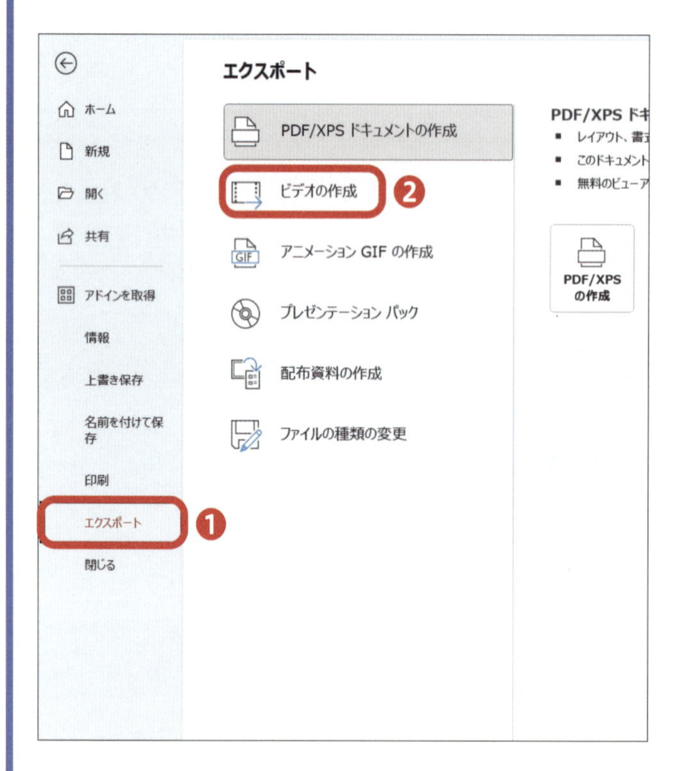

「ファイル」タブから「エクスポート」❶をクリックして、「ビデオの作成」❷をクリックします。

「ビデオの作成」をクリックすると、スライドが動画として出力されます。

ワード

1章

ワードの基本を学びましょう

1章 ワードの基本を学びましょう

レッスンをはじめる前に

ワードって何？

ワードは、パソコンで文書を作成するときに最も使われているワープロアプリケーションです。**ひらがなやカタカナ、漢字、英字や数字、記号などを入力して、文書を作成する**ことができます。
作成した文書は、**見出しの位置を変えたり、文字のサイズを変えたり、太字や斜体にしたりして、見やすくなるように調整する**こともできます。
本書では、ビジネス文書の作成を例に、ワードの使い方について解説をしていきます。

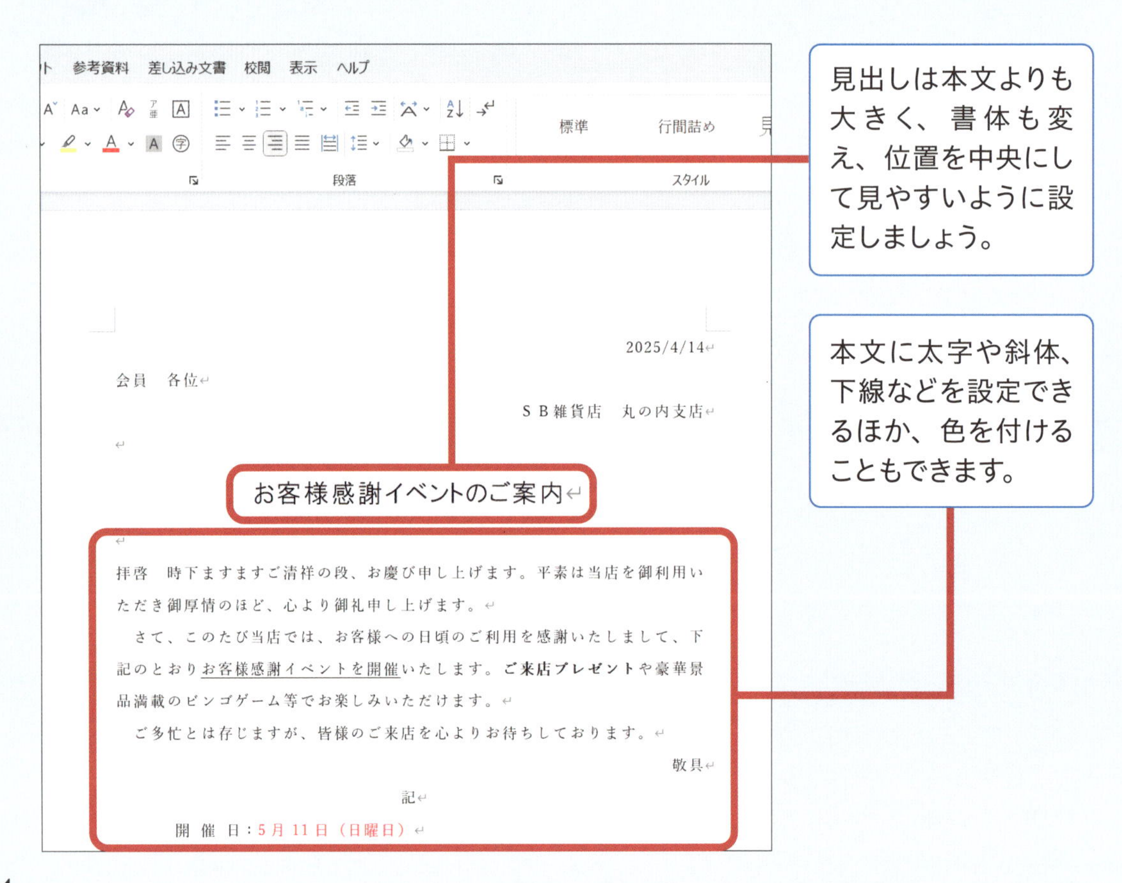

どのようなものが作れる？

ワードでは、さまざまな文書を作成することができます。章や節、項の見出しを付けて構成し、長文となるレポートや論文から、1枚程度の簡単な社内文書や報告書なども作成できます。また、本書では紹介していませんが、お店のチラシやサークルの案内、名刺、はがきの裏面の文面や表面の宛名などの作成も行えます。

レポート

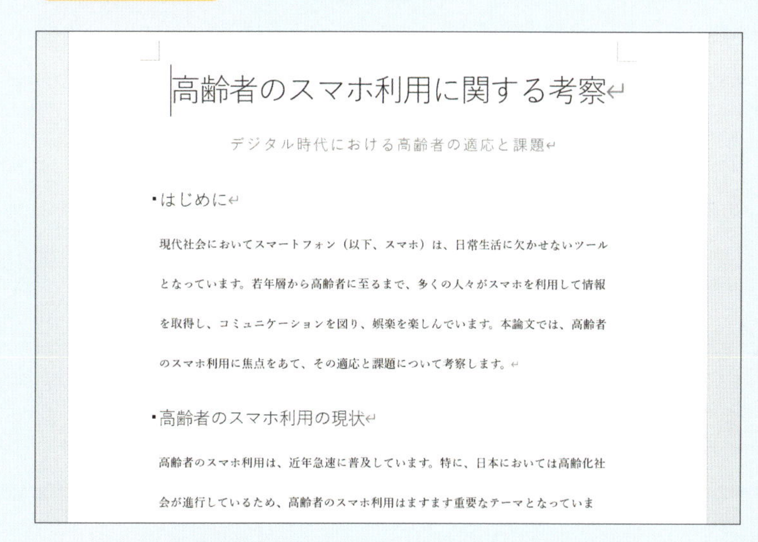

高齢者のスマホ利用に関する考察

デジタル時代における高齢者の適応と課題

・はじめに

現代社会においてスマートフォン（以下、スマホ）は、日常生活に欠かせないツールとなっています。若年層から高齢者に至るまで、多くの人々がスマホを利用して情報を取得し、コミュニケーションを図り、娯楽を楽しんでいます。本論文では、高齢者のスマホ利用に焦点をあて、その適応と課題について考察します。

・高齢者のスマホ利用の現状

高齢者のスマホ利用は、近年急速に普及しています。特に、日本においては高齢化社会が進行しているため、高齢者のスマホ利用はますます重要なテーマとなっていま

複数のページにわたる章、節、項で構成する長文のレポートや論文が作成できます。見出しの位置や大きさにメリハリを付け、読みやすい文書になるよう調整を行いましょう。

ビジネス文書

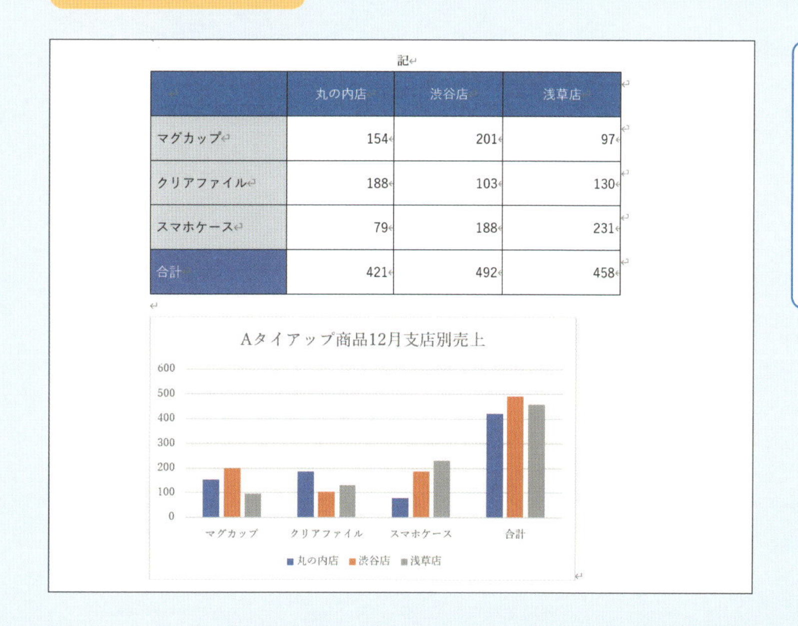

記

	丸の内店	渋谷店	浅草店
マグカップ	154	201	97
クリアファイル	188	103	130
スマホケース	79	188	231
合計	421	492	458

社内のお知らせや報告書など、ビジネスシーンで使うビジネス文書は、表や写真の挿入、文字の装飾を利用して作成します。

レッスン 01

ワードでできることを確認しましょう

まずはワードで何ができるかを簡単に確認しましょう。大きく分けると、文書の作成、編集、調整が行えます。

1 文書を作成、編集する（2章）

会員　各位

ＳＢ雑貨店　丸の内支店

お客様感謝イベントのご案内

拝啓　時下ますますご清祥の段、お慶び申し上げます。平素は当店を御利用いただき御厚情のほど、心より御礼申し上げます。
　さて、このたび当店では、お客様への日頃のご利用を感謝いたしまして、下記のとおりお客様感謝イベントを開催いたします。**ご来店プレゼント**や豪華景品満載のビンゴゲーム等でお楽しみいただけます。
　ご多忙とは存じますが、皆様のご来店を心よりお待ちしております。

敬具

記

開催日：5月11日（日曜日）

ひらがな、カタカナ、漢字、アルファベットなどの文字や数字を入力して、文書を作成することができます。

作成した文書は修正・削除したり、コピー・移動などを行ったりして、編集することができます。

2 文書をデザインする（3章）

（○○区在住でもあるのです！）

※本講座はiPhone（アイフォーン）、Android（アンドロイド）どちらでも対応可能な内容となりま

お気軽にご参加ください！

●鈴木五郎先生プロフィール
1978年生まれ。スマートフォンの使い方の先生としてテレビや
籍も多数出版。わかりやすい教え方が好評。

・開催日：毎週金曜日3時より開催（出入り自由）
・参加料：無料
・場所：地域センター中会議室
・申し込み：2枚目の申し込み書を受付の佐藤まで

文書を読みやすくするよう、文字の書式やサイズを変えたり、太字や斜体といった装飾を加えてデザインしたりすることができます。

ふりがなを振る

(○○区在住でもあるのです！)↵

※本講座はiPhone(アイフォーン)、Android(アンドロイド)どちら

お気軽にご参加ください！↵

↵

取り消し線を引く

記↵

開催日：5月11日（日曜日）↵

時　　間：13:00　～　~~17:00~~ 18:00↵

会　　場：SB雑貨店　丸の内支店↵

お問合せ：03-xxxx-xxxx（担当：吉川）

見出し位置を調整する

2025/4/14↵

会員　各位↵

ＳＢ雑貨店　丸の内支店↵

↵

お客様感謝イベントのご案内↵

↵

拝啓　時下ますますご清祥の段、お慶び申し上げます。平素は当店を御利用いただき御厚情のほど、心より御礼申し上げます。↵

さて、このたび当店では、お客様への日頃のご利用を感謝いたしまして、下記のとおりお客様感謝イベントを開催いたします。ご来店プレゼントや豪華景品満載のビンゴゲーム等でお楽しみいただけます。↵

箇条書きを作成する

★ビンゴゲーム景品★↵

↵

- 1等　1万円分クーポン券　1名↵
- 2等　5千円分クーポン券　5名↵
- 3等　人気商品詰め合わせセット　10

↵

3 文書に表や写真を挿入する（4章）

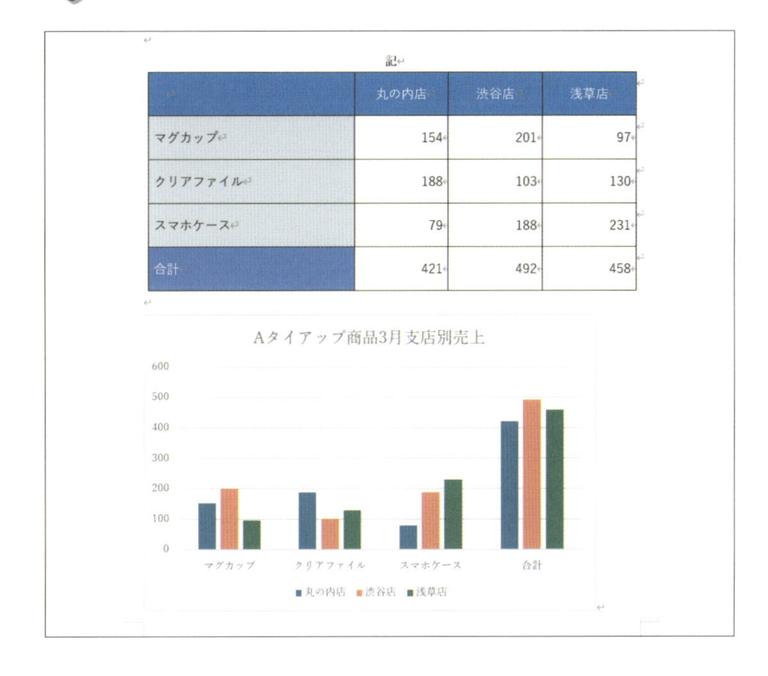

記↵

	丸の内店	渋谷店	浅草店
マグカップ	154	201	97
クリアファイル	188	103	130
スマホケース	79	188	231
合計	421	492	458

文書に、エクセルで作成した表やグラフ、パソコン内に保存している写真などを挿入することができます。
ワードの機能を利用して、表を作成することも可能です。

終わり

レッスン 02

ワードの画面の見方と役割を知りましょう

ワードを起動したら、画面の見方を覚えましょう。ここでは、起動時の画面と実際の文書作成画面について解説します。

1 起動画面を確認する

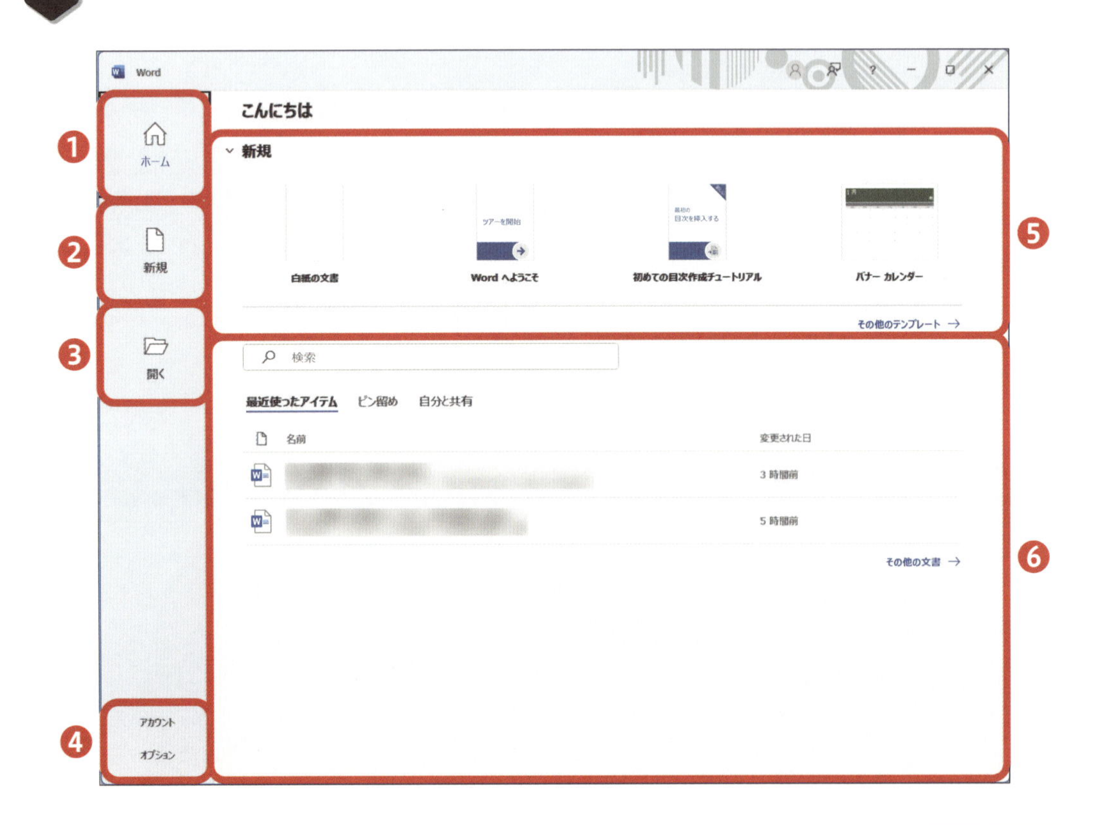

❶ホーム画面（起動画面）が表示されます。

❷新規にワードの文書作成画面を開くことができます。

❸過去に作成・保存したワードファイルを選択して開くことができます。

❹ワードのアカウント情報やオプション画面を開くことができます。

❺「新規」のショートカット画面です。ここに表示されているテンプレートによって文書作成画面を開くことができます。

❻最近開いたファイルなどが一覧で表示されます。

2 文書作成画面を確認する

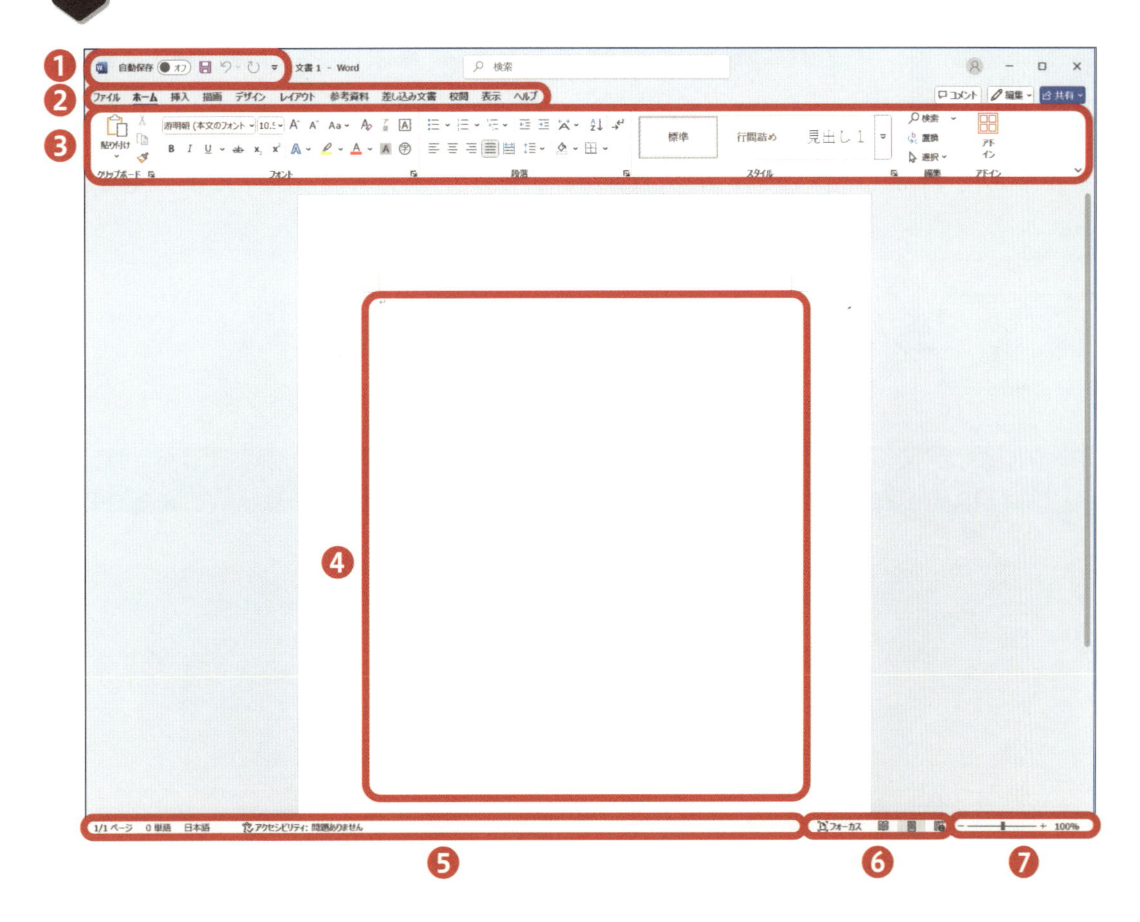

❶「クイックアクセスツールバー」です。初期設定では、「自動保存」「上書き保存」「元に戻す」「やり直し」のアイコンが表示されています。

❷「タブ」が表示されています。それぞれのタブをクリックすることで、対応する「リボン」がその下に表示されます。

❸「リボン」が表示されています。リボンに表示された項目を選択すると、対応する機能が実行されます。リボンは機能の種類ごとに「グループ」に分けられています。

❹ 編集領域です。文字を入力するなど、文章を作成する領域になります。

❺「ステータスバー」です。ページ数や文字数、言語など、文書の作成状態を確認できます。

❻ 表示選択ショートカットが表示されています。ショートカットを選択すると、文書の表示モードを切り替えることができます。

❼ 作成中の文書の表示を拡大・縮小することができます。

終わり

レッスン 03

用紙の設定をしましょう

ファイルを作成したら、作成する文書の用紙サイズや余白、文字数を設定しましょう。

1 用紙サイズを設定する

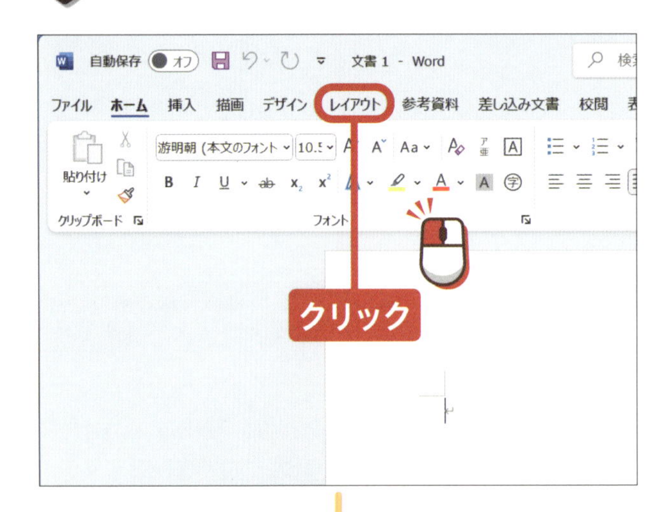

レイアウト を クリックします。

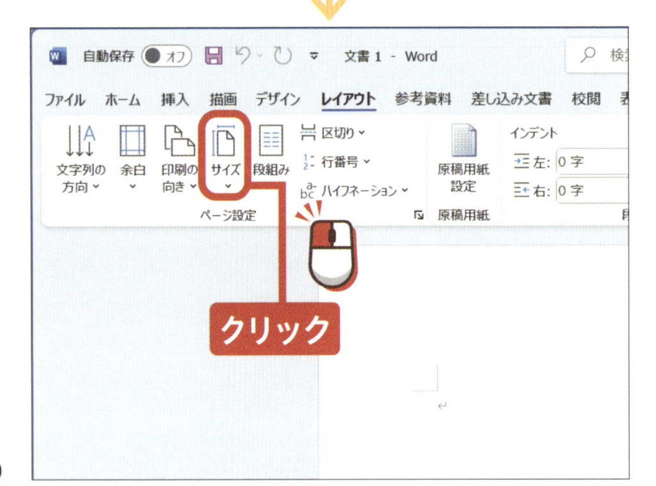

「ページ設定」グループの サイズ を クリックします。

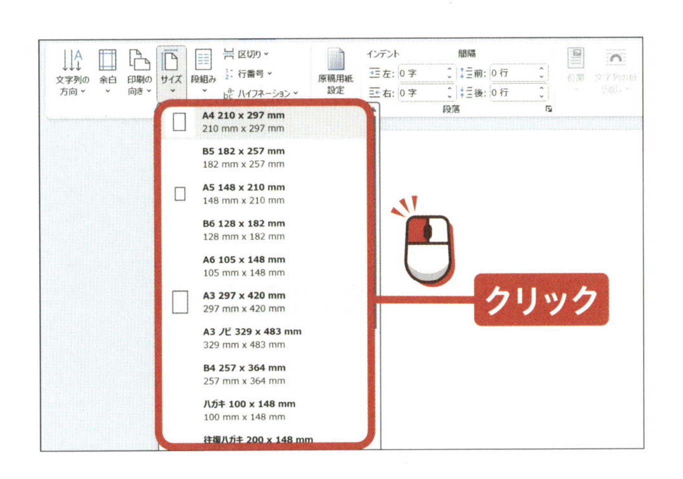

利用する用紙サイズを

クリックします。

●アドバイス●

新規で作成する白紙の文書は、A4サイズで設定されています。

2 余白を設定する

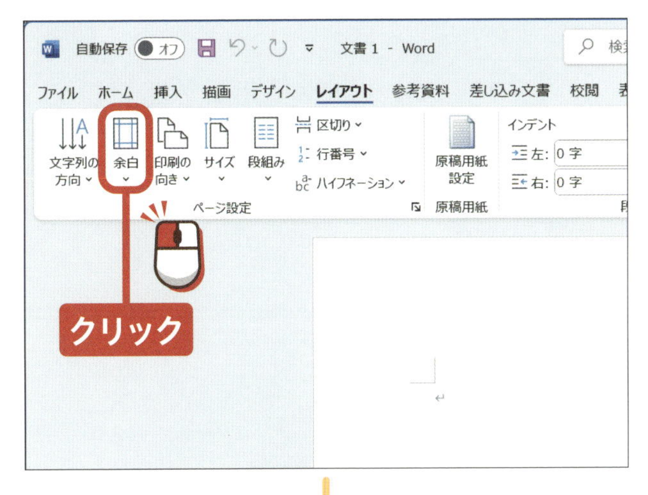

「レイアウト」タブの「ページ設定」グループの

を クリック

します。

●アドバイス●

「ページ設定」グループの「段組み」で2段組みなどの設定ができます。

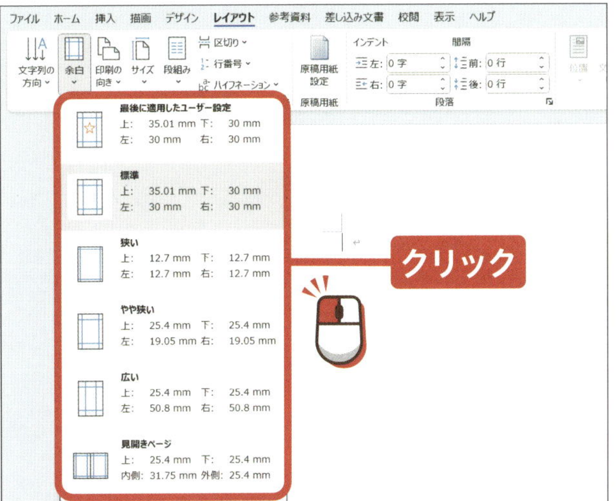

設定したい余白を

クリックします。

●アドバイス●

余白を広くすると、編集領域（1行あたりの文字数や行数）が狭くなり、狭くすると、編集領域が広くなります。

次のページへ

3 ページあたりの文字数を設定する

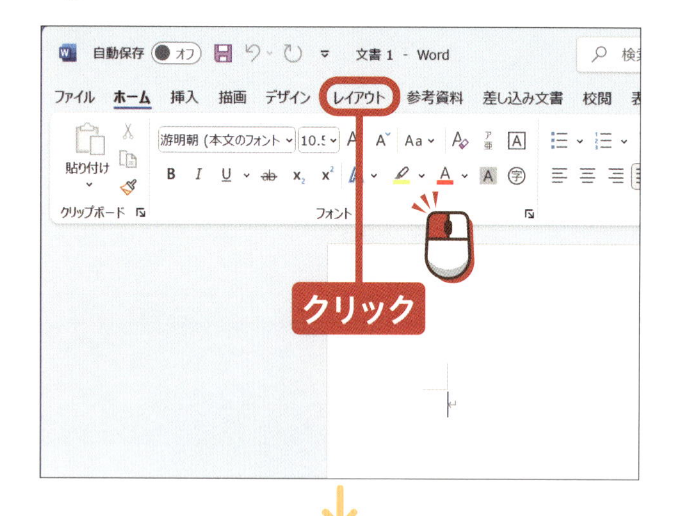

レイアウト を クリックします。

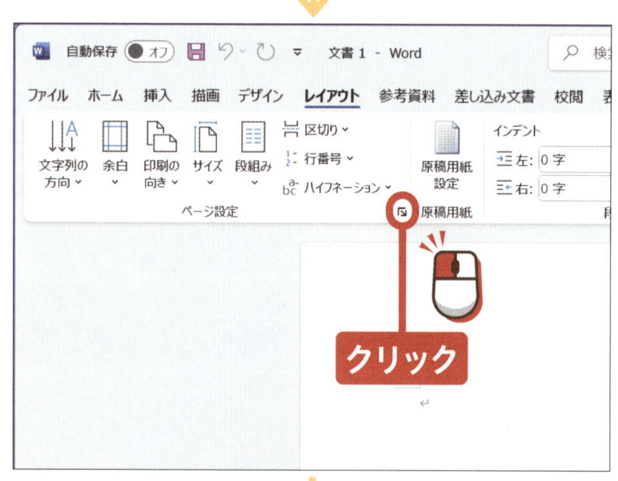

「ページ設定」グループの を クリックします。

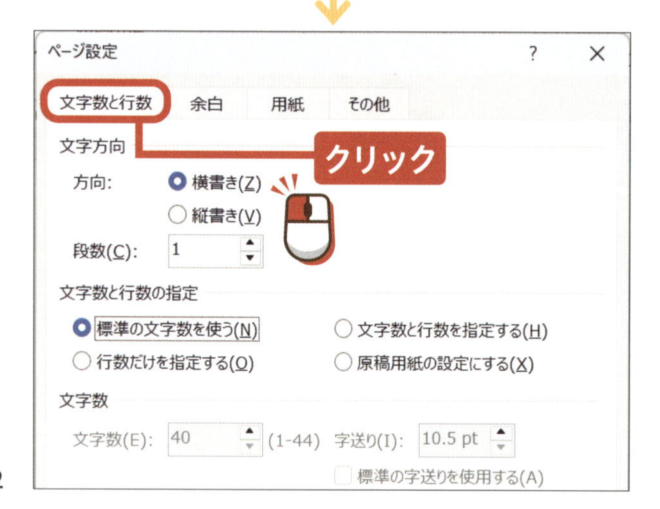

「ページ設定」ダイアログボックスが開きます。

文字数と行数 を クリックします。

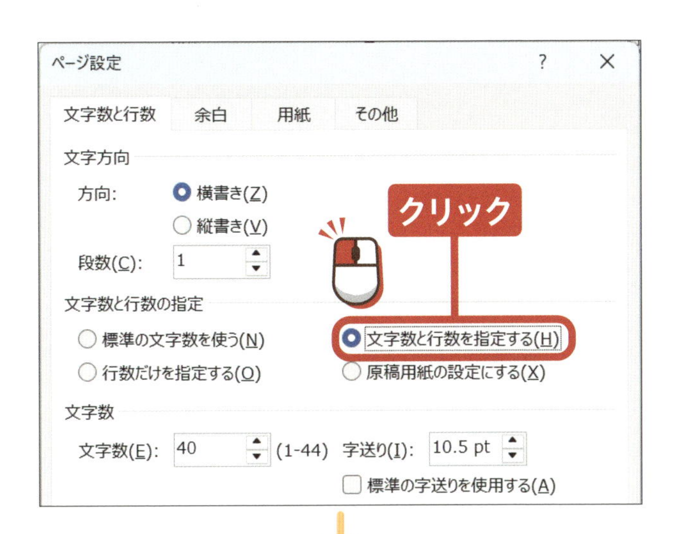

文字数と行数を指定する(H)
をクリックしてオンにします。

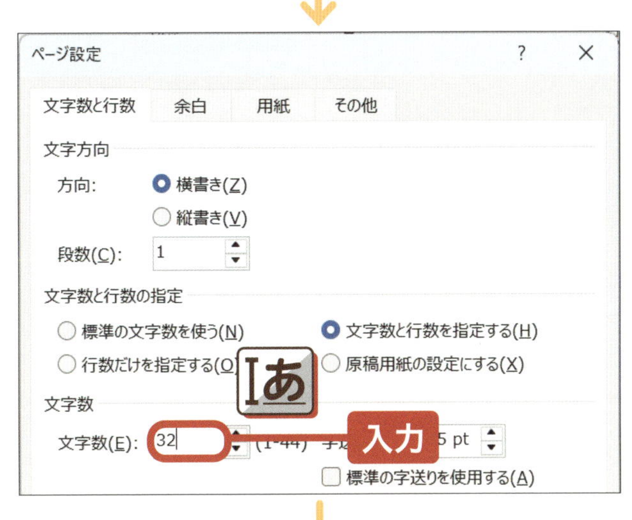

「文字数」の入力欄に
1行あたりの文字数を
入力します。

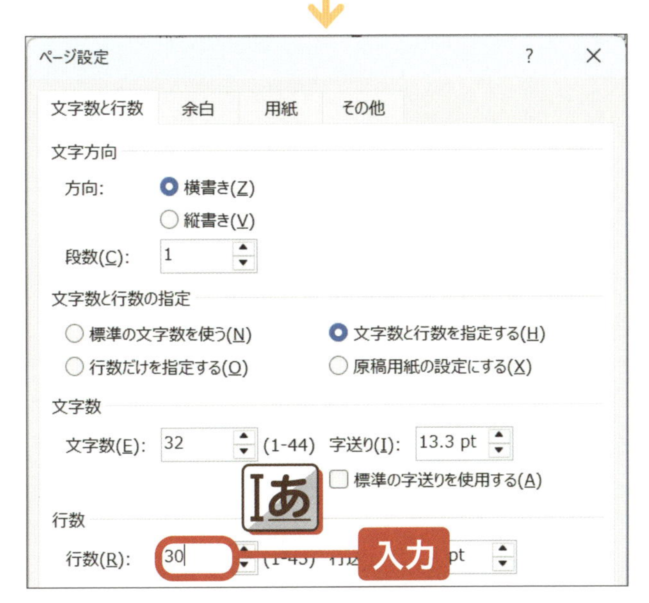

「行数」の入力欄に
1ページあたりの行数を
入力します。

次のページへ

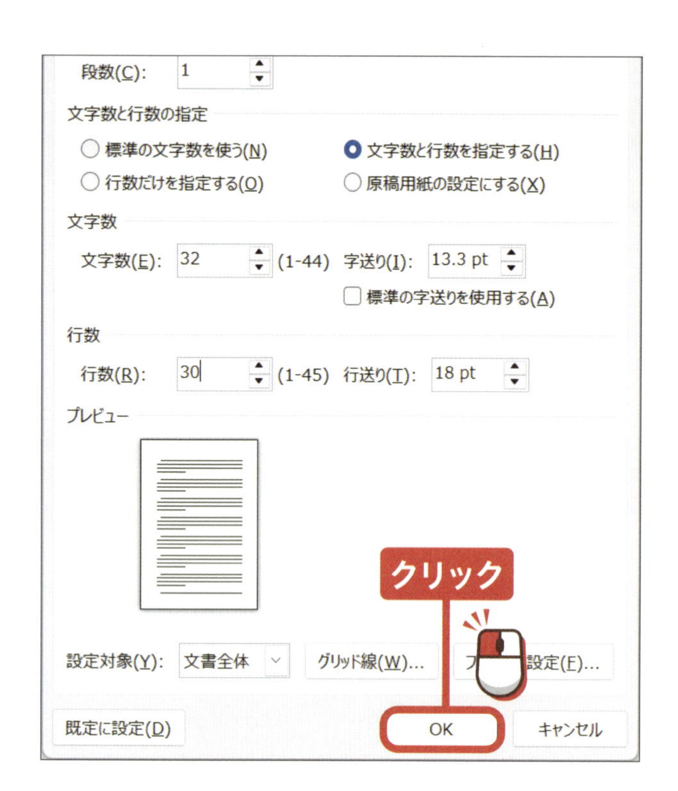

●アドバイス●

「字送り」と「行送り」の数値を変更することで、それぞれ字間や行間を調整できます。

ヒント うまく設定されない場合

利用しているフォントによっては、P.72～74の操作を行ってもうまく設定されない場合があります。
その場合は、文書作成画面の「ホーム」タブから、「段落」グループの右下にある↘をクリックして「段落」ダイアログボックスを表示し、「インデントと行間隔」タブにある「1 ページの行数を指定時に文字を行グリッド線に合わせる(W)」をクリックしてチェックをオフにし、「OK」をクリックします。
また、P.106を参考に、利用するフォントの書体を「MSゴシック」や「MS明朝」、「MSPゴシック」、「MSP明朝」などに変更することでも、設定が適用されます。

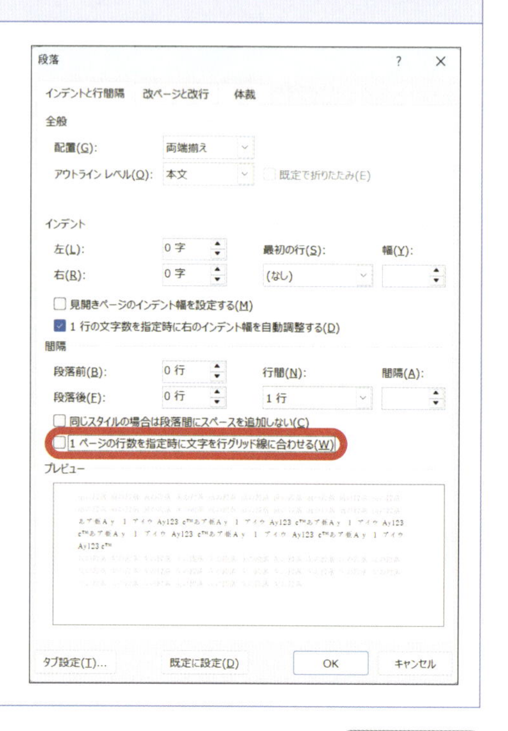

終わり

ワード

2章

文書の作成と編集の方法を学びましょう

レッスンをはじめる前に

ワードで文書を作成します

ここからは、実際に文字を入力し、文書を作成する方法を解説します。ワードはひらがなやカタカナ、漢字といった日本語やアルファベット、数字、記号などを入力して文書を作成することができます。入力には、キーボードのキーを打つとキーボードに書かれているひらがながそのまま入力される「かな入力」と、キーボードに書かれているアルファベットをローマ字読みで入力する「ローマ字入力」の2種類があります。
なお、日本語を入力する際、文節単位で入力し、細かく変換しながら確定していく入力方法と、文章単位で入力する方法がありますが、自分のやりやすいほうで入力するとよいでしょう。

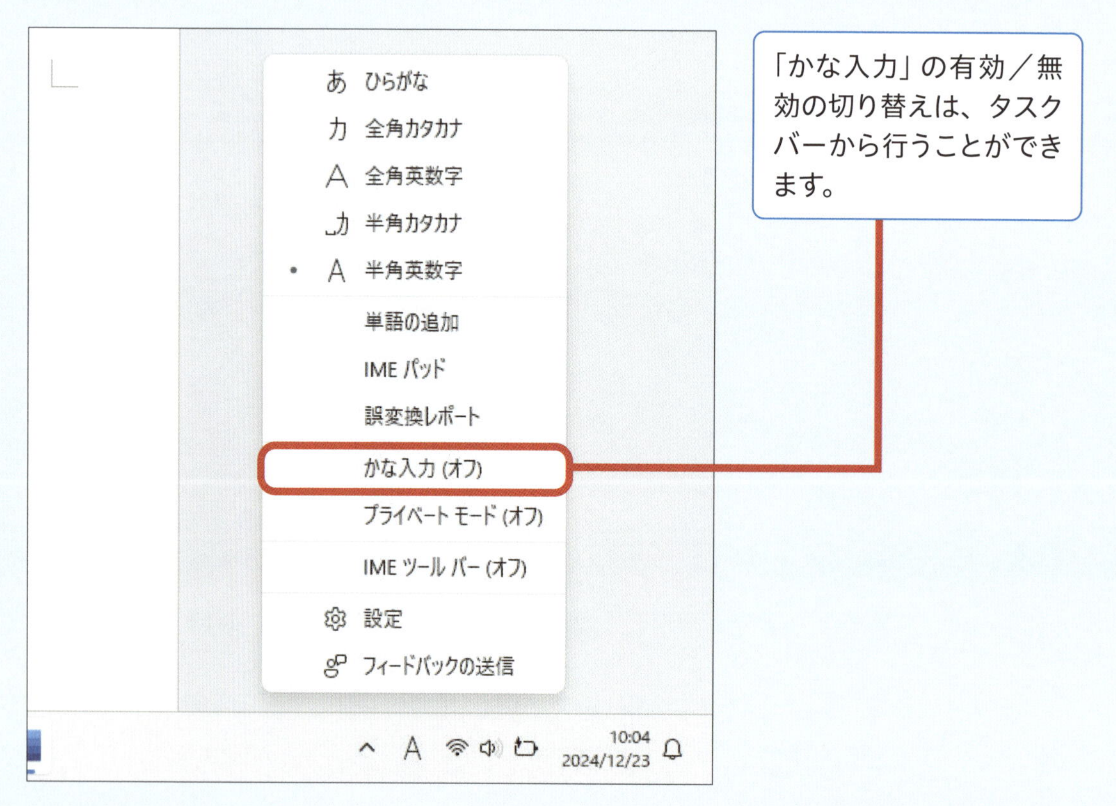

「かな入力」の有効／無効の切り替えは、タスクバーから行うことができます。

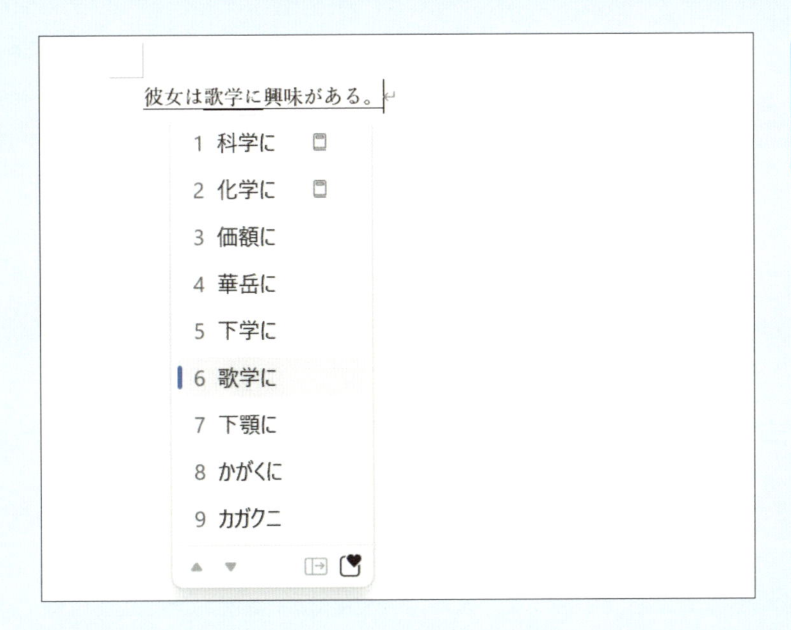

文章を入力した後に、文節単位で変換することができます。

作成した文書を編集します

文字を入力して作成した文書は、後から文字の削除や追加、修正などの編集を行うことができます。また、文字をコピーしたり、移動したりすることもできます。
編集は文書の作成には欠かせない基本的な操作ですので、本章でしっかりマスターするようにしましょう。

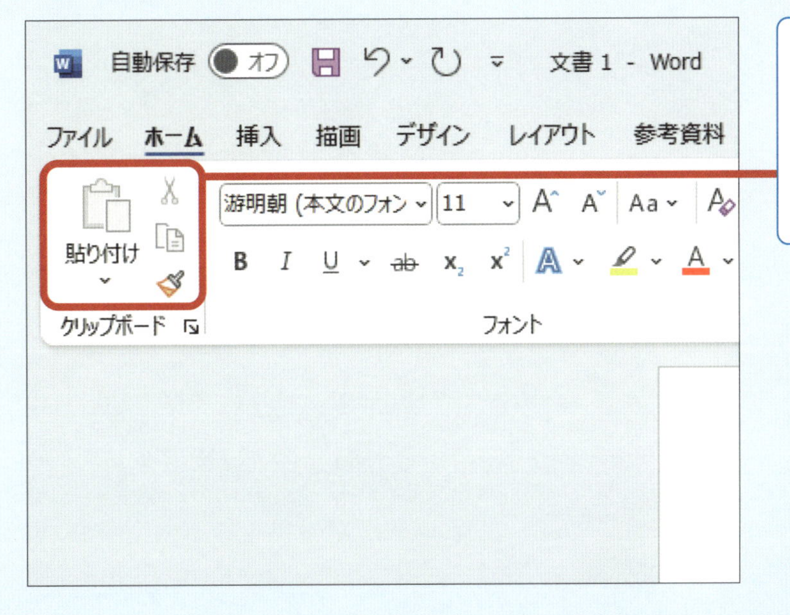

文字のコピーや移動のやり方をマスターして、スムーズに文書の編集を行えるようになりましょう。

レッスン 04 文字を入力しましょう

ワードにひらがなや漢字、カタカナなどの日本語やアルファベット、数字、記号などの文字を入力してみましょう。

ここでの操作

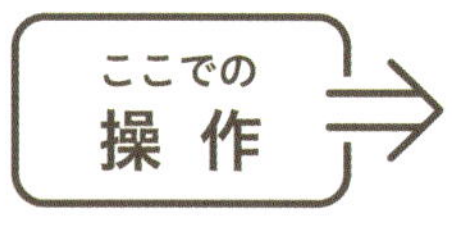

1 日本語（ひらがな）を入力する

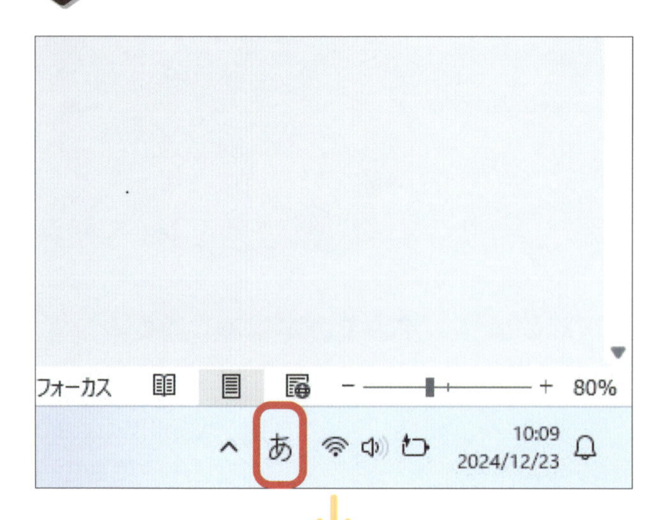

日本語を入力する場合、必ず あ（ひらがなモード）が表示されていることを確認します。

アドバイス

A（半角英数字モード）となっている場合は、P.44を参考に、ひらがなモードに切り替えます。

文書入力画面上のカーソルのある位置に、文字が入力されます。ここでは、ローマ字入力（P.47を参照）で文字を入力します。

「おはよう」（OHAYOU）と Iあ 入力します。

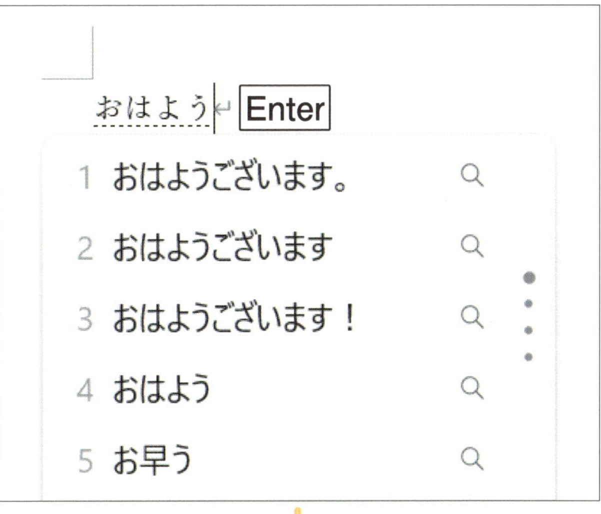

カーソルの左側に「おはよう」と入力され、文字の下に点線が付いた状態で表示されます。

キーボードのEnterを押します。

点線が消え、入力が確定します。

●アドバイス●

キーボードのBackSpaceなどで、入力した文字を削除できます（詳しくはP.96を参照）。

ヒント 入力時に変換候補が表示された場合

日本語を入力している途中に、自動で変換候補が表示されます。候補の中に入力したい変換があれば、それをクリックすると、その文字が入力されます。また、表示された入力候補をキーボードのTabや↑↓を押して選択し、Enterで確定することでも入力が行えます。

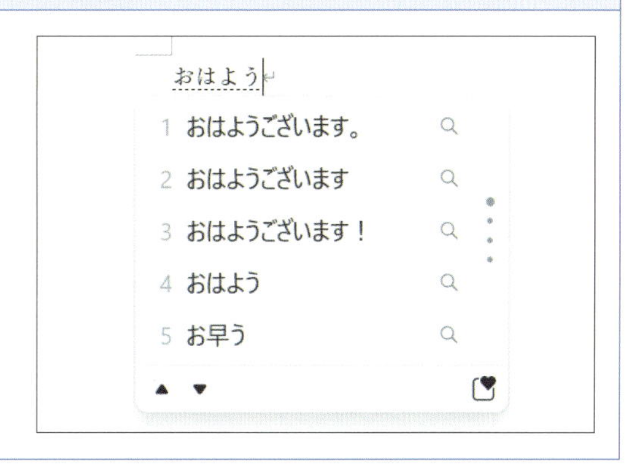

次のページへ

2 日本語(漢字)を入力する

入力する位置にカーソルを合わせます。

漢字で入力したい文字の読み(ここでは「ほしょう」)を あ 入力します。

入力した漢字の読みの下に点線が付きます。

キーボードの 変換 を押します。

●アドバイス●

Space でも、入力した文字の変換が行えます。

文字の下の点線が太線に変わり、入力した文字が漢字に変換されます。

入力したい漢字でない場合は、もう一度 変換 を押します。

●アドバイス●

この段階で変換された漢字で確定したい場合は、Enter を押します。

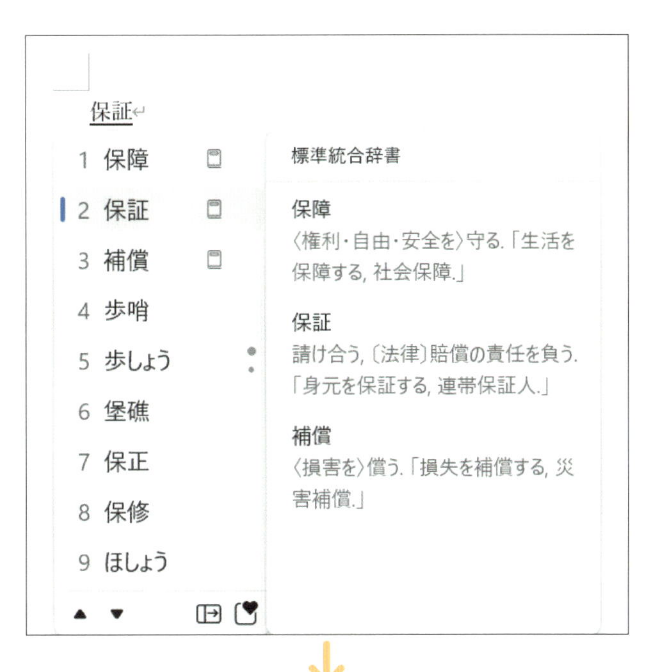

変換候補が表示されます。

キーボードの↑↓を押して変換候補を選択します。

●アドバイス●

↑↓を押すと、変換候補の選択を移動させることができます。また、表示された変換候補を直接クリックして確定することもできます。

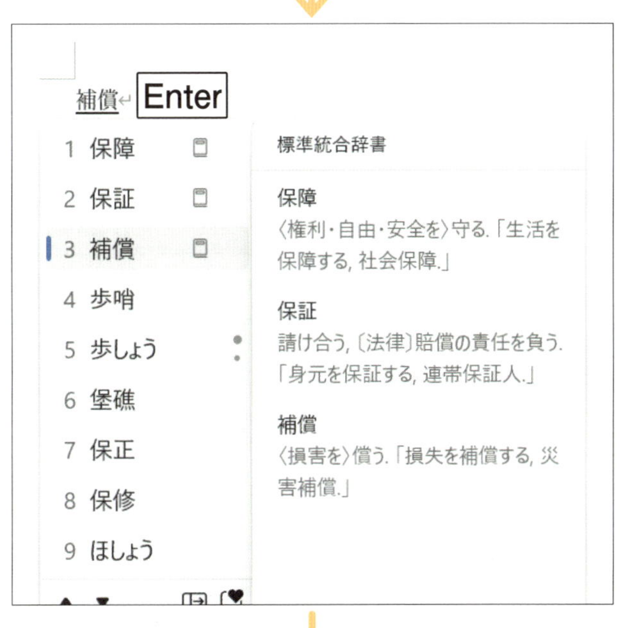

次の変換候補が選択されます。

キーボードのEnterを押します。

●アドバイス●

変換候補に📖が表示されているものにマウスポインターを合わせると、その言葉の意味などを辞書で見ることができます。

変換が確定します。

次のページへ

3 日本語（カタカナ）を入力する

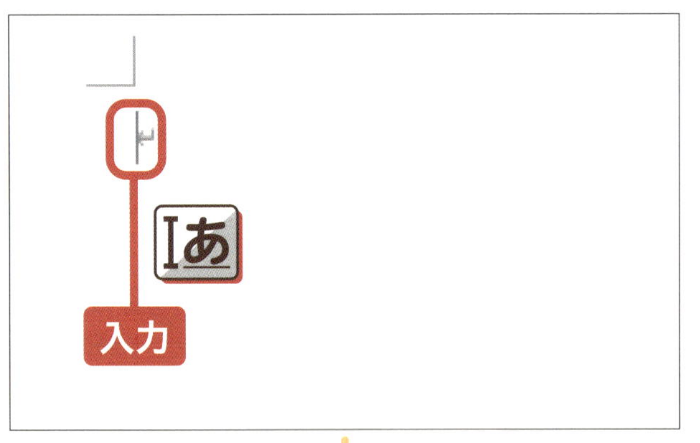

入力する位置にカーソルを合わせます。

カタカナで入力したい文字の読み（ここでは「さーくる」）を Iあ 入力します。

さーくる 変換

1 サークル
2 サークルケイ
3 サークル活動
4 サークルスクエア

入力したカタカナの読みの下に点線が付きます。

キーボードの 変換 を押します。

●アドバイス●

Space でも、入力した文字の変換が行えます。

サークル Enter

文字の下の点線が太線に変わり、入力した文字がカタカナに変換されます。

キーボードの Enter を押します。

●アドバイス●

前回選択したものが先頭に表示されるなど、表示される入力候補の順番は変化します。

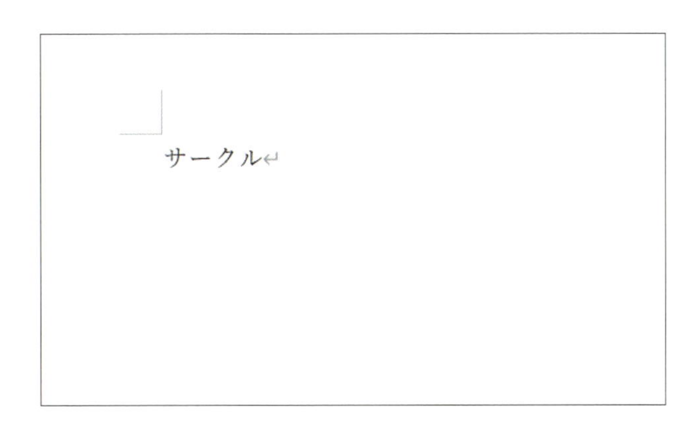

変換が確定します。

●アドバイス●

句読点を入力するには、あ（ひらがなモード）でキーボードの、。を押します。

ヒント F7で変換する

一般的に使われていない固有名詞などの場合、キーボードの変換を押しても分割されて変換されたり、候補にカタカナがなかったりとうまく変換されないことがあります。そのような場合はカタカナで入力したい読みの入力後にキーボードのF7を押すと、1回でカタカナに変換することができます。

カタカナで入力したい文字の読みを入力し、キーボードのF7を押します。

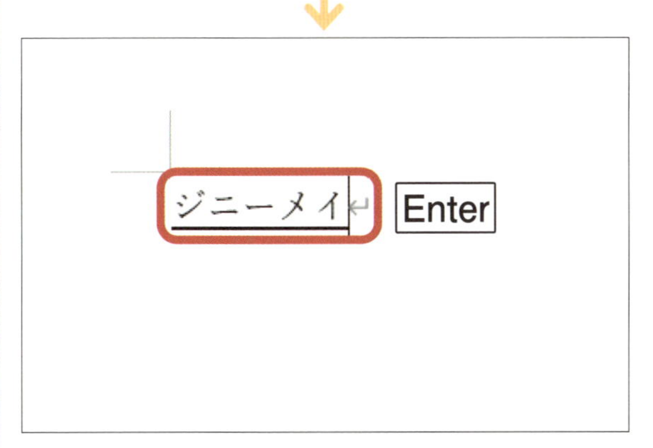

カタカナに変換されます。キーボードのEnterを押すと、入力が確定します。

次のページへ

4 数字を入力する

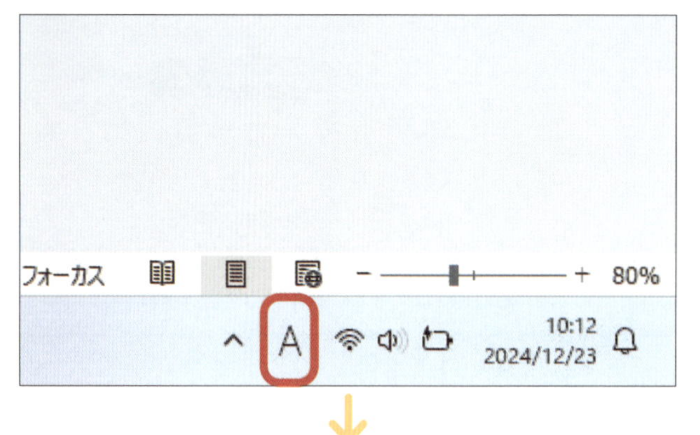

P.44を参考に、A（半角英数字モード）に切り替えておきます。

入力する位置にカーソルを合わせます。

数字が書かれているキーを押し、数字（ここでは「12345」）を入力します。

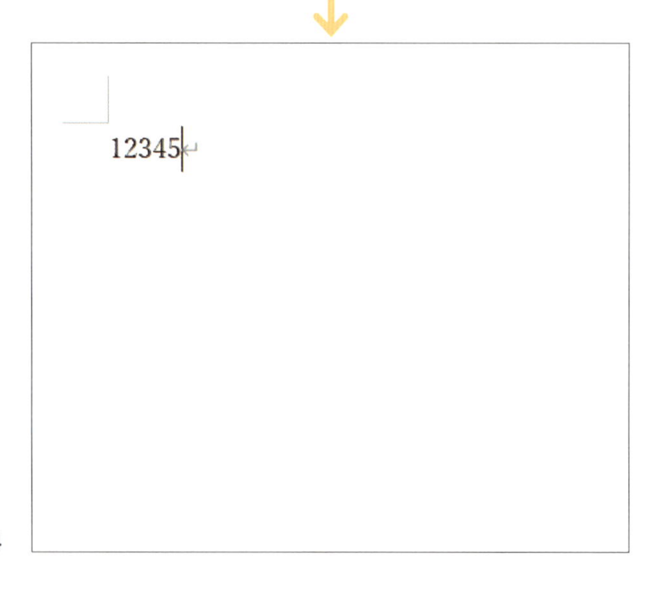

数字が入力されます。

●アドバイス●

半角英数字モードの場合、入力後にキーボードのEnterを押して確定させる必要はありません。

ヒント 全角の数字を入力する

全角の数字を入力する場合は、タスクバーにある[あ]（または[A]などのIMEアイコン）を右クリックし、「全角英数字」をクリックして入力モードを「全角英数字モード」に切り替えます。全角英数字モードで数字を入力する場合、入力後にキーボードの[Enter]を押すことで確定となります。なお、全角英数字モードは全角の数字のほか、全角のアルファベットも入力ができます。
全角英数字モードでキーボードの[半角／全角]を押すと、半角英数字モードとの切り替えができ、また、キーボードの[カタカナ ひらがな]を押すと、ひらがなモードに切り替えができます。

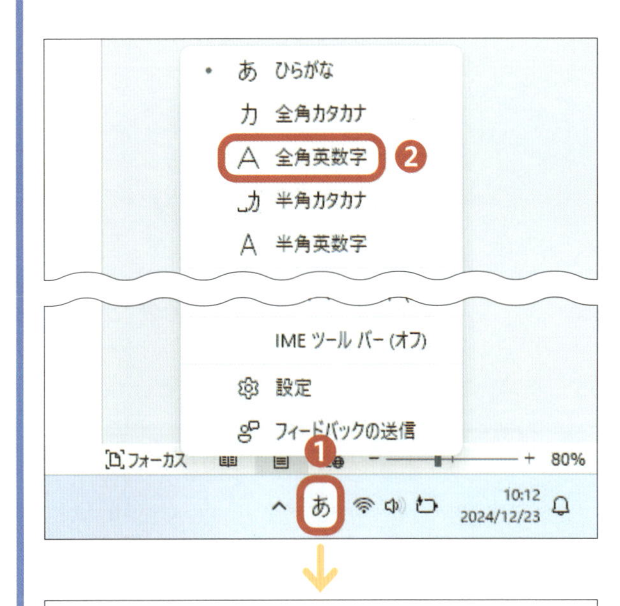

[あ]（または[A]など）❶を右クリックして、「全角英数字」❷をクリックします。

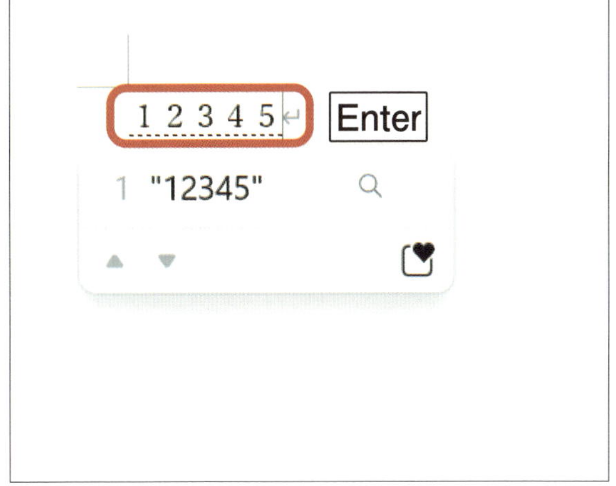

キーボードの数字キーを押して入力し、[Enter]を押すと、全角数字の入力が確定します。

次のページへ

5 アルファベットを入力する

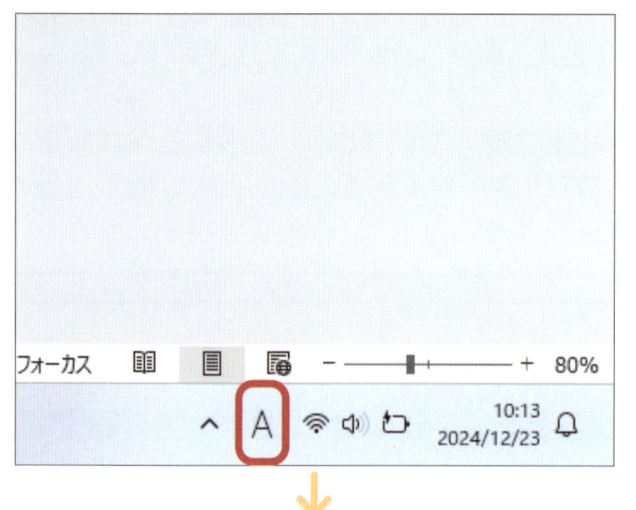

ここでは半角のアルファベットを入力します。P.44を参考に、A（半角英数字モード）に切り替えておきます。

●アドバイス●

全角のアルファベットを入力したい場合は、P.85を参照してください。

入力する位置にカーソルを合わせます。

アルファベットが書かれているキーを押し、アルファベット（ここでは「HELLO」）を入力します。

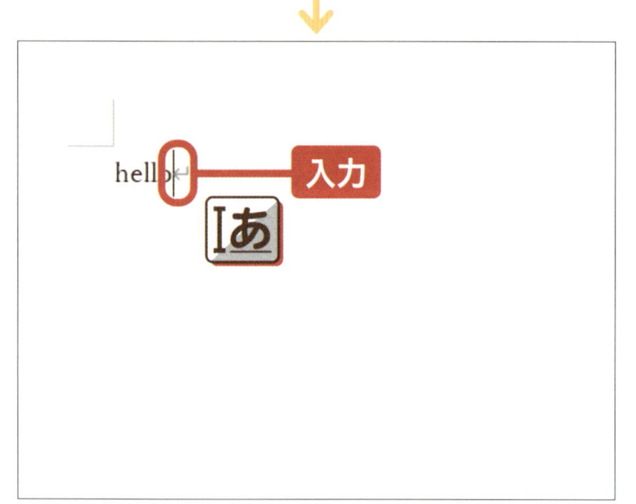

アルファベットが小文字で入力されます。続けて大文字で入力します。

キーボードのShiftを押しながら英字キーを押してアルファベット（ここでは「TOKYO」）を入力します。

アルファベットが大文字で入力されます。

ヒント ひらがなモードで変換してアルファベットを入力する

ひらがなモードで「ほーむ」や「ぶっく」といった、一般的な英単語の読みを入力し、P.80を参考に変換候補を表示させると、変換候補に英単語が表示される場合があります。

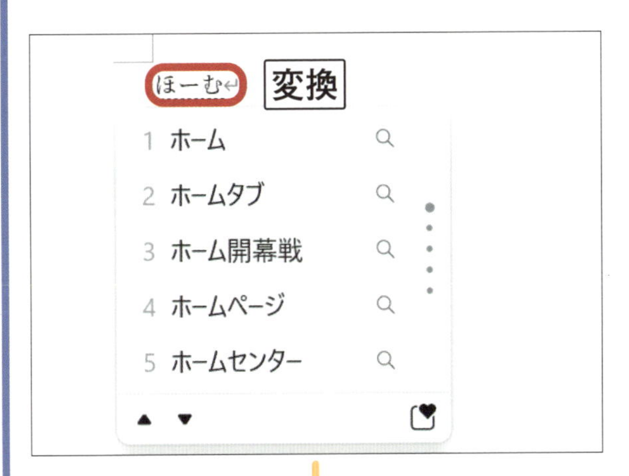

ひらがなモードに切り替えておきます。
「ほーむ」と入力して、キーボードの変換を押します。

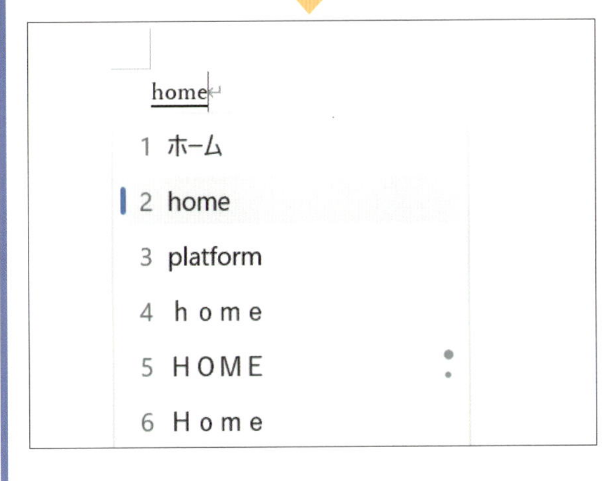

変換候補が表示されるので、入力したい変換候補をクリックなどで選択します。

また、ひらがなモードで入力し、キーボードのF9 F10を押すことでもアルファベットに変換できます。

次のページへ

6 記号を入力する

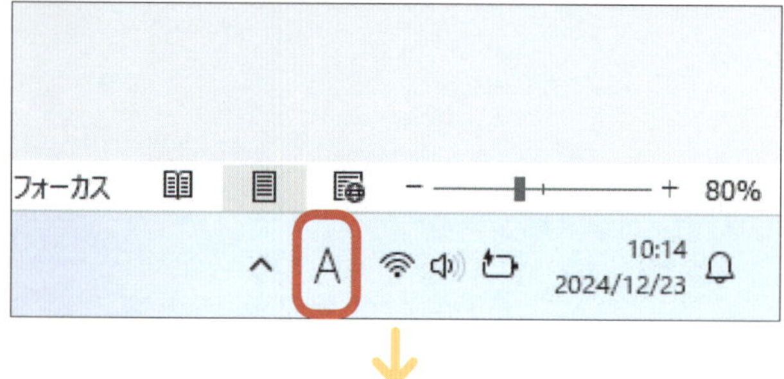

P.44を参考に、A（半角英数字モード）に切り替えておきます。

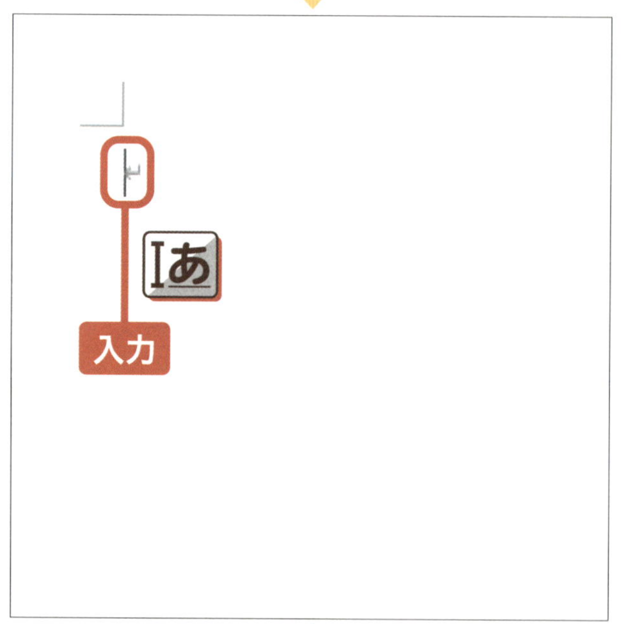

入力する位置にカーソルを合わせます。

記号が書かれている
キーを押し、
記号（ここでは「@」）を
入力します。

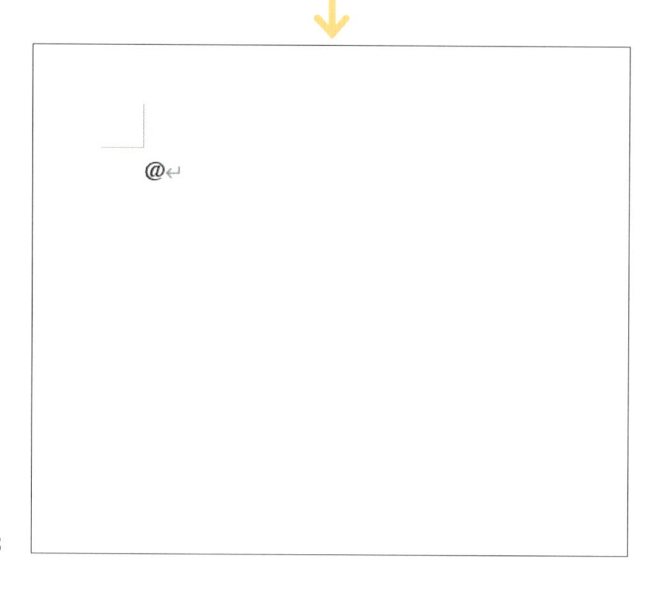

記号が半角で入力されます。

アドバイス

キーボードのShiftを押しながら記号キーや数字キーを押すと、キーの左上に書かれている記号が入力されます。

ヒント ひらがなモードで変換して記号を入力する

ひらがなモードで「ほし」や「から」といった記号の読みを入力し、P.80を参考に変換候補を表示させると、変換候補に記号が表示されるものもあります。また、同モードでカッコなどの記号を入力して同じように変換候補を表示させると、ほかのカッコや記号などが変換候補に表示され、入力できます。

ひらがなモードに切り替えておきます。
「ほし」と入力し、キーボードの変換を2回押します。

変換候補が表示されるので、入力したい変換候補をクリックなどで入力します。

読み	記号（例）
まる	○●◎
ばつ	×
さんかく	△▽▲▼∴
しかく	□◇■◆
ほし	☆★
から	～

読み	記号（例）
こめ	※
ゆうびん	〒
てん	・、，．：；‥…
かっこ	「」（）【】『』［］<>《》｛｝“”
たんい	°℃￥＄％
やじるし	↑↓←→

終わり

レッスン 05 文節・文章単位で入力しましょう

文書の作成には、文節ごとに、または一気に文章を入力します。漢字などの変換は適宜確認し、正しく入力するようにしましょう。

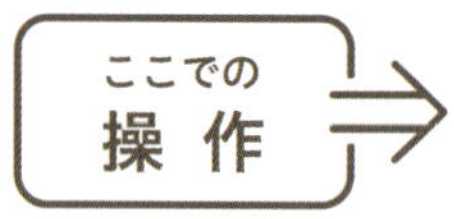

入力
→P.20

1 文節単位で入力する

ここでは「家に帰る。」と入力します。

「いえに」と入力し、キーボードの変換を押します。

アドバイス

文字を入力し、文字の下に点線が表示されているときにキーボードのEscを押すと、入力を取り消せます。

「家に」と変換されます。

アドバイス

使いたい文字に変換されない場合、もう一度変換を押すと、変換候補が一覧で表示されます（P.80～81を参照）。

「かえる。」と[あ]入力し、キーボードの変換を押します。

「帰る。」と変換されます。

キーボードのEnterを押すと、入力が確定します。

ヒント 入力モードを確認する

入力モードにより、同じキーでも入力される文字は異なります。文書を作成する際には、必ず入力モードが何になっているのかを確認するようにしましょう。入力モードの変更方法は、P.85を参照してください。

表示アイコン	入力モード	入力される文字	入力例
あ	ひらがな	ひらがな、漢字	さくら、紫陽花
カ	全角カタカナ	全角カタカナ	チューリップ
_ｶ	半角カタカナ	半角カタカナ	ﾁｭｰﾘｯﾌﾟ
Ａ	全角英数字	全角アルファベット、数字、記号	Ｆｌｏｗｅｒ、１２３、！
A	半角英数字	半角アルファベット、数字、記号	Flower、123、!

次のページへ

2 文章単位で入力する

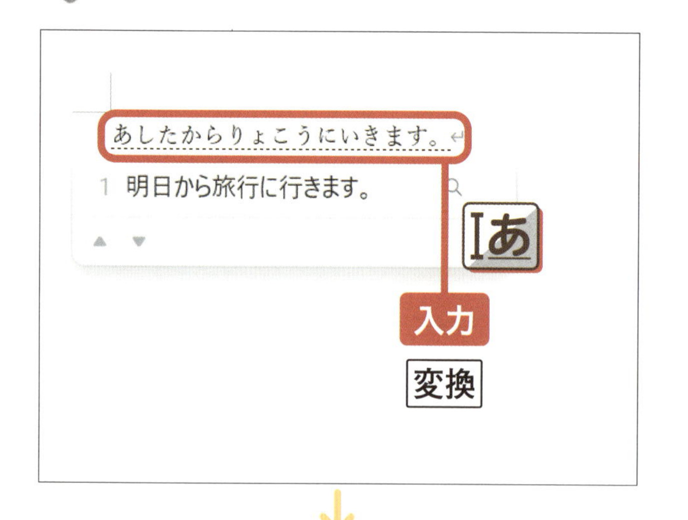

ここでは「明日から旅行に行きます。」と入力します。

文章（あしたからりょこうにいきます。）を
Iあ入力し、
キーボードの
変換を押します。

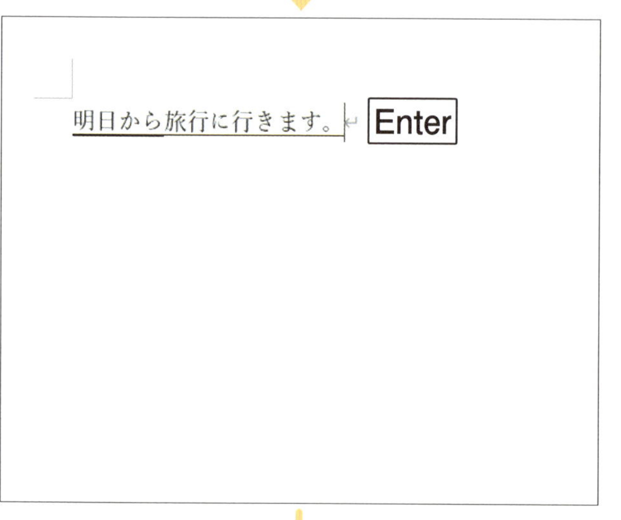

入力した文章が一括変換されます。

キーボードの
Enterを押します。

●アドバイス●

変換された文字が入力したいものと異なる場合は、右ページのヒントを参考に変更しましょう。

明日から旅行に行きます。

変換が確定し、文章が入力されます。

●アドバイス●

変換を再度押すと、文節ごとに変換できます。

ヒント 文節ごとに変換を行う

キーボードの変換を押して変換した文字が意図しているものと違った場合は、→または←を押して文字の下に表示されている太い下線を変換し直したい文節に移動し、再度変換を押します。

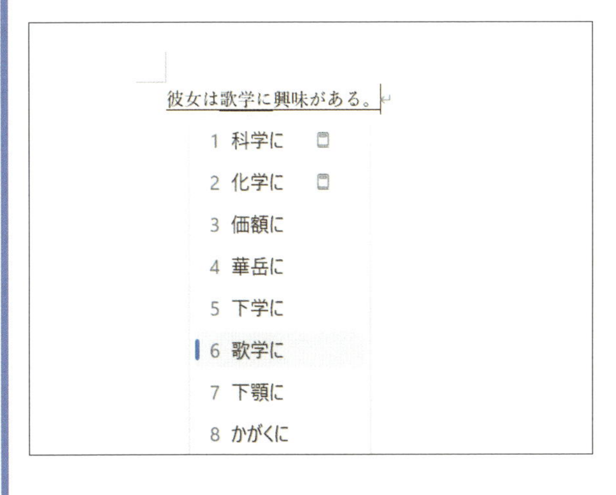

キーボードの←を押して太い下線を移動し、変換を押すと、ほかの変換に変更できます。

また、キーボードの変換を押して変換後、文章内で変換される文節を変更したい場合は、Shiftを押しながら←または→を押し、選択範囲を変更してから変換を押します。

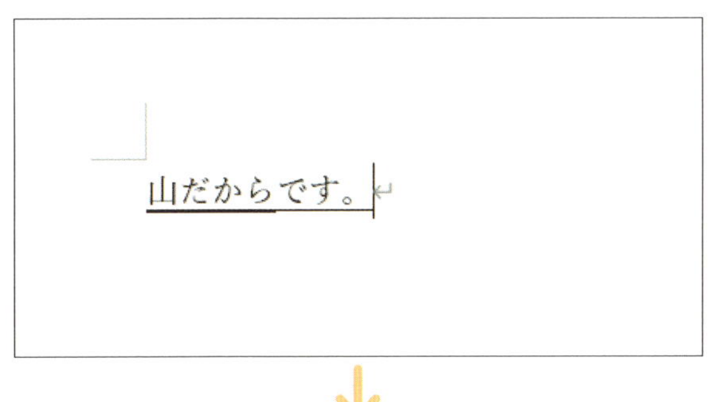

キーボードのShiftを押しながら←を押し、選択範囲を変更します。

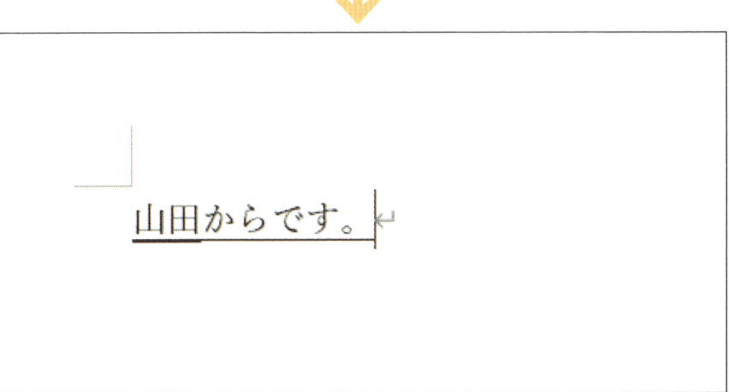

キーボードの変換を押すと、選択した文節が変換されます。

終わり

練習用ファイル ▶ W06_文字の修正と削除.docx

レッスン 06

文字を修正・削除しましょう

文書を作成した後に間違っている箇所が見つかった場合などは、文字の修正や追加、削除を行いましょう。

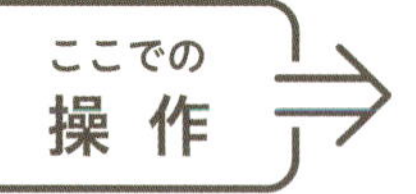

クリック → P.18

ダブルクリック → P.18

右クリック → P.19

入力 → P.20

1 文字を修正する

お客様感謝イベン

拝啓　時下ますますご清祥の段、お慶び申
ただき御厚情のほど、心より御礼申し上げ
　さて、このたび東天では、お客様への日
記のとおりまｘベントを開催いた
品満載のビンゴゲーム等で楽しみいただけ
　ご多忙とは存じますが、皆様のご来店を

記

クリック　Shift + →

修正する文字を選択します。

修正したい文字の左側をクリックしてマウスカーソルを置き、キーボードのShiftを押しながら→を押して選択します。

●アドバイス●

マウスのドラッグでも文字を選択することができます。

拝啓　時下ますますご清祥の段、お慶び申
ただき御厚情のほど、心より御礼申し上げ
　さて、このたび当店では、お客様への日
記のとおりお客様感謝イベントを開催いた
品満載のビンゴゲーム等で楽しみいただけ

入力

修正後の文字を入力します。

選択した文字が入力した文字に置き換わり、修正されます。

2 文字を追加する

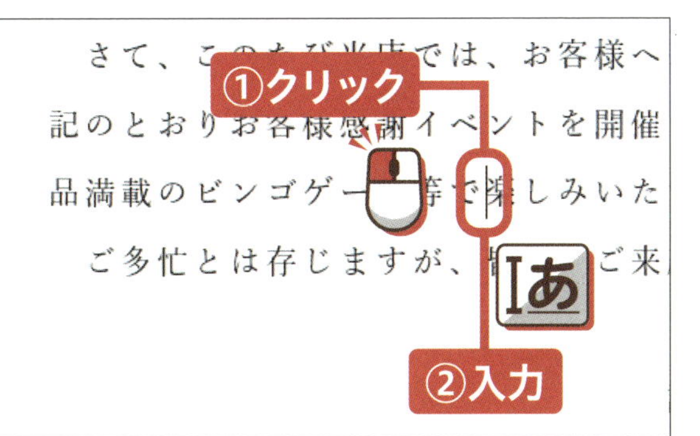

文字を
追加したいところを
クリックします。

追加したい文字を
入力します。

記のとおりお客様感謝イベントを開催
品満載のビンゴゲーム等でお楽しみい
ご多忙とは存じますが、皆様のご来

入力した文字が追加されます。

ヒント 挿入モードと上書きモード

ワードは通常、「挿入モード」となっており、文字を挿入するときに点滅しているカーソルの位置に文字が追加されます。キーボードのInsertを押して「上書きモード」に切り替えると、文字を追加する際、点滅しているカーソルの右側の文字が上書きされます。
ノートパソコンなどでInsertがない場合は、ステータスバー❶を右クリックし、「上書き入力」❷をクリックします。ステータスバーに「挿入モード／上書きモード」が表示されるので、以後はここをクリックすることで切り替えができます。

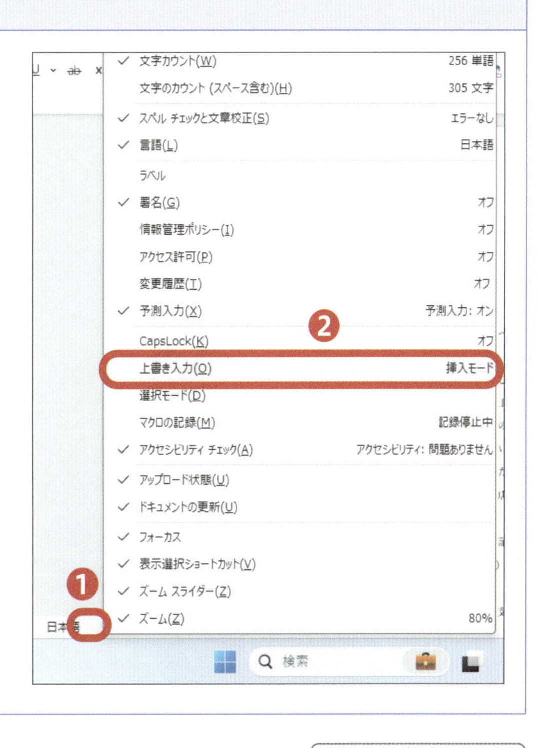

3 文字を1字ずつ削除する

品満載のビンゴゲーム等で楽しみいただけます。↵
ご多忙とは存じますが、皆様のご来店を心よりお待
記↵
開 催 日：5月 11日（日曜日）↵
時 間：13:00 〜 17:00↵
会 場：SB 雑貨店 丸の内支店↵
お問合せ：03-xxxx-xxxx（担当：吉川）↵
クリック

削除したい文字の右側を クリックして マウスカーソルを 置きます。

品満載のビンゴゲーム等で楽しみいただけます。↵
ご多忙とは存じますが、皆様のご来店を心よりお待
記↵
開 催 日：5月 11日（日曜日）↵
時 間：13:00 〜 ↵
会 場：SB 雑貨店 丸の内支店↵
お問合せ：03-xxxx-xxxx（担当：吉川）↵
BackSpace

キーボードの BackSpace を押すと、カーソルの左側にある文字が1字ずつ削除されます。

●アドバイス●

画面は5回 BackSpace を押して「17：00」を削除しています。

ヒント カーソルの右側の文字を1字ずつ削除する

カーソルの右側の文字を削除するには、削除したい文字の左側をクリックしてマウスカーソルを置きます。キーボードの Delete を押すと、カーソルの右側にある文字を1字ずつ削除できます。

開 催 日：5月 11日（日曜日）↵
時 間：13:00 〜 17:00↵
会 場：SB 雑貨店 丸の内支店↵
お問合せ：03-xxxx-xxxx（担当：吉川）↵
クリック
Delete

4 文字を一括削除する

記
開 催 日：5月11日（日曜日）
時　　間：13:00 ～ 17:00
会　　場：SB雑貨店　丸の内支店
お問合せ：03-xxxx-xxxx（担当：吉川）

削除したい文字を選択します。

アドバイス

単語をダブルクリックすると、一括で選択することができます。

記
開 催 日：5月11日（日曜日）
時　　間：13:00 ～
会　　場：SB雑貨店　丸の内支店
お問合せ：03-xxxx-xxxx（担当：吉川）

Delete

キーボードのDeleteまたはBackSpaceを押すと、選択した文字が一括削除されます。

ヒント 複数の離れた箇所を一括で削除する

複数の離れた箇所の文字を一括で削除するには、最初に文字を選択し、続けてキーボードのCtrlを押したまま、マウスで削除したい箇所をドラッグします。その状態でDeleteを押すと、離れた複数箇所の文字が一括で削除されます。

記
開 催 日：5月11日（日曜日）
時　　間：13:00 ～ 17:00
会　　場：SB雑貨店　丸の内支店
お問合せ：03-xxxx-xxxx（担当：吉川）

終わり

レッスン 07

文字をコピー・移動しましょう

入力した文字をほかの場所でも使いたい場合は、コピーをすると便利です。また、文字を移動することもできます。

1 文字をコピーする

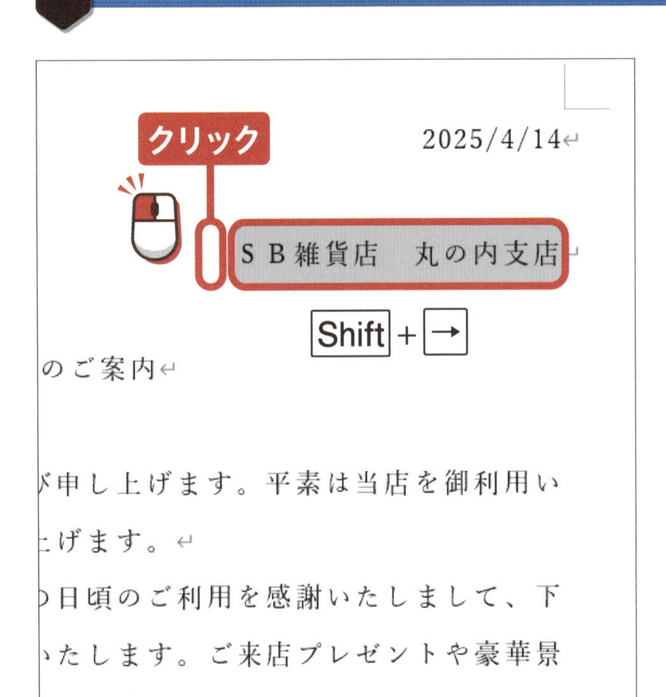

コピーする文字を選択します。

コピーしたい文字の左側をクリックしてマウスカーソルを置き、キーボードのShiftを押しながら→を押して選択します。

アドバイス

マウスのドラッグでも文字を選択することができます。

「ホーム」タブの「クリップボード」グループの📋をクリックします。

さて、このたび東天では、お客様への日頃のご利用を感謝い
記のとおりお客様感謝イベントを開催いたします。ご来店プレ
品満載のビンゴゲーム等で楽しみいただけます。
ご多忙とは存じますが、皆様のご来店を心よりお待ちしてお

記

開催日：5月11日（日曜日）
時間：13:00 ～
会場：
お問合せ：03-xxxx-xxxx（担当：吉川）

クリック

コピーした文字を
貼り付けたい場所を
クリックし、
マウスカーソルを
置きます。

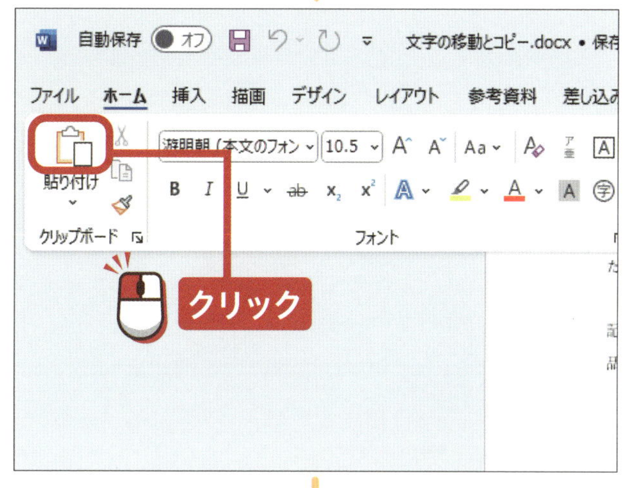

を
クリックします。

アドバイス

キーボードのCtrl＋Cを押してコピー、Ctrl＋Vを押して貼り付けを行うこともできます。

拝啓　時下ますますご清祥の段、お慶び申し上げます。平素は
ただき御厚情のほど、心より御礼申し上げます。
さて、このたび東天では、お客様への日頃のご利用を感謝い
記のとおりお客様感謝イベントを開催いたします。ご来店プレ
品満載のビンゴゲーム等で楽しみいただけます。
ご多忙とは存じますが、皆様のご来店を心よりお待ちしてお

記

開催日：5月11日（日曜日）
時間：13:00 ～
会場：ＳＢ雑貨店　丸の内支店
お問合せ：03-xxxx-xxxx（担当：吉川 (Ctrl)

コピーした文字が貼り付けられます。

アドバイス

貼り付けた文字と一緒にスマートタグ（(Ctrl)）も表示されます。これは貼り付けのオプションが選択できるものですが、ここでは無視して大丈夫です。気になる場合はキーボードのEscを押すと消えます。

次のページへ

2 文字を移動する

イベントのご案
拝啓　時下ますますご清祥の段、お慶び申し上
ただき御厚情のほど、心より御礼申し上げます
さて、このたび東天では、お客様への日頃の
記のとおりお客様感謝イベントを開催いたしま
品満載のビンゴゲーム等で楽しみいただけます

移動したい文字を選択します。

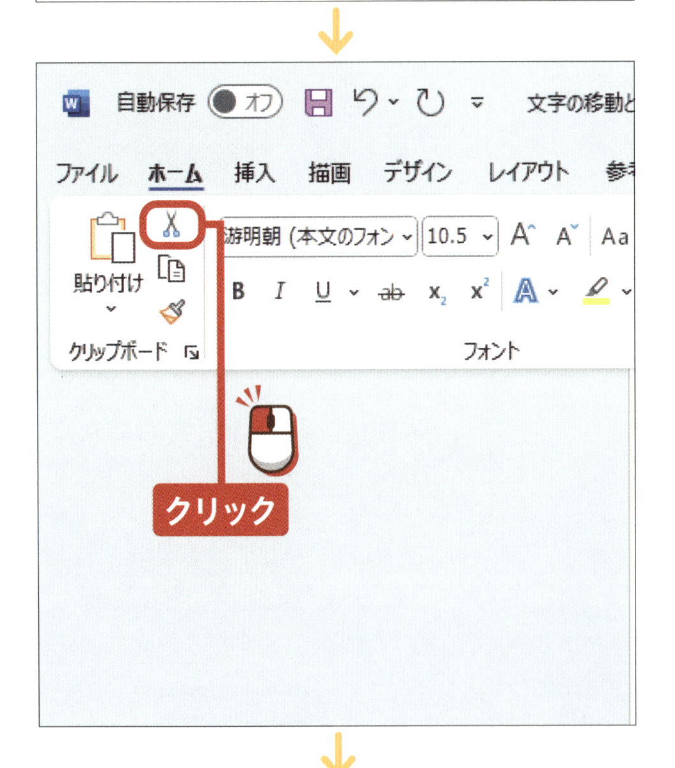

「ホーム」タブの「クリップボード」グループの✂を**クリック**します。

●アドバイス●

キーボードの Ctrl + X を押すことでも切り取りができます。

イベントのご案
拝啓　時下ますますご清祥の段、お慶び申し上
ただき御厚情のほど、心より御礼申し上げます
さて、このたび東天では、お客様への日頃の
記のとおりイベントを開催いたします。ご来店
クリック

移動したい場所を**クリック**し、マウスカーソルを置きます。

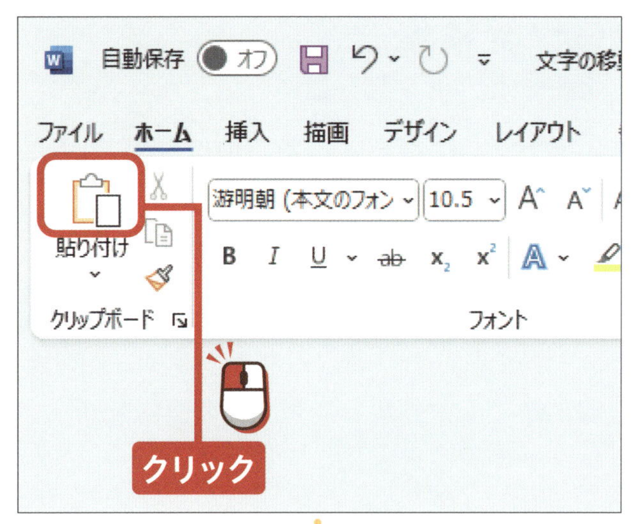

●アドバイス●

コピー、切り取り、貼り付けは選択範囲を右クリックし、表示されるメニューから行うこともできます。

お客様感謝イベントの
(Ctrl)
拝啓　時下ますますご清祥の段、お慶び申し上
ただき御厚情のほど、心より御礼申し上げます
さて、このたび東天では、お客様への日頃の
記のとおりイベントを開催いたします。ご来店
ンゴゲーム等で楽しみいただけます。
ご多忙とは存じますが、皆様のご来店を心よ

文字が移動して貼り付けられます。

●アドバイス●

「クイックアクセスツールバー」のをクリックすると操作が元に戻り、をクリックすると操作がやり直されます。

ヒント　マウスで文字を移動する

移動させたい文字を選択し、移動したい箇所へドラッグすることでも、文字を移動することができます。

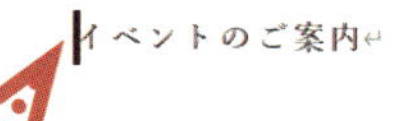

イベントのご案内
拝啓　時下ますますご清祥の段、お慶び申し上げます。
ただき御厚情のほど、心より御礼申し上げます。
さて、このたび東天では、お客様への日頃のご利用を
記のとおりお客様感謝イベントを開催いたします。ご来
品満載のビンゴゲーム等で楽しみいただけます。
ご多忙とは存じますが、皆様のご来店を心よりお待ち

終わり

ステップアップ

Q. アルファベットの先頭文字が大文字になってしまうのはなぜ？

A. オートコレクトが有効になっているためです。

たとえば「this」と入力し、キーボードのSpaceやEnterを押すと、自動的に「This」のように先頭文字が大文字で表示されることがあります。これはワードのオートコレクト機能が働いているからです。この機能を利用したくないときは、オートコレクトの設定を変更しましょう。

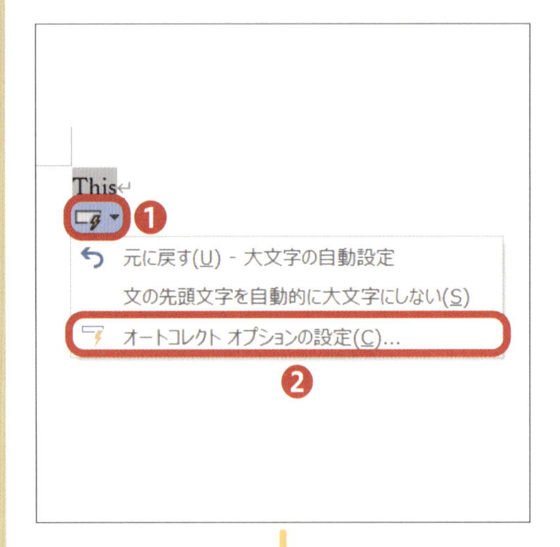

オートコレクトによって変換された文字をクリックし、先頭文字の下に表示されるをクリックし、❶→「オートコレクト オプションの設定」❷をクリックします。

オートコレクト

オートコレクト | 数式オートコレクト | 入力オートフォーマット | オートフォーマット

- [オートコレクト オプション] ボタンを表示する(H)
- 2 文字目を小文字にする [THe ... → The ...](O)
- 文の先頭文字を大文字にする [the ... → The ...](S)
- 表のセルの先頭文字を大文字にする(C)
- 曜日の先頭文字を大文字にする [monday → Monday](N)
- CapsLock キーの押し間違いを修正する [tHE ... → The ...](L)
- 入力中に自動修正する(T)

修正文字列(R): 修正後の文字列(W): 書式なし(P) 書式付き(F)

(c)	©
(e)	€
(r)	®

「文の先頭文字を大文字にする」❸をクリックしてオフにし、「OK」をクリックすると、先頭文字が自動的に大文字にならなくなります。そのほかにも気になる設定が行われていたら、一緒にオフにしておきましょう。

ワード

3章

文書のデザインを行いましょう

レッスンをはじめる前に

文書の書式を変更します

作成した文書の書式を変更して、読みやすくなるように設定しましょう。文字の書体や大きさを文書の内容に合わせて変更すると、より一層読みやすくなります。見出しを中央に配置したり、文字を指定した文字数分に均等に割り付けたり、横幅を拡大・縮小したりすることもできます。
また、箇条書きを設定して文書内の一部をリスト形式にすると、内容が整理されるのでしっかりとまとまった文書になります。

中央揃え

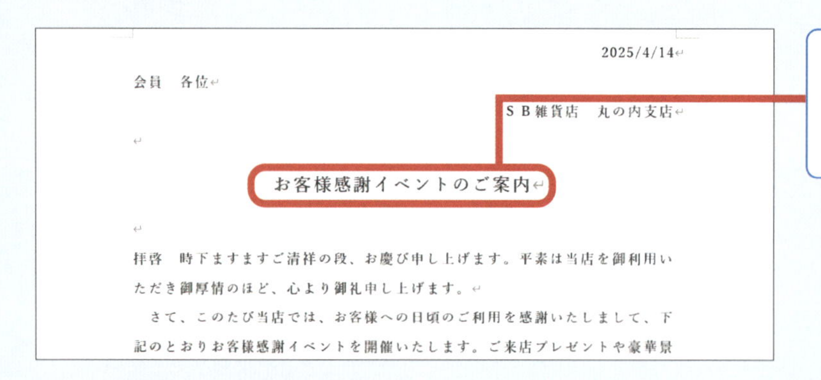
2025/4/14
会員　各位
SB雑貨店　丸の内支店

お客様感謝イベントのご案内

拝啓　時下ますますご清祥の段、お慶び申し上げます。平素は当店を御利用いただき御厚情のほど、心より御礼申し上げます。
　さて、このたび当店では、お客様への日頃のご利用を感謝いたしまして、下記のとおりお客様感謝イベントを開催いたします。ご来店プレゼントや豪華景

見出しを中央揃えにすると、見やすい文書になります。

箇条書き＆均等割り付け

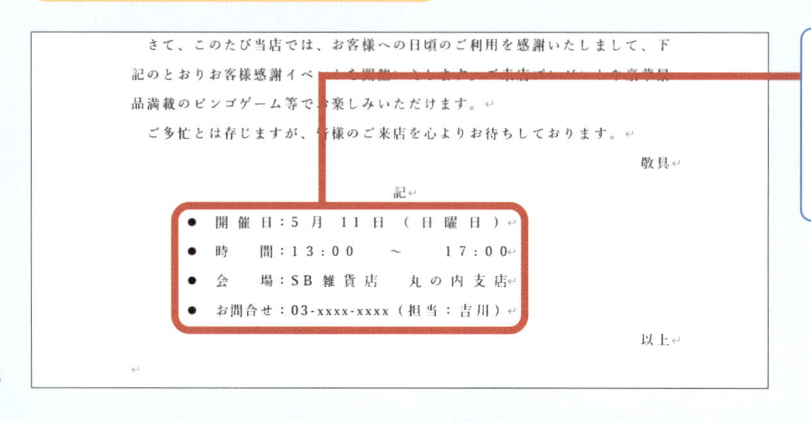
　さて、このたび当店では、お客様への日頃のご利用を感謝いたしまして、下記のとおりお客様感謝イベントを開催いたします。ご来店プレゼントや豪華景品満載のビンゴゲーム等でお楽しみいただけます。
　ご多忙とは存じますが、皆様のご来店を心よりお待ちしております。
敬具
記
- 開催日：5月11日（日曜日）
- 時　間：13:00　～　17:00
- 会　場：SB雑貨店　丸の内支店
- お問合せ：03-xxxx-xxxx（担当：吉川）

以上

箇条書きで内容を整理し、さらに均等割り付けを行って横幅を揃えています。

文書に装飾を付けます

作成した文書の文字には、さまざまな**装飾**を付けることができます。強調したいところを太字にしたり、アルファベットや数字などを斜体にしたり、大事なところに下線を引いたり、目立たせたいところは色を付けたりと、見栄えのよいデザインに仕上げることができます。

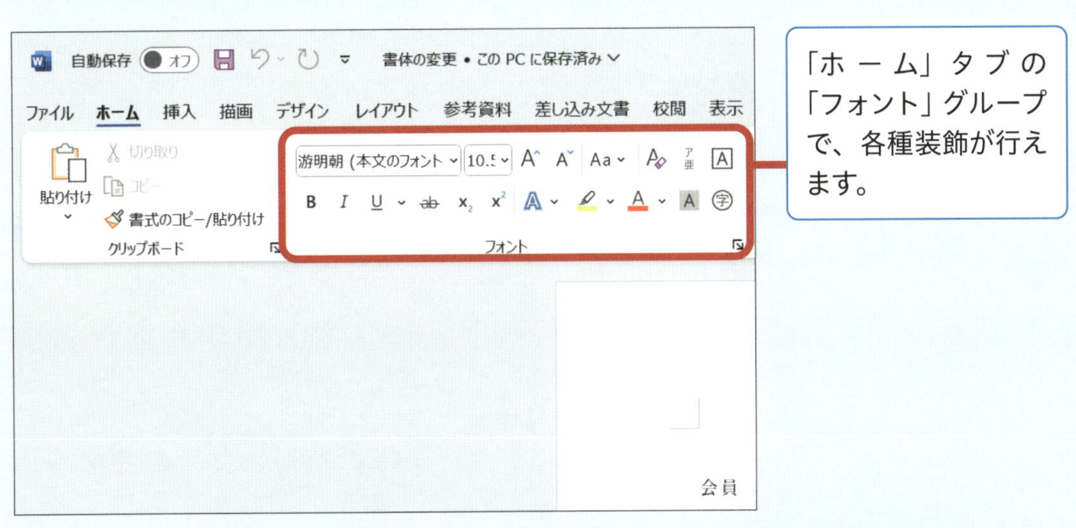

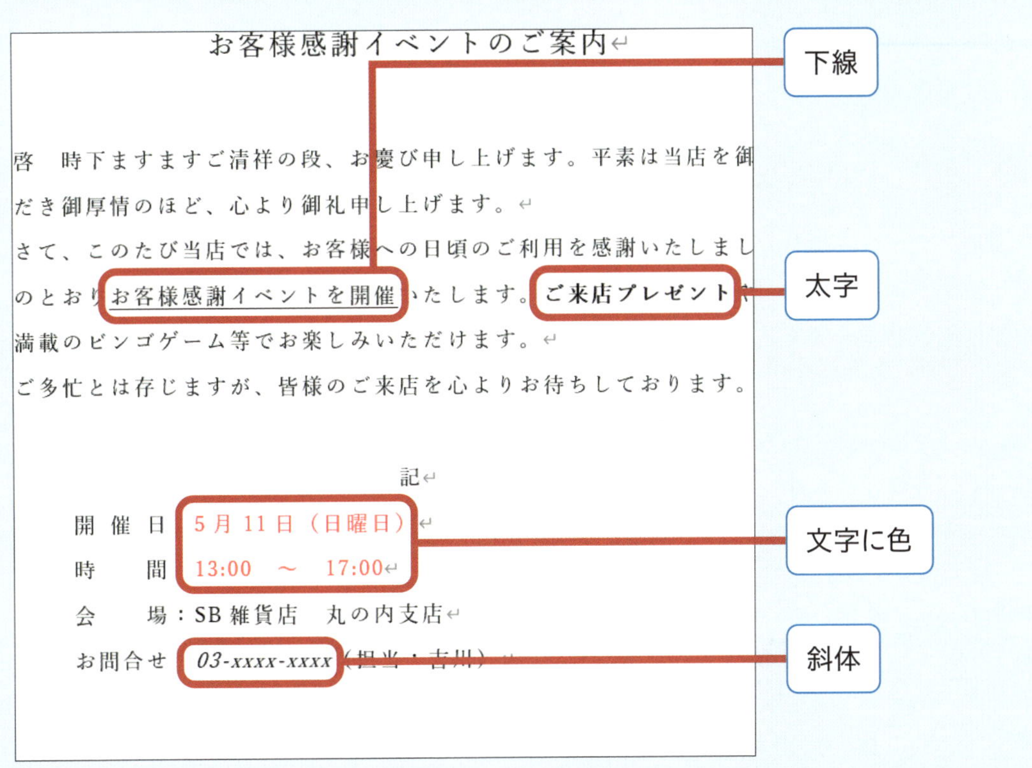

レッスン 08 文字の書体やサイズを変更しましょう

文字の書体やサイズを変更すると、メリハリのきいた文書に仕上げることができます。内容に合った書体、サイズに変更しましょう。

クリック

→P.18

1 文字の書体を変更する

SB雑貨店

お客様感謝イベントのご案内

Shift + →

すますご清祥の段、お慶び申し上げます。平素は当
のほど、心より御礼申し上げます。
たび当店では、お客様への日頃のご利用を感謝いた
客様感謝イベントを開催いたします。ご来店プレゼ
ゴゲーム等でお楽しみいただけます。
存じますが、皆様のご来店を心よりお待ちしており

記

日：5月11日（日曜日）

修正する文字を選択します。

修正したい文字の左側をクリックしてマウスカーソルを置き、キーボードのShiftを押しながら→を押して選択します。

アドバイス

マウスのドラッグでも文字を選択することができます。また、文書全体の書体を一括で変えるには、キーボードのCtrl＋Aを押して全選択します。

ホームをクリックします。

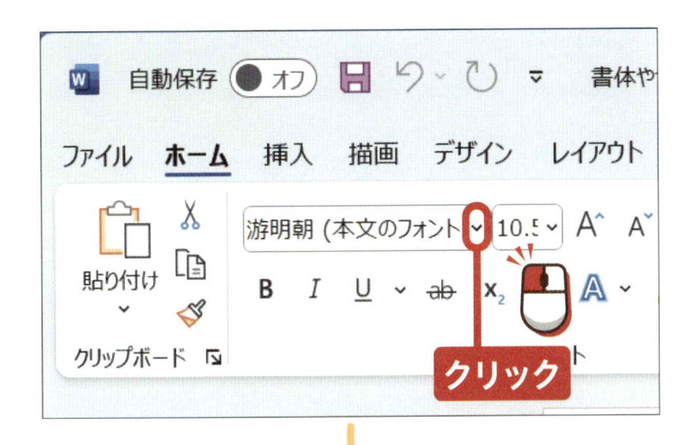

「フォント」グループの書体名の⌄を🖱クリックします。

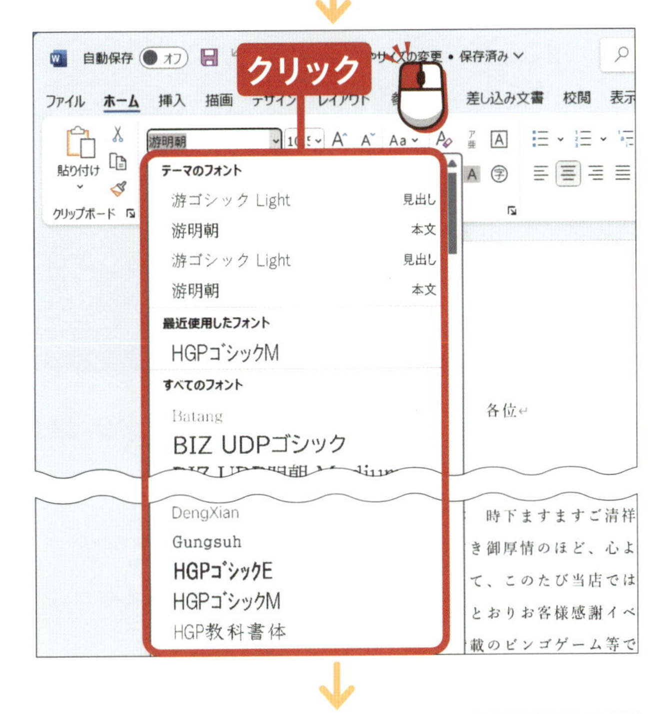

選択可能な書体が一覧で表示されます。

変更したい書体（ここでは「HGPゴシックM」）を🖱クリックします。

202

位

SB雑貨店　丸

お客様感謝イベントのご案内

下ますますご清祥の段、お慶び申し上げます。平素は当店を
厚情のほど、心より御礼申し上げます。
このたび当店では、お客様への日頃のご利用を感謝いたしま
お客様感謝イベントを開催いたします。ご来店プレゼント
ビンゴゲーム等でお楽しみいただけます。

選択した書体（HGPゴシックM）に変更されます。

次のページへ ➡

2 文字のサイズを変更する

各位
SB雑貨店　丸の
お客様感謝イベントのご案内
Shift + →
時下ますますご清祥の　び申　げます。平素は当店を御
御厚情のほど、心より御礼申し上げます。
、このたび当店では、お客様への日頃のご利用を感謝いたしまし
おりお客様感謝イベントを開催いたします。ご来店プレゼントや
のビンゴゲーム等でお楽しみいただけます。
忙とは存じますが、皆様のご来店を心よりお待ちしております。

サイズを変更する
文字を選択します。

変更したい文字の左側をクリックしてマウスカーソルを置き、キーボードのShiftを押しながら→を押して選択します。

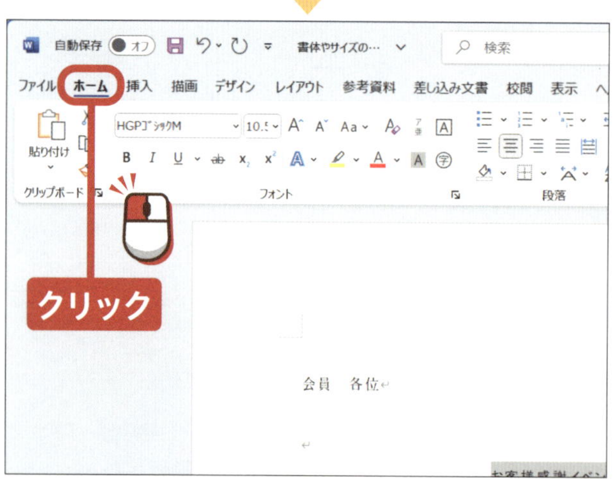

ホームをクリックします。

アドバイス

書式の設定は、文字を選択すると表示される「ミニツールバー」からも行えます。

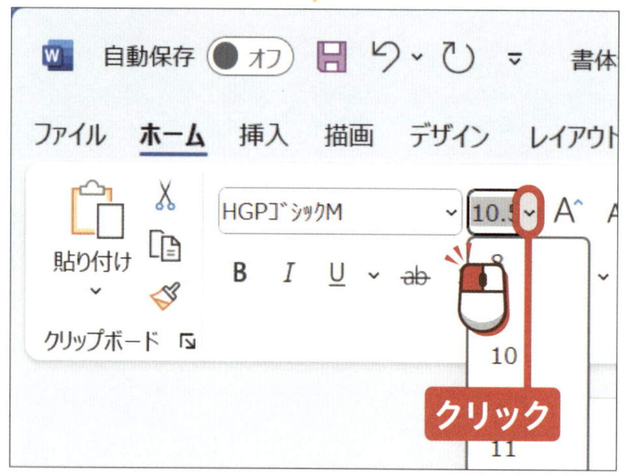

「フォント」グループの文字サイズのをクリックします。

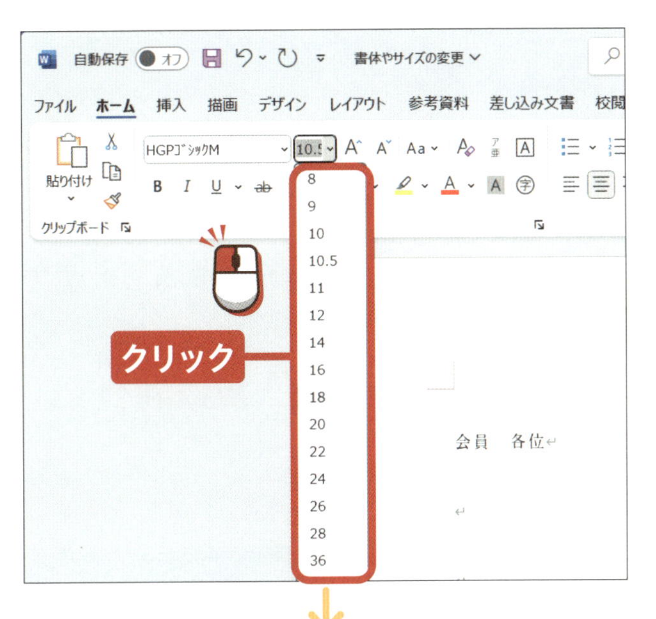

文字のサイズが一覧で表示されます。

変更したい文字のサイズ（ここでは「18」）をクリックします。

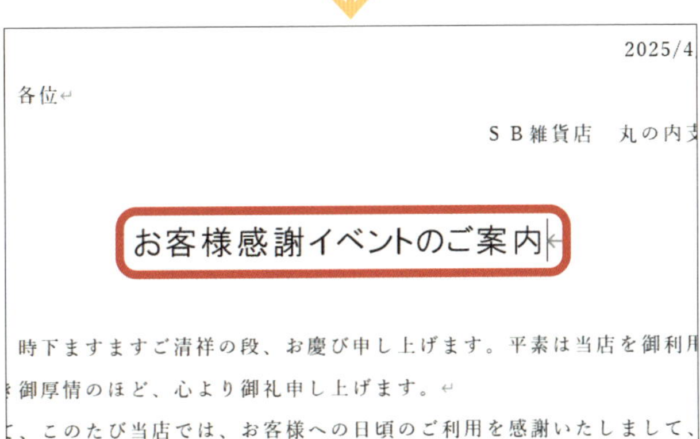

選択したサイズ（18）に変更されます。

アドバイス

文字サイズの数字部分をクリックして数値を入力することで、任意の大きさに設定することもできます。

ヒント フォントサイズの拡大・縮小ボタンでサイズを変更する

「ホーム」タブの「フォント」グループにあるボタンをクリックすることでも、選択している文字のサイズを変更することができます。A^ ❶をクリックすると拡大し、Aˇ ❷をクリックすると縮小します。

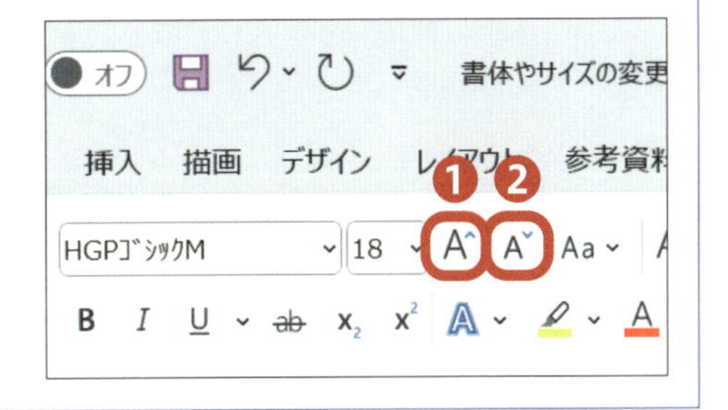

終わり

練習用ファイル ▶ W09_文字の飾り.docx

レッスン 09 文字に飾りを設定しましょう

文字に太字や斜体、下線などの設定をしたり、色を付けたりすることができます。同じ文字に複数の飾りを設定することも可能です。

1 文字を太字にする

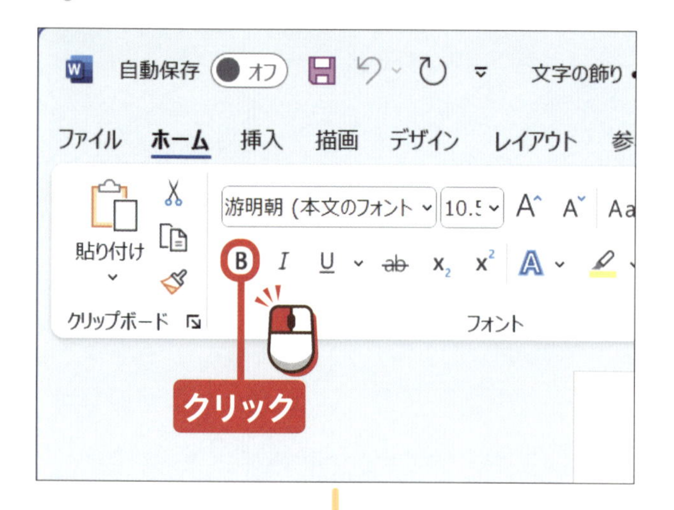

太字にする文字を選択しておきます。

「ホーム」タブの「フォント」グループのBをクリックします。

お慶び申し上げます。平素は当店を御利用い
礼申し上げます。
客様への日頃のご利用を感謝いたしまして、下
を開催いたします。**ご来店プレゼント**や豪華景
しみいただけます。
のご来店を心よりお待ちしております。
敬具
記

選択した文字が太字になります。

アドバイス

文字の飾りは、文字を選択すると表示される「ミニツールバー」からも行えます。

2 文字に斜体を設定する

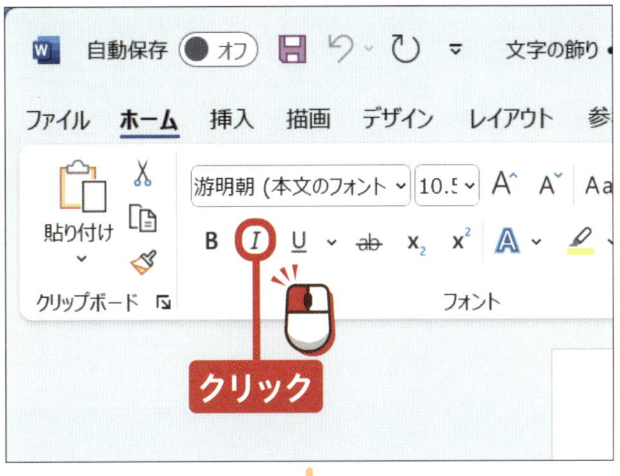

斜体にする文字を選択しておきます。

「ホーム」タブの「フォント」グループの *I* を クリックします。

ご多忙とは存じますが、皆様のご来店を心よりお

記

開　催　日：5 月 11 日（日曜日）

時　　　間：13:00　～　17:00

会　　　場：SB 雑貨店　丸の内支店

お問合せ：*03-xxxx-xxxx*（担当：吉川）

選択した文字に斜体が設定されます。

アドバイス

「メイリオ」など、文字の書体によっては斜体にならない場合もあります。

ヒント 飾りを解除する

設定した飾りを解除するには、解除したい文字を選択し、再度同じボタンをクリックします。設定中の飾りのボタンは、灰色で表示されます。

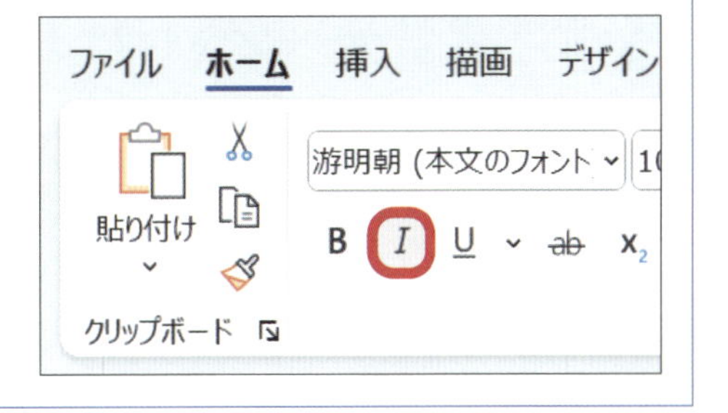

次のページへ

3 文字に下線を引く

下線を引く文字を選択しておきます。

「ホーム」タブの「フォント」グループのUをクリックします。

さて、このたび当店では、お客様への日頃の
記のとおりお客様感謝イベントを開催いたしま
品満載のビンゴゲーム等でお楽しみいただけま
ご多忙とは存じますが、皆様のご来店を心よ
記

選択した文字に下線が設定されます。

アドバイス

Uの右側の⌄をクリックすると、下線の種類を選択できます。

ヒント 文字に蛍光ペンを付ける

文字に蛍光ペンを付けるには、文字を選択して「ホーム」タブの「フォント」グループの🖊をクリックします。🖊の右側の⌄をクリックすると、色が一覧表示され、そこから蛍光ペンの色を選択できます。

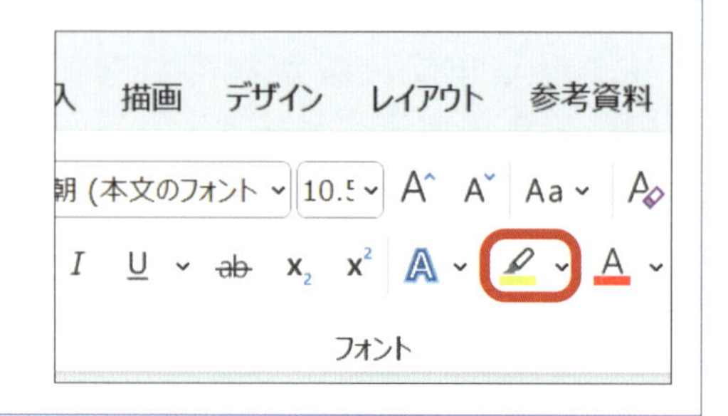

4 文字に色を付ける

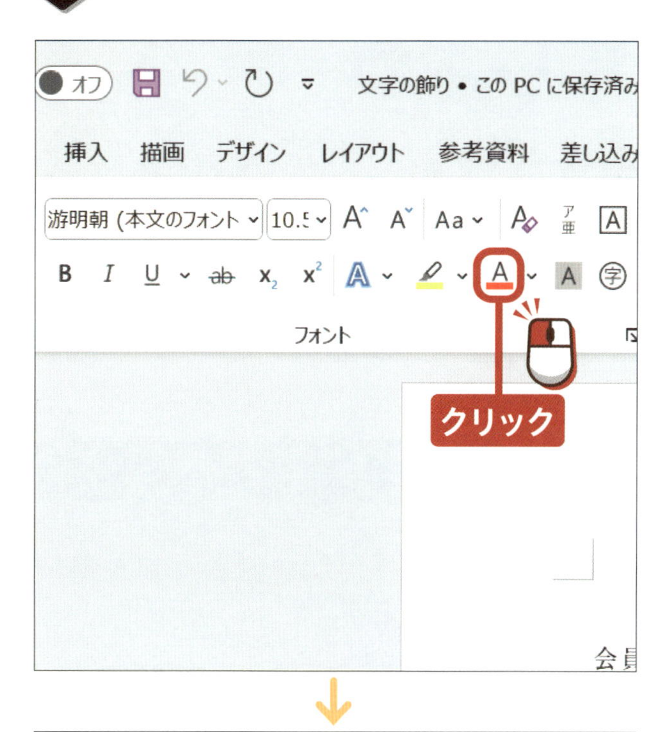

色を付ける文字を選択しておきます。

「ホーム」タブの「フォント」グループのAをクリックします。

アドバイス

Aの右側のをクリックすると、文字に付ける色が選択できます。

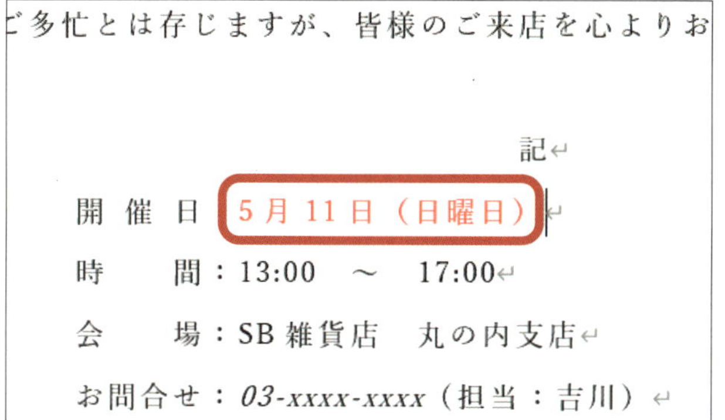

文字の色が変更されます。

ヒント Aの線の色

文字の色を変えるアイコン（A）の線の色は、現在、設定されている色です。設定状態に合わせて、アイコンに表示される色も変わります。

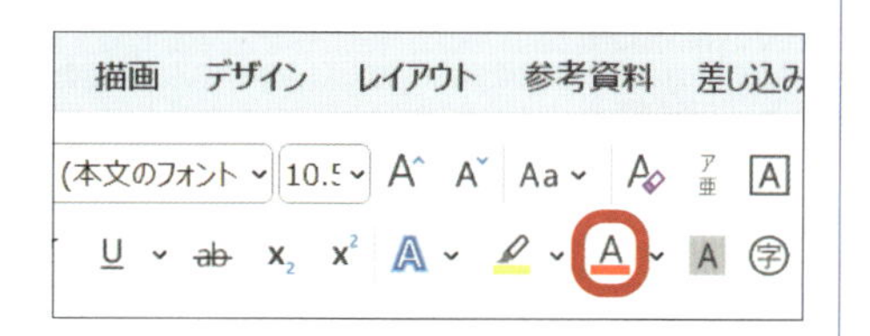

終わり

レッスン 10 文字にいろいろな書式を設定しましょう

作成文書をさらに読みやすくするために、文字にふりがなを振ったり、文字を均等に割り付けたりすることができます。

クリック →P.18

ドラッグ →P.19

1 文字にふりがなを振る

お客様感謝

拝啓　時下ますますご清祥の段、お
ただき御厚情のほど、心より御礼申
さ Shift + → び当店では、お客様
記のとおりお客様感謝イベントを開
品満載のビンゴゲーム等でお楽しみ
ご多忙とは存じますが、皆様のご

ふりがなを振る文字を選択します。

ふりがなを振る文字の左側をクリックしてマウスカーソルを置き、キーボードのShiftを押しながら→を押して選択します。

●アドバイス●

マウスのドラッグでも文字を選択することができます。

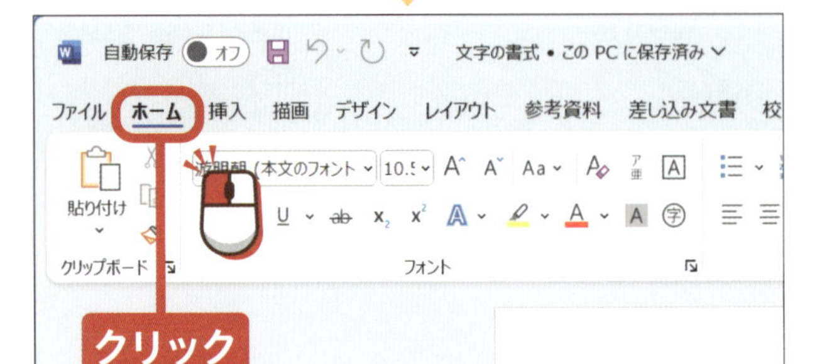

ホームをクリックします。

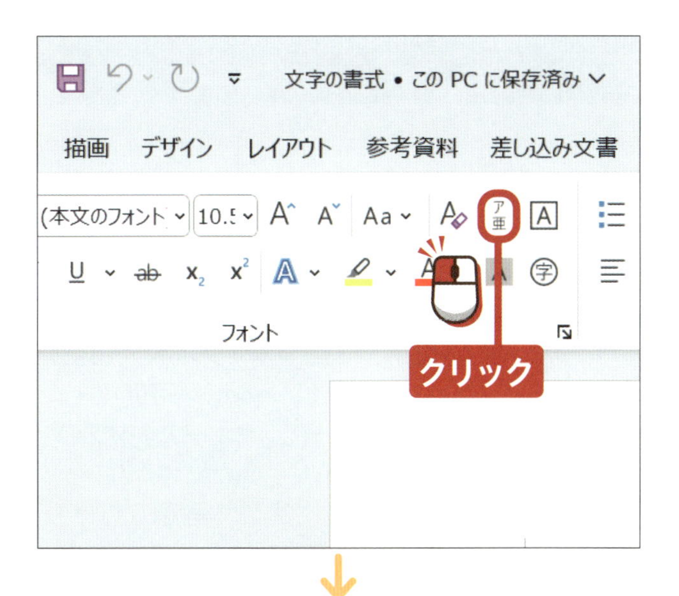

「フォント」グループの ア亜 を クリック します。

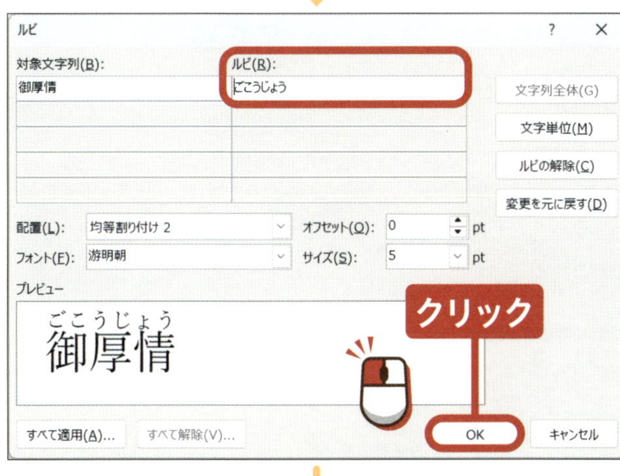

「ルビ」ダイアログボックスが表示されます。

読みが正しいか確認し（間違っている場合は修正して）、 OK を クリック します。

拝啓　時下ますますご清祥の
ただき御厚情（ごこうじょう）のほど、心より
　さて、このたび当店では、
記のとおりお客様感謝イベン
品満載のビンゴゲーム等でお

選択した文字にふりがなが振られます。

•アドバイス•

「ルビ」ダイアログボックスで、ふりがなのサイズも変更できます。

次のページへ

2 そのほかの書式設定

均等割り付け

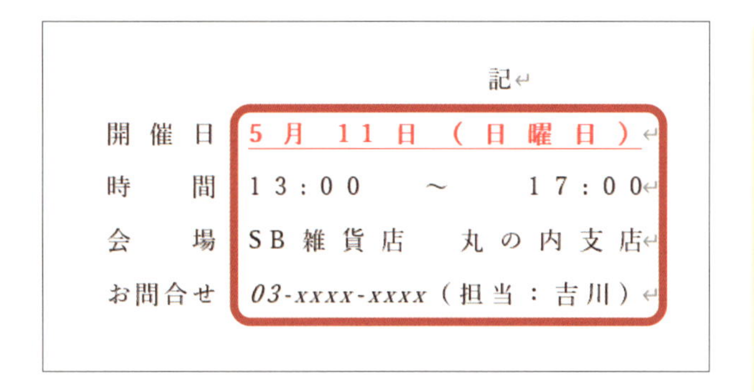

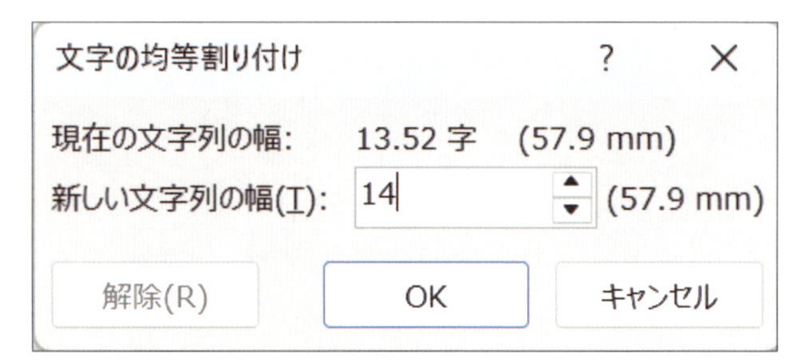

文字を指定した文字幅に均等に割り付けることができます。たとえば、8文字を15文字分の文字幅にすることなどが可能です。文字を選択し、「ホーム」タブの「段落」グループのをクリックします。「文字の均等割り付け」ダイアログボックスで文字列の幅を入力し、「OK」をクリックすると設定ができます。

文字幅を横に拡大・縮小

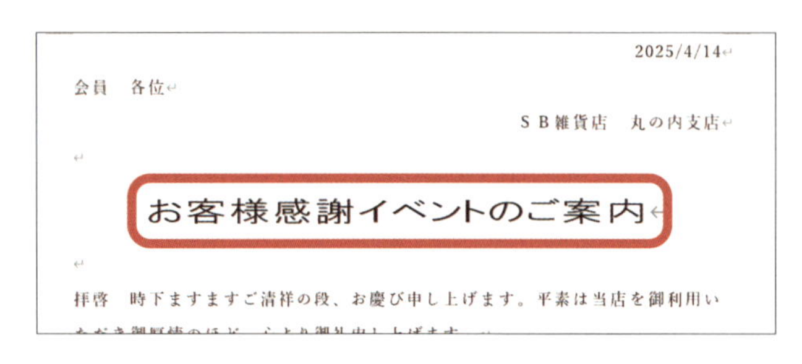

文字を横に拡大したり縮小したりすることができます。文字を選択し、「ホーム」タブの「段落」グループのをクリックし、「文字の拡大／縮小」から変更したい比率をクリックします。

アドバイス

文字幅を拡大することで、文書の幅を大きく使うことができるので、タイトルなどに使うと効果的です。

取り消し線

多忙とは存じますが、皆様のご来店を心よりお待ちしてお

記

開 催 日：5 月 11 日 （日 曜 日）

時　　間：1 3：0 0　～　~~1 7：0 0~~1 8：0 0

会　　場：S B 雑 貨 店　丸 の 内 支 店

お問合せ：03-xxxx-xxxx（担当：吉川）

文字に取り消し線を引いて訂正を表すことができます。文字を選択し、「ホーム」タブの「フォント」グループにある ab をクリックすると設定できます。

囲み線

2025

位

S B 雑貨店　丸の

お客様感謝イベントのご案内

下ますますご清祥の段、お慶び申し上げます。平素は当店を御

厚情のほど、心より御礼申し上げます。

このたび当店では、お客様への日頃のご利用を感謝いたしまし

文字に囲み線を付けて目立たせることができます。文字を選択し、「ホーム」タブの「フォント」グループにある A をクリックすると設定できます。

ヒント 設定した書式を一括解除する

書式を設定した文字を選択し、「ホーム」タブの「フォント」グループの をクリックすると、選択した文字に設定された書式がすべて解除されます。

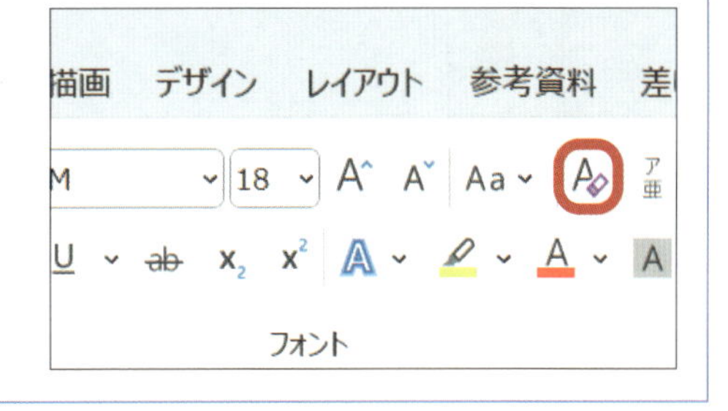

終わり

練習用ファイル ▶ W11_中央揃え.docx

見出しを中央揃えにしましょう

見出しなどの文字を中央揃えにして、見やすい文書を作成しましょう。同じやり方で、左揃えや右揃えにすることもできます。

クリック
→P.18

1 見出しを中央に配置する

会員　各位
ＳＢ雑貨店　丸の内支店

お客様感謝イベントのご案内

拝啓　時下ますますご清祥の段、お慶び申し上げ
御厚情のほど、心より御礼申し上げます。
さて、このたび当店では、お客様への日頃のご
記のとおりお客様感謝イベントを開催いたします
品満載のビンゴゲーム等でお楽しみいただけます

クリック

中央揃えにしたい見出しの行の先頭部分を クリックしてマウスカーソルを置きます。

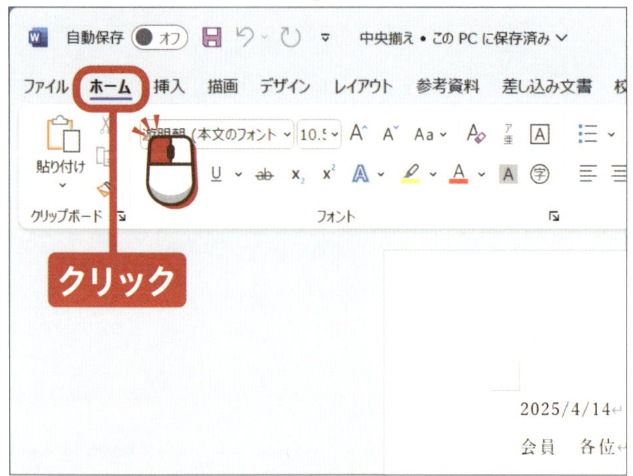

ホーム を クリックします。

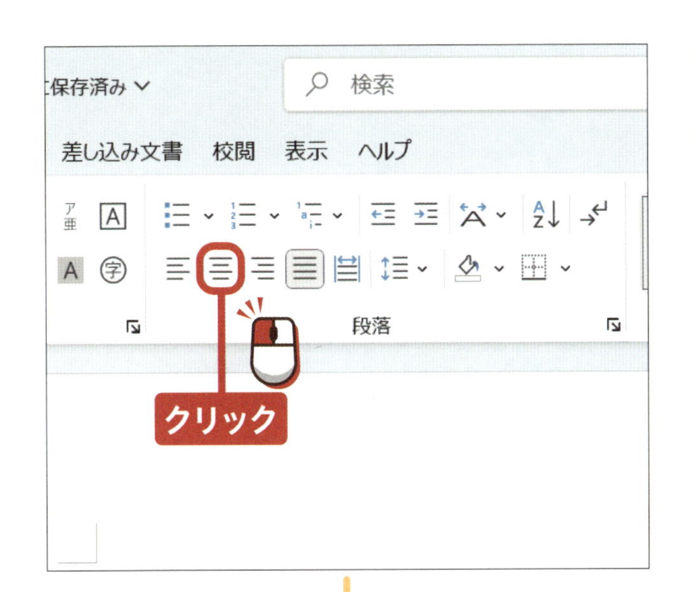

「段落」グループの☰を クリックします。

お客様感謝イベントのご案内

すご清祥の段、お慶び申し上げます。平素は
ど、心より御礼申し上げます。
当店では、お客様への日頃のご利用を感謝い
感謝イベントを開催いたします。ご来店プレ
ーム等でお楽しみいただけます。

見出しが中央揃えに設定されます。

アドバイス

行を中央揃えにしているので、文字を全部削除しても、その行は中央揃えの設定のままになっています。

ヒント 左揃え・右揃えに設定する

文字を左揃えにするには、対象の行にマウスカーソルを置き、「ホーム」タブの「段落」グループの☰❶をクリックします。☰❷をクリックすると、右揃えに設定されます。

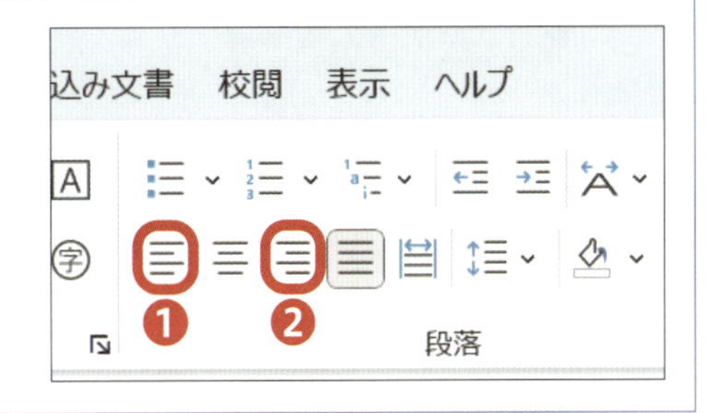

終わり

練習用ファイル ▸ W12_箇条書き.docx

レッスン 12 箇条書きを作成しましょう

段落の先頭に記号を付け、箇条書きを作成しましょう。書きながら記号を自動で付ける方法と、作成した文章を箇条書きにする方法があります。

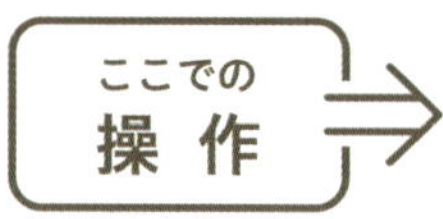

1 箇条書きを作成する

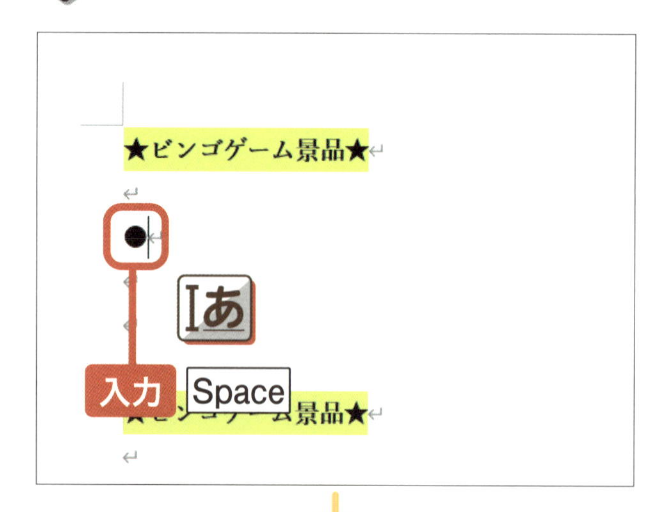

箇条書きの文頭に記号（ここでは「●」）を 入力し、キーボードのSpaceを押します。

アドバイス

記号は●・■◆★＊などが利用できます。

が表示されます。

箇条書きの1行目の文字を 入力し、Enterを押します。

アドバイス

設定によっては自動で箇条書きにならないことがあります。

★ビンゴゲーム景品★

● 1等　1万円分クーポン券　1名
●

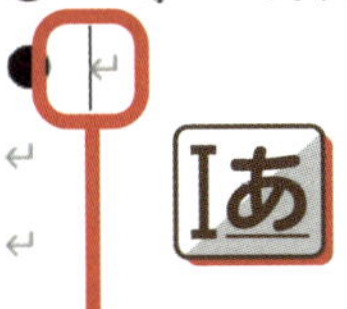

入力

★ビンゴゲーム景品★

1等　1万円分クーポン券　1名
2等　5千円分クーポン券　5名
3等　人気商品詰め合わせセット　10名

自動的に箇条書きが設定され、記号が2行目の行頭に表示されます。

以上の要領で
2行目以降を

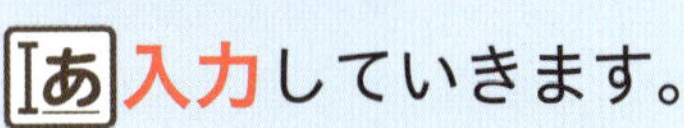

あ入力していきます。

●アドバイス●

箇条書きを設定したくない場合は、をクリックし、「箇条書きを自動的に作成しない」をクリックしましょう。

★ビンゴゲーム景品★

● 1等　1万円分クーポン券　1名
● 2等　5千円分クーポン券　5名
● 3等　人気商品詰め合わせセット　10名
● Enter

入力が完了したら、最後の行頭でEnterを押すと、最後の記号が消え、箇条書きが完成します。

●アドバイス●

ここでは4つ目の「●」が消えて箇条書きが完成します。

ヒント すでに作成した文書を箇条書きに設定する

あらかじめ箇条書きにする文章を入力しておき、「ホーム」タブの「段落」グループのの右にあるをクリックします。利用したい記号をクリックすると、箇条書きが設定されます。

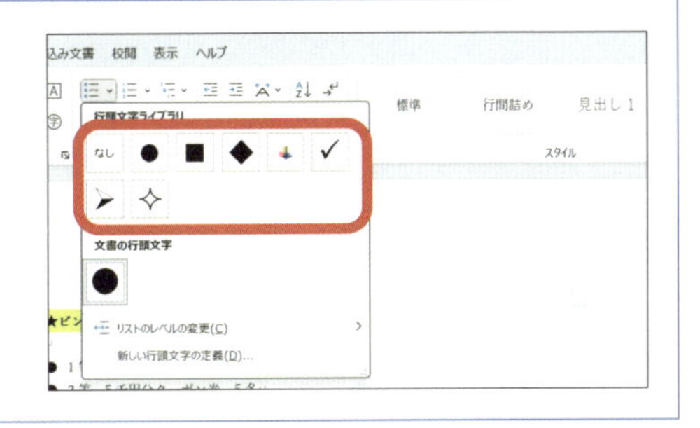

終わり

ステップアップ

Q. 書式をほかの文字にも適用したい！

A. 「書式のコピー／貼り付け」を使うと便利です。

文書を作成していると、「この文字の書式をほかの部分にも適用したい」と思うことがあります。そんなときに便利なのが、「書式のコピー／貼り付け」です。この機能を使うと、フォントの種類、サイズ、色、太字や斜体などの書式のスタイルを、簡単にほかの文字に適用できます。手動で設定する手間が省けるため、作業がぐっとスムーズになります。

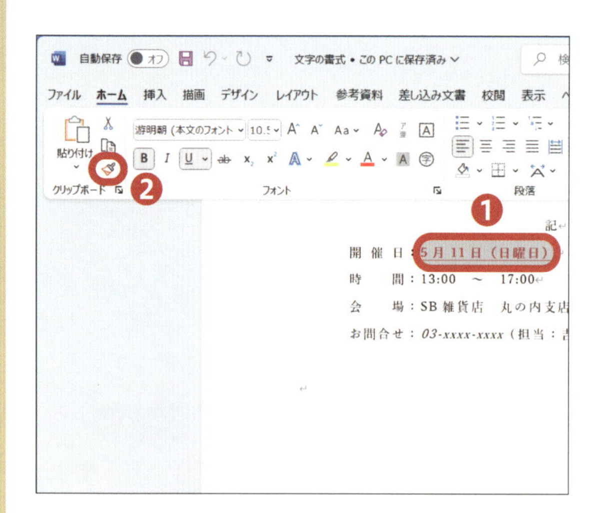

書式の設定をコピーしたい文字を選択し❶、「ホーム」タブの「クリップボード」グループのををクリックします❷。

記

開 催 日：5 月 11 日（日曜日）

時　　間：13:00　～　17:00 ❸

会　　場：SB 雑貨店　丸の内支店

お問合せ：03-xxxx-xxxx（担当：吉川）

マウスポインターがに変わります。書式のコピー先となる文字をドラッグすると❸、書式がコピーされます。

ステップアップ

Q. ワードでCopilotを使ってみたい！

A. サブスクリプション版のMicrosoft 365を契約します。

Copilotは、Microsoftが提供している生成AIサービスです。Webブラウザーやパソコンのアプリなどで聞きたいことをチャットすると（プロンプトを送ると）、自然な文章の回答が返ってきます。Microsoft 365（Microsoft 365 Personal／Family）を契約すると、Microsoft 365のワードやエクセル、パワーポイントでCopilotを活用した資料作成が行えるようになります。ワードでは、文章の下書き作成や文章の書き換え・編集・要約、画像の生成などができます。なお、エクセルでは、データの計算や関数の生成、データの分析などができ、パワーポイントでは、スライドの下書きの作成や画像の生成などができます。エクセルでCopilotを利用するためには条件がいくつかあります（P.209～210参照）。

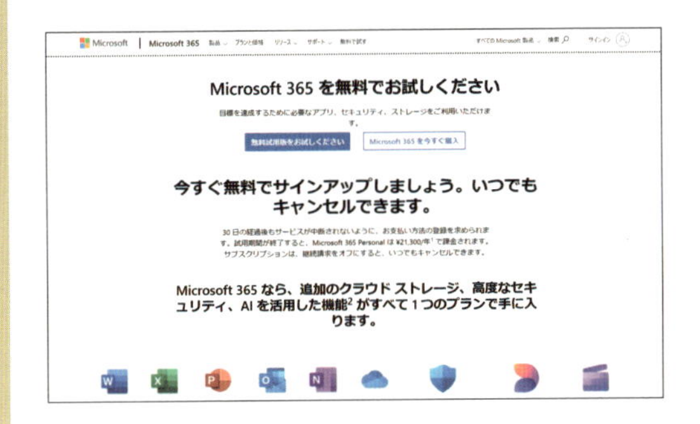

Microsoft 365は、MicrosoftのWebサイト（https://www.microsoft.com/ja-jp/microsoft-365/try）から購入できます（2025年4月時点）。
※Microsoft 365 Businessの場合は、Microsoft 365 Copilotを購入します。

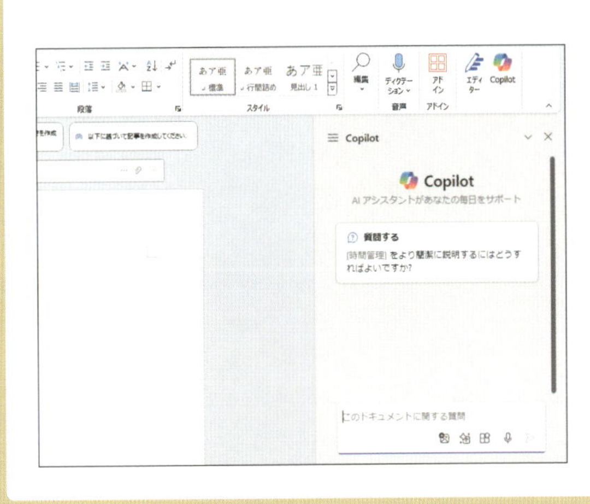

ワードでは、「ホーム」タブの「Copilot」からチャットができます。また、ファイルを新規作成すると文章の下書き作成用のボックス、保存したファイルを開くと文章の要約が表示されます。

ステップアップ

Q. Copilotに文章を校正してもらいたい！

A. Copilotにチャットで校正を依頼します。

Copilotとのチャットでは、開いているワードファイルの文章について、いろいろなことを質問できます。誤字脱字や表記の不統一などのチェックを依頼したいときは、「この文章を校正してください。」「この文章の誤字脱字を指摘してください。」といったプロンプトを送信します。また、文体やトーンを調整したい場合は、「自動書き換え」機能も便利です。

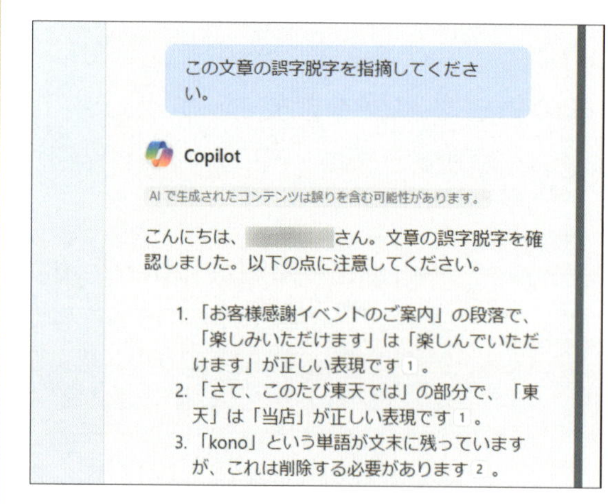

文章を校正したいワードファイルを開いた状態で「ホーム」タブの「Copilot」をクリックし、校正を依頼するプロンプトを入力して、▷をクリックします。しばらくすると、校正内容が返ってきます。

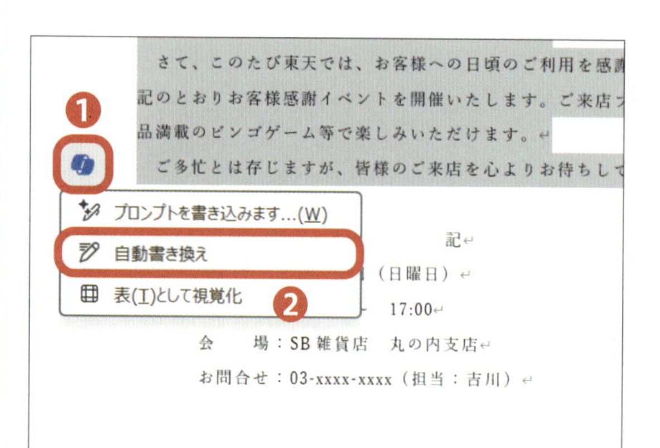

文章のトーンを変えたいときは、文章を選択した状態で❶→「自動書き換え」❷の順にクリックすると、書き換えた文章が生成されます。「置き換え」をクリックすると、文章に反映されます。

ワード

4章

文書に表や写真を挿入しましょう

レッスンをはじめる前に

エクセルの表やグラフを挿入できます

ワードの文書には、エクセルで作成した表やグラフを挿入することができます。売上報告書や社内文書といったビジネス文書を作成するときに便利です。エクセルで集計などを済ませた表やグラフを貼り付けるだけなので、いちから計算したり、表を作成したりする必要などがなく、スピーディーな文書作成が行えます。

営業部長 殿

営業部
大石賢治

Aタイアップ商品　3月支店別売上報告書

本年3月の「Aタイアップ商品」の各支店別の販売データを集計いたしました。
以下の結果となりましたことをご報告いたします。

記

エクセルの表やグラフを文書内に挿入することができます。

写真を挿入できます

エクセルの表やグラフ以外にも、パソコンに保存している写真を文書に挿入することもできます。挿入した写真は、不要な部分を切り取りトリミングすることも可能です。
文字だけでなく、ビジュアルで見せたい文書などに使うと効果的です。

段落　スタイル

京都旅行について

皆さま、お疲れ様です。
今年も旅行の季節となりました。
先日のアンケートの結果、今年の行先は**京都**に決定しました。
参加希望者は今月中に総務部の伊藤、高橋へご連絡ください。
なお、今年も移動はグリーン車、宿泊は高級旅館の予定です。
この機会を逃さないよう、ふるってご参加ください。

パソコン内に保存している写真を簡単に文書内に挿入することができます。

練習用ファイル ▶ W13_表の貼り付け.docx、W13_表の貼り付け_素材.xlsx

レッスン 13

エクセルの表を貼り付けましょう

ワードで作成している文書に、エクセルで作成した表を貼り付けることができます。グラフを貼り付けることも可能です。

1 エクセルの表を貼り付ける

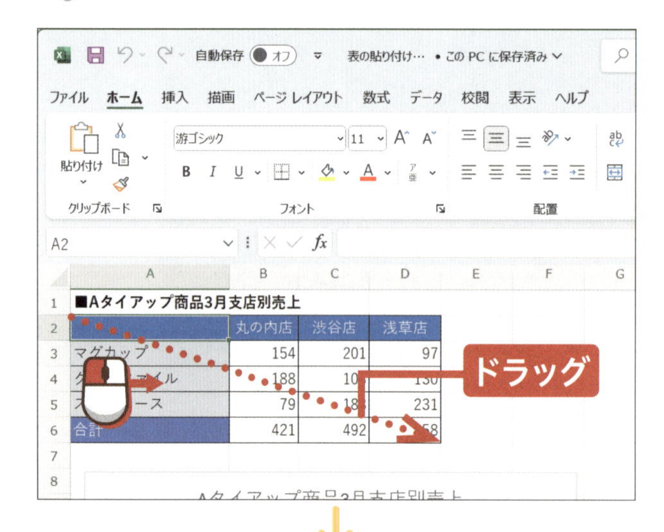

コピー元のエクセルファイルを開きます。

コピーする表を ドラッグで選択します。

アドバイス

ここではセル「A2」から「D6」を選択しています。

表をコピーします。

ホーム を クリックします。

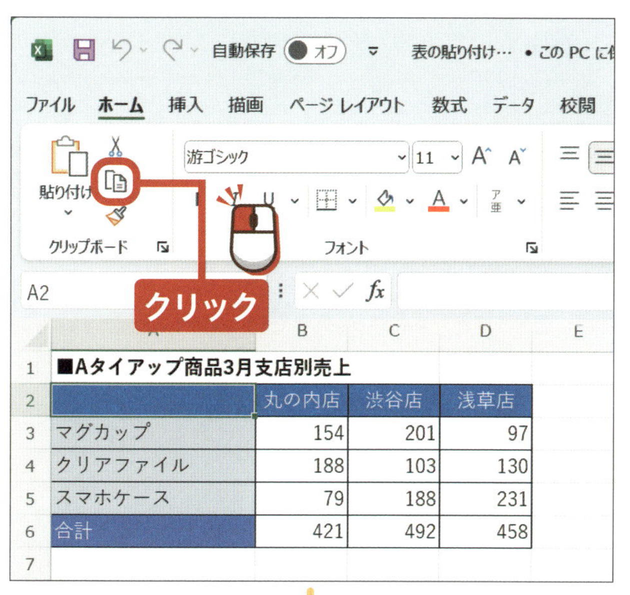

「クリップボード」グループの［コピー］を**クリック**します。

コピーした表を貼り付けるワードファイルを開きます。

Aタイアップ商品　3月

本年3月の「Aタイアップ商品」の各支店別の販
以下の結果となりましたことをご報告いたします

記

表を挿入したい箇所を**クリック**してマウスカーソルを置きます。

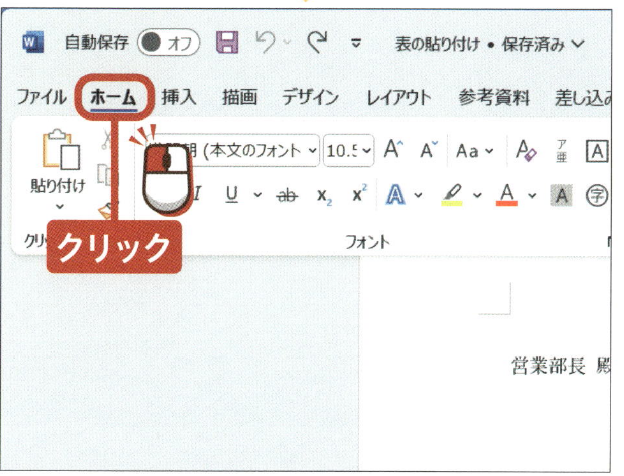

表を貼り付けます。

［ホーム］を**クリック**します。

次のページへ

「クリップボード」グループの📋をクリックします。

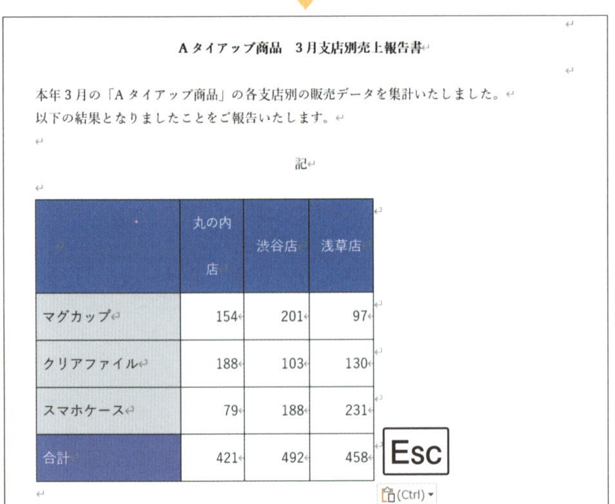

エクセルの表がワードの文書内に貼り付けられます。

キーボードのEscを押して📋(Ctrl)▾を非表示にし、マウスポインターを表内に移動します。

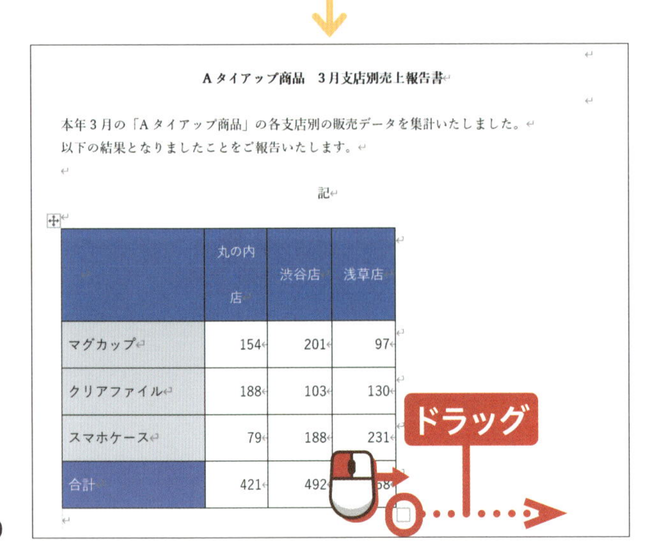

表の右下に表示される□をドラッグして表のサイズを調整します。

2 エクセルのグラフを貼り付ける

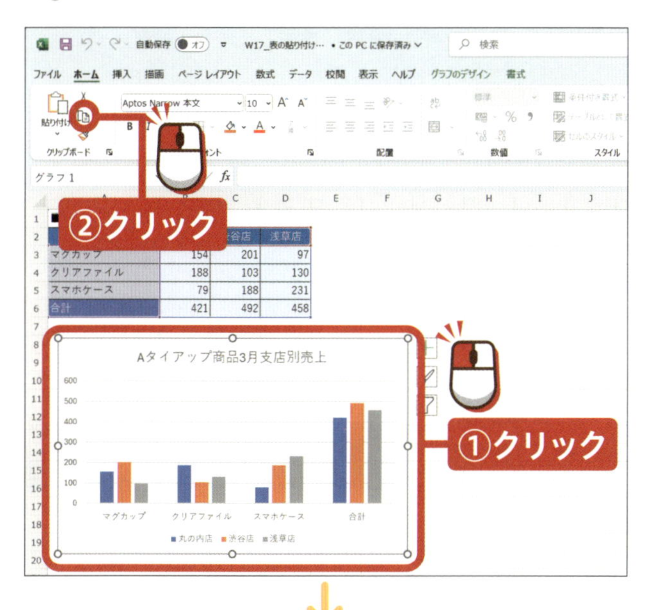

コピー元のエクセルファイルを開きます。

コピーしたいグラフをクリックして選択します。

「ホーム」タブの「クリップボード」グループのをクリックします。

②クリック

①クリック

コピーしたグラフを貼り付けるワードファイルを開きます。

挿入したい箇所をクリックしてマウスカーソルを置きます。

「ホーム」タブの「クリップボード」グループのをクリックします。

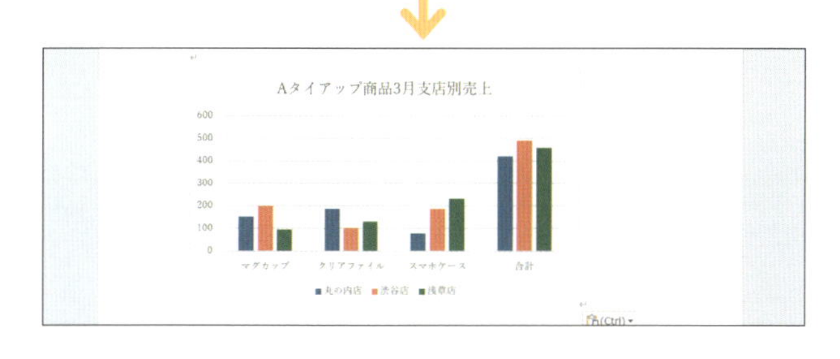

エクセルのグラフがワードの文書内に貼り付けられます。

終わり

練習用ファイル ▶ W14_写真の挿入.docx、W14_写真の挿入_素材.jpg

写真を挿入しましょう

文書内に、パソコンに保存されている写真を貼り付けることができます。貼り付けた写真は切り取りをして、不要な部分のカットもできます。

ここでの 操作

1 写真を挿入する

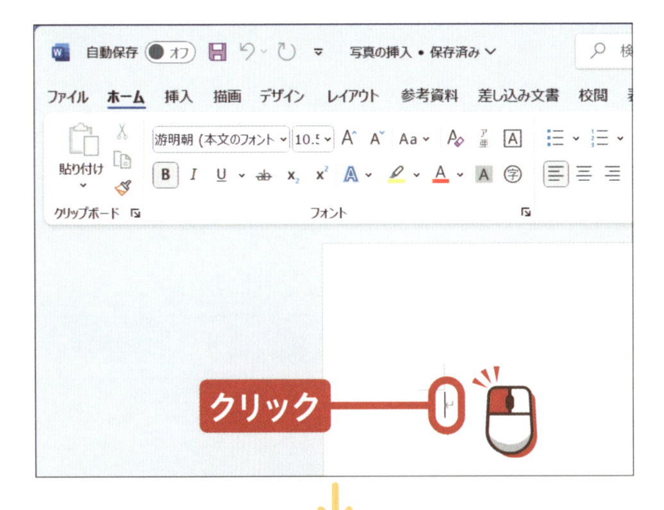

写真を挿入するワードファイルを開きます。

挿入したい箇所をクリックしてマウスカーソルを置きます。

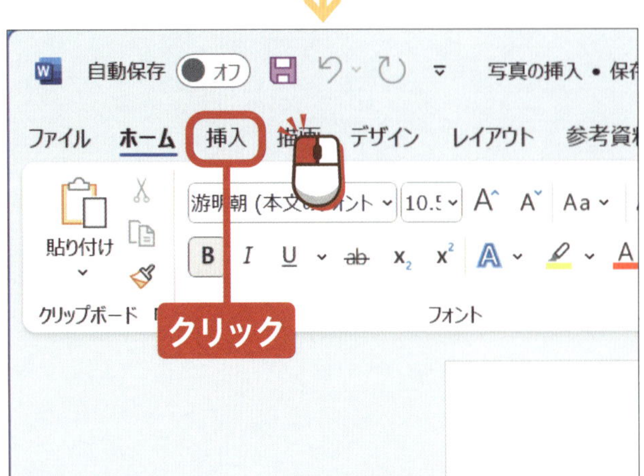

挿入 をクリックします。

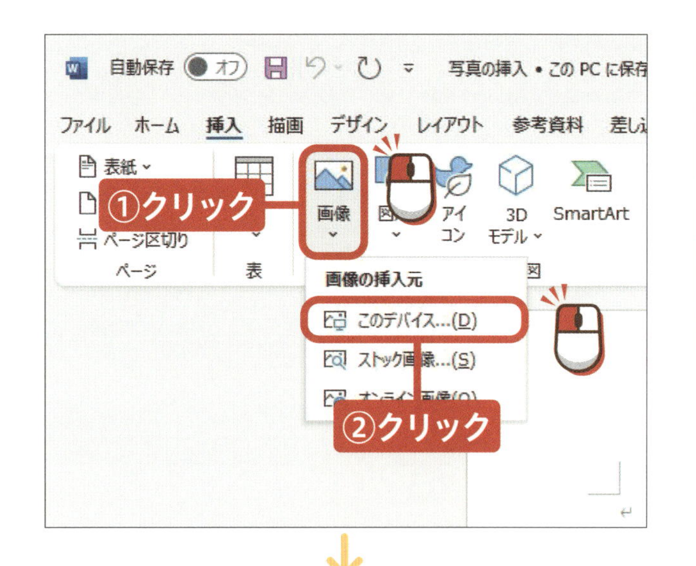

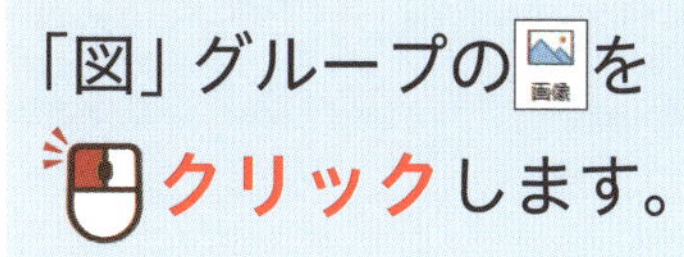

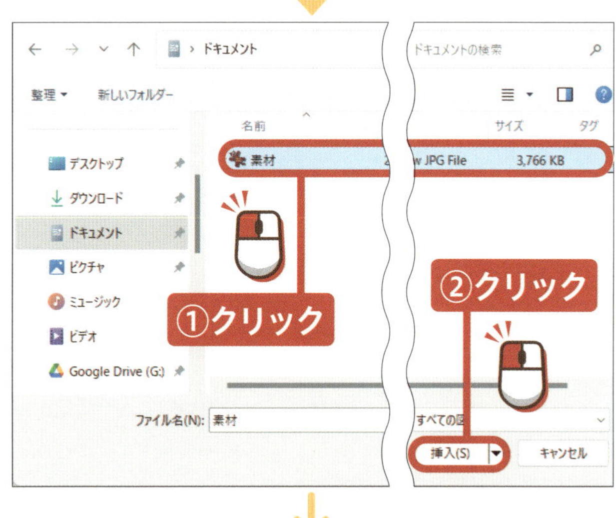

「図の挿入」ダイアログボックスが表示されます。

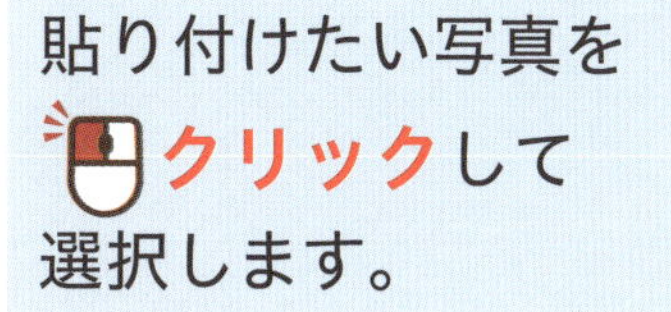

写真がワードの文書内に貼り付けられます。

次のページへ

2 写真を必要なところだけ切り抜く

切り抜きをしたい写真を **クリック**して選択します。

図の形式 を **クリック**します。

「サイズ」グループの を **クリック**します。

写真の周りに表示される黒いマークを **ドラッグ**して切り抜きを調整します。

写真の外側を **クリック**します。

写真の切り抜きが完了します。

終わり

エクセル

1章

エクセルの基本を学びましょう

レッスンをはじめる前に

エクセルって何？

エクセルとは、Microsoftが開発している「表計算」が行えるアプリケーションのことです。セルと呼ばれる囲みの中に文字や数値などのデータを入力して、表の作成、計算、グラフの作成といった作業を行うことができます。エクセルのセルは、方眼紙のような見た目をしています。セルを利用すれば、簡単に見栄えのよい表を作成することができます。また、セルに数値を入力すれば、さまざまな計算を手早く簡単に行うことができます。本書では、名簿や売上データなどを例に、エクセルの使い方について解説をしていきます。

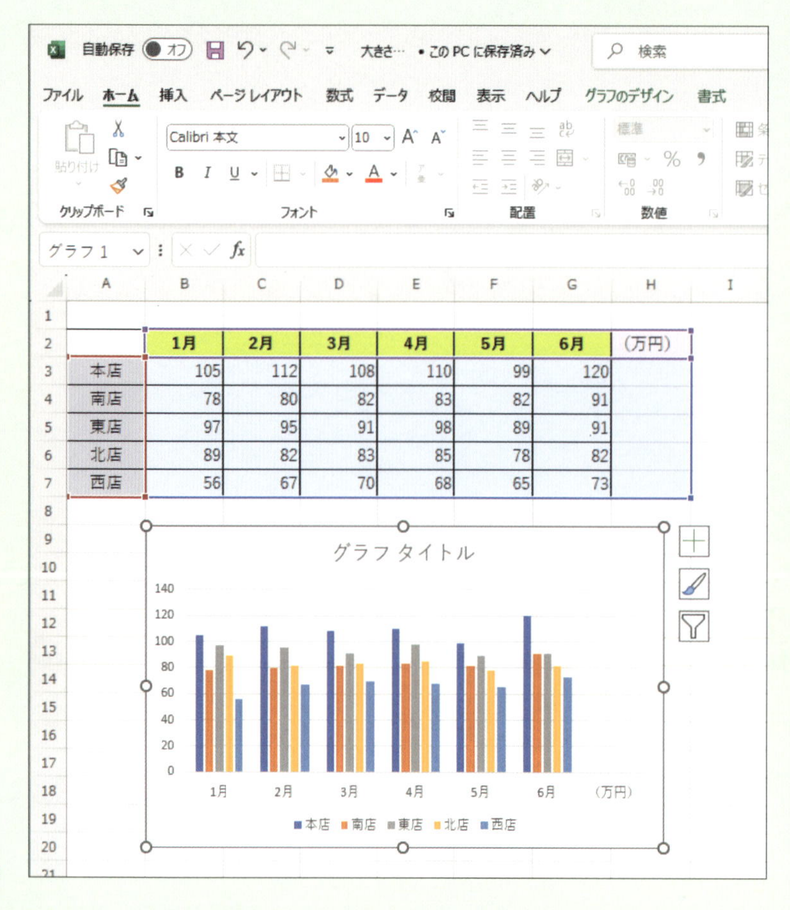

エクセルでは、表やグラフを作成することができます。また、数式や関数を使って簡単に計算を行うこともできます。

どのようなものが作れる？

エクセルでは、社員名簿や履歴書、シフト管理表といった文字データのみで作られる表や、表内で計算が必要な売上管理表や請求書、集計データなど、ビジネスで使うさまざまな表を簡単に作成することができます。

社員名簿

社員名簿

社員No.	名前	住所		電話番号	部署	支社
		都道府県	市区町村			
2	久保田浩紀	埼玉県	さいたま市	080-1111-2222	経理部	埼玉支社
3	本田正人	埼玉県	川口市	090-5555-3333	営業部	東京支社
6	上田紗枝	千葉県	習志野市	080-2222-7777	経理部	千葉支社
1	広沢茜	東京都	江東区	090-0000-1111	営業部	東京支社
4	秋野寛子	東京都	江東区	070-2222-3333	営業部	東京支社
5	山崎優斗	東京都	江戸川区	090-8888-9999	営業部	千葉支社

社員番号や名前、住所、電話番号などを表で管理する社員名簿を作成することができます。

売上管理表

	A	B	C	D	E	F	G	H
1	売上一覧							
2								
3	番号	日付	店舗名	担当者名	商品コード	商品名	単価	数量
4	1	2025/4/8	青山店	松谷　桜子	A006	マッサージチェア	200,000	1
5	2	2025/4/10	目黒店	星　夕子	A005	ヘルスバイク	40,000	2
6	3	2025/4/10	広尾店	平林　理菜	A003	低周波治療器	12,500	15
7	4	2025/4/13	広尾店	海野　渚	A005	ヘルスバイク	40,000	6
8	5	2025/4/22	目黒店	星　夕子	A001	体脂肪計	8,000	9
9	6	2025/4/22	目黒店	星　夕子	A002	電子血圧計	10,000	12
10	7	2025/4/23	目黒店	藍沢　千夏	A003	低周波治療器	12,500	17
11	8	2025/4/23	広尾店	平林　理菜	A002	電子血圧計	10,000	4
12	9	2025/4/24	青山店	藤崎　紀子	A002	電子血圧計	10,000	15

毎月の各支店別や商品別の売上を集計した売上管理表や、取引先に送る見積書や請求書など、簡単な四則計算が自動で行える表が作成できます。

レッスン 01
エクセルでできることを確認しましょう

まずはエクセルで何ができるかを簡単に確認してみましょう。大きく分けると、「表の作成」「計算」「グラフの作成」を行うことができます。

1 データを入力する（2章）

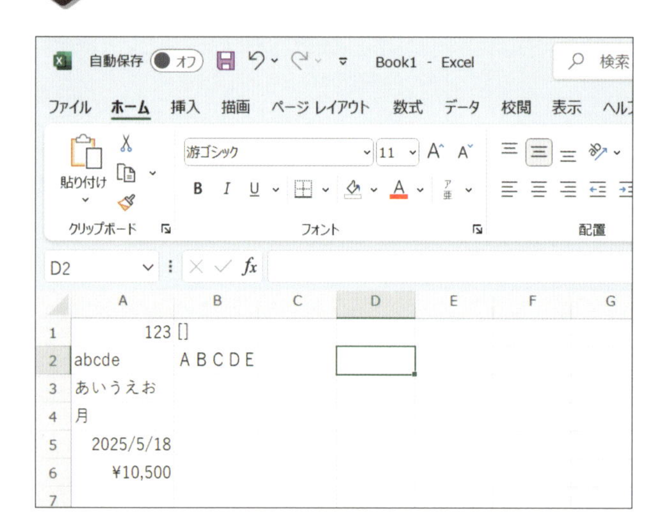

表を構成する各セルにデータを入力することができます。データは文字や数値以外にも、日付や価格などを入力することもできます。

セルは書式を変更することができ、たとえば強調したいセルは色を付けたり、文字を赤くしたり、太字にしたりといったことができます。

2 表を作成する（3章）

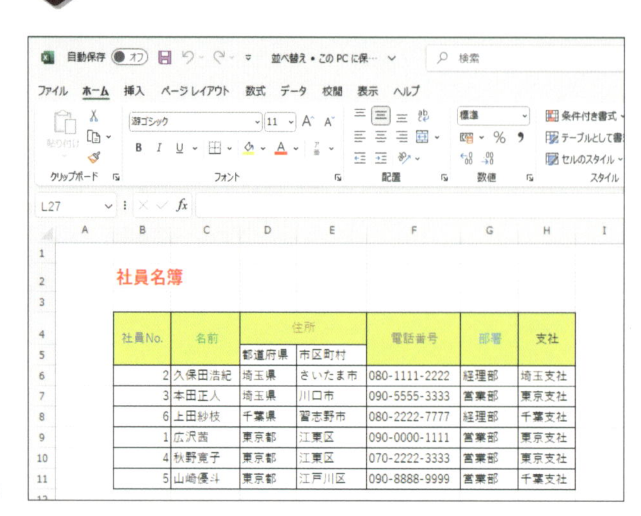

名簿などを作成することができます。周囲を罫線で囲ったり、枠の幅を変更したりできるので、自分の思い通りの表を作成できます。

作成した表から必要な情報をフィルターを使って抜き出したり、データを数値順に並べ替えたりすることもできます。

3 計算を行う（4章）

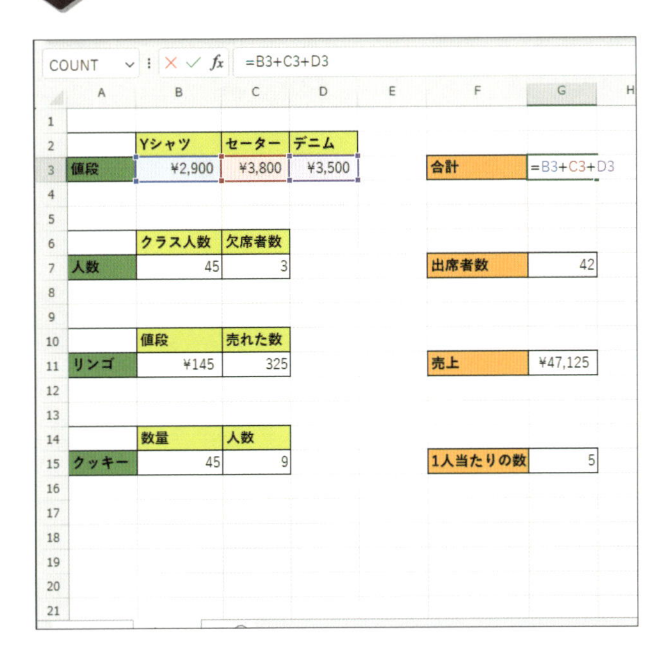

エクセルで足し算や掛け算などの四則計算をすることができます。売上データなどを算出するときに便利です。

エクセルには、さまざまな計算を行うための「関数」が用意されています。関数を利用すると、選択した複数のセルの合計金額や、平均点などを簡単に割り出すことができます。

4 グラフを作成する（5章）

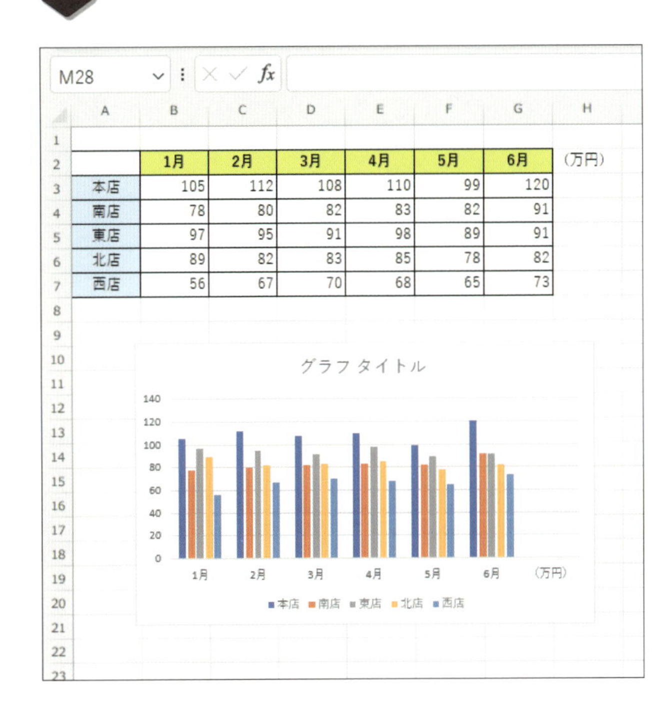

	1月	2月	3月	4月	5月	6月	(万円)
本店	105	112	108	110	99	120	
南店	78	80	82	83	82	91	
東店	97	95	91	98	89	91	
北店	89	82	83	85	78	82	
西店	56	67	70	68	65	73	

エクセルでは、表に入力した数値から、視覚的にわかりやすいグラフを作成することができます。

棒グラフ以外にも、円グラフや折れ線グラフなど、さまざまな種類のグラフを作成することができます。

終わり ✓

レッスン 02 エクセルの画面の見方と役割を知りましょう

エクセルを起動したら、画面の見方を覚えましょう。ここでは、起動時の画面と実際の表計算画面について解説します。

1 起動画面を確認する

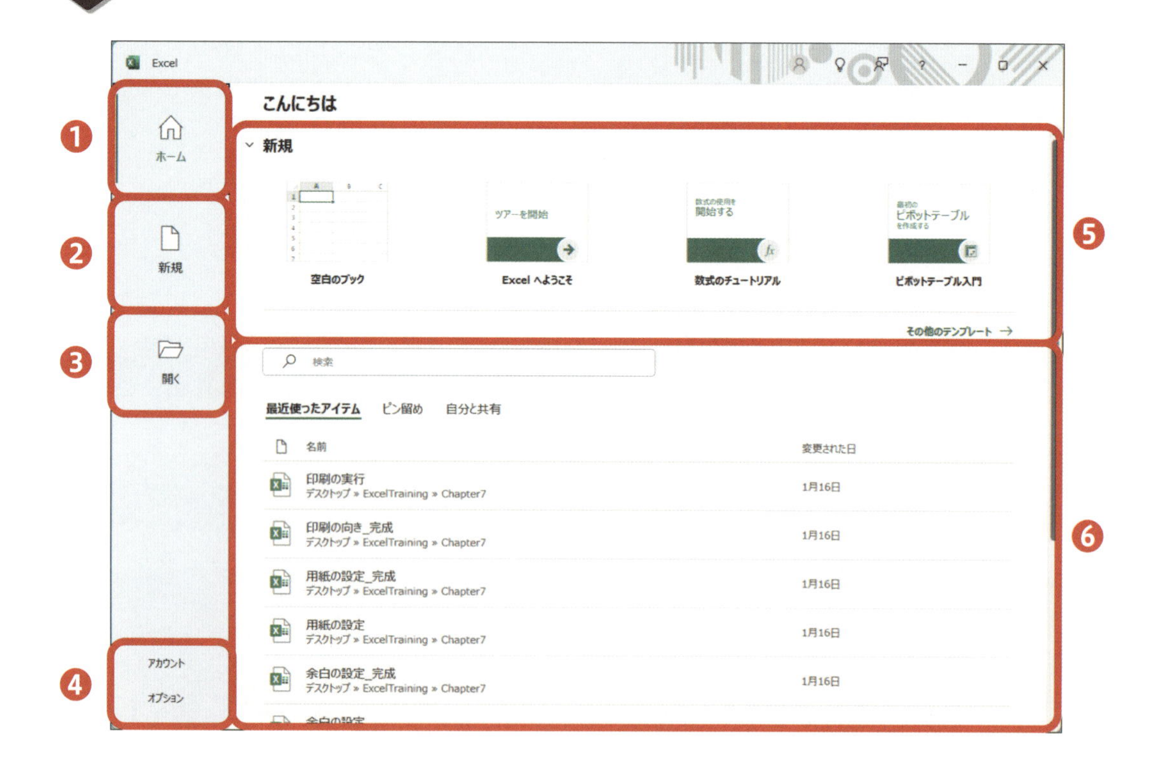

❶ホーム画面（起動画面）が表示されます。

❷新規にエクセルの表計算画面を開くことができます。

❸過去に作成して保存したエクセルファイルを選択して開くことができます。

❹エクセルのアカウント情報やオプション画面を開くことができます。

❺「新規」のショートカットです。ここに表示されているテンプレートを基に表計算画面を開くこともできます。

❻最近開いたエクセルファイルが一覧で表示されます。

2 表計算画面を確認する

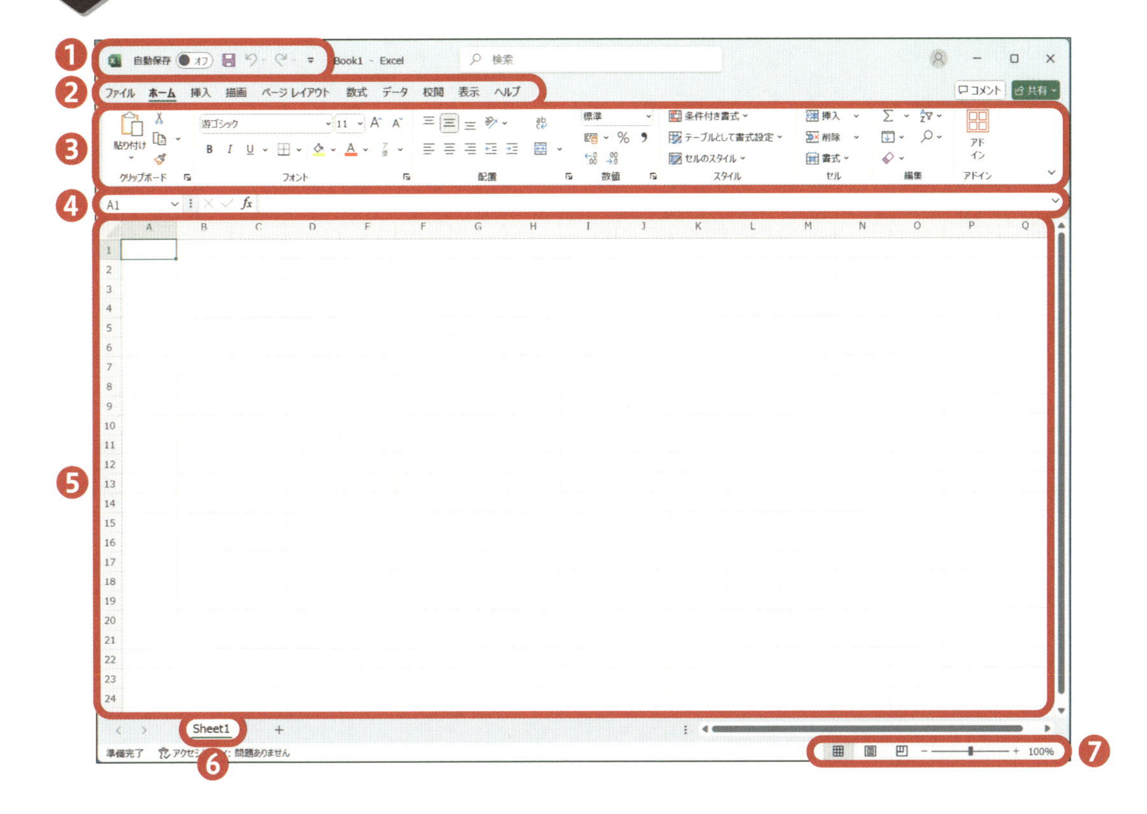

❶「クイックアクセスツールバー」です。初期設定では、「自動保存」「上書き保存」「元に戻す」「やり直し」のアイコンが表示されています。

❷「タブ」が表示されています。それぞれのタブをクリックすることで、対応する「リボン」がその下に表示されます。

❸「リボン」が表示されています。リボンに表示された項目を選択すると、対応する機能が実行されます。
リボンは機能の種類ごとに「グループ」に分けられています。

❹左の欄のアルファベットと数字は、現在選択されているセルを表しています。右の欄には、選択したセルに入力されているデータが表示されます。

❺計算や表の作成などを行う「ワークシート」です。各セルにデータを入力して、計算などを行うことができます。

❻現在表示されているワークシートを示します。同じ表計算画面上でいくつもワークシートを追加して切り替えながら利用することもできます。

❼画面の表示方法を切り替えたり、拡大・縮小したりすることができます。

終わり ✔

練習用ファイル ▸ E03_ワークシートの追加.xlsx

レッスン 03 ワークシートを追加しましょう

ワークシートはいくつも追加することができます。複数のワークシートを用意すれば、一つのファイルで複数の表を作成することができます。

ここでの操作

1 ファイルにワークシートを追加する

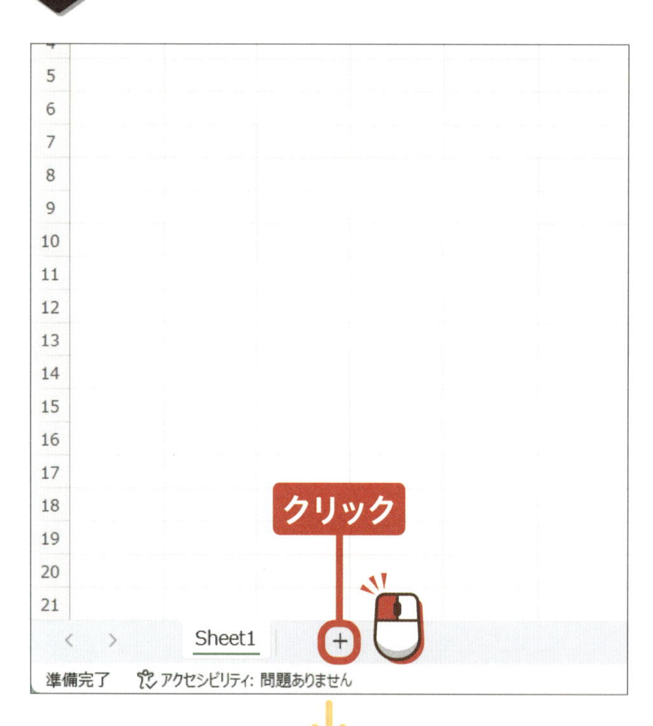

ファイルを作成し、画面左下の＋をクリックします。

アドバイス

タブをクリックすると、作業を行うワークシートを切り替えることができます。
最初の状態では、「Sheet1」が選択された状態になっています。

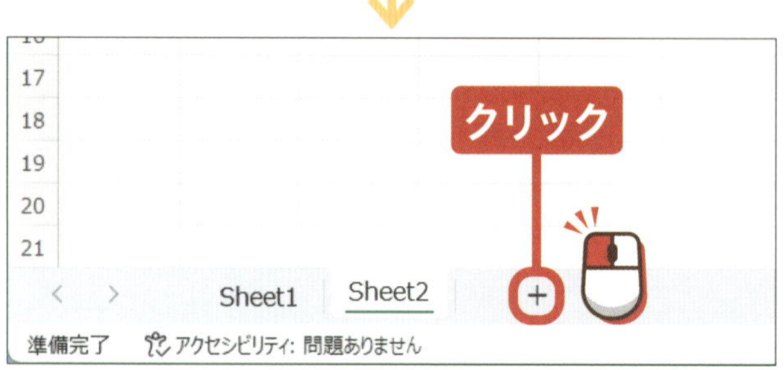

ワークシートが新しく追加されます。

＋をクリックします。

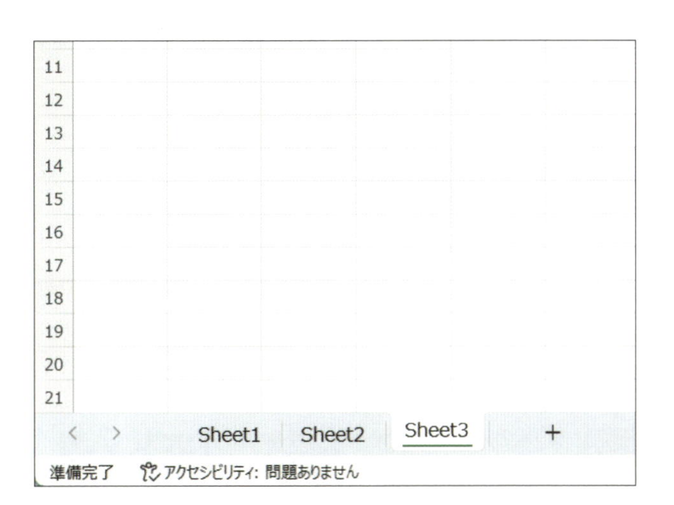

さらにワークシートが追加されます。
タブを左右にドラッグすることで、ワークシートの順番を入れ替えることができます。

アドバイス

＋をクリックした分だけ、ワークシートを追加できます。

ヒント ワークシートを削除する

不要になったワークシートは削除することができます。不要なワークシートのタブ❶の上で右クリックをして、表示されるメニューから「削除」❷をクリックすると、ワークシートが削除されます。

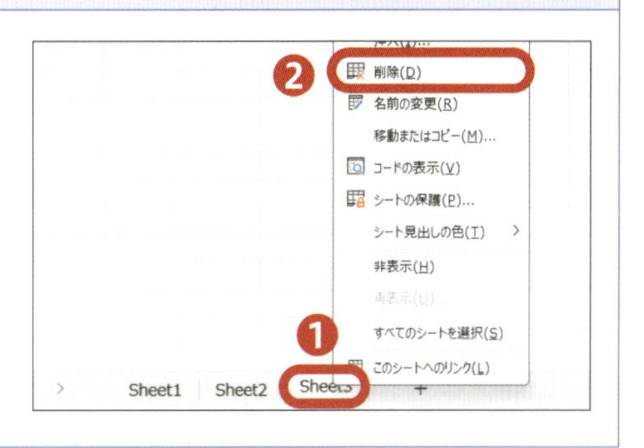

ヒント ワークシートをコピーする

たとえば、月ごとの売上表をワークシートごとに作成したい場合、表の枠組みだけ作成しておいて、そのワークシートをコピーすると、毎回作り直す必要がなく操作が楽です。コピーしたいワークシートのタブ❶の上で右クリックをして、「移動またはコピー」をクリックし、「コピーを作成する」❷のチェックを付けて「OK」をクリックします。

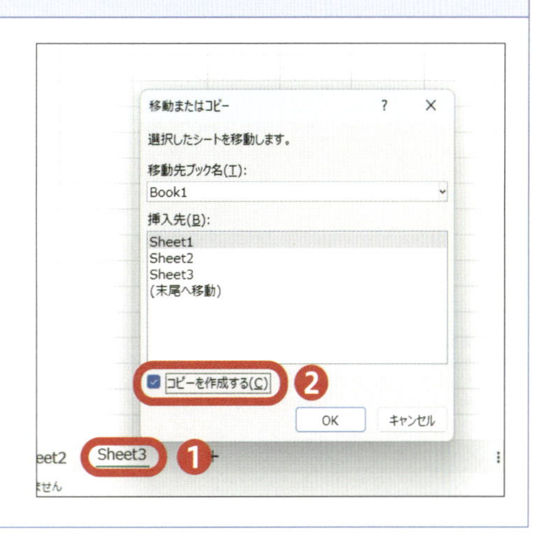

終わり

練習用ファイル ▶ E04_名前の変更.xlsx

レッスン 04 ワークシートの名前を変更しましょう

ワークシートには名前を付けることができます。ワークシートの内容がすぐにわかるように名前を付けていきましょう。

1 ワークシートの名前を変更する

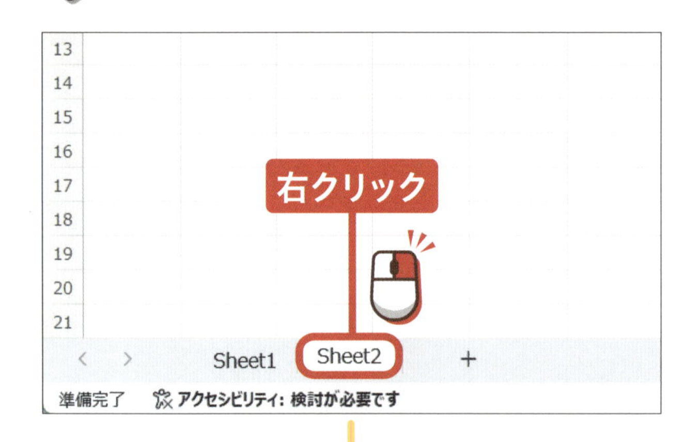

名前を変更したいワークシートのタブの上で右クリックします。

名前の変更(R) をクリックします。

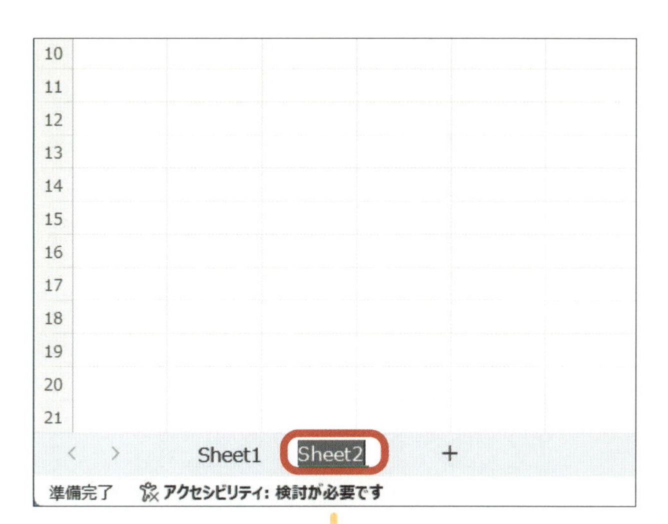

ワークシートの名前が変更可能な状態になります。

•アドバイス•

タブをダブルクリックすることでも変更可能な状態にすることができます。

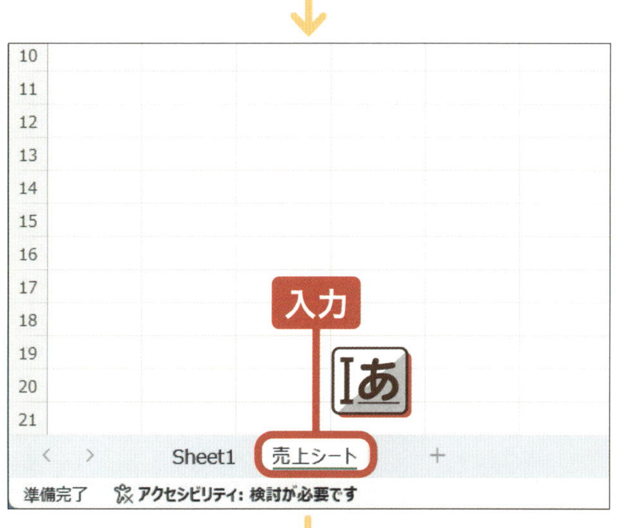

変更したい名前を入力します。

•アドバイス•

データの入力方法は、P.154～159を参照してください。

入力したらキーボードのEnterを押します。

シートの名前が変更されます。

終わり

ステップアップ

Q. セル内で文字を折り返し表示するには？

A. 「折り返して全体を表示する」をクリックしましょう。

ファイルを表示したときに、文字の一部しか表示されないことがあります。これは、入力した文字数が多く、セルの長さが足りていないためです。セルの大きさを変更することでも対応できますが、表の形が崩れてしまう可能性があります。そういった場合は、セル内で文字列を折り返して表示しましょう。なお、データの入力についてはP.154～159を参照してください。

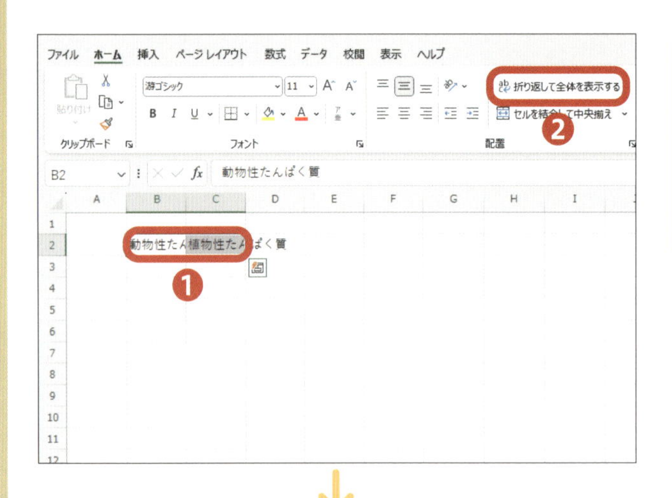

文字が見えなくなってしまっているセル❶を選択して、「折り返して全体を表示する」❷をクリックします。

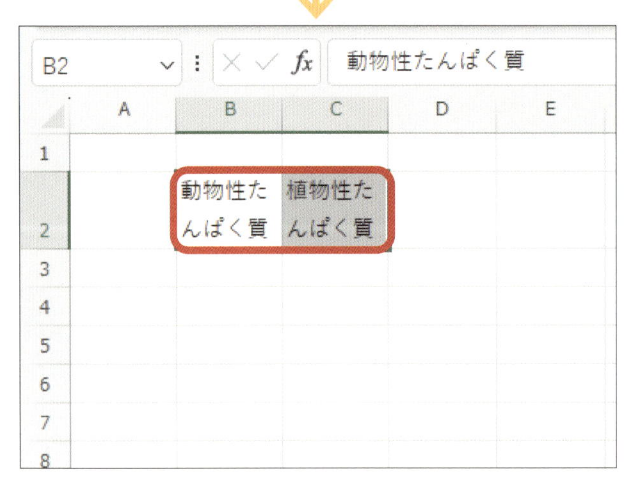

セルの幅に合わせて文字列が折り返されて、全部見えるようになります。
セルの高さも、自動的に調整されます。

エクセル

2章

データの入力と編集の方法を学びましょう

レッスンをはじめる前に

セルにデータを入力します

エクセルで表の作成や計算を行うためには、セルにデータを入力する必要があります。セルには文字や数値のほかにも、日付や価格、記号などを入力することができ、それらのデータを利用して、売上表を作成するといったこともできます。また、入力したデータを後から、編集を行って、文字や数値を書き換えることができ、不要になった場合は消去することもできます。

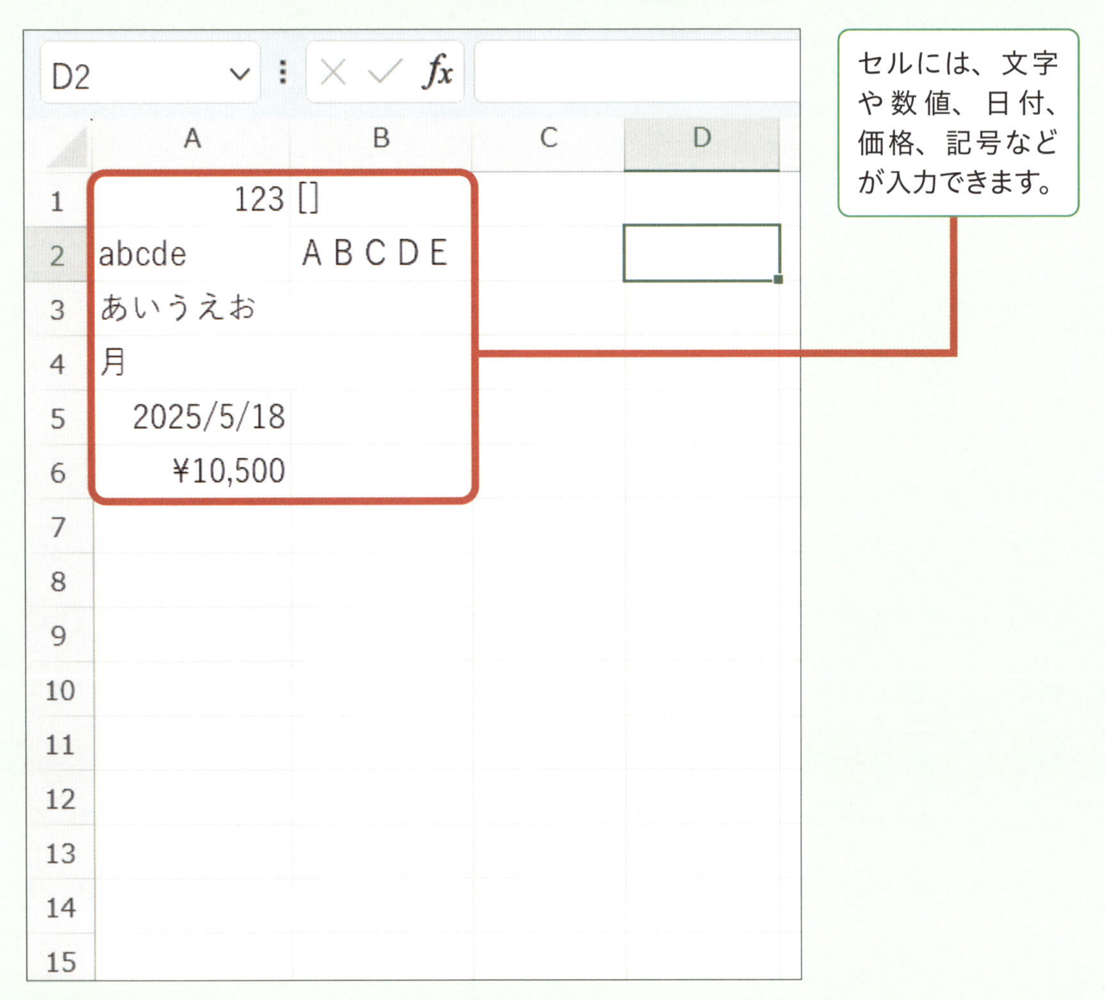

セルの書式を設定します

セルにデータを入力しただけでは、ただの見づらい表になってしまいます。**売上1位といった強調したい数値を赤い文字に変更したり、支店名を太字にしたりなど、書式を設定する**ことができます。書式の設定はセルごと、あるいは文字ごとに行えます。セルに書式を設定しておけば、入力されたデータを変更した場合でも、変更後のデータは設定した書式で表示されます。

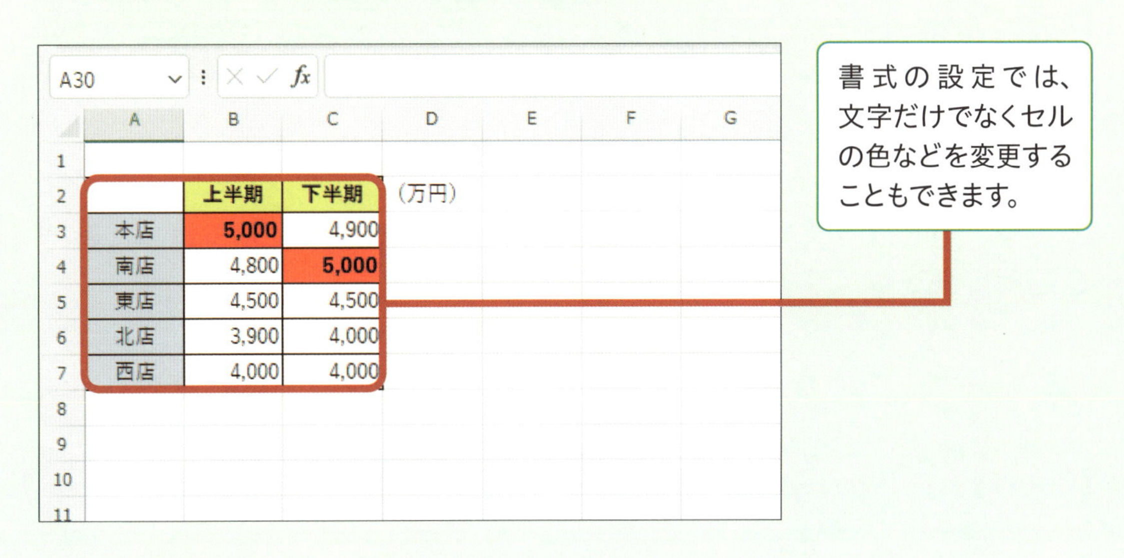

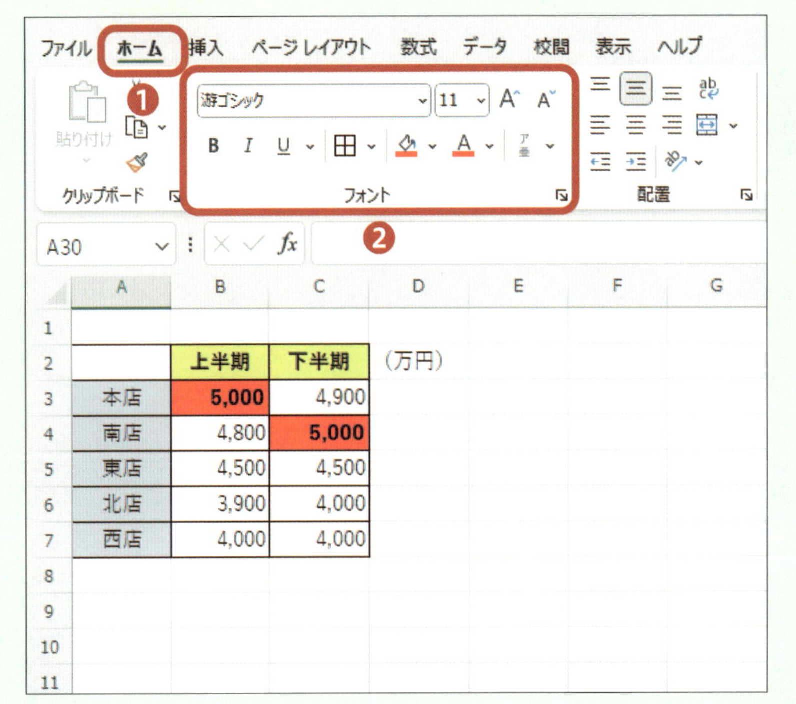

書式の変更は「ホーム」タブ❶の「フォント」グループ❷から行います。

レッスン 05

セルの基本を理解しましょう

エクセルでは、セルと呼ばれる入力領域に文字や数値などのデータを入力します。ここではその基本を確認しましょう。

1 セルって何？

エクセルには、セルと呼ばれるデータを入力するための枠が多数あります。ここに文字や数値を入力して、表の作成や計算などを行うことができます。セルはマス目状に縦と横に並んでおり、これを利用することで直感的に表を作成することができます。

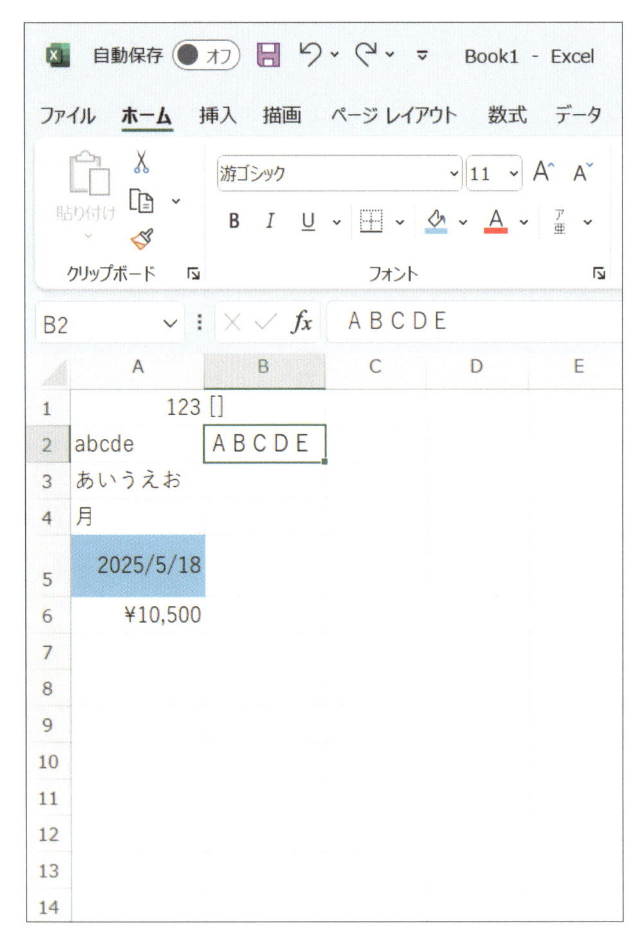

セルにはデータを入力することができます。周囲を罫線で囲ったり、縦や横の幅を自由に変更したりすることもできます。

2 セルの行と列

セルには横軸の「行」と縦軸の「列」があり、行は数字、列はアルファベットで表されます。エクセルでは「（アルファベット）（数字）」でセルの位置を示します。たとえば「B3」という表記は、「B」列の「3」行目のセルを示します。これは、計算や関数を使う際に非常に重要となるので必ず覚えておきましょう。なお、計算や関数についてはエクセル編の4章を参照してください。

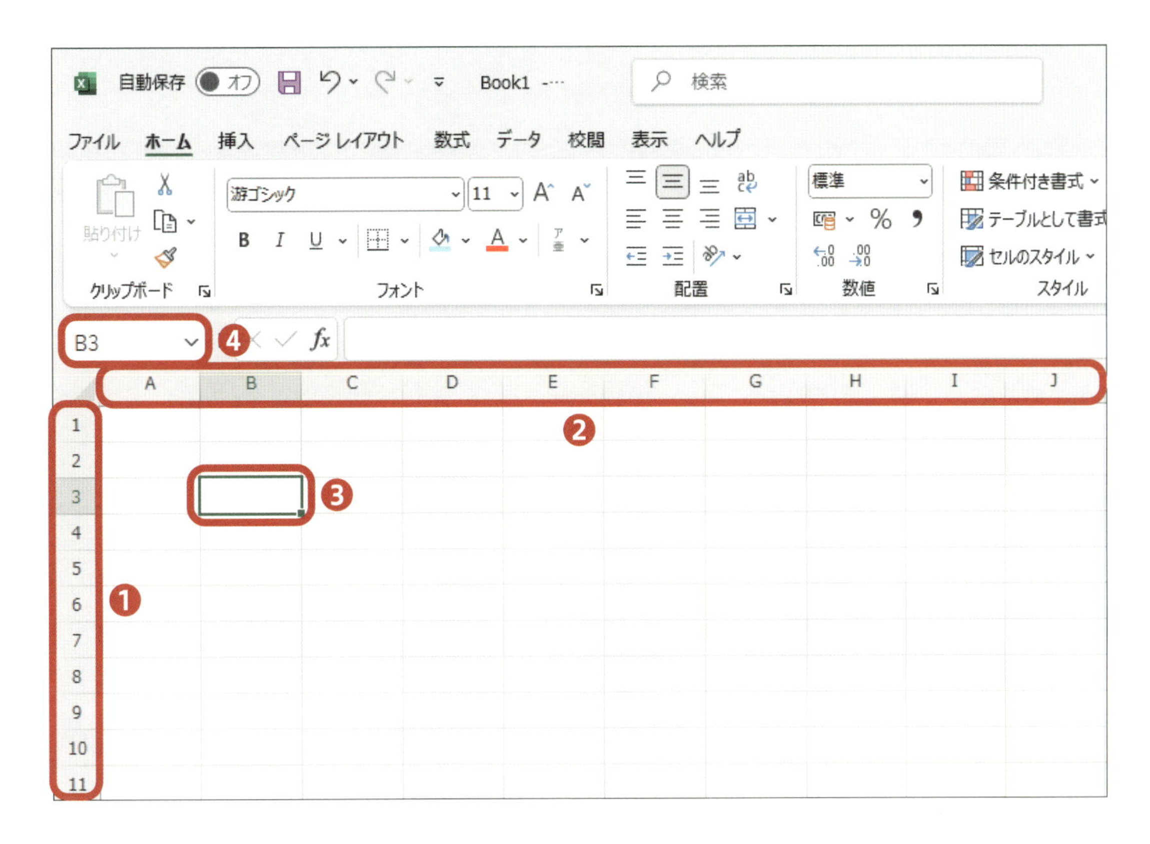

❶数字で何行目かを示します。

❷アルファベットで何列目かを示します。

❸緑の線で囲まれたセルが、現在選択されているセルです。

❹現在選択されているセルが「（アルファベット）（数字）」で表示されます。

終わり

レッスン06 データを入力するセルを選択しましょう

セルにデータを入力するには、セルを選択しておく必要があります。ここではセルの選択方法について学びましょう。

クリック
→P.18

1 セルを選択する

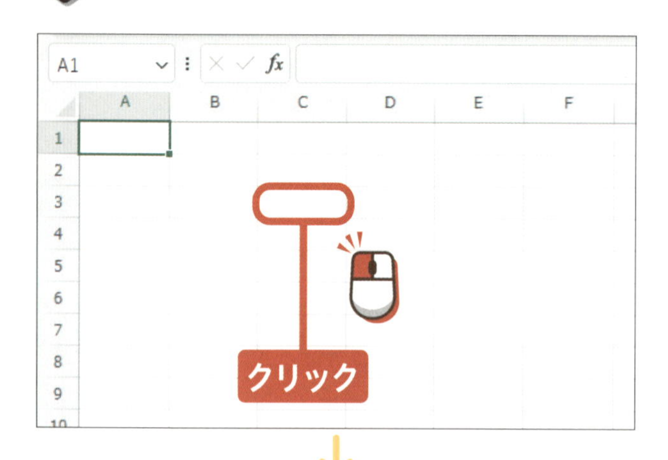

ここではセル「C3」を選択します。

「C」列の「3」行目のセルをクリックします。

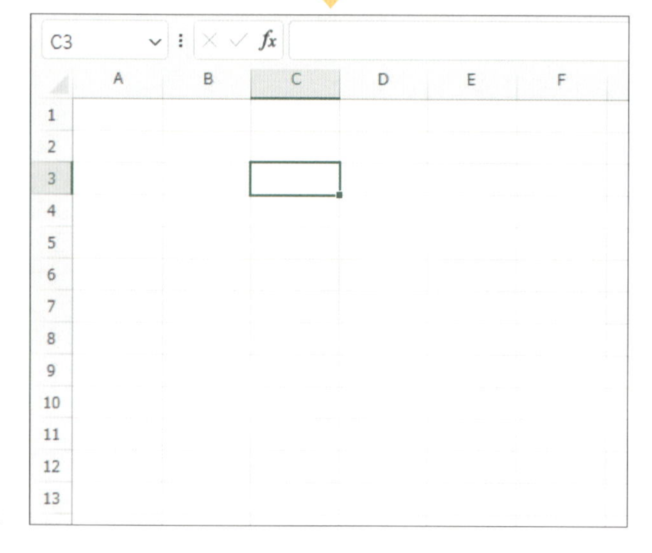

セル「C3」が選択されます。

アドバイス

「A」列の上にある「名前ボックス」に選択したセルが表示されます。

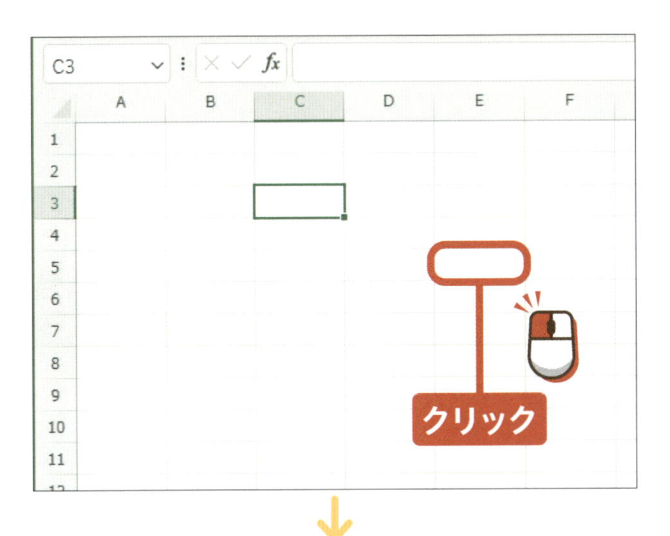

続けて、別のセルを選択します。

「E」列の「5」行目のセルを クリック します。

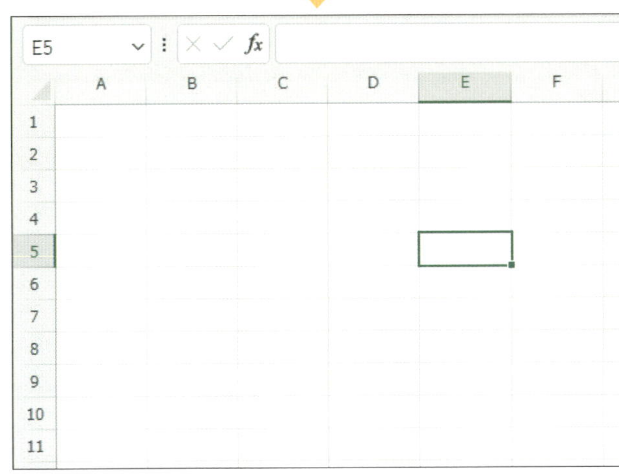

セル「C3」の選択が解除されて、セル「E5」が選択されます。

ヒント カーソルキーで選択したセルを変更する

セルを選択した状態でキーボードのカーソルキーを押すと、押した方向にセルの選択が移動します。

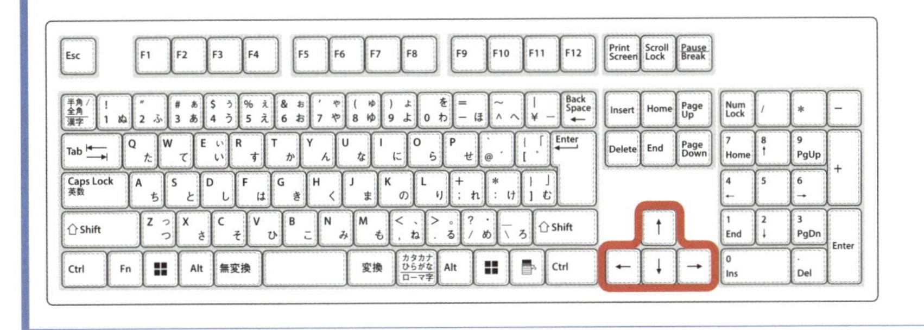

終わり

練習用ファイル ▸ E07_データの入力.xlsx

レッスン 07 データを入力しましょう

セルの選択ができたら実際にデータを入力してみましょう。セルには数値だけでなく、日本語や記号も入力できます。

クリック
→P.18

入力
→P.20

1 数値を入力する

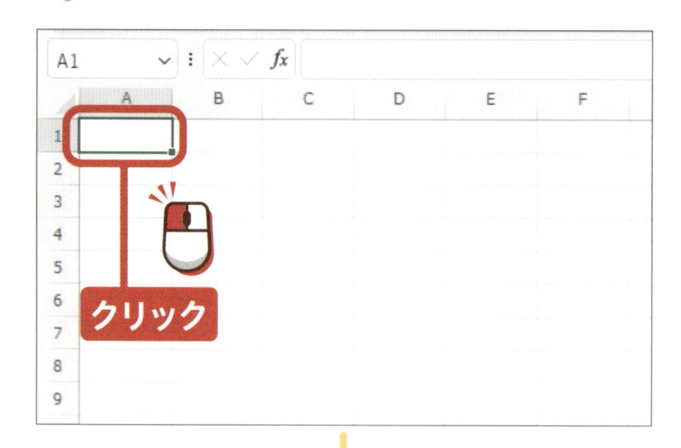

ここではセル「A1」に入力します。

入力したいセルを
クリックして
選択します。

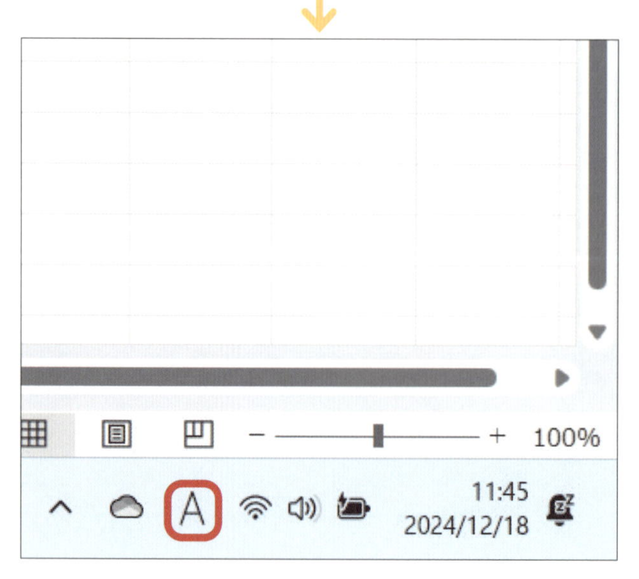

キーボードの
半角／全角を押して、
入力モードを
Aにしておきます。

アドバイス

Windowsのタスクバーで、現在の入力モードが確認できます。
Aは日本語入力がオフになっている状態です。

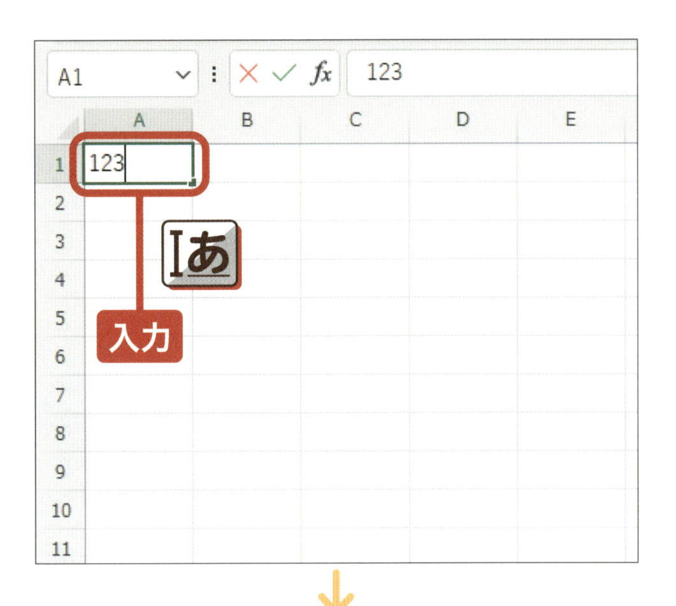

キーボードの
1 2 3を押して、
数値を[Iあ]入力します。

●アドバイス●

入力中はセル内に縦棒のカーソルが表示されます。

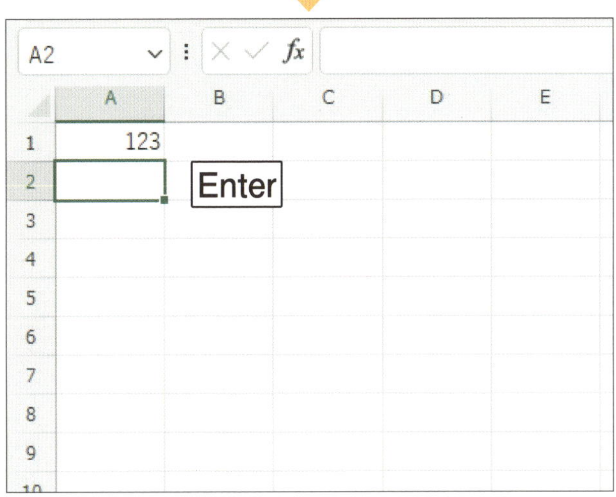

キーボードの
Enterを押して、
入力を確定します。

●アドバイス●

Enterで確定すると、一つ下のセルに選択が移動します。

ヒント 記号を入力する

セルには記号も入力することができます。「@」や「[]」といった記号も入力できるので、メールアドレスを入力したり、[]で強調させたりできます。なお、「+」や「-」といった計算記号はエラーが出る場合があります。計算記号の入力については、P.214を参照してください。

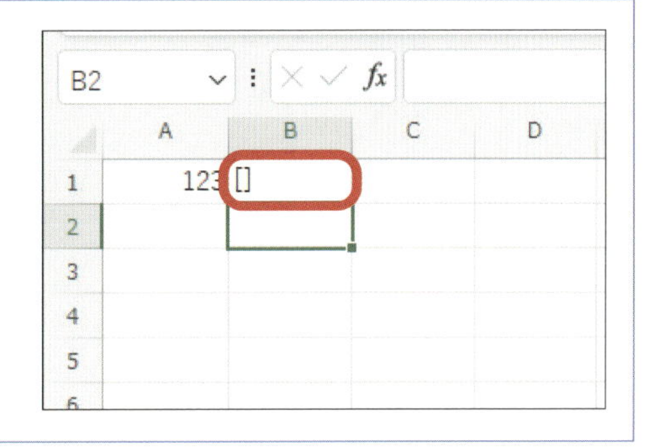

次のページへ

2 アルファベットを入力する

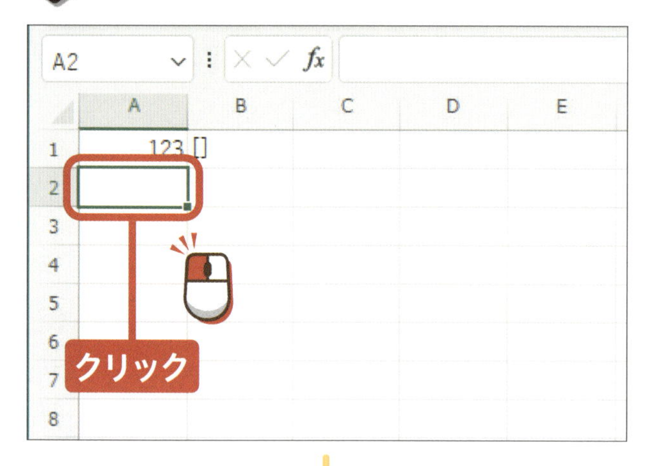

ここではセル「A2」に入力します。

入力したいセルをクリックして選択します。

キーボードの半角／全角を押して、入力モードをAにしておきます。

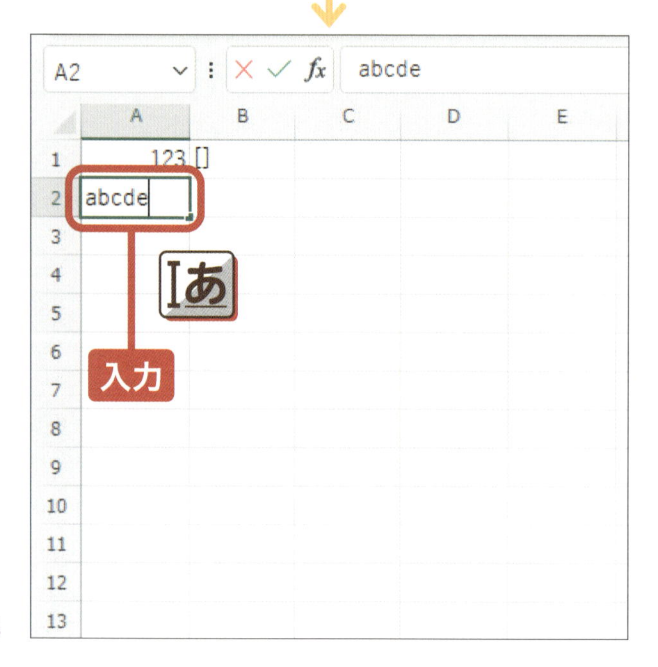

キーボードのABCDEを押して、アルファベットを入力します。

●アドバイス●

上記では半角小文字で入力されます。大文字（「A」など）を入力する場合は、Shiftを押しながら英字キーを押しましょう。

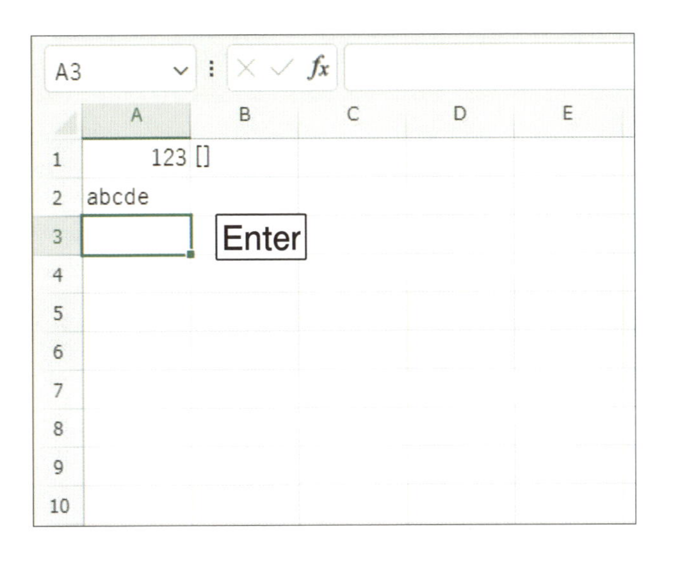

キーボードの
Enterを押して、
入力を確定します。

ヒント 全角と半角の切り替え

通常ではアルファベットは半角文字で入力しますが、全角文字で入力したい場合もあります。その場合は、全角入力に切り替えましょう。全角入力に切り替えるには、日本語入力をオンにした状態でキーボードのShift＋無変換を押します。そうすると、全角で英語を入力できるようになります。なお、再度キーボードのShift＋無変換を押すと、半角入力に戻ります。また、P.85の方法で変更することもできます。

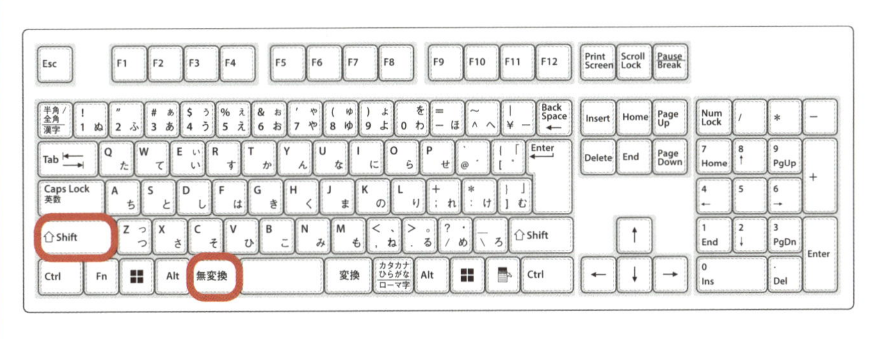

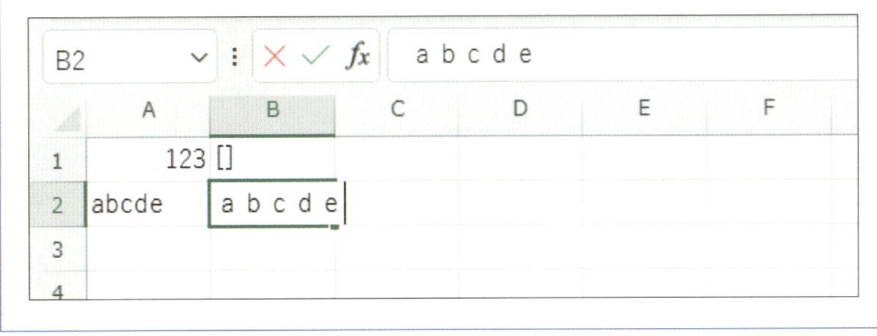

次のページへ

3 日本語を入力する

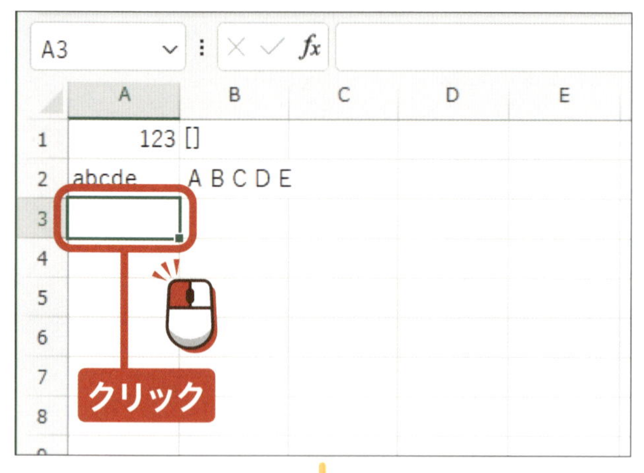

ここではセル「A3」に入力します。

入力したいセルをクリックして選択します。

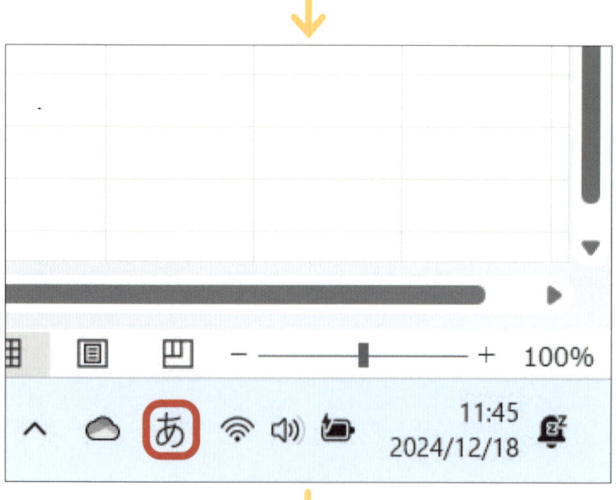

キーボードの半角／全角を押して、入力モードをあにしておきます。

●アドバイス●

あは日本語入力がオンになっている状態です。

キーボードのあいうえおを押して、日本語を入力します。

●アドバイス●

かな入力では「あ」「い」「う」「え」「お」、ローマ字入力では「A」「I」「U」「E」「O」と入力します。

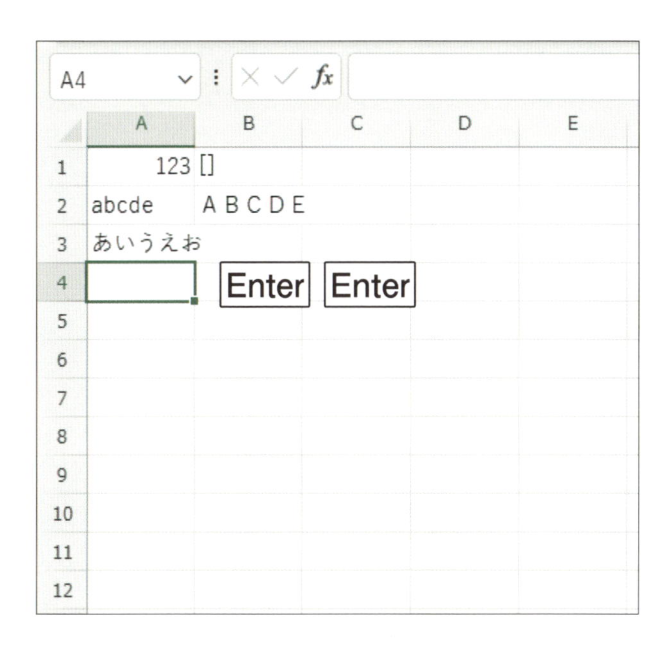

キーボードの Enter を2回押して、入力を確定します。

アドバイス

Enter の1回目で変換の確定、2回目で入力の確定をします。

アドバイス

入力した日本語は漢字に変換することもできます。

ヒント 同じデータや連続するデータを簡単に入力する

同じ列に同じ文字を入力する場合、入力途中で以前に入力した文字が入力候補に表示される「オートコンプリート」が便利です。たとえば「東京都」と同じ列に入力していた場合、次に入力する際は「と」と入力した段階で、変換候補に「東京都」と表示されます。あとは変換候補から選択するだけで残りの文字もすべて自動で入力されます。なお、この機能は同じ列に入力する場合のみ対応しており、同じ行に入力する場合には対応していません。
オートコンプリートを無効にしたい場合は、「ファイル」タブから「オプション」→「詳細設定」をクリックして、「オートコンプリートを使用する」のチェックを外しましょう。

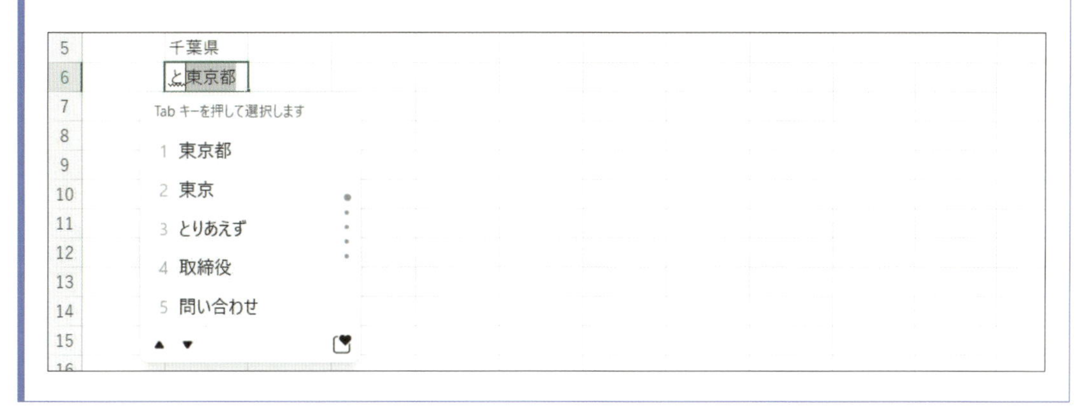

次のページへ

4 入力を元に戻す

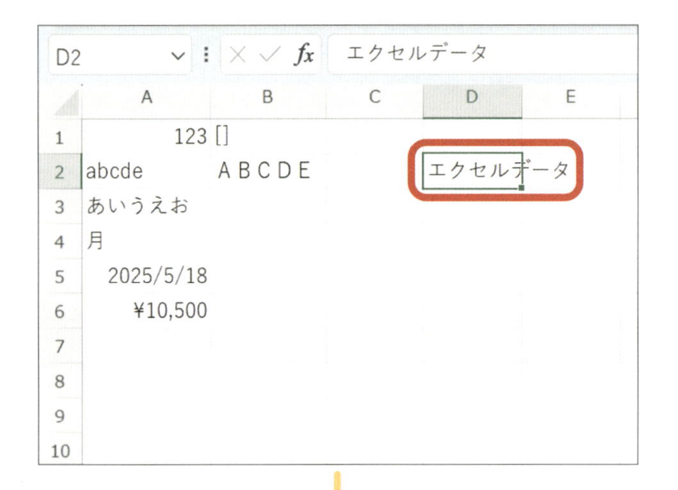

入力したデータに間違いがあったので、入力前の状態に戻します。

●アドバイス●

「元に戻す」とは、直前の操作を取り消す操作のことです。

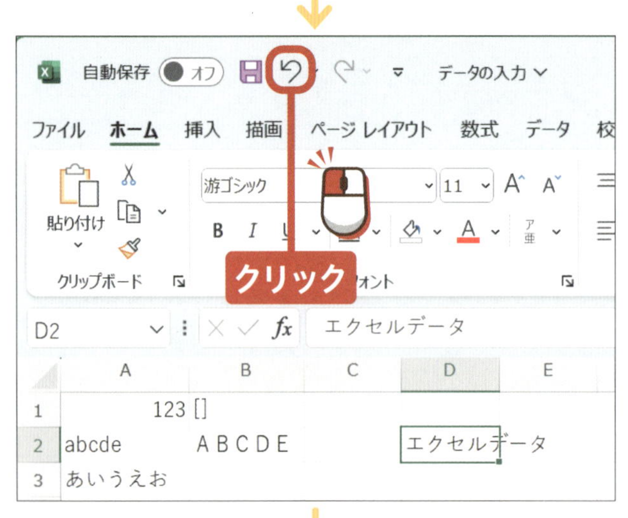

クイックアクセスツールバーの↶を**クリック**します。

●アドバイス●

キーボードのCtrl＋Zを押すことでも、元に戻すことができます。

入力前の状態に戻ります。

●アドバイス●

「元に戻す」操作を繰り返し行うと、操作をさかのぼって取り消していくことができます。

5 入力をやり直す

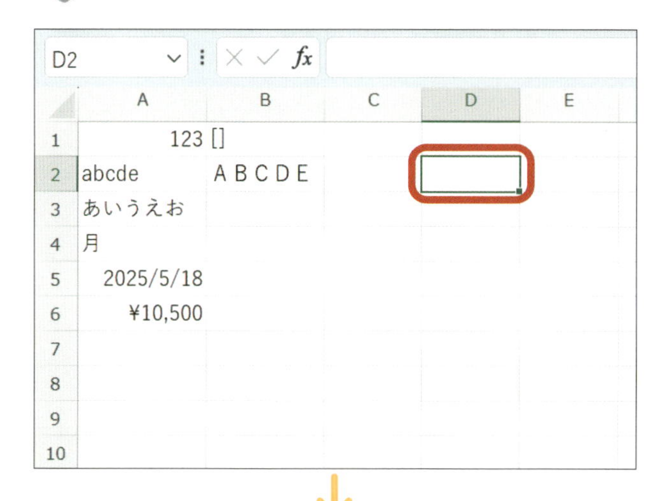

元に戻したデータを、戻す前の状態にやり直します。

●アドバイス●

「やり直す」とは、直前の「元に戻す」操作を取り消す操作のことです。

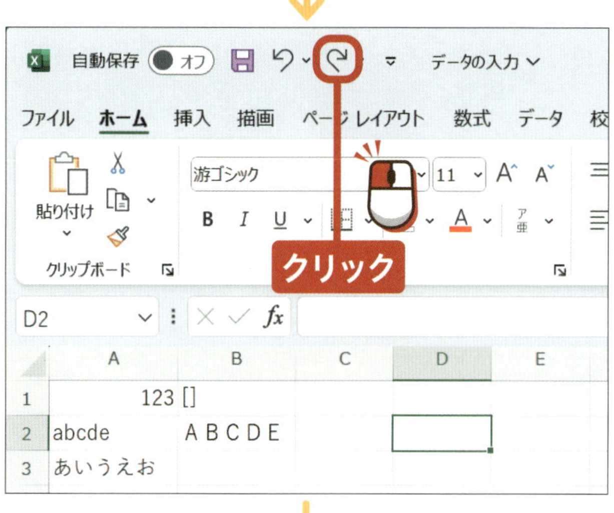

クイックアクセスツールバーの⟳をクリックします。

●アドバイス●

キーボードの Ctrl + Y を押すことでも、やり直すことができます。

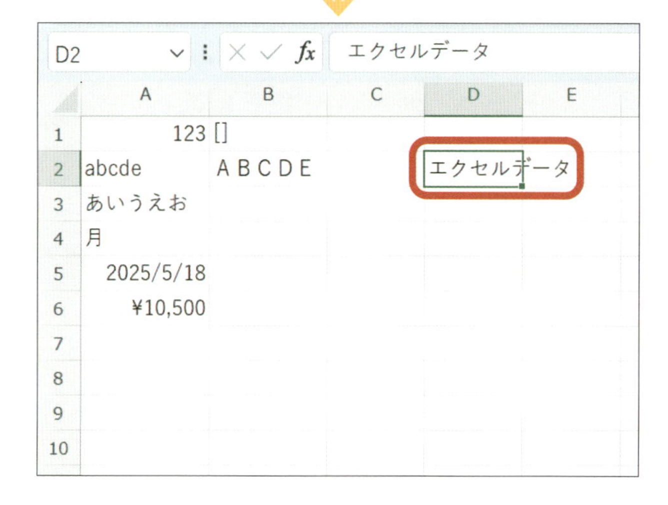

元に戻す前の状態に戻ります。

●アドバイス●

「やり直す」操作を繰り返し行うと、「元に戻す」操作をどんどんさかのぼってやり直していくことができます。

終わり✔

レッスン 08 データを消去しましょう

不要になったセルのデータを消去しましょう。セルを選択してからキーボードのキーを押すだけで簡単に消去できます。

→P.18

1 データを消去する

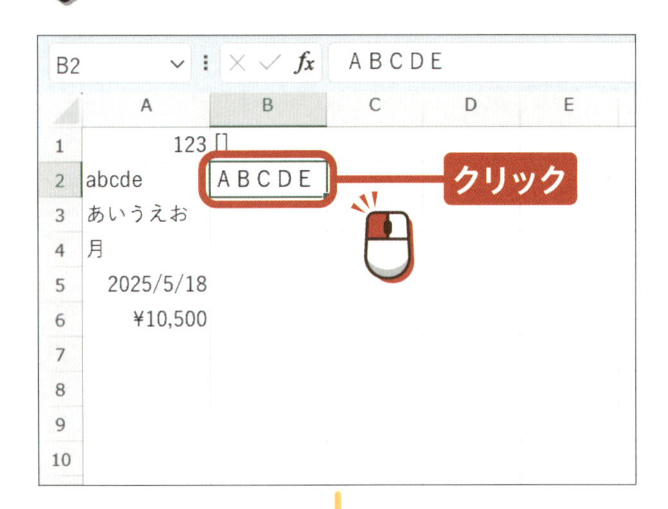

ここではセル「B2」のデータを消去します。

データを消去したいセルを クリックして選択します。

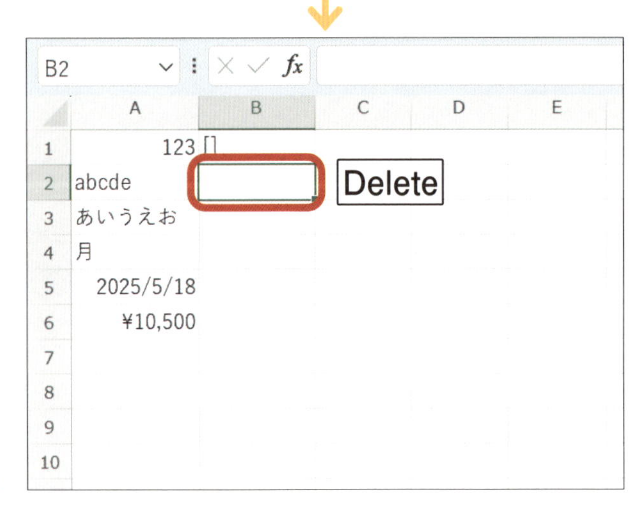

キーボードのDeleteまたはBackSpaceを押すと、データを消去できます。

複数のセルのデータをまとめて消去する

ドラッグ操作で複数のセルを選択した状態でDeleteを押すと、選択した範囲内のセルのデータをまとめて消去できます。この方法のときは、BackSpaceではまとめて消去できないので注意しましょう。

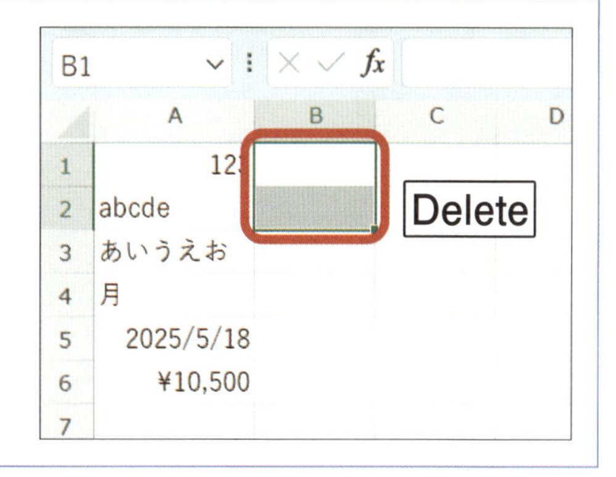

ヒント セルに書式が設定されている場合

書式設定されているセルのデータを消去する場合、DeleteまたはBackSpaceを押すとデータは消去されますが、セルの書式設定は消去されずにそのまま残ります。書式設定もすべて消去したい場合は、セルを選択した後に、「ホーム」タブの「編集」グループの「クリア」をクリックすると表示されるメニューから、「すべてクリア」をクリックします。

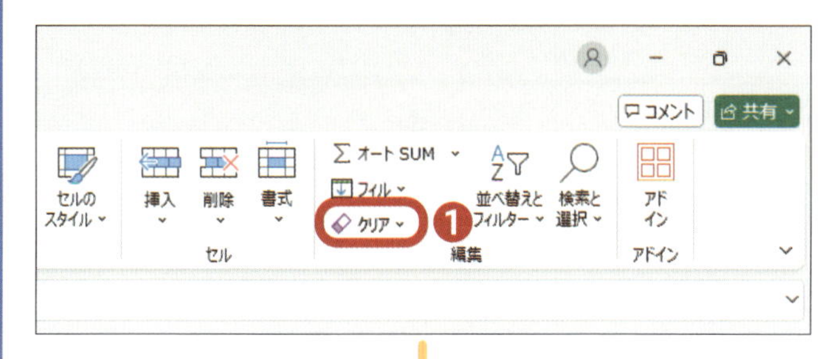

「ホーム」タブの「編集」グループの「クリア」❶をクリックします。

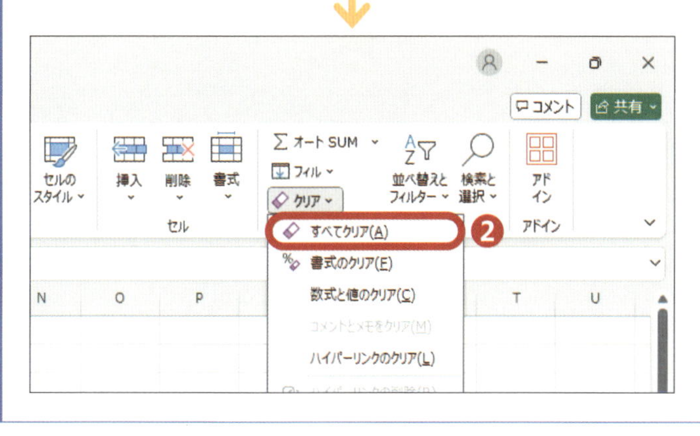

「すべてクリア」❷をクリックすると、データと書式設定を一気に消去できます。なお、「書式のクリア」をクリックすると、データは消去せずに書式設定のみ初期状態に戻すことができます。

終わり

データを編集しましょう

セルのデータは、後から修正することができます。セルをダブルクリックすることでデータの編集を行いましょう。

 クリック →P.18
 ダブルクリック →P.18
 右クリック →P.19
 入力 →P.20

1 データを編集する

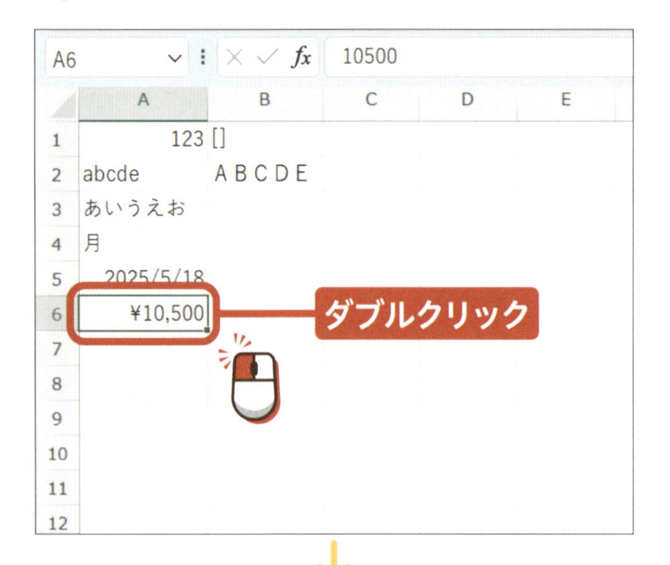

ここではセル「A6」のデータを編集します。

データを編集したいセルを ダブルクリック して、編集できる状態にします。

アドバイス

キーボードのF2でも同様の操作ができます。

データを入力し直したい部分を クリック して、カーソルを移動させます。

アドバイス

キーボードのカーソルキーで移動させることもできます。

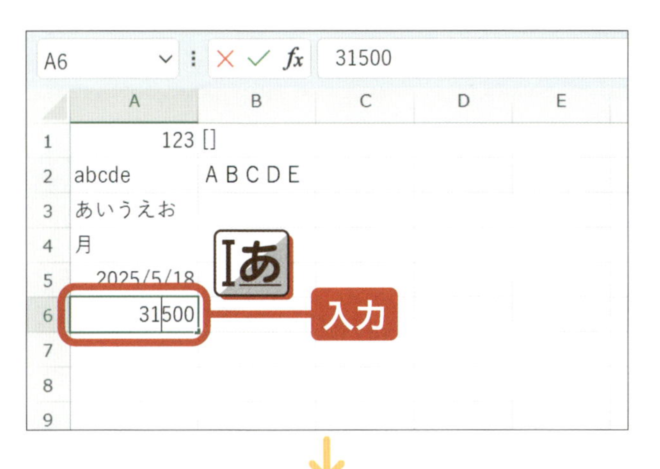

データを[あ]入力し直します。

●アドバイス●

カーソルを合わせて、キーボードのDeleteやBackSpaceを押すと、不要な文字を削除できます。

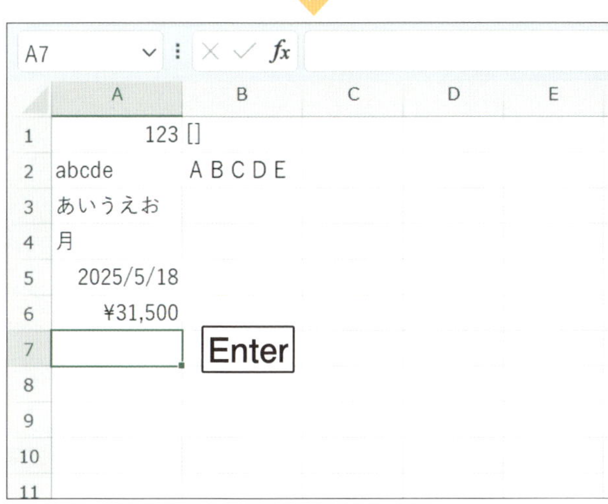

キーボードのEnterを押して、入力を確定します。

●アドバイス●

ここではセルの表示形式が通貨に設定されているので、編集後のデータも通貨表示になります。セルの表示形式を解除する方法は次ページを参照してください。

ヒント クリックして編集した場合

セルをクリックして選択した状態でデータを編集しようとすると、前のデータがなくなり新たにデータを入力する状態になります。前のデータを上書きしたい場合は、この方法で行うとよいでしょう。ダブルクリックをして編集する方法は、データの一部を変更するときに活用しましょう。

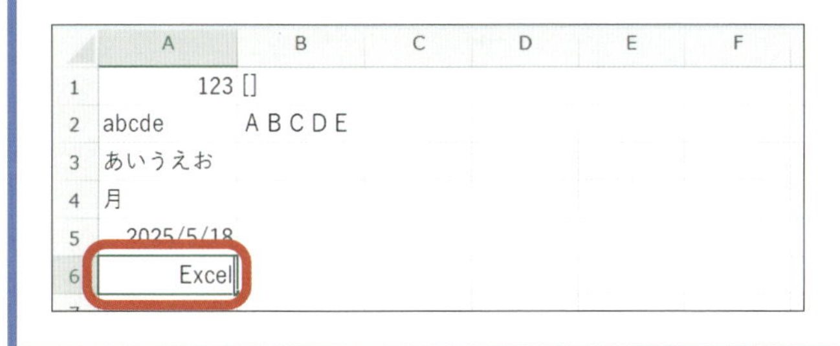

まったく別のデータに入力し直す場合は、セルをクリックして選択状態にし、新しいデータを入力しましょう。

次のページへ

2 セルの表示形式を変更する

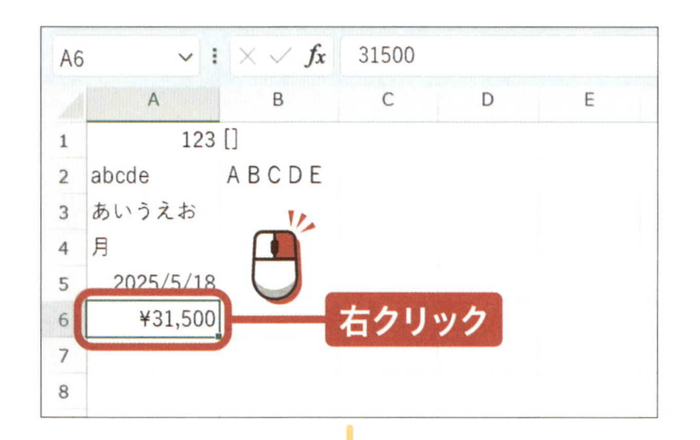

通貨表示になっているセル「A6」の表示形式を変更します。

表示形式を変更するセルを右クリックします。

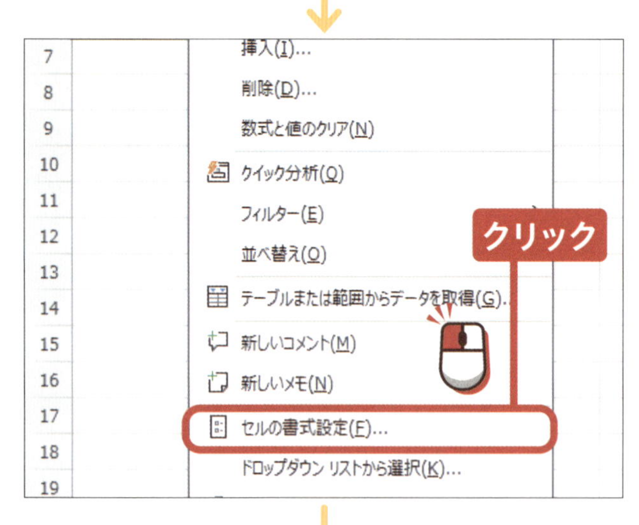

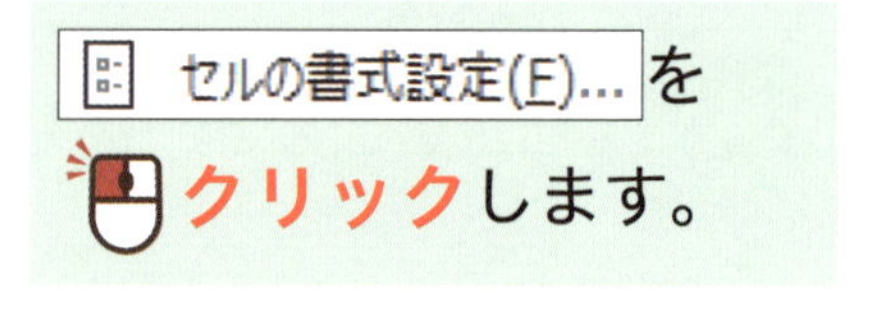

をクリックします。

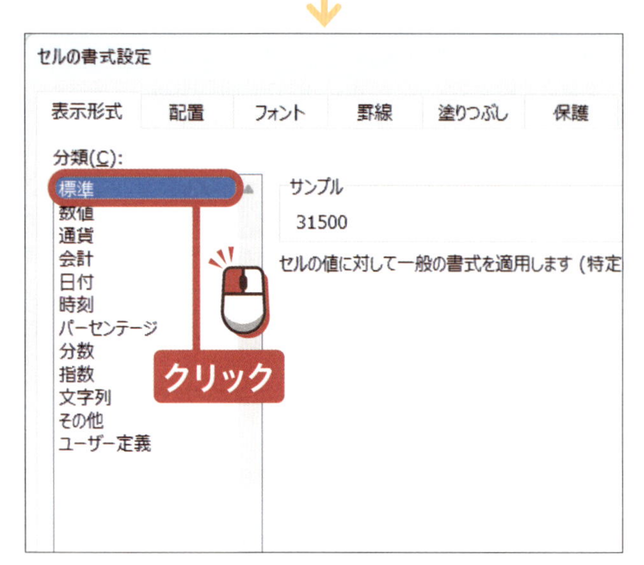

ここでは「標準」の表示形式に変更します。

をクリックします。

クリックします。

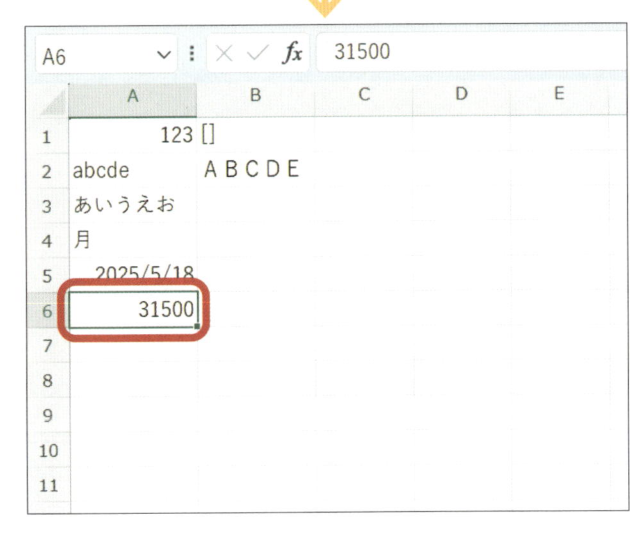

通貨表示から標準の形式に変更されます。

ヒント そのほかの表示形式

セルの表示形式には、「日付」や「通貨」以外にもさまざまな種類があります。「時刻」に設定した場合は「14：30」などと入力すると自動的に「14時30分」と表示してくれます。また、「パーセンテージ」にした場合は、数値を入力すると「○○%」で表示してくれます。

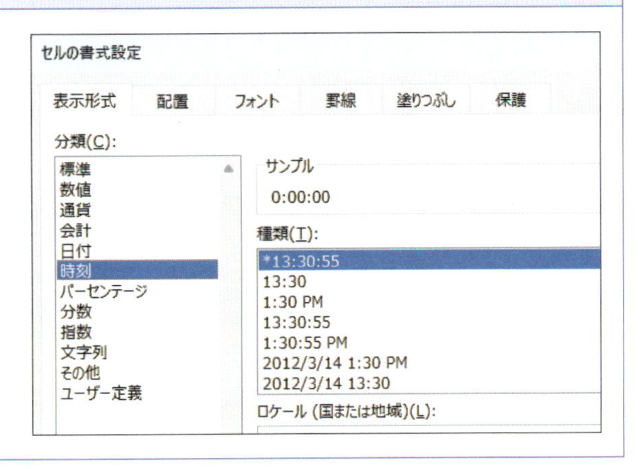

終わり

練習用ファイル ▸ E10_データのコピー.xlsx

レッスン10 データをコピーしましょう

同じデータを何度も入力する場合、毎回データをキーボードから入力するのは手間です。そういった場合はコピーを活用しましょう。

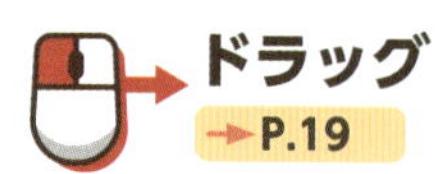

1 セルのデータをコピーする

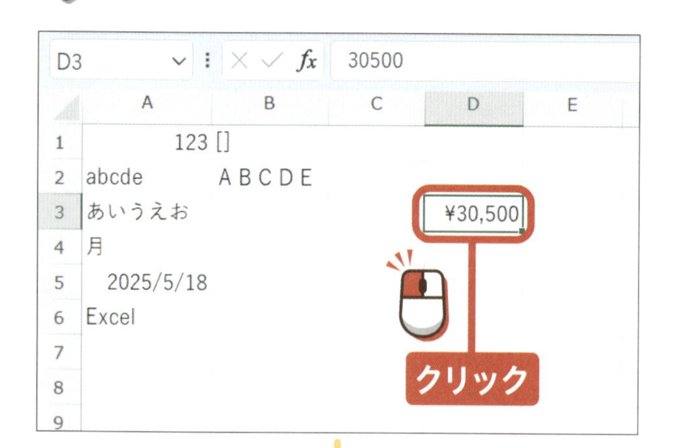

ここではセル「D3」のデータをコピーします。

コピーしたいセルをクリックして選択します。

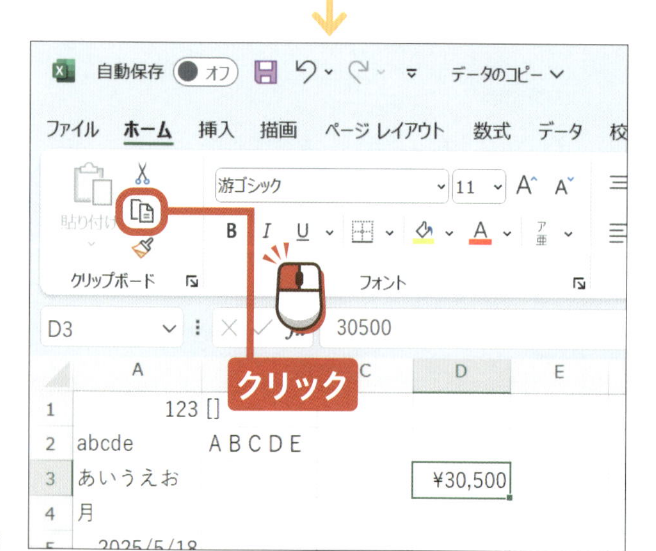

「ホーム」タブの「クリップボード」グループの[コピー]をクリックします。

アドバイス

キーボードのCtrl＋Cを押すことでも、コピーすることができます。

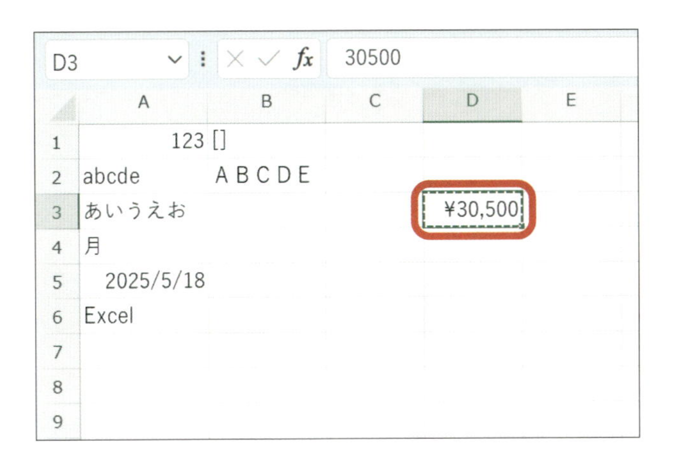

セルのコピーが完了します。

●アドバイス●

貼り付けについては、次ページを参照してください。

ヒント セルを右クリックしてコピーする

セルを右クリックして表示されるメニューから「コピー」をクリックすることでも、セルをコピーすることができます。

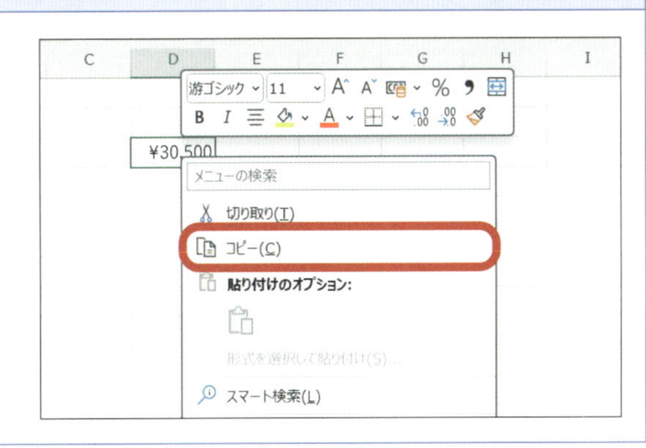

ヒント 連続するデータを簡単に入力する

「1,2,3,4,…」「月,火,水,…」のように連続するデータは、セルごとに1つずつ入力するのは非常に手間です。「オートフィル」機能を使うと、「1」「2」まで入力してから、両方のセルを選択し、右下の■をドラッグすると連続したデータを自動で入力してくれます。この機能は数式や関数（エクセル編の4章を参照）でも使うことができます。

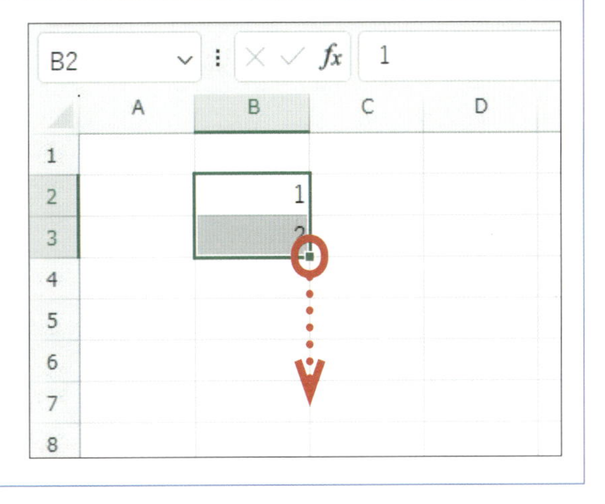

終わり ✔

コピーしたセルを貼り付けましょう

セルをコピーしたら貼り付けを行いましょう。貼り付けはコピーされた状態であれば何度も行うことができます。

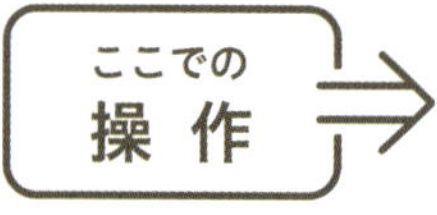

1 コピーしたセルを貼り付ける

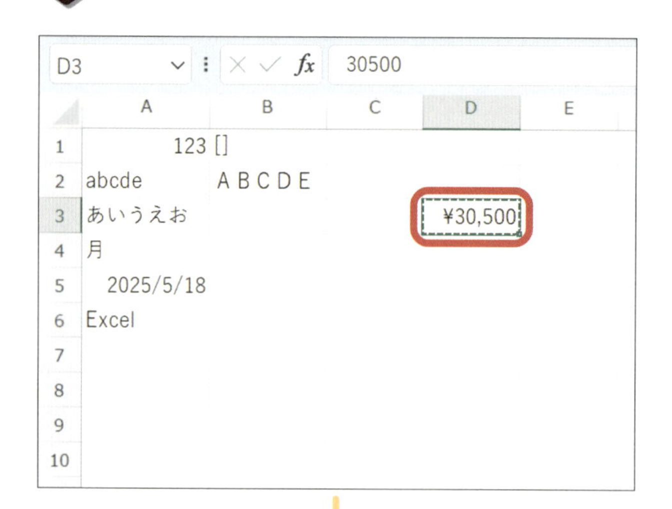

ここではセル「D3」のデータをセル「E3」に貼り付けます。

P.168を参考に、セルをコピーしている状態にします。

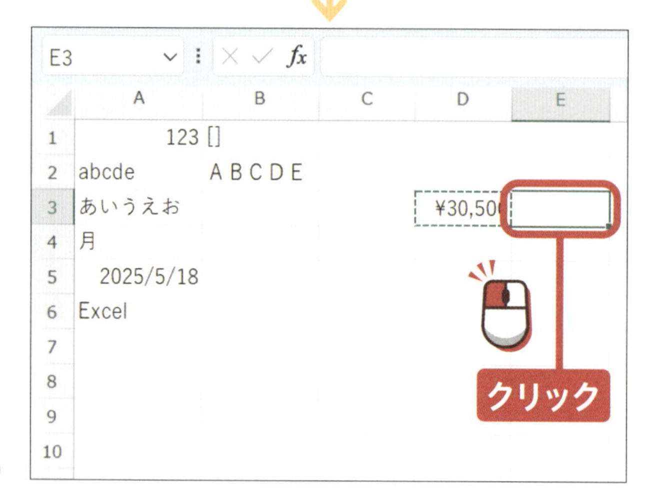

貼り付けたいセルをクリックして選択します。

アドバイス

キーボードのCtrl＋Vを押すことでも、貼り付けることができます。

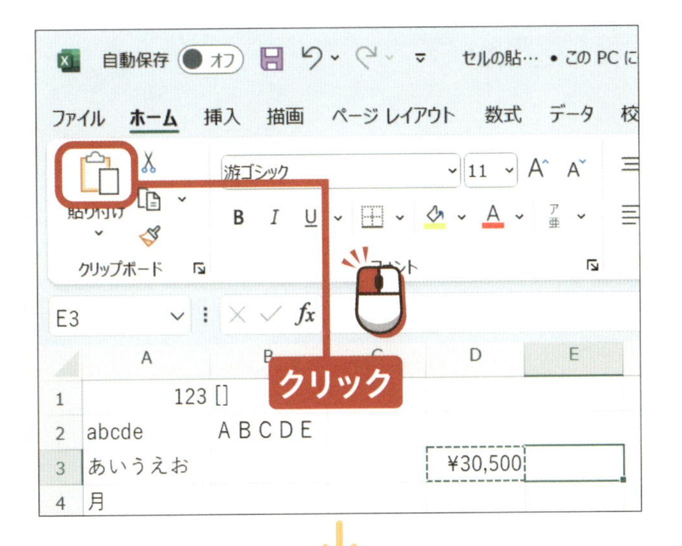

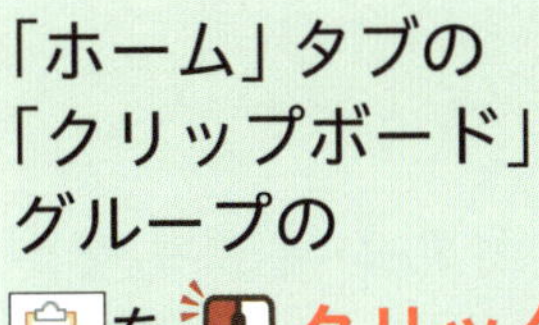

「ホーム」タブの「クリップボード」グループの

をクリックします。

●アドバイス●

セルを右クリックして表示されるメニューからでも貼り付けできます。

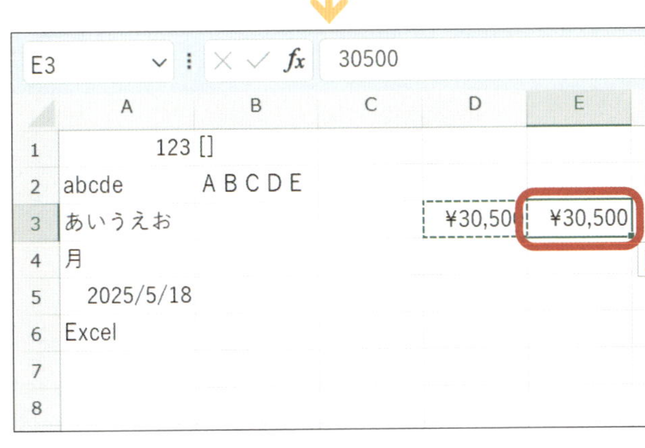

セルにデータが貼り付けられます。

●アドバイス●

セルがコピーされている状態であれば、ほかのセルを選択して貼り付けを何度も行うことができます。

ヒント 書式もコピーされる

セルに書式を設定してコピーし、別のセルに貼り付けをすると、書式も一緒に貼り付けされます。

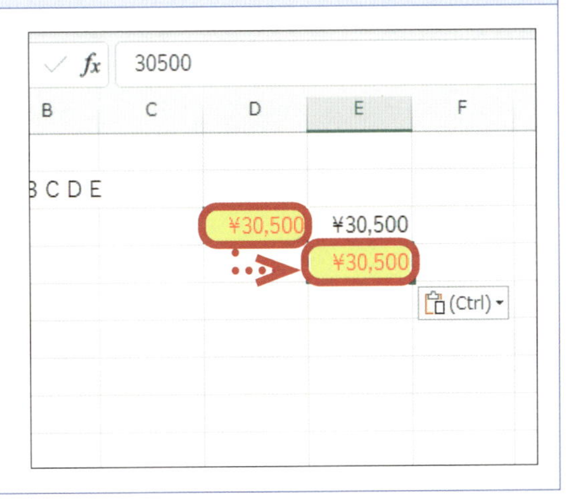

終わり

ステップアップ

Q. セルの書式を変更するには？

A. 各種書式設定ボタンをクリックします。

エクセルでは表を見やすくするために、セルの書式を変更することができます。太字や斜体、下線などを設定できるほか、フォントの書体や大きさ、色を変えることもできます。

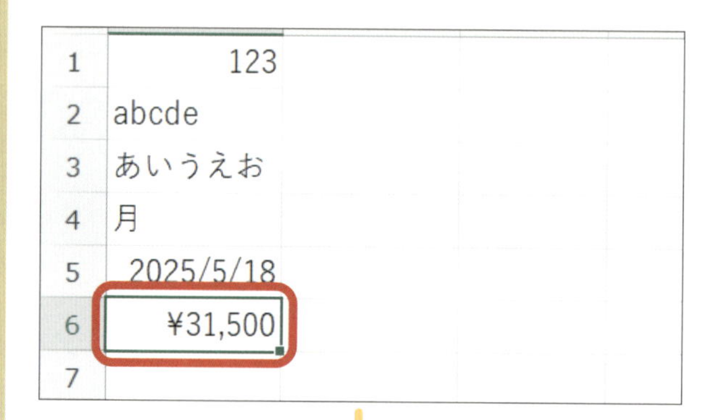

書式を変更したいセルをクリックして選択します。

「ホーム」タブの「フォント」グループから設定します。

❶書体の種類（フォント）を変更できます。

❷文字の大きさを変更できます。

❸太字に設定できます。

❹斜体に設定できます。

❺下線を付けることができます。

❻セルに罫線を設定することができます。

❼セルを指定の色で塗りつぶすことができます。

❽文字の色を指定の色に変えることができます。

エクセル

3章

表の作り方を学びましょう

レッスンをはじめる前に

エクセルで表を作成します

データの入力方法を学んだら、エクセルを本格的に活用するために、まずは表を作成してみましょう。表計算画面ではセルごとに罫線を引くことができるので、罫線をうまく使った表を作成することができます。本書では例として、社員名簿を作成します。作成した表は、そのまま表として活用することもできますが、フィルターを使って必要な情報だけを表示させたり、データ順に並べ替えたりすることもできます。

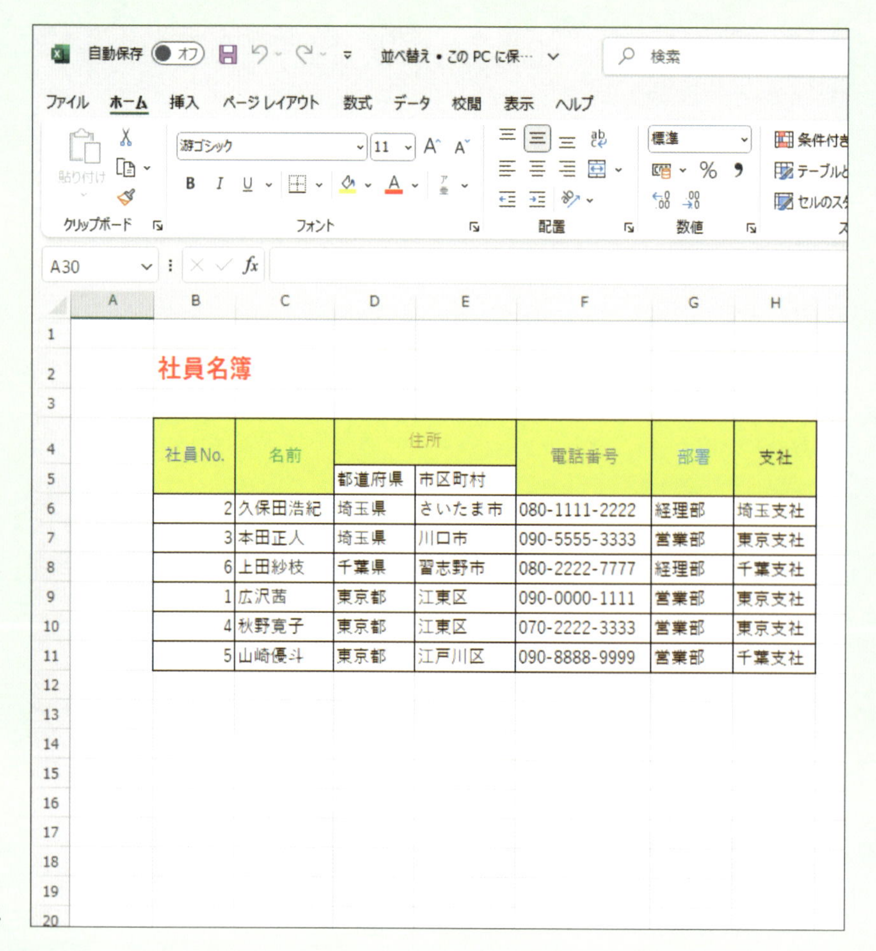

社員名簿

社員No.	名前	住所		電話番号	部署	支社
		都道府県	市区町村			
2	久保田浩紀	埼玉県	さいたま市	080-1111-2222	経理部	埼玉支社
3	本田正人	埼玉県	川口市	090-5555-3333	営業部	東京支社
6	上田紗枝	千葉県	習志野市	080-2222-7777	経理部	千葉支社
1	広沢茜	東京都	江東区	090-0000-1111	営業部	東京支社
4	秋野寛子	東京都	江東区	070-2222-3333	営業部	東京支社
5	山崎優斗	東京都	江戸川区	090-8888-9999	営業部	千葉支社

セルの結合や罫線、データの位置などを調整して、見やすい表を作成します。

セルを結合したり幅を変更したりします

表を作成する際に、一つの見出しの下に複数の項目を並べたいことがあります。複数のセルを罫線を使って一つに見せるといったことをしてしまいがちですが、そういう場合は**セルを結合**して、隣同士のセルを一つのセルとして扱うことができます。また、長いデータを入力する場合、セルの幅が足りないといった場合は、**セルの幅や高さを変更する**こともできます。

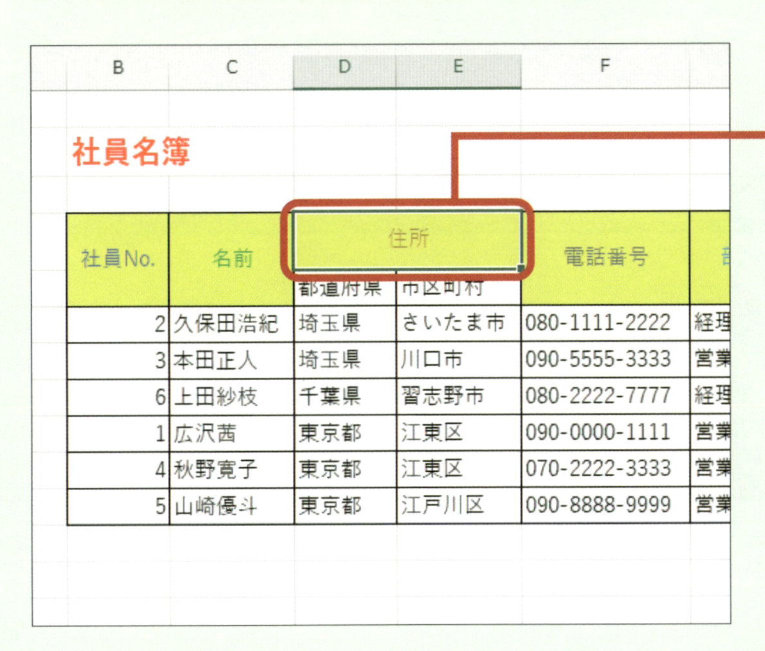

左の例では、「住所」の項目名が入力されたセルが右のセルと結合されています。

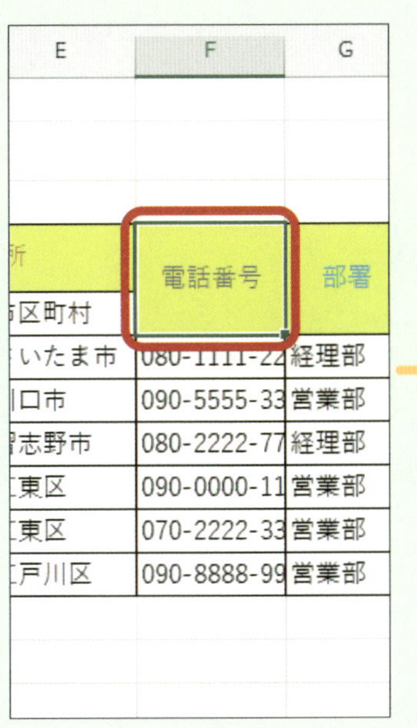

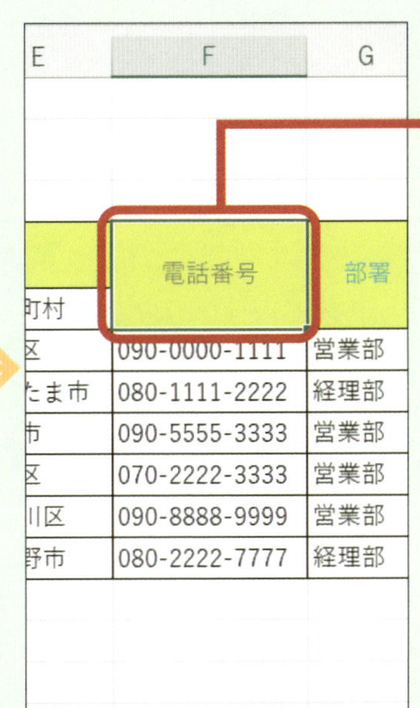

左の例では、「F」列の幅をドラッグ操作によって広げています。

レッスン 12 表の作成に必要な情報を入力しましょう

エクセル編3章では実際に表を作成していきます。ここでは例として社員名簿を作成しますので、まずは必要なデータの入力を行いましょう。

ここでの操作   入力 →P.20

1 「社員No.」と「名前」を入力する

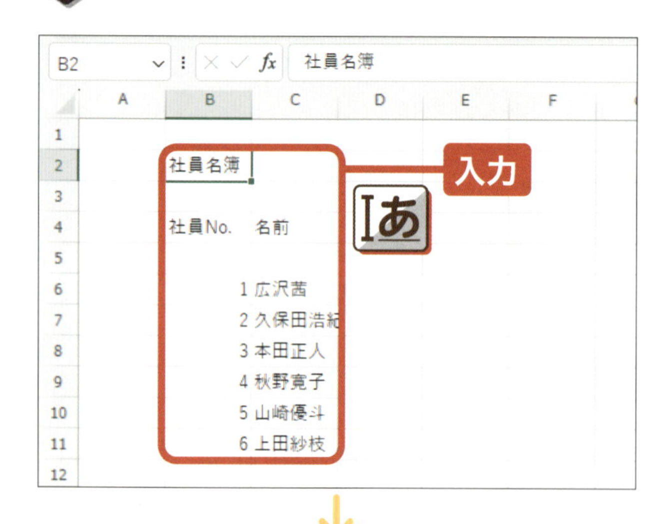

まずは名簿のタイトル（社員名簿）と「社員No.」「名前」、それぞれのデータを入力します。

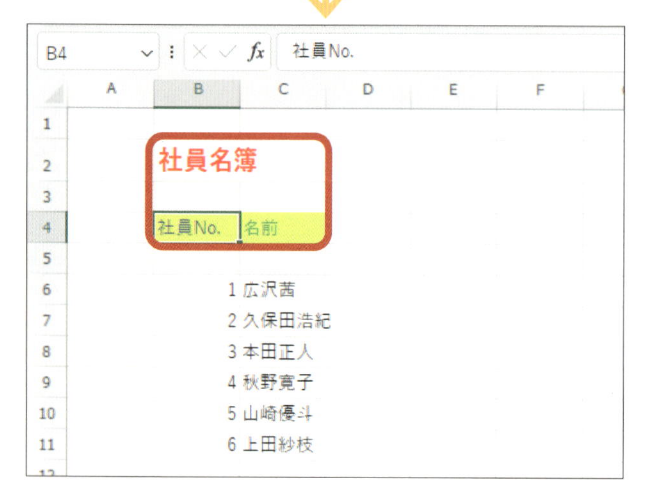

タイトルと項目名に書式を設定します。

アドバイス

ここでは「セルの塗りつぶし」「フォントサイズ」「フォントの色」「太字」を設定しています。書式の設定は「ホーム」タブの「フォント」グループで行います（P.172を参照）。

2 「住所」を入力する

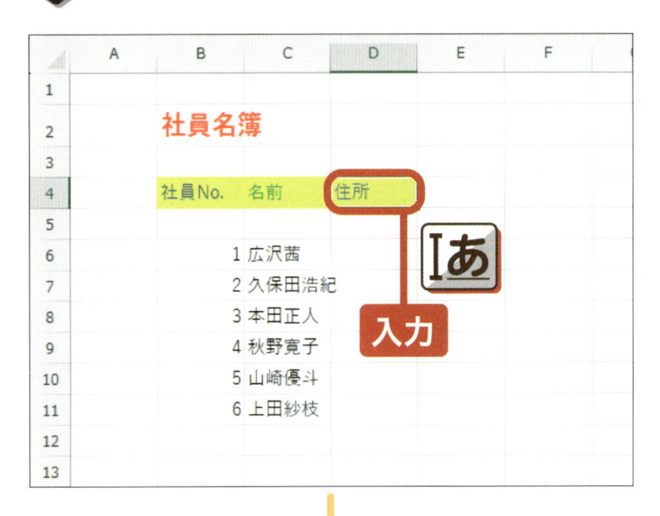

「住所」を入力します。ここでは都道府県と市区町村を分けて作成するので、左の手順のようにセルを分けて入力します。

「住所」を入力して、書式を設定します。

D列に「都道府県」とそれぞれのデータを入力します。

	A	B	C	D	E	F
1						
2		社員名簿				
3						
4		社員No.	名前	住所		
5				都道府県	市区町村	
6		1	広沢茜	東京都	江東区	
7		2	久保田浩紀	埼玉県	さいたま市	
8		3	本田正人	埼玉県	川口市	
9		4	秋野寛子	東京都	江東区	
10		5	山崎優斗	東京都	江戸川区	
11		6	上田紗枝	千葉県	習志野市	
12						
13						

入力

E列に「市区町村」とそれぞれのデータを入力します。

次のページへ

3 「電話番号」を入力する

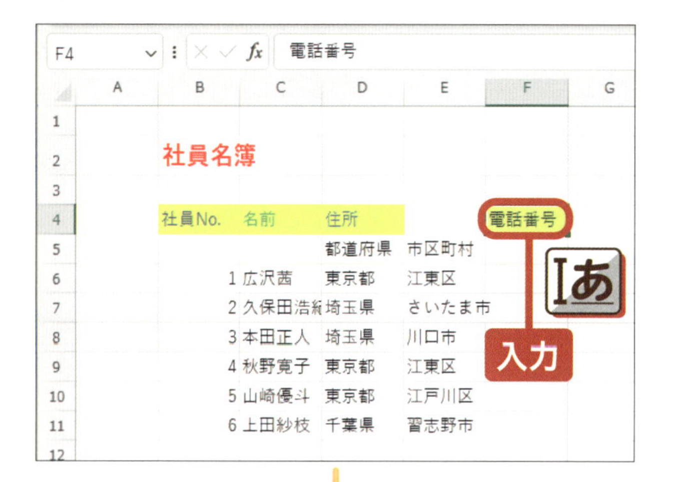

「電話番号」を入力します。

「電話番号」を
入力して、
書式を設定します。

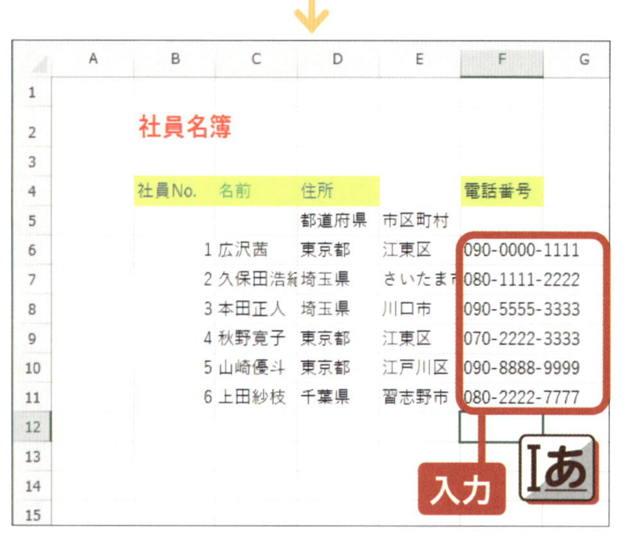

電話番号のデータを
入力します。

●アドバイス●

「090」と入力すると「90」に自動で変換されてしまう場合があります。その場合はセルの書式設定を「標準」から「文字列」に変更しましょう。

ヒント セルからデータがはみ出てしまう場合

電話番号のように長いデータを入力すると、セルからデータがはみ出てしまう場合があります。その場合は、セルの幅を調節する必要があります。セルの幅の調節については、P.188を参照してください。

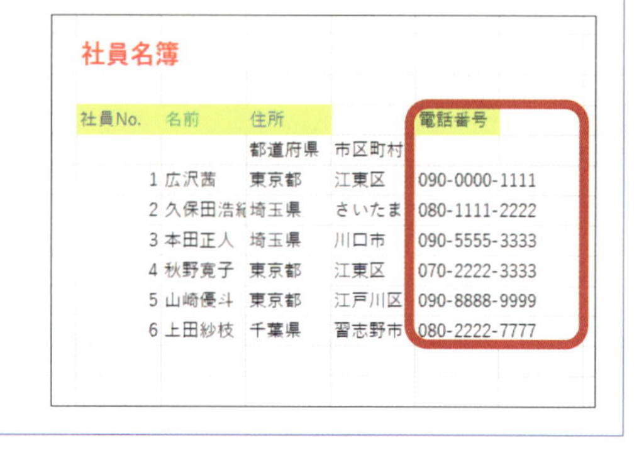

4 そのほかの情報を入力する

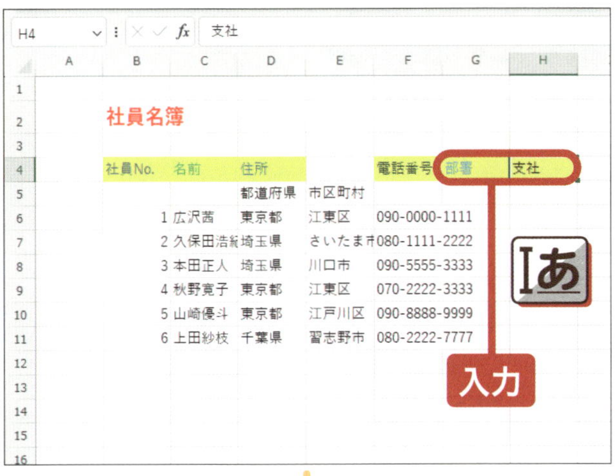

最後にそのほかの情報を入力します。
ここでは「部署」と「支社」を入力します。

「部署」と「支社」を
あ入力して、
書式を設定します。

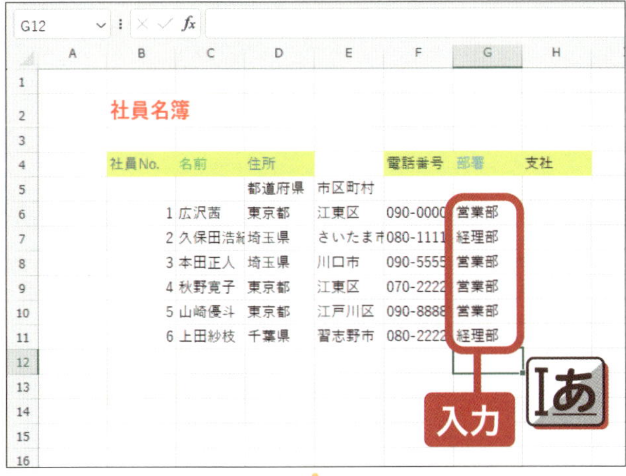

部署のデータを
あ入力します。

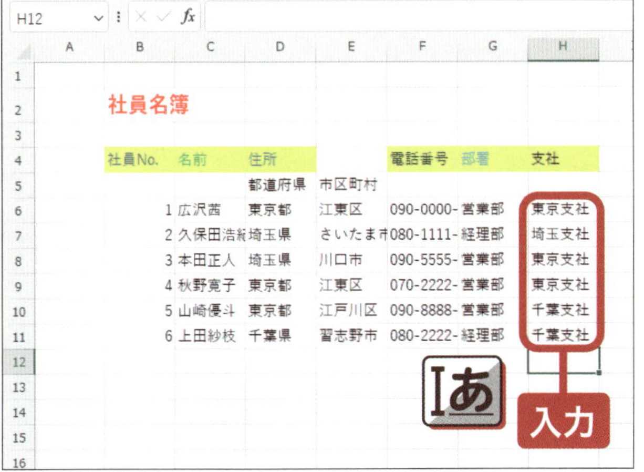

支社のデータを
あ入力します。

終わり ✔

練習用ファイル ▶ E13_表の作成.xlsx

レッスン 13

罫線で表を作成しましょう

セルに罫線を引くと、周囲やマス目が線で囲まれた見栄えのよい表が完成します。ここでは罫線の引き方を解説します。

クリック →P.18

1 セルに罫線を引く

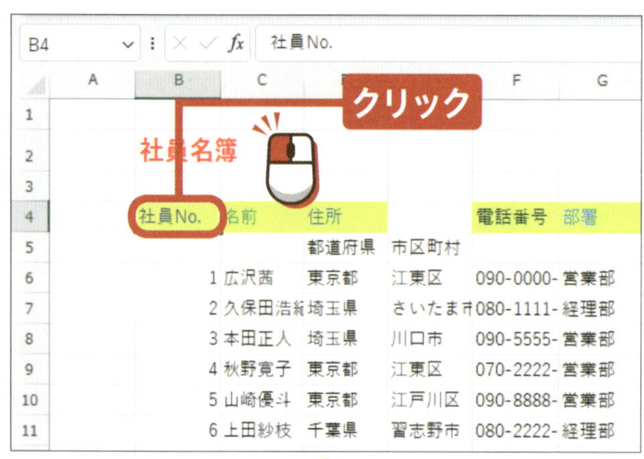

罫線を引きたいセルを クリックして選択します。

「ホーム」タブの「フォント」グループの の右側の を クリックします。

●アドバイス●

罫線のアイコンは、以前に選択した罫線の種類によって変化します。

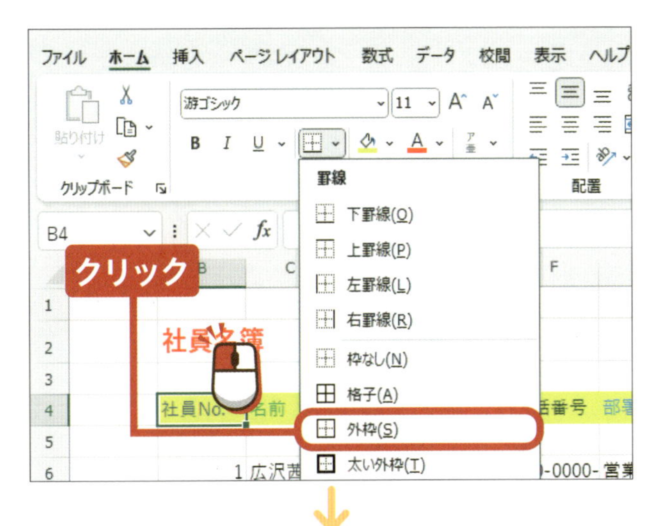

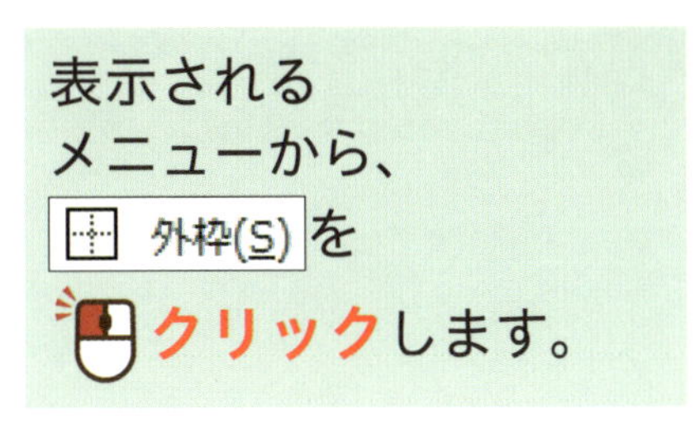

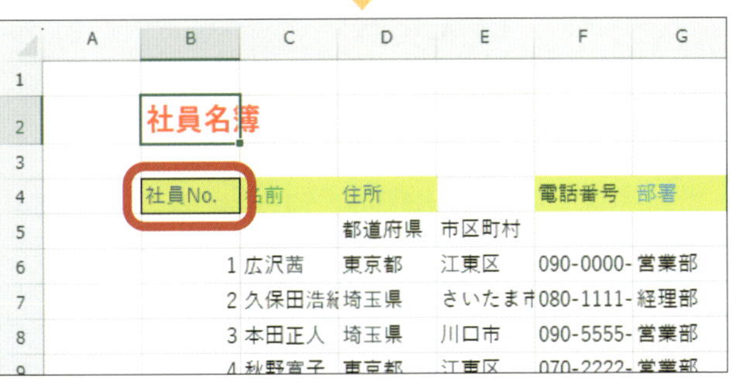

選択したセルを囲むように罫線が引かれます。

ヒント 罫線の種類を変更する

罫線の種類は、通常の線以外にも、点線や二重線、そのほかの線に変更することができます。罫線のメニューから、「線のスタイル」❶をクリックすることで、一覧❷から線の種類を変更できます。

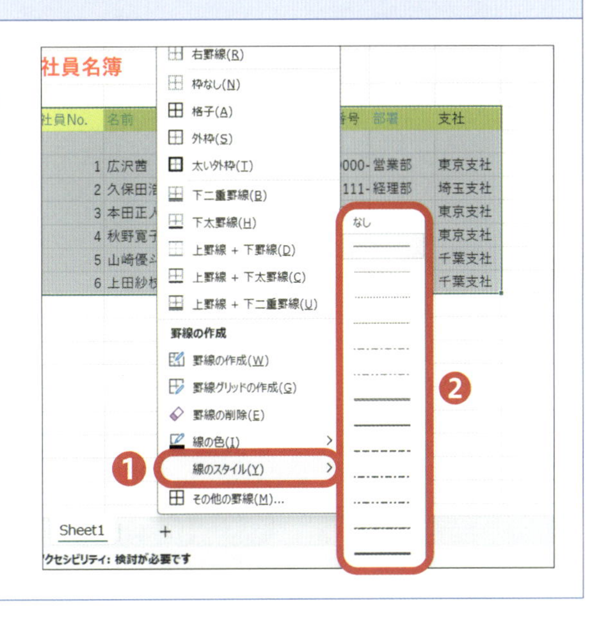

次のページへ

2 複数のセルを一気に格子状にする

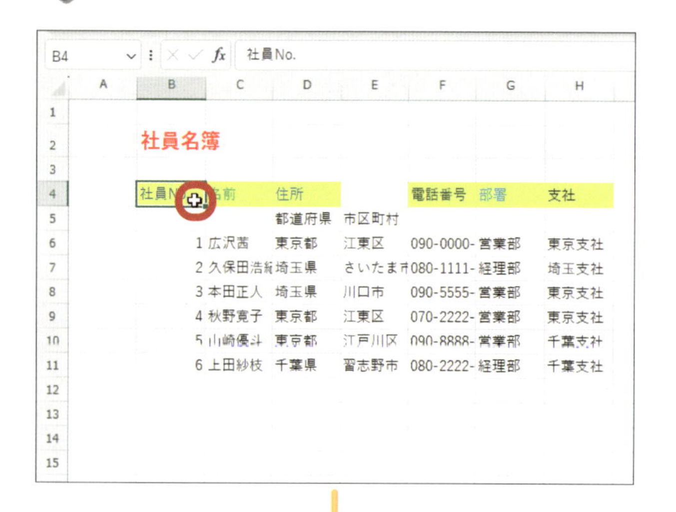

複数のセルに一気に罫線を引いて格子状にすることもできます。
ここではセル「B4」から「H11」に格子を付けて表にします。

セル「B4」にマウスポインターを重ね合わせます。

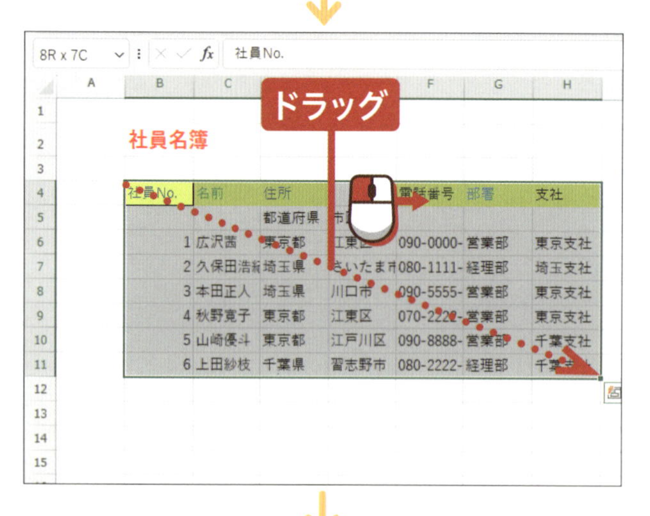

セル「H11」まで
ドラッグして
複数のセルを
選択します。

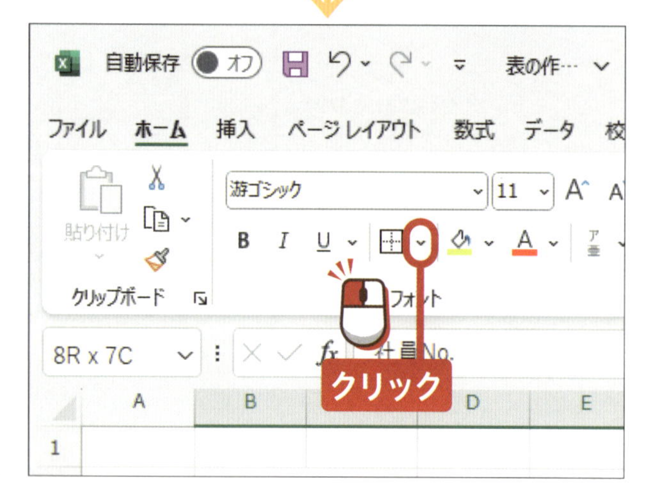

「ホーム」タブの
「フォント」グループの
の右側のを
クリックします。

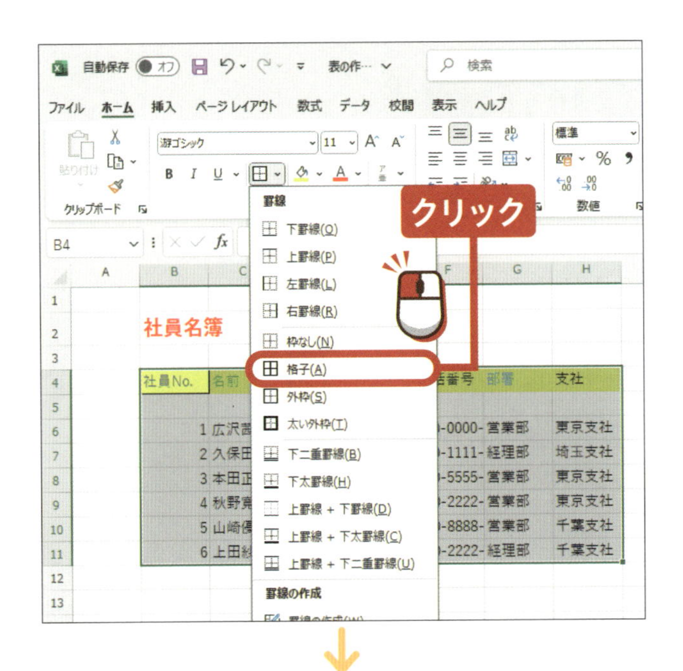

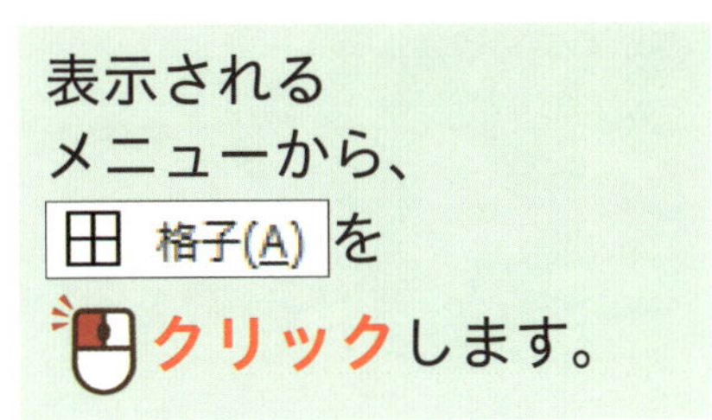

●アドバイス●

罫線を消したい場合は、表示されるメニューから「罫線の削除」をクリックします。

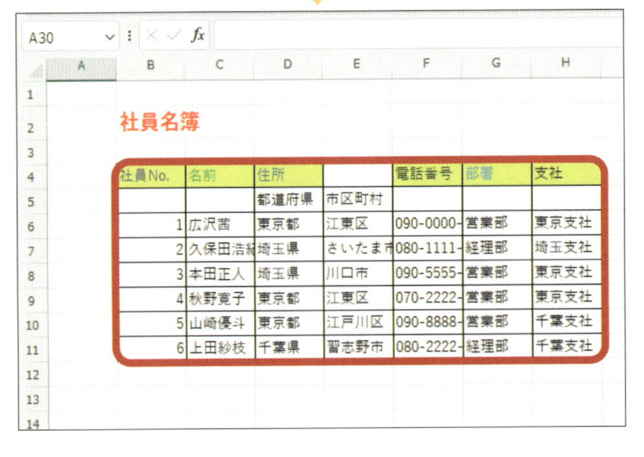

選択した複数のセルに格子状の罫線が引かれます。

ヒント 表の外枠を太線にする

表にする場合、一番外側にある外枠を太線にすると、それらしくなります。外枠のみ太線にするには、格子を付けた後に、もう一度表全体を選択して、罫線のメニューから「太い外枠」をクリックします。そうすると、外枠のみ太枠で囲まれて、より見栄えのよい表になります。

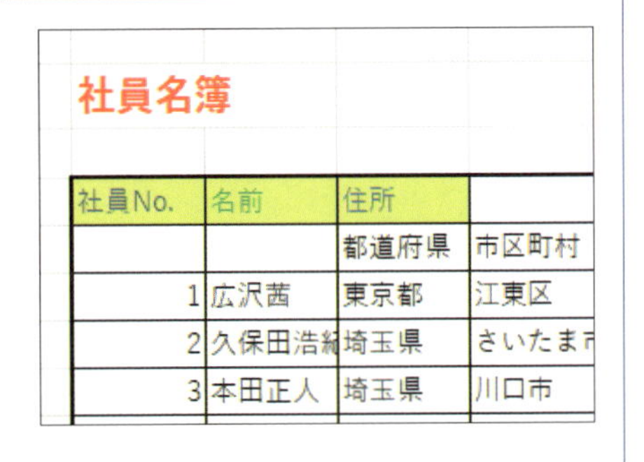

終わり

練習用ファイル ▶E14_位置の調整.xlsx

データの位置を調整しましょう

セルにデータを入力すると、右揃えや左揃えに自動で配置されてしまいます。セル内のデータの位置を調整しましょう。

クリック →P.18

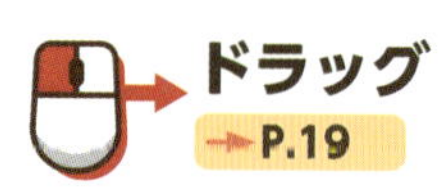

→P.19

1 中央揃えにする

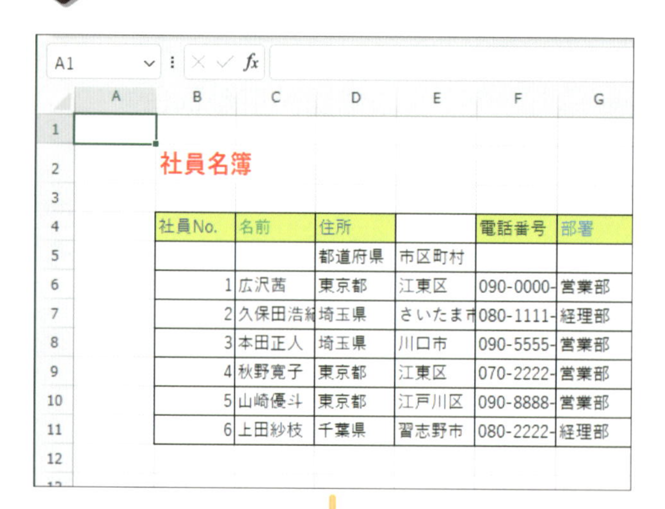

社員名簿

社員No.	名前	住所		電話番号	部署
		都道府県	市区町村		
1	広沢茜	東京都	江東区	090-0000-	営業部
2	久保田浩紀	埼玉県	さいたま市	080-1111-	経理部
3	本田正人	埼玉県	川口市	090-5555-	営業部
4	秋野寛子	東京都	江東区	070-2222-	営業部
5	山崎優斗	東京都	江戸川区	090-8888-	営業部
6	上田紗枝	千葉県	習志野市	080-2222-	経理部

表の項目名を「中央揃え」にしてみましょう。ここではセル「C4」の「名前」を中央揃えにします。

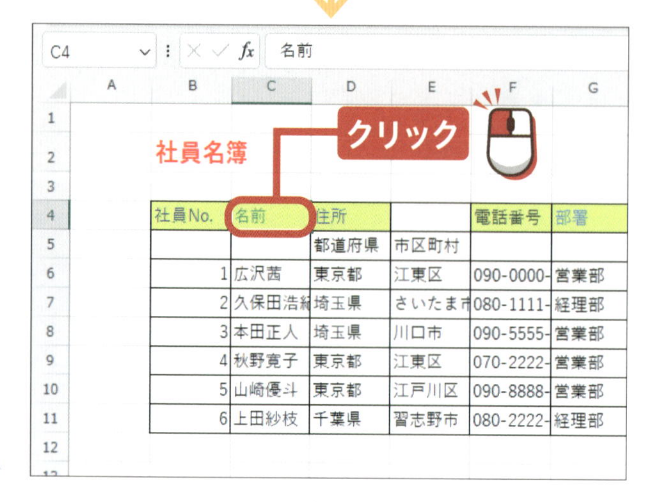

社員名簿

社員No.	名前	住所		電話番号	部署
		都道府県	市区町村		
1	広沢茜	東京都	江東区	090-0000-	営業部
2	久保田浩紀	埼玉県	さいたま市	080-1111-	経理部
3	本田正人	埼玉県	川口市	090-5555-	営業部
4	秋野寛子	東京都	江東区	070-2222-	営業部
5	山崎優斗	東京都	江戸川区	090-8888-	営業部
6	上田紗枝	千葉県	習志野市	080-2222-	経理部

中央揃えにしたいセル（ここでは「C4」）を **クリック** して選択します。

アドバイス

「標準」の書式では、数値は右に、文字は左に揃えられています。

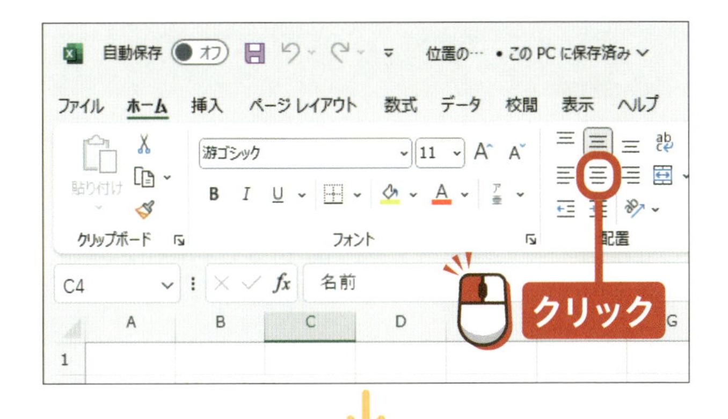

「ホーム」タブの「配置」グループの☰を🖱クリックします。

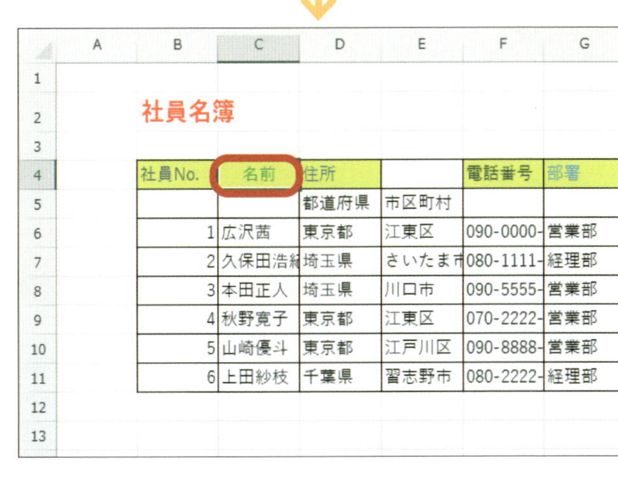

選択したセルが中央揃えになります。

ヒント 左揃え・右揃えにする

セルを選択して、「ホーム」タブの「配置」グループの☰❶をクリックすると左揃えに、☰❷をクリックすると右揃えになります。

左揃え

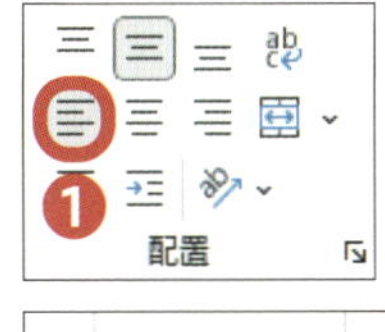

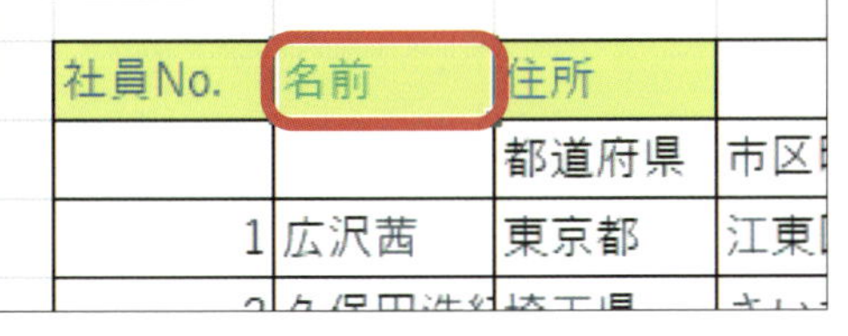

右揃え

次のページへ

2 複数のセルを中央揃えにする

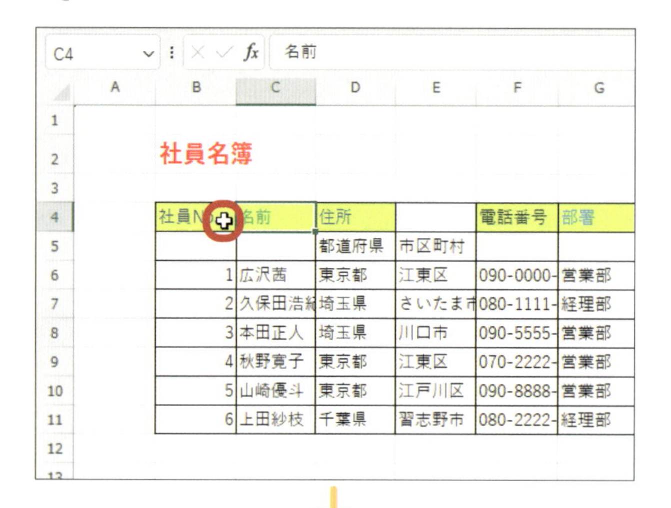

複数のセルをまとめて中央揃えにしてみましょう。
ここではセル「B4」から「H4」を中央揃えにします。

セル「B4」にマウスポインターを重ね合わせます。

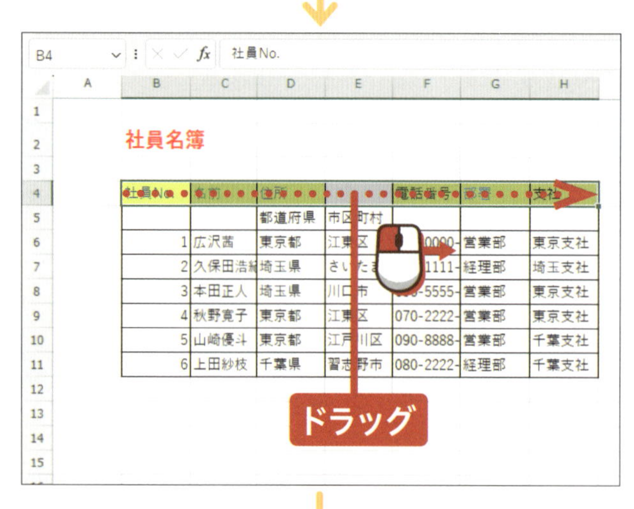

中央揃えにしたい複数のセル（ここでは「B4」から「H4」）をドラッグして選択します。

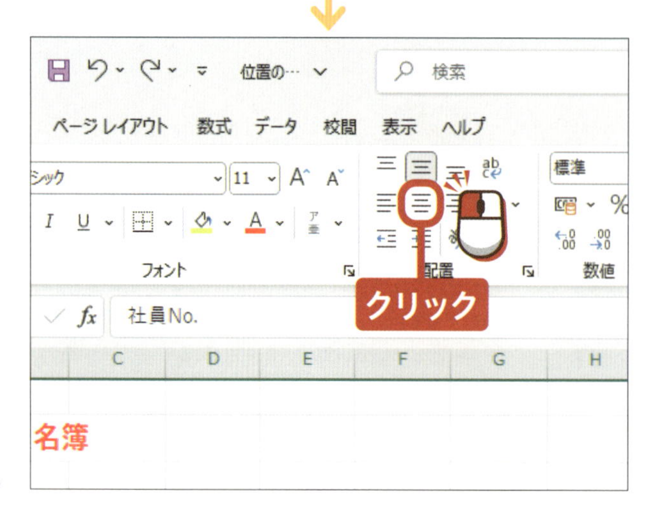

「ホーム」タブの「配置」グループの☰をクリックします。

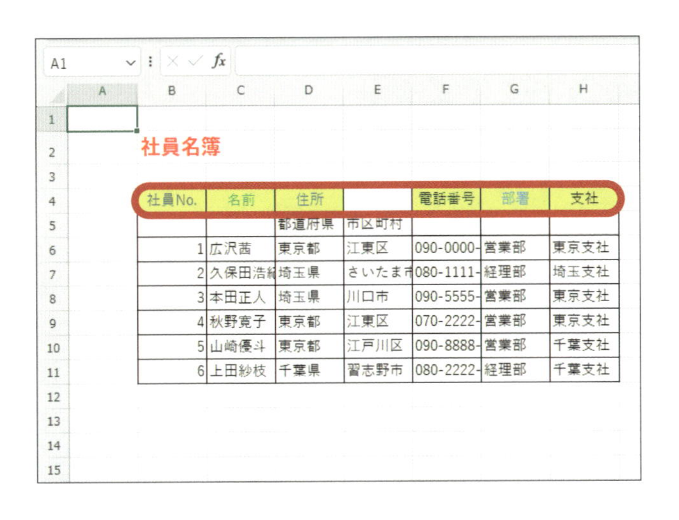

社員No.	名前	住所		電話番号	部署	支社
		都道府県	市区町村			
1	広沢茜	東京都	江東区	090-0000-	営業部	東京支社
2	久保田浩	埼玉県	さいたま市	080-1111-	経理部	埼玉支社
3	本田正人	埼玉県	川口市	090-5555-	営業部	東京支社
4	秋野寛子	東京都	江東区	070-2222-	営業部	東京支社
5	山崎優斗	東京都	江戸川区	090-8888-	営業部	千葉支社
6	上田紗枝	千葉県	習志野市	080-2222-	経理部	千葉支社

選択したセルが中央揃えになります。

ヒント 上揃え・下揃えにする

左右に揃えるほかにも上下に揃えることができます。左右の揃えのアイコンの上にある3つのアイコンで調整することができます。通常では上下中央揃えになっており、☰をクリックすると上揃えに、☰をクリックすると下揃えになります。

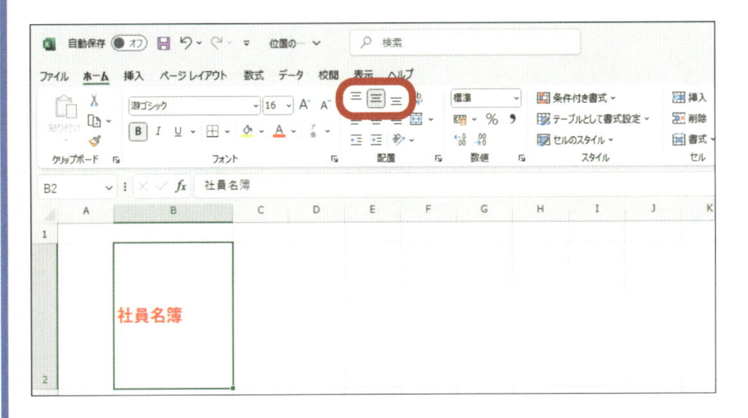

通常では上下中央揃えが選択された状態になっています。

上揃え

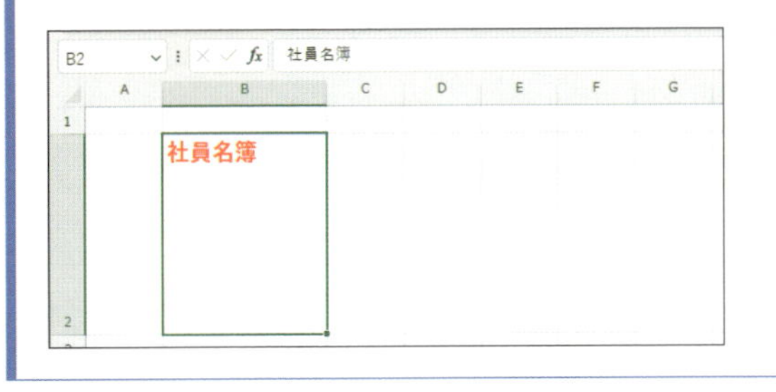

下揃え

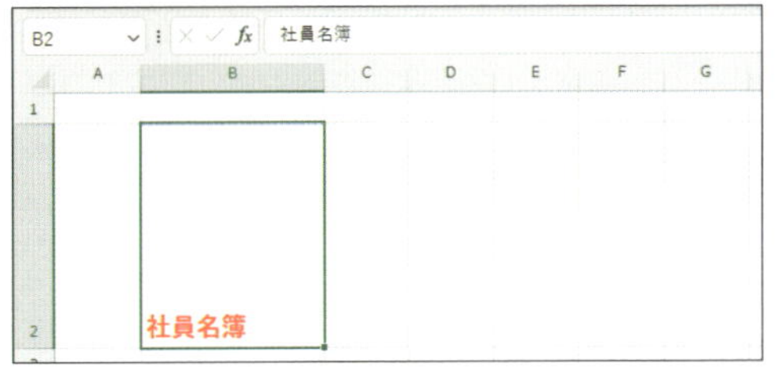

終わり

枠の幅や高さを変更しましょう

長いデータを入力するとセルの幅が足りなくなります。ここではセルの幅と高さを調整しましょう。

ダブルクリック →P.18

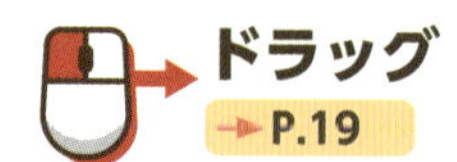

1 セルの幅を変更する

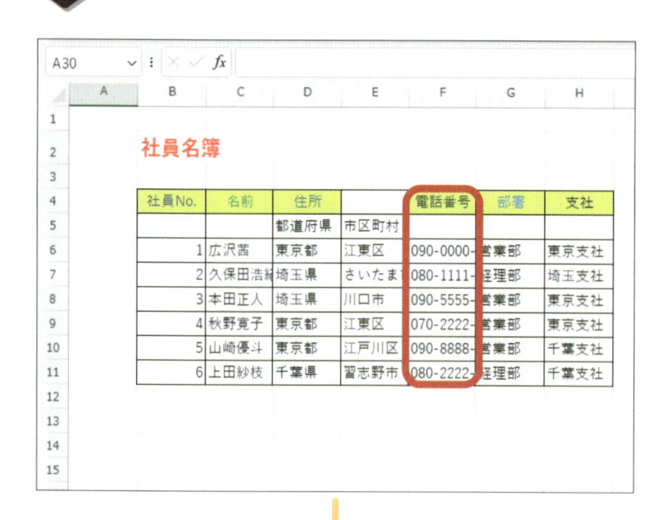

	A	B	C	D	E	F	G	H
1								
2		社員名簿						
3								
4		社員No.	名前	住所		電話番号	部署	支社
5				都道府県	市区町村			
6		1	広沢茜	東京都	江東区	090-0000-	営業部	東京支社
7		2	久保田浩	埼玉県	さいたま	080-1111-	経理部	埼玉支社
8		3	本田正人	埼玉県	川口市	090-5555-	営業部	東京支社
9		4	秋野寛子	東京都	江東区	070-2222-	営業部	東京支社
10		5	山崎優斗	東京都	江戸川区	090-8888-	営業部	千葉支社
11		6	上田紗枝	千葉県	習志野市	080-2222-	経理部	千葉支社

「電話番号」の部分の幅が足りていないので、セルの横幅を広げて調整します。

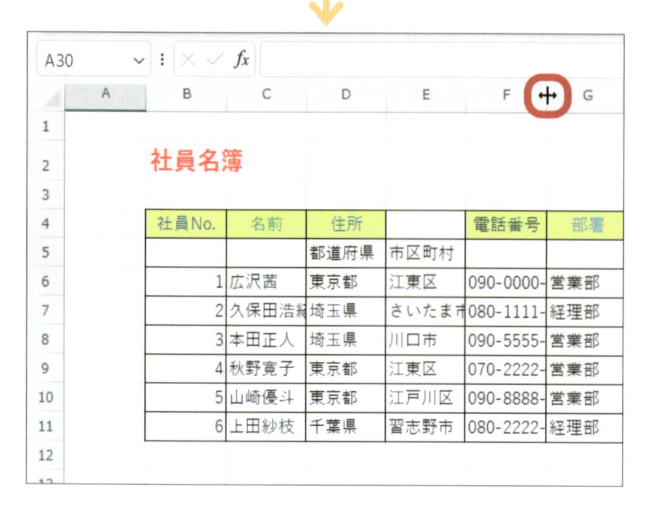

	A	B	C	D	E	F
1						
2		社員名簿				
3						
4		社員No.	名前	住所		電話番号	部署
5				都道府県	市区町村		
6		1	広沢茜	東京都	江東区	090-0000-	営業部
7		2	久保田浩	埼玉県	さいたま市	080-1111-	経理部
8		3	本田正人	埼玉県	川口市	090-5555-	営業部
9		4	秋野寛子	東京都	江東区	070-2222-	営業部
10		5	山崎優斗	東京都	江戸川区	090-8888-	営業部
11		6	上田紗枝	千葉県	習志野市	080-2222-	経理部

幅を調整する場合は、列を示すアルファベットの間の部分を左右にドラッグします。

幅を調整したい部分にマウスポインターを移動させます。マウスポインターが✢に変化します。

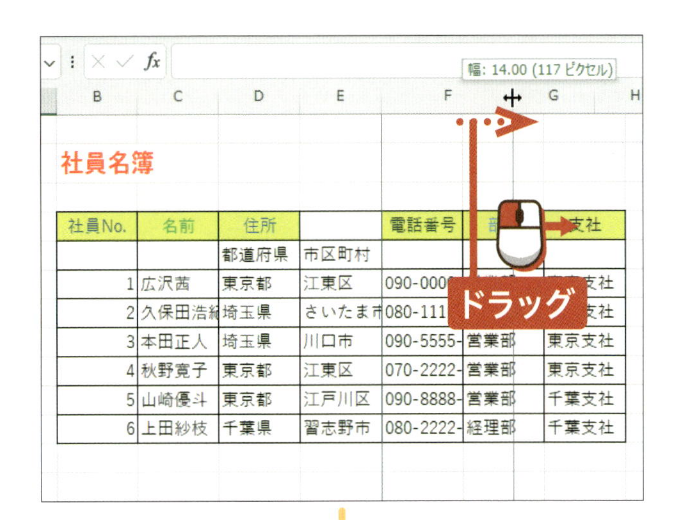

社員No.	名前	住所		電話番号	部	支社
		都道府県	市区町村			
1	広沢茜	東京都	江東区	090-000		支社
2	久保田浩	埼玉県	さいたま市	080-111		支社
3	本田正人	埼玉県	川口市	090-5555-	営業部	東京支社
4	秋野寛子	東京都	江東区	070-2222-	営業部	東京支社
5	山崎優斗	東京都	江戸川区	090-8888-	営業部	千葉支社
6	上田紗枝	千葉県	習志野市	080-2222-	経理部	千葉支社

右方向に

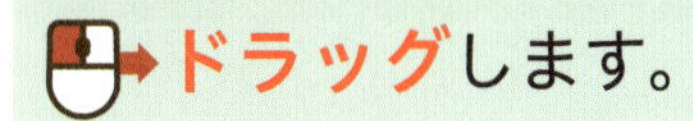

ドラッグします。

•アドバイス•

左方向にドラッグすると、セルの幅が狭くなります。

B C D E F G H

社員名簿

社員No.	名前	住所		電話番号	部署	支
		都道府県	市区町村			
1	広沢茜	東京都	江東区	090-0000-1111	営業部	東京支
2	久保田浩紀	埼玉県	さいたま	080-1111-2222	経理部	埼玉支
3	本田正人	埼玉県	川口市	090-5555-3333	営業部	東京支
4	秋野寛子	東京都	江東区	070-2222-3333	営業部	東京支
5	山崎優斗	東京都	江戸川区	090-8888-9999	営業部	千葉支
6	上田紗枝	千葉県	習志野市	080-2222-7777	経理部	千葉支

「電話番号」のデータの幅に合わせてドラッグを完了すると、セルの横幅が調整されます。

•アドバイス•

列のアルファベットの部分を右クリックして表示されるメニューの「列の幅」では、数値を入力して幅を指定することができます。

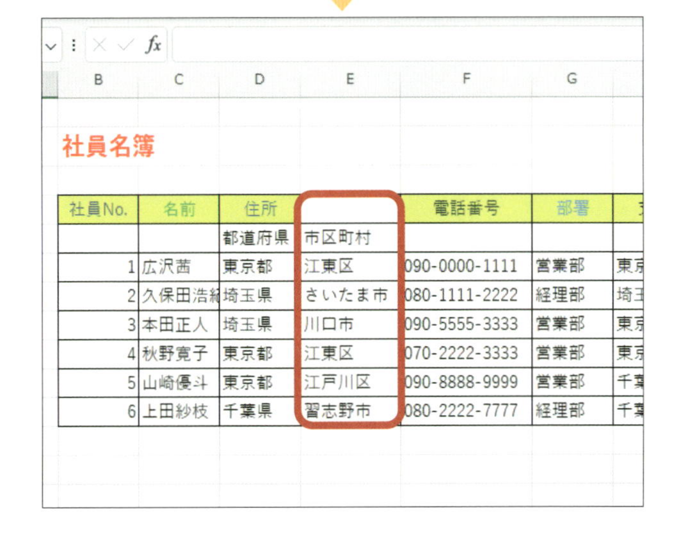

社員No.	名前	住所		電話番号	部署	支
		都道府県	市区町村			
1	広沢茜	東京都	江東区	090-0000-1111	営業部	東京
2	久保田浩紀	埼玉県	さいたま市	080-1111-2222	経理部	埼玉
3	本田正人	埼玉県	川口市	090-5555-3333	営業部	東京
4	秋野寛子	東京都	江東区	070-2222-3333	営業部	東京
5	山崎優斗	東京都	江戸川区	090-8888-9999	営業部	千葉
6	上田紗枝	千葉県	習志野市	080-2222-7777	経理部	千葉

「市区町村」の部分の横幅も同様の手順で調整します。

•アドバイス•

数値の長さよりセル幅を狭くすると、「＃＃」で表示されます。

次のページへ

2 セルの高さを変更する

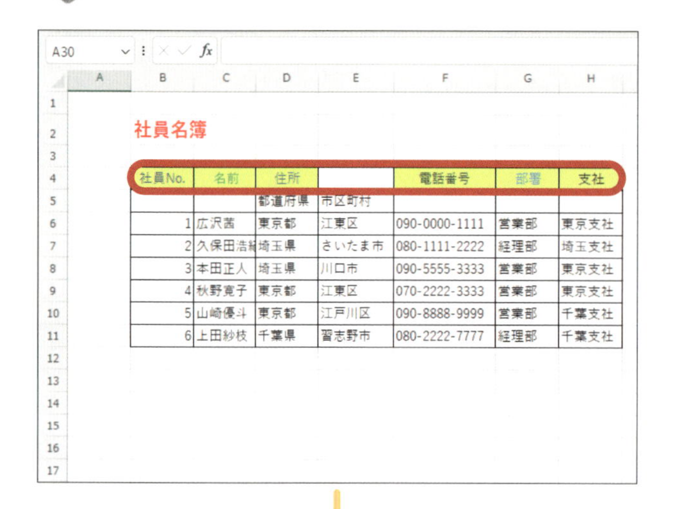

社員No.	名前	住所		電話番号	部署	支社
		都道府県	市区町村			
1	広沢茜	東京都	江東区	090-0000-1111	営業部	東京支社
2	久保田浩紀	埼玉県	さいたま市	080-1111-2222	経理部	埼玉支社
3	本田正人	埼玉県	川口市	090-5555-3333	営業部	東京支社
4	秋野寛子	東京都	江東区	070-2222-3333	営業部	東京支社
5	山崎優斗	東京都	江戸川区	090-8888-9999	営業部	千葉支社
6	上田紗枝	千葉県	習志野市	080-2222-7777	経理部	千葉支社

項目名のセルの高さを調整します。

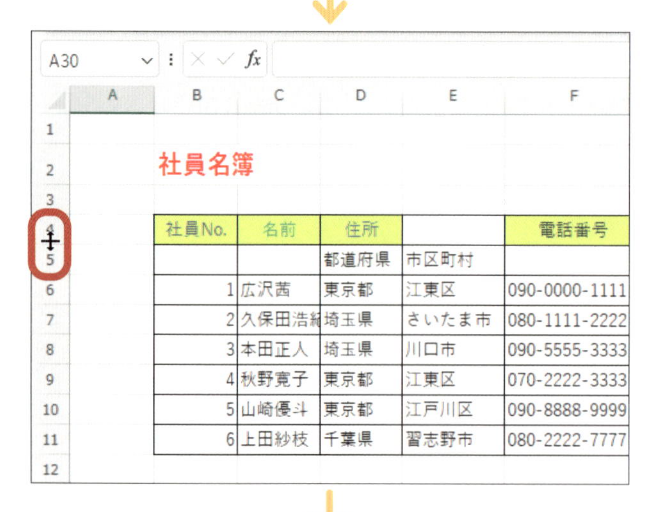

高さを調整する場合は、行を示す数字の間の部分を上下にドラッグします。

高さを調整したい部分にマウスポインターを移動させます。マウスポインターが ✛ に変化します。

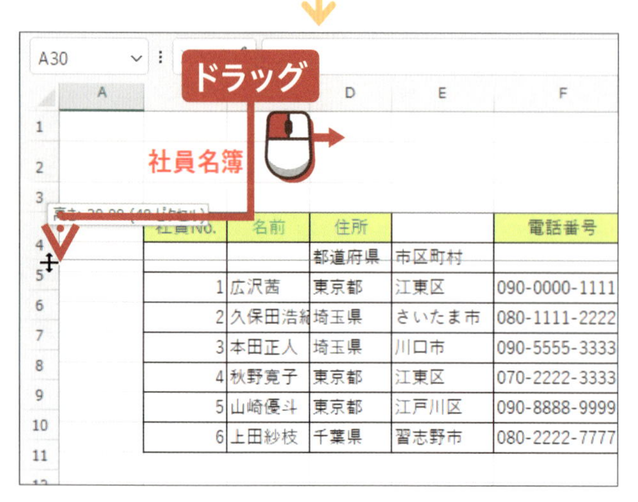

下方向にドラッグします。

●アドバイス●

上方向にドラッグすると、セルの高さが狭くなります。

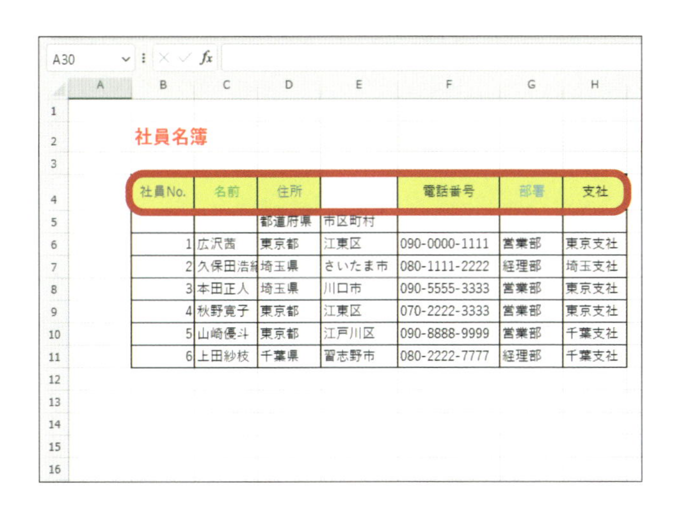

ドラッグを完了すると、セルの高さが調整されます。

●アドバイス●

行の数字の部分を右クリックして表示されるメニューの「行の高さ」では、数値を入力して高さを指定することができます。

ヒント ダブルクリックによって自動でセルの幅を調整する

ここではドラッグ操作によって、手動でセルの幅を調整する方法を紹介しましたが、自動で幅を調整することも可能です。幅を調整したい部分にマウスポインターを移動させて⊞に変化させた後に、ダブルクリックをします。そうすると、入力されたデータの幅に合わせて自動でセルの幅を調整してくれます。文字量に合わせてセル幅を調整したい場合に活用するとよいでしょう。なお、この操作は行の高さでも使うことができます。

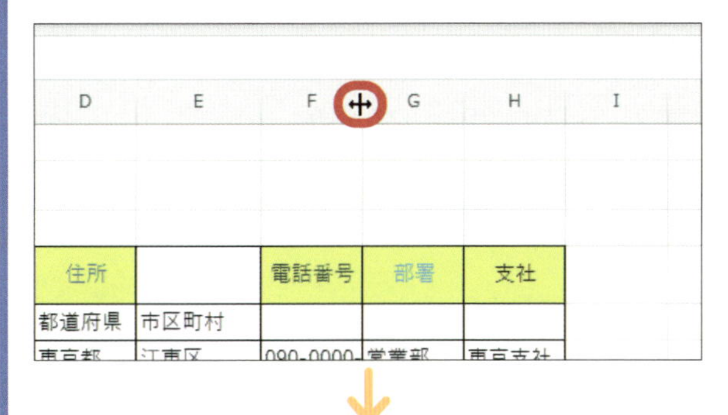

幅を調整したい部分にマウスポインターを移動させて、**ダブルクリック**をします。

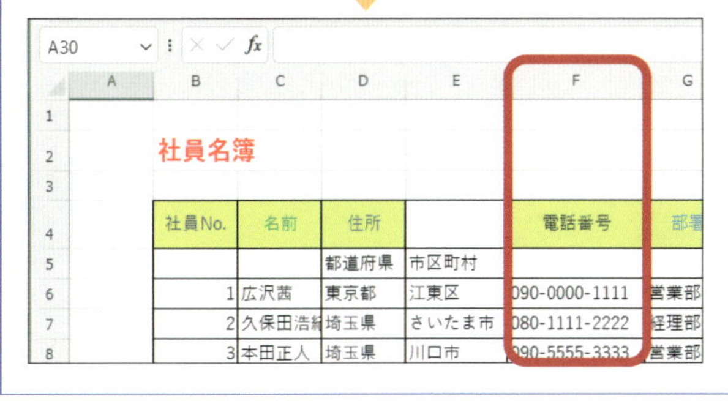

セルに入力された文字量に合わせて、セル幅が調整されます。

終わり

セルを結合しましょう

隣り合うセルを結合して、一つのセルとして扱うことができます。これを使うことで、より見栄えのよい表を作ることができます。

1 セルを結合する

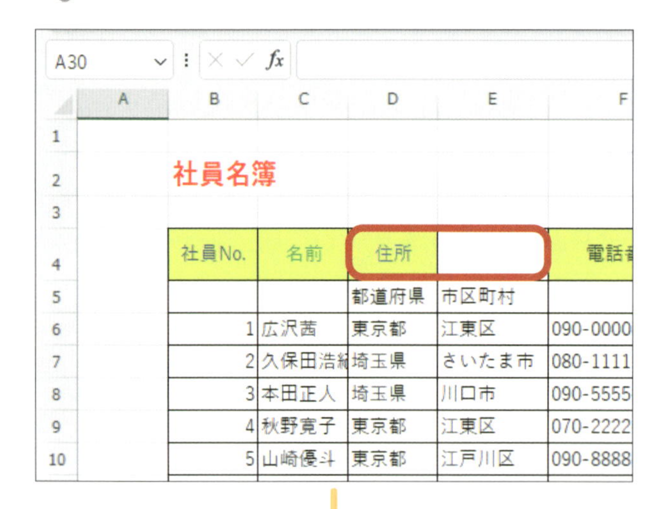

「住所」の隣のセルが空欄になっているので、結合しましょう。

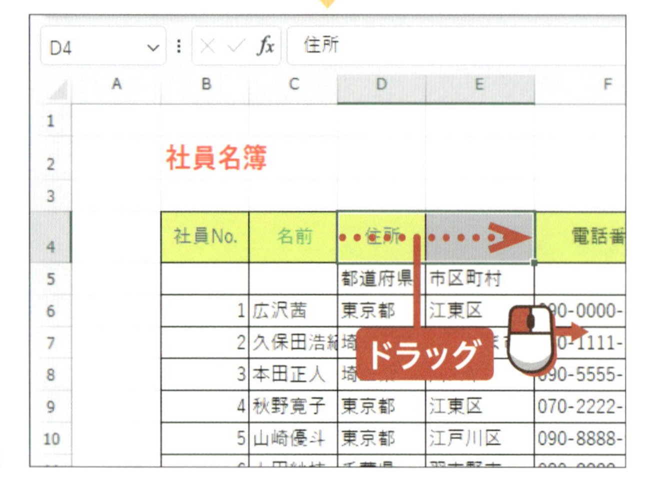

結合したいセル
（ここでは
「D4」から「E4」）を
ドラッグして、
選択します。

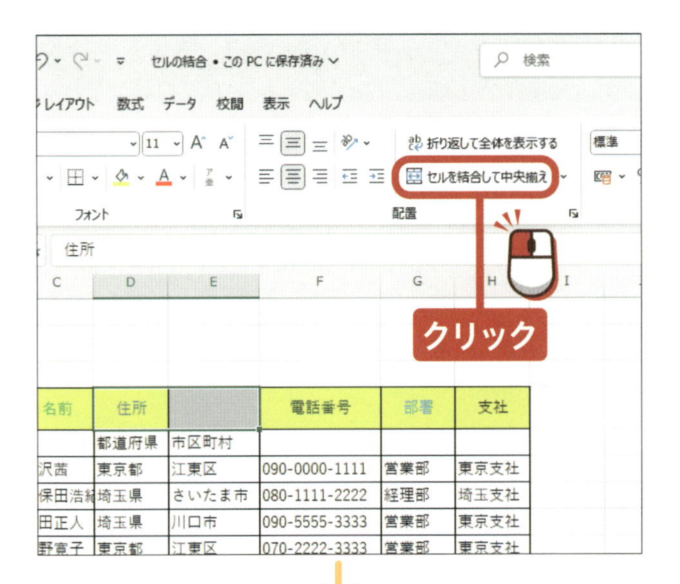

「ホーム」タブの「配置」グループの セルを結合して中央揃え を クリックします。

●アドバイス●

ウィンドウの大きさによっては、「セルを結合して中央揃え」の文字は表示されずに、アイコンのみが表示されます。

D4 住所

	A	B	C	D	E	F
1						
2		社員名簿				
3						
4		社員No.	名前	住所		電話番
5				都道府県	市区町村	
6		1	広沢茜	東京都	江東区	090-0000
7		2	久保田浩紀	埼玉県	さいたま市	080-1111
8		3	本田正人	埼玉県	川口市	090-5555
9		4	秋野寛子	東京都	江東区	070-2222
10		5	山崎優斗	東京都	江戸川区	090-8888
11		6	上田紗枝	千葉県	習志野市	080-2222

選択したセルが結合されて、データが中央揃えになります。

A30

	A	B	C	D	E	F	G	H
1								
2		社員名簿						
3								
4		社員No.	名前	住所		電話番号	部署	支社
5				都道府県	市区町村			
6		1	広沢茜	東京都	江東区	090-0000-1111	営業部	東京支社
7		2	久保田浩紀	埼玉県	さいたま市	080-1111-2222	経理部	埼玉支社
8		3	本田正人	埼玉県	川口市	090-5555-3333	営業部	東京支社
9		4	秋野寛子	東京都	江東区	070-2222-3333	営業部	東京支社
10		5	山崎優斗	東京都	江戸川区	090-8888-9999	営業部	千葉支社
11		6	上田紗枝	千葉県	習志野市	080-2222-7777	経理部	千葉支社
12								
13								
14								
15								
16								
17								
18								

同様の操作で、そのほかの項目をそれぞれ縦に隣り合うセルと結合させます。

次のページへ

2 セルの結合を解除する

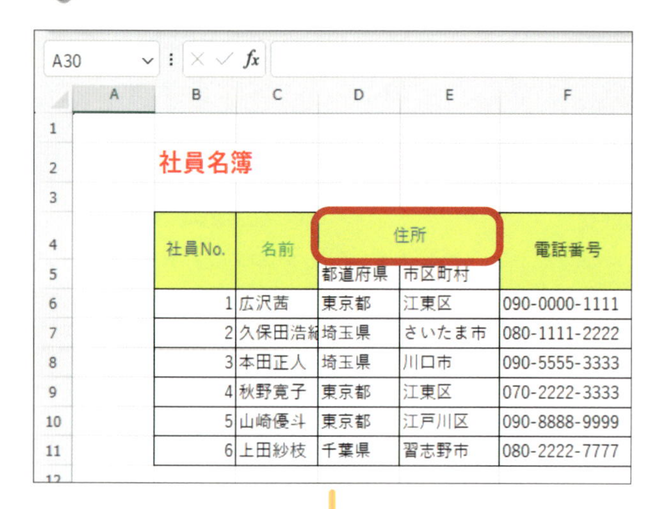

結合したセルの結合を解除しましょう。
先ほど結合したセル「D4」から「E4」を解除します。

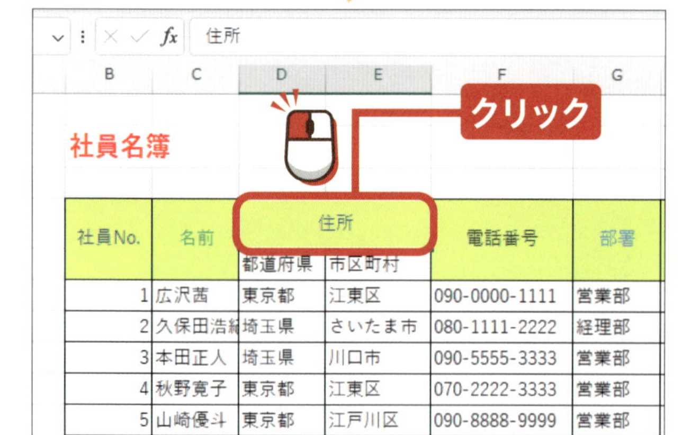

結合を解除したいセルをクリックして選択します。

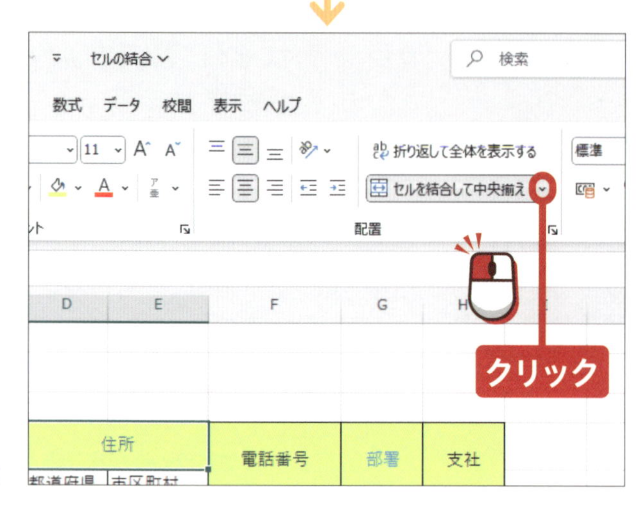

「ホーム」タブの「配置」グループの セルを結合して中央揃え の右側の ∨ をクリックします。

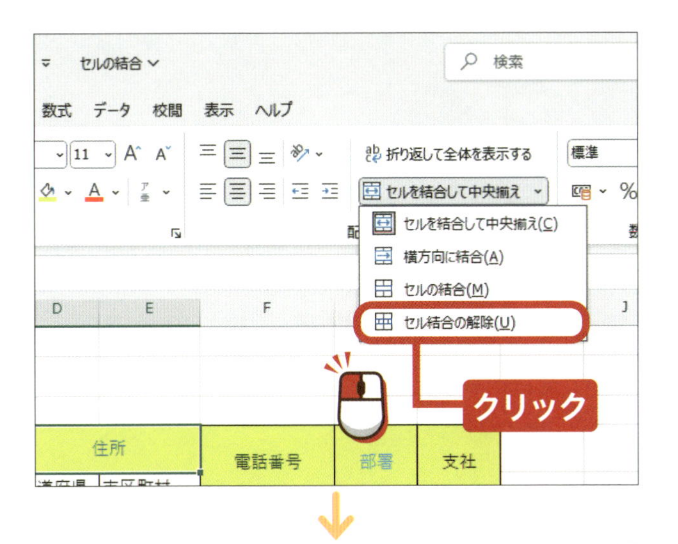

セル結合の解除(U) を
クリックします。

●アドバイス●

ウィンドウの大きさによっては、「セルを結合して中央揃え」の文字は表示されずに、アイコンのみ表示されます。

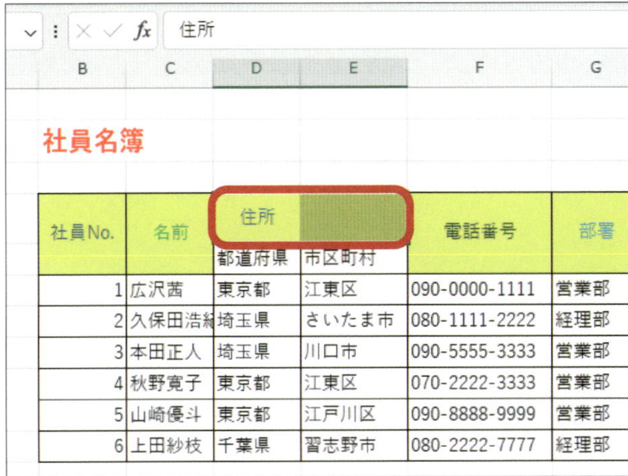

社員No.	名前	住所		電話番号	部署
		都道府県	市区町村		
1	広沢茜	東京都	江東区	090-0000-1111	営業部
2	久保田浩紀	埼玉県	さいたま市	080-1111-2222	経理部
3	本田正人	埼玉県	川口市	090-5555-3333	営業部
4	秋野寛子	東京都	江東区	070-2222-3333	営業部
5	山崎優斗	東京都	江戸川区	090-8888-9999	営業部
6	上田紗枝	千葉県	習志野市	080-2222-7777	経理部

選択したセルの結合が解除されます。

ヒント 結合を解除したセルは書式設定がそのまま残る

セルの結合を解除すると、解除されたすべてのセルの書式設定はそのまま残ります。そのため、上記の手順のように、セルの塗りつぶし設定や中央揃えも残ります。

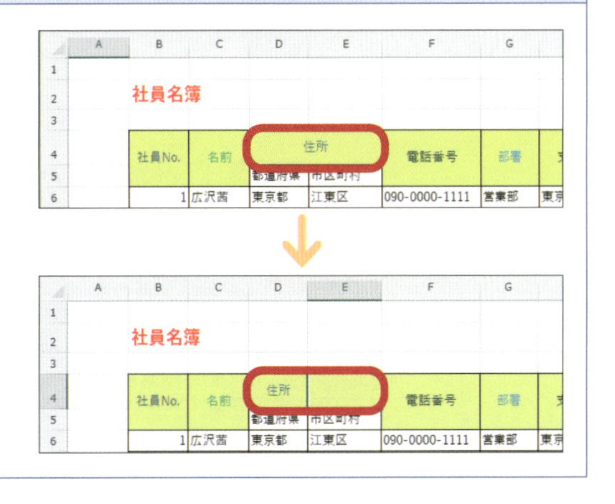

終わり

練習用ファイル ▶ E17_列や行の挿入.xlsx

レッスン 17 表の列や行を増やしましょう

表を作成しているうちに、セルを増やしたい場合があります。セルは簡単に増やすことができます。また、行単位や列単位で挿入することもできます。

1 一つのセルを挿入する

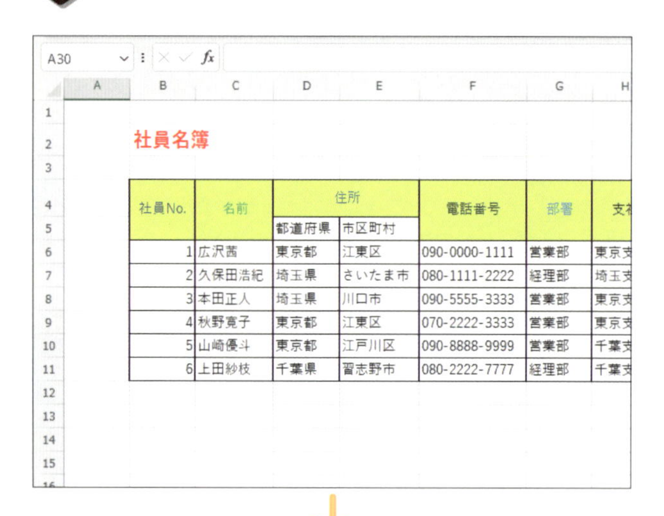

社員No.	名前	住所		電話番号	部署	支
		都道府県	市区町村			
1	広沢茜	東京都	江東区	090-0000-1111	営業部	東京支
2	久保田浩紀	埼玉県	さいたま市	080-1111-2222	経理部	埼玉支
3	本田正人	埼玉県	川口市	090-5555-3333	営業部	東京支
4	秋野寛子	東京都	江東区	070-2222-3333	営業部	東京支
5	山崎優斗	東京都	江戸川区	090-8888-9999	営業部	千葉支
6	上田紗枝	千葉県	習志野市	080-2222-7777	経理部	千葉支

ここではセル「E6」の位置に新規でセルを挿入します。

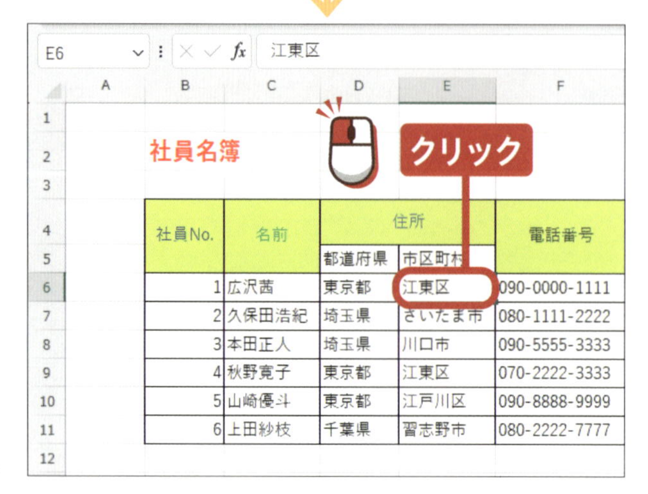

社員No.	名前	住所		電話番号
		都道府県	市区町村	
1	広沢茜	東京都	江東区	090-0000-1111
2	久保田浩紀	埼玉県	さいたま市	080-1111-2222
3	本田正人	埼玉県	川口市	090-5555-3333
4	秋野寛子	東京都	江東区	070-2222-3333
5	山崎優斗	東京都	江戸川区	090-8888-9999
6	上田紗枝	千葉県	習志野市	080-2222-7777

挿入したい位置のセルをクリックして選択します。

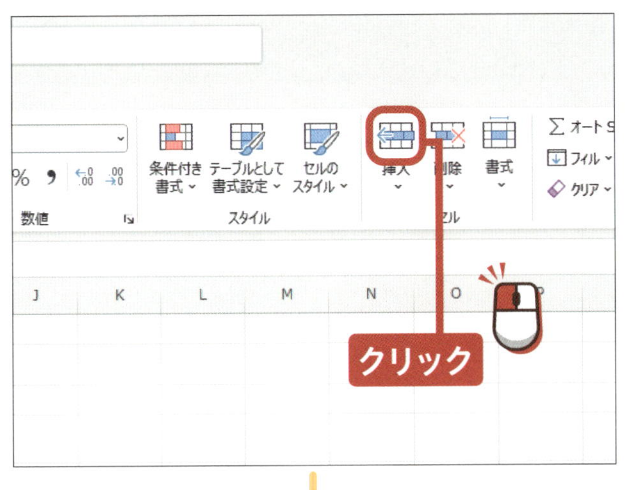

「ホーム」タブの「セル」グループのを**クリック**します。

アドバイス

セルを右クリックして、「挿入」をクリックすることでも、セルを挿入できます。

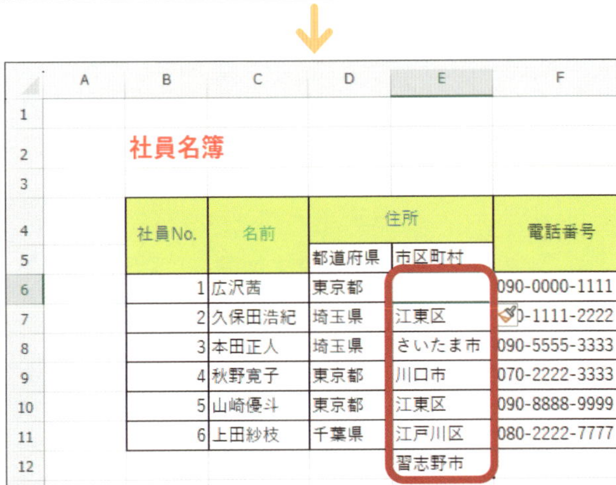

	A	B	C	D	E	F
1						
2		社員名簿				
3						
4		社員No.	名前	住所		電話番号
5				都道府県	市区町村	
6		1	広沢茜	東京都		090-0000-1111
7		2	久保田浩紀	埼玉県	江東区	0-1111-2222
8		3	本田正人	埼玉県	さいたま市	090-5555-3333
9		4	秋野寛子	東京都	川口市	070-2222-3333
10		5	山崎優斗	東京都	江東区	090-8888-9999
11		6	上田紗枝	千葉県	江戸川区	080-2222-7777
12					習志野市	

選択した部分に新たなセルが挿入され、選択していたセルから下のデータが下に一つずつ移動します。

ヒント 挿入したセルのシフト方向を変更する

ここで紹介した方法では、元からあるセルは下方向に移動（シフト）します。このほかにも右方向にシフトさせてセルを挿入することができます。「挿入」のをクリックして、続けて「セルの挿入」をクリックします。表示されるメニューから「右方向にシフト」をクリックして選択し、「OK」をクリックすると、セルが挿入され、データが右に一つずつ移動します。

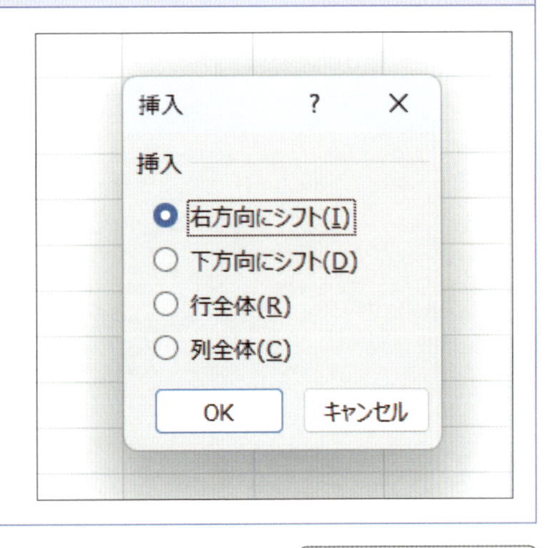

次のページへ

2 行を挿入する

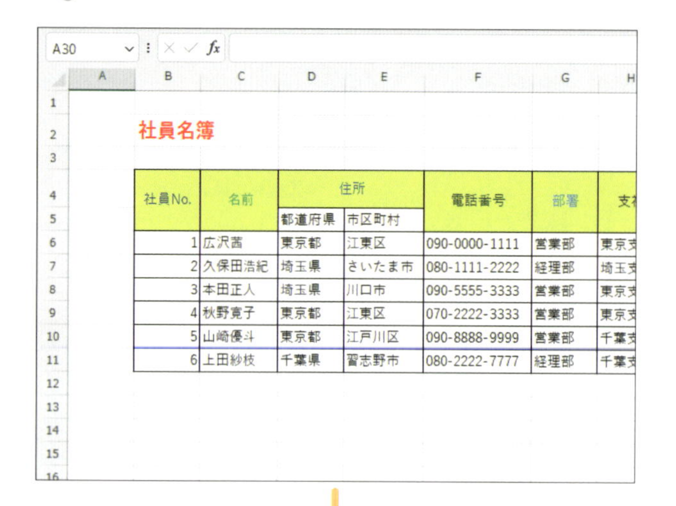

ここでは「7」の行に新規で行を挿入します。

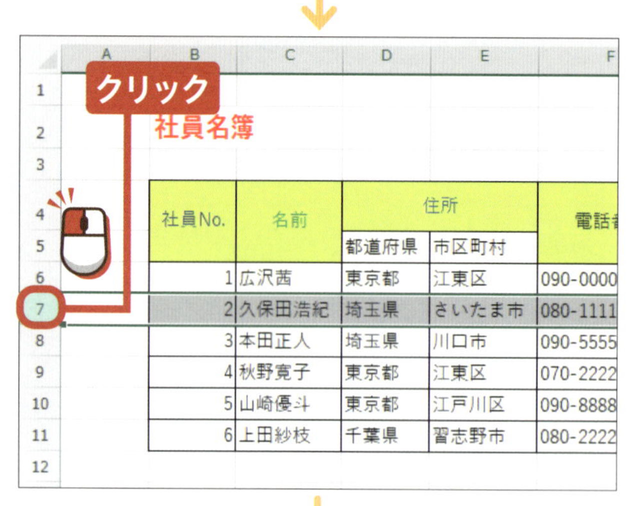

挿入したい行の数字部分（ここでは 7 ）を クリックして選択します。

「7」の行全体が選択された状態になります。

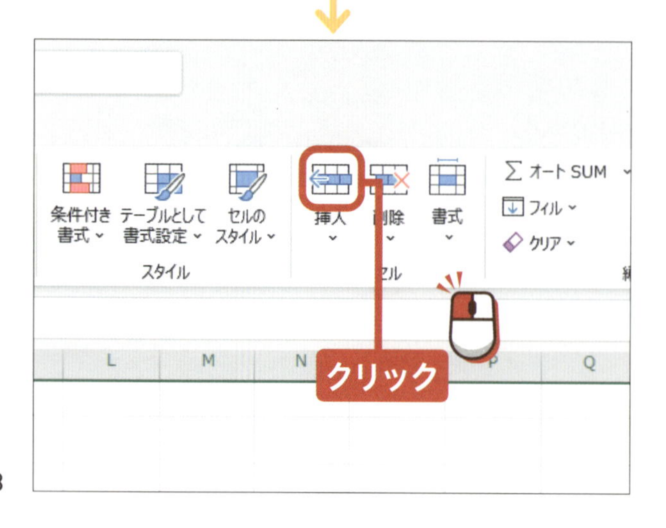

「ホーム」タブの「セル」グループの を クリックします。

アドバイス

数字部分を右クリックして、「挿入」をクリックすることでも、行を挿入できます。

	A	B	C	D	E	F
1						
2		社員名簿				
3						
4		社員No.	名前	住所		電話番号
5				都道府県	市区町村	
6		1	広沢茜	東京都	江東区	090-0000-1111
7						
8		2	久保田浩紀	埼玉県	さいたま市	080-1111-2222
9		3	本田正人	埼玉県	川口市	090-5555-3333
10		4	秋野寛子	東京都	江東区	070-2222-3333
11		5	山崎優斗	東京都	江戸川区	090-8888-9999
12		6	上田紗枝	千葉県	習志野市	080-2222-7777

新たな行が挿入され、選択していた行から下のデータが下に一つずつ移動します。

ヒント セルを削除する

不要になったセルを削除する場合は、P.196の手順と同様に削除したいセルをクリックして選択し、「ホーム」タブの「セル」グループの[削除]をクリックします。そうすると、選択したセルが削除され、選択していたセルから下のデータが上に一つずつ移動します。

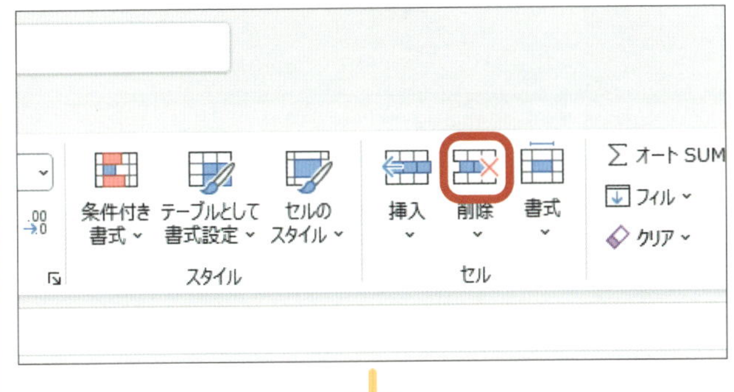

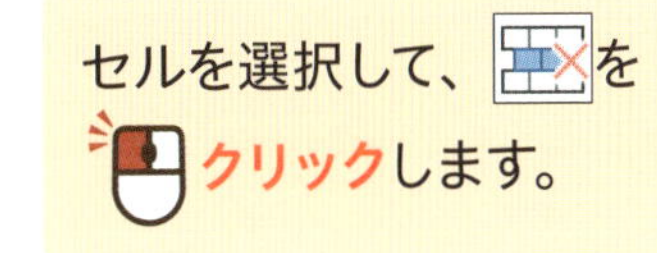

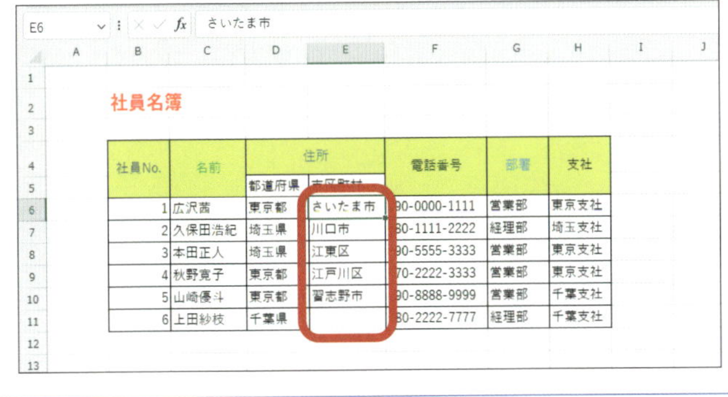

セルが削除されます。

次のページへ

3 列を挿入する

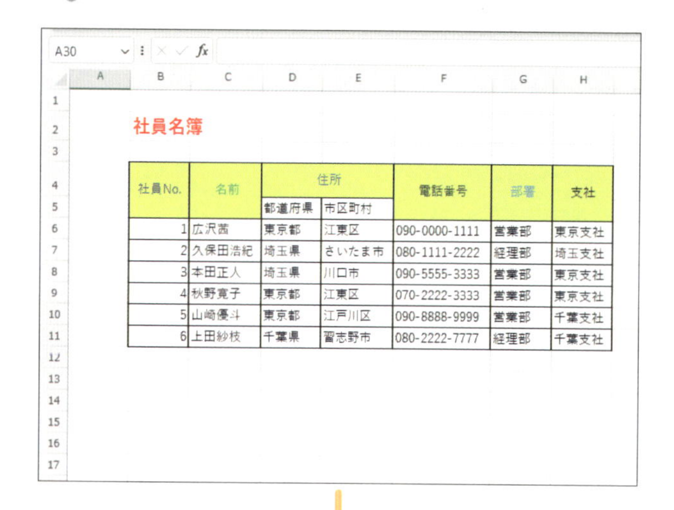

社員No.	名前	住所		電話番号	部署	支社
		都道府県	市区町村			
1	広沢茜	東京都	江東区	090-0000-1111	営業部	東京支社
2	久保田浩紀	埼玉県	さいたま市	080-1111-2222	経理部	埼玉支社
3	本田正人	埼玉県	川口市	090-5555-3333	営業部	東京支社
4	秋野寛子	東京都	江東区	070-2222-3333	営業部	東京支社
5	山崎優斗	東京都	江戸川区	090-8888-9999	営業部	千葉支社
6	上田紗枝	千葉県	習志野市	080-2222-7777	経理部	千葉支社

ここでは「H」の列に新規で列を挿入します。

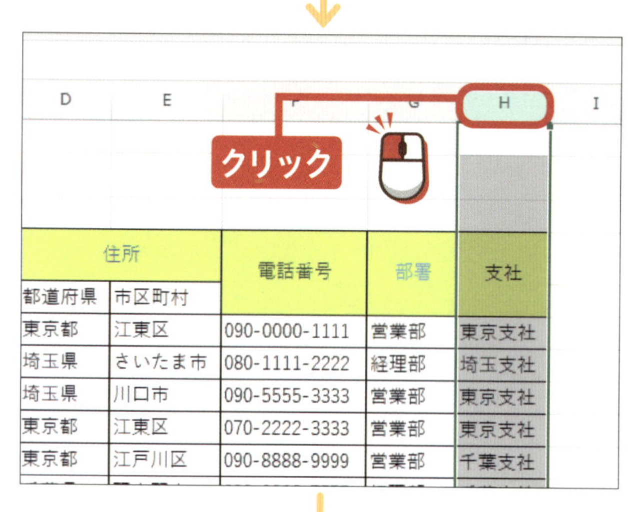

挿入したい列のアルファベット部分（ここでは H）をクリックして選択します。

Hの列全体が選択された状態になります。

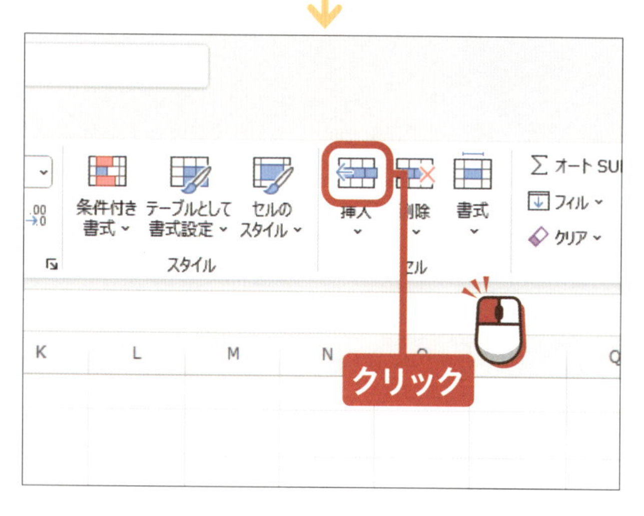

「ホーム」タブの「セル」グループの［挿入］をクリックします。

E		F	G	H	I
住所		電話番号	部署		支社
府県	市区町村				
都	江東区	090-0000-1111	営業部		東京支社
県	さいたま市	080-1111-2222	経理部		埼玉支社
県	川口市	090-5555-3333	営業部		東京支社
都	江東区	070-2222-3333	営業部		東京支社
都	江戸川区	090-8888-9999	営業部		千葉支社
県	習志野市	080-2222-7777	経理部		千葉支社

新たな列が挿入され、選択していた列から右のデータが右に一つずつ移動します。

ヒント 行や列を削除する

不要になった行や列を削除する場合は、P.198の手順と同様に削除したい行の数字または列のアルファベットをクリックして選択し、「ホーム」タブの「セル」グループの をクリックします。そうすると、選択した行や列が削除され、選択していた行や列のデータが一つずつ移動します。下の例では行を削除しています。

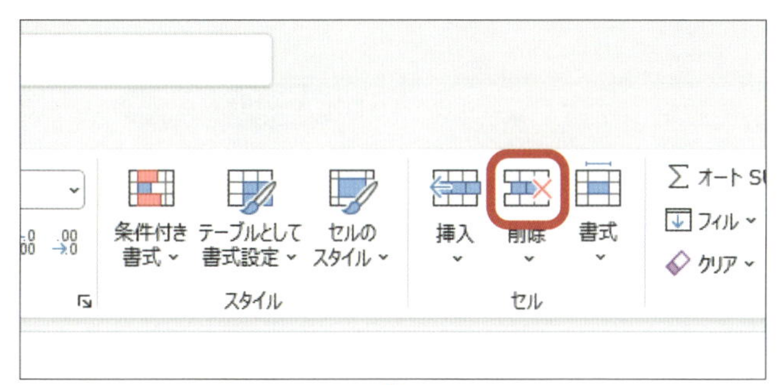

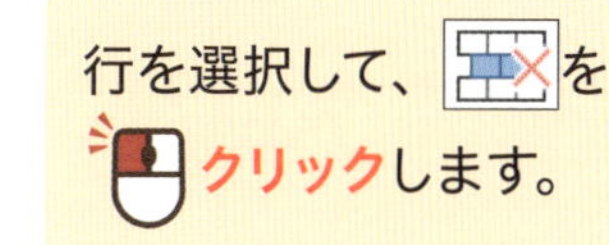

行を選択して、 を
クリックします。

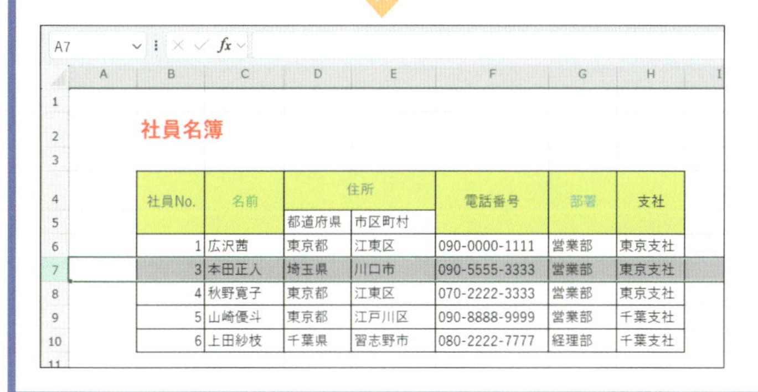

A7

	A	B	C	D	E	F	G	H
1								
2		社員名簿						
3								
4		社員No.	名前	住所		電話番号	部署	支社
5				都道府県	市区町村			
6		1	広沢茜	東京都	江東区	090-0000-1111	営業部	東京支社
7		3	本田正人	埼玉県	川口市	090-5555-3333	営業部	東京支社
8		4	秋野寛子	東京都	江東区	070-2222-3333	営業部	東京支社
9		5	山崎優斗	東京都	江戸川区	090-8888-9999	営業部	千葉支社
10		6	上田紗枝	千葉県	習志野市	080-2222-7777	経理部	千葉支社

行が削除されます。同様の操作で列の削除も行えます。

終わり

練習用ファイル ▶ E18_並べ替え.xlsx

レッスン 18

表のデータを並べ替えましょう

表のデータを大きい順や小さい順に並べ替えてみましょう。特定の項目を基準にして並べ替えることもできます。

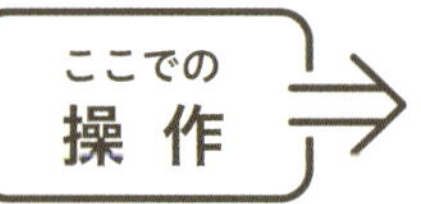

クリック →P.18

1 表のデータを並べ替える

社員名簿

社員No.	名前	住所		電話番号	部署	支社
		都道府県	市区町村			
1	広沢茜	東京都	江東区	090-0000-1111	営業部	東京支社
2	久保田浩紀	埼玉県	さいたま市	080-1111-2222	経理部	埼玉支社
3	本田正人	埼玉県	川口市	090-5555-3333	営業部	東京支社
4	秋野寛子	東京都	江東区	070-2222-3333	営業部	東京支社
5	山崎優斗	東京都	江戸川区	090-8888-9999	営業部	千葉支社
6	上田紗枝	千葉県	習志野市	080-2222-7777	経理部	千葉支社

ここでは「社員No.」を「降順」(大きい順)に並べ替えます。

●アドバイス●

並べ替えを行うと、表の行全体が自動的に並べ替えられます。

B6 fx 1

社員名簿

社員No.	名前	住所		電話番号	部署	支社
		都道府県	市区町村			
1	広沢茜	東京都	江東区	090-0000-1111	営業部	東京支社
2	久保田浩紀	埼玉県	さいたま市	080-1111-2222	経理部	埼玉支社
3	本田正人	埼玉県	川口市	090-5555-3333	営業部	東京支社
4	秋野寛子	東京都	江東区	070-2222-3333	営業部	東京支社
5	山崎優斗	東京都	江戸川区	090-8888-9999	営業部	千葉支社
6	上田紗枝	千葉県	習志野市	080-2222-7777	経理部	千葉支社

ドラッグ

並べ替えたい表のデータ部分を ドラッグで選択します。

●アドバイス●

項目名の部分を選択すると、一緒に並べ替えられてしまうので注意しましょう。

「ホーム」タブの「編集」グループの 並べ替えとフィルター を クリックします。

●アドバイス●

選択したセルを右クリックして、「並べ替え」で表示されるメニューからでも並べ替えが行えます。

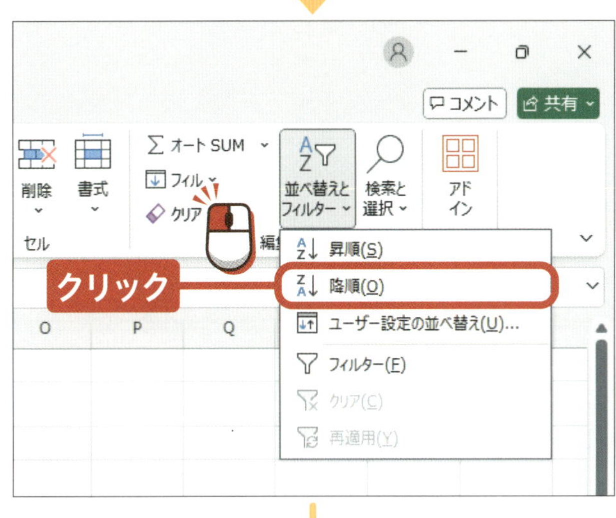

降順(O) を クリックします。

●アドバイス●

「昇順」を選択すると、番号が小さい順に並べ替えられます。

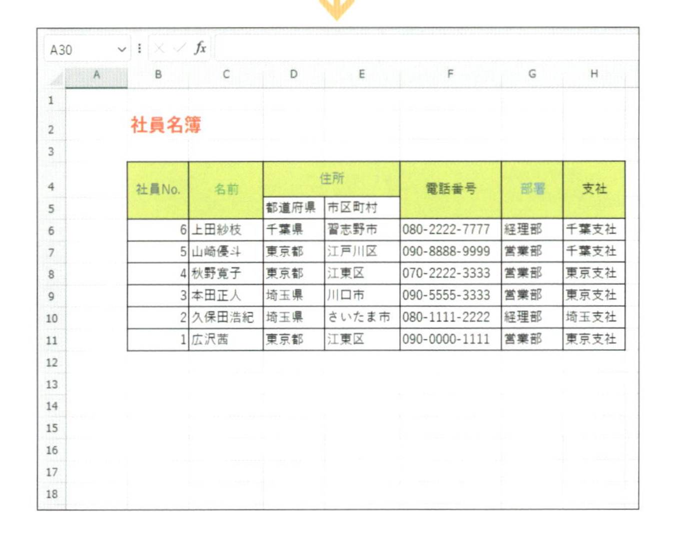

社員名簿

社員No.	名前	住所		電話番号	部署	支社
		都道府県	市区町村			
6	上田紗枝	千葉県	習志野市	080-2222-7777	経理部	千葉支社
5	山崎優斗	東京都	江戸川区	090-8888-9999	営業部	千葉支社
4	秋野寛子	東京都	江東区	070-2222-3333	営業部	東京支社
3	本田正人	埼玉県	川口市	090-5555-3333	営業部	東京支社
2	久保田浩紀	埼玉県	さいたま市	080-1111-2222	経理部	埼玉支社
1	広沢茜	東京都	江東区	090-0000-1111	営業部	東京支社

「社員No.」の数値が大きい順に並べ替えられます。

●アドバイス●

この方法では、選択した範囲内の一番左の列を基準に並べ替えが行われます。

次のページへ

2 特定の列を基準にして並べ替える

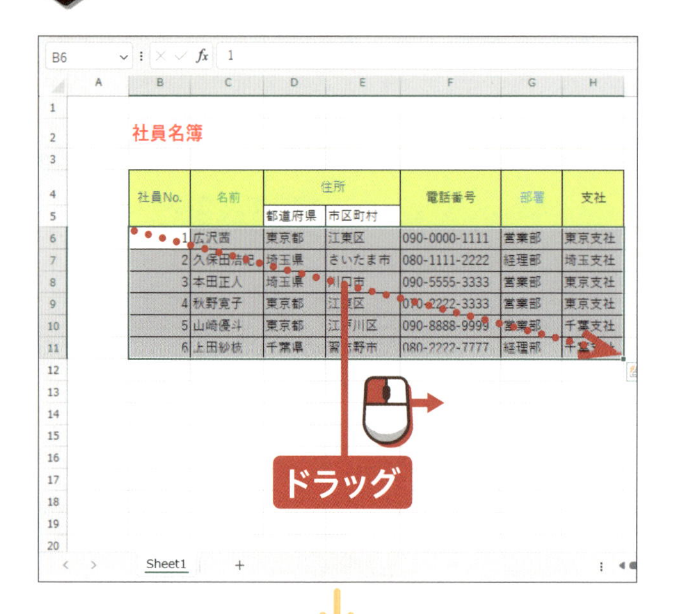

ここでは「住所」の「都道府県」を基準にして並べ替えます。

並べ替えたい表のデータ部分を**ドラッグ**で選択します。

●アドバイス●

表の項目名は選択しなくても大丈夫です。

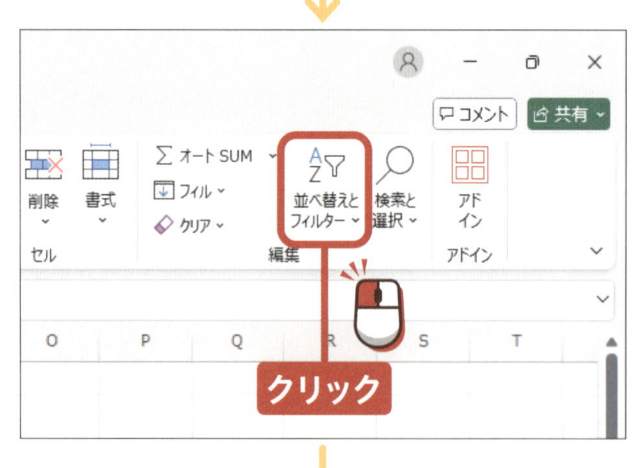

「ホーム」タブの「編集」グループの［並べ替えとフィルター］を**クリック**します。

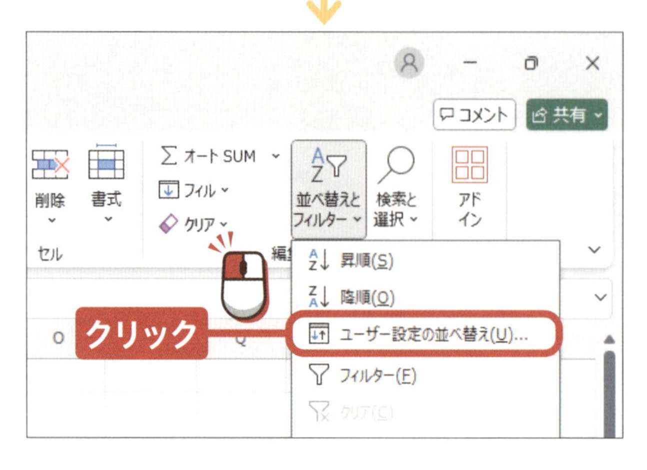

［ユーザー設定の並べ替え(U)...］を**クリック**します。

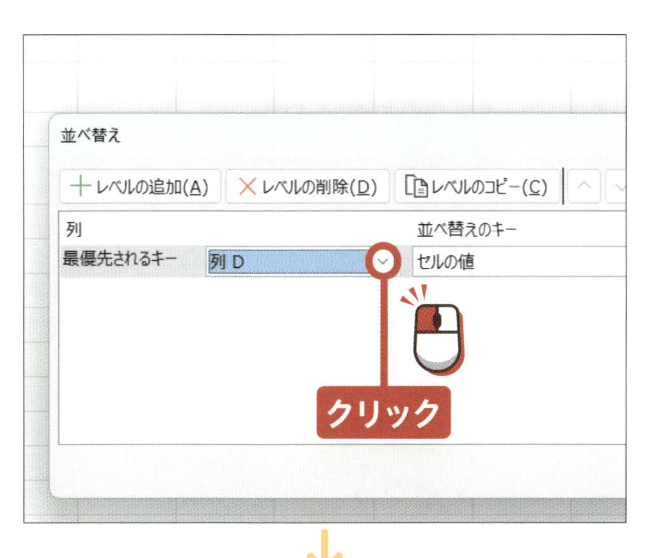

「並べ替え」ダイアログボックスが表示されます。ここでは「住所」の「都道府県」(D列)を基準にして並べ替えます。

「列」の「最優先されるキー」の右側の⌵をクリックして、「列D」を選択します。

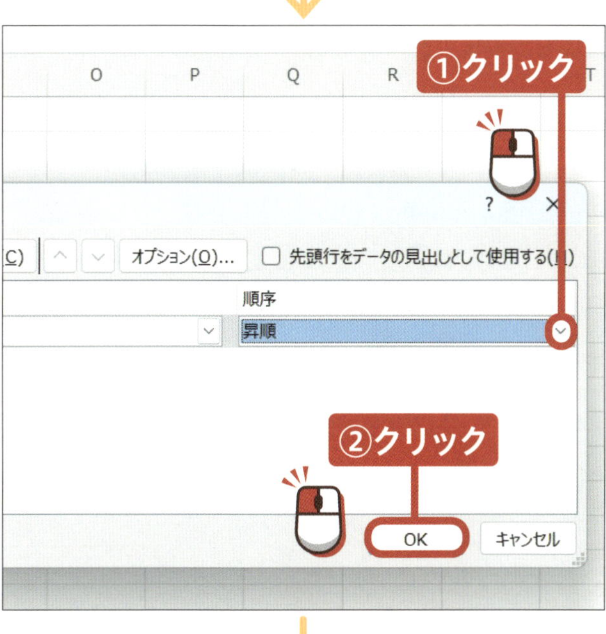

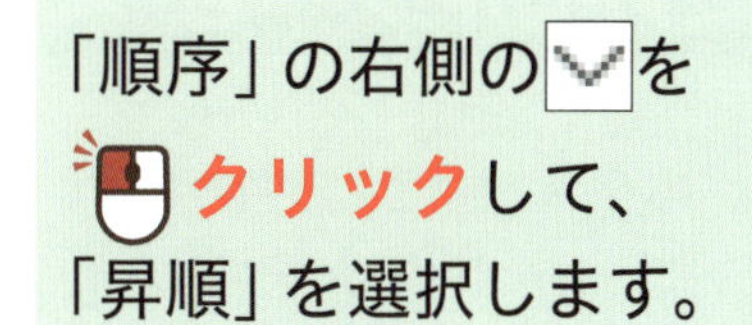

「順序」の右側の⌵をクリックして、「昇順」を選択します。

OK をクリックします。

●アドバイス●

「降順」を選択すると、「ん」からの順番で表示されます。

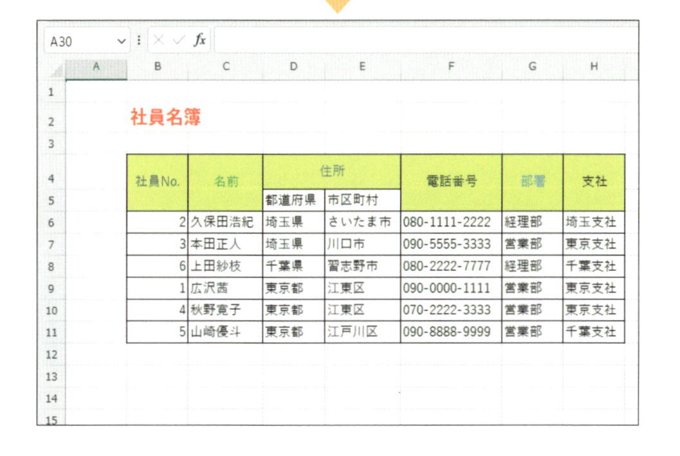

社員名簿

社員No.	名前	住所		電話番号	部署	支社
		都道府県	市区町村			
2	久保田浩紀	埼玉県	さいたま市	080-1111-2222	経理部	埼玉支社
3	本田正人	埼玉県	川口市	090-5555-3333	営業部	東京支社
6	上田紗枝	千葉県	習志野市	080-2222-7777	経理部	千葉支社
1	広沢茜	東京都	江東区	090-0000-1111	営業部	東京支社
4	秋野寛子	東京都	江東区	070-2222-3333	営業部	東京支社
5	山崎優斗	東京都	江戸川区	090-8888-9999	営業部	千葉支社

「住所」の「都道府県」があいうえお順に並べ替えられます。

終わり✔

レッスン 19 フィルターで必要な情報だけを表示しましょう

フィルターを使うと、表の中で必要な情報だけを抜き取ることができます。ここではその方法を紹介します。

クリック
→ P.18

1 フィルターとは

フィルターとは、表の中から自分が見たい情報だけを抜き取って表示させることができる機能です。たとえば、表の中から東京都出身の人だけを抜き出したい場合、フィルター設定で「東京都」だけにチェックを入れて反映させると、東京都出身の人だけが表示される仕組みです。それでは、次のページから実際に設定を行ってみましょう。

社員名簿

社員No	名前	住所		電話番号	部署	支社
		都道府県	市区町村			
1	広沢茜	東京都	江東区	090-0000-1111	営業部	東京支社
2	久保田浩紀	埼玉県	さいたま市	080-1111-2222	経理部	埼玉支社
3	本田正人	埼玉県	川口市	090-5555-3333	営業部	東京支社
4	秋野寛子	東京都	江東区	070-2222-3333	営業部	東京支社
5	山崎優斗	東京都	江戸川区	090-8888-9999	営業部	千葉支社
6	上田紗枝	千葉県	習志野市	080-2222-7777	経理部	千葉支社

表にフィルターを設定すると、指定したデータが入力された行のみを抜き取ることができます。

↓

社員名簿

社員No	名前	住所		電話番号	部署	支社
1	広沢茜	東京都	江東区	090-0000-1111	営業部	東京支社
4	秋野寛子	東京都	江東区	070-2222-3333	営業部	東京支社
5	山崎優斗	東京都	江戸川区	090-8888-9999	営業部	千葉支社

2 表にフィルターを設定する

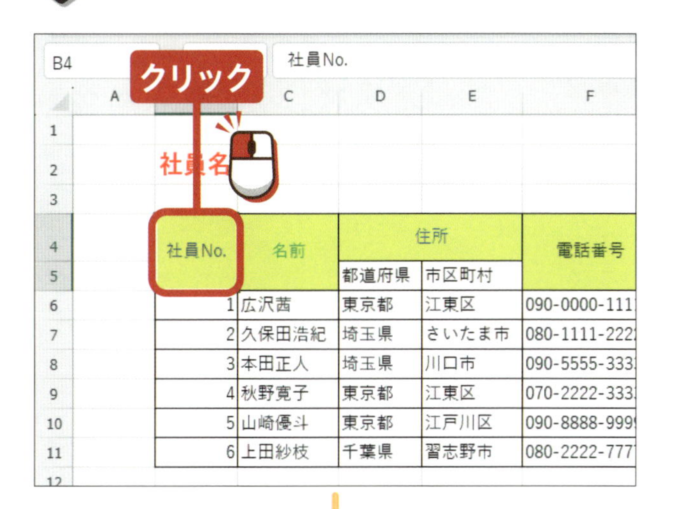

フィルターを設定したい表のいずれかのセルを クリックして選択します。

「ホーム」タブの「編集」グループの 並べ替えとフィルター を クリックします。

フィルター(F) を クリックします。

社員名簿

社員No.	名前	住所		電話番号	部署	支社
		都道府県	市区町村			
1	広沢茜	東京都	江東区	090-0000-1111	営業部	東京支社
2	久保田浩紀	埼玉県	さいたま市	080-1111-2222	経理部	埼玉支社
3	本田正人	埼玉県	川口市	090-5555-3333	営業部	東京支社
4	秋野寛子	東京都	江東区	070-2222-3333	営業部	東京支社
5	山崎優斗	東京都	江戸川区	090-8888-9999	営業部	千葉支社
6	上田紗枝	千葉県	習志野市	080-2222-7777	経理部	千葉支社

表にフィルターが設定されます。

アドバイス

フィルターが設置された表は、見出しの項目部分に▼のアイコンが表示されます。

次のページへ

3 フィルターでデータを抜き取る

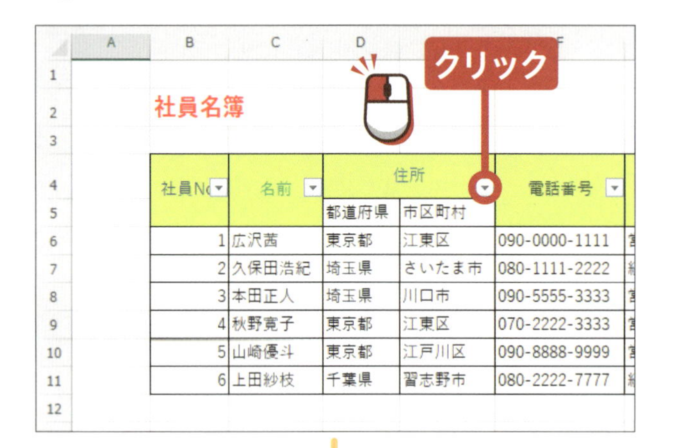

今回は名簿から「住所」が「東京都」の社員のみを表示します。

「住所」の ▼ を クリックします。

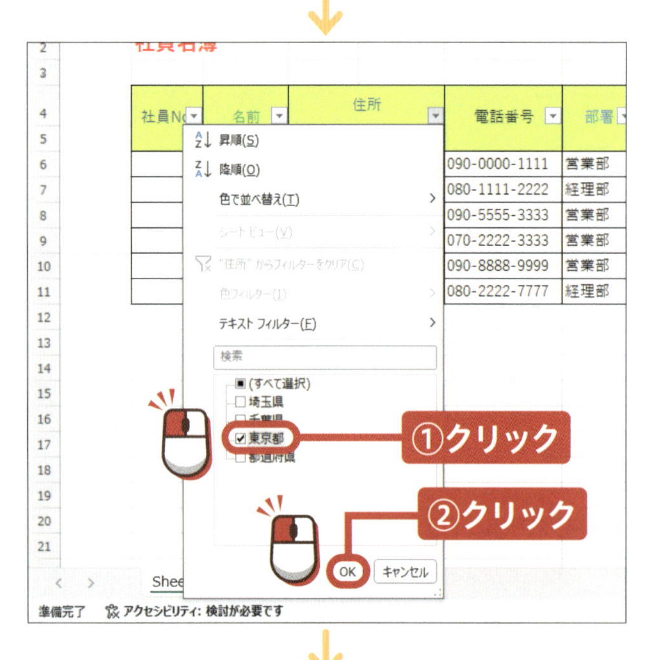

「東京都」のみに クリックをしてチェックを入れます。

OK を クリックします。

●アドバイス●

チェック済の箇所をクリックするとチェックが外れます。

「住所」が「東京都」の社員のみが表示されます。

終わり ✔

ステップアップ

Q. Copilotの利用条件が知りたい！①

A. エクセルのファイルの自動保存をオンにします。

エクセルでCopilotを利用するには、いくつかの条件や準備が必要です。データが条件に当てはまっているかを確認しましょう。
まず、Copilotを利用できるのは、OneDriveまたはSharePointへの自動保存がオンに設定されているファイルのみです。なお、自動保存がオフの状態でCopilotを利用しようとすると、自動保存を促すウィンドウが表示されます。あらかじめ自動保存をオンにしておくか、Copilotの利用時に画面の指示に従って、自動保存をオンにしましょう。

クイックアクセスツールバーから「自動保存」の オフ をクリックします。

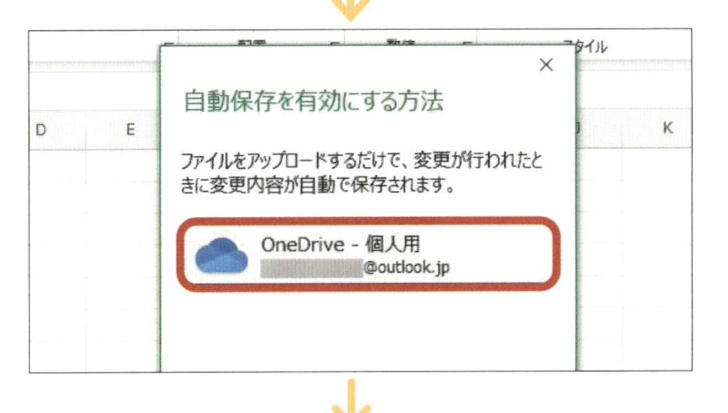

保存先（ここでは「OneDrive」）をクリックします。ファイルに名前を付けていない場合は、このあと表示される画面で名前を付けます。

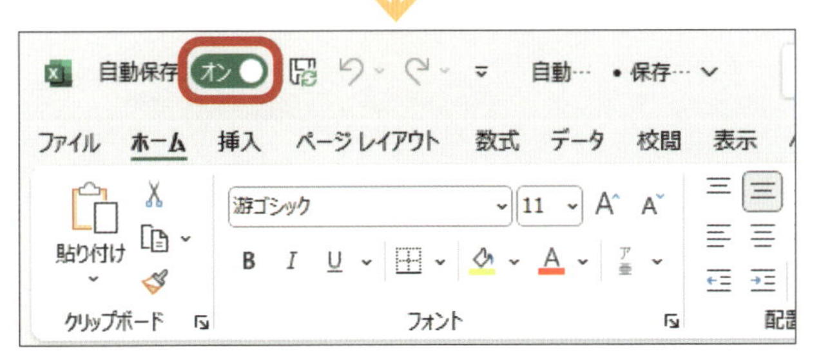

自動保存がオンになります。

ステップアップ

Q. Copilotの利用条件が知りたい！②

A. テーブルまたは要件を満たしたデータに設定します。

エクセルでCopilotを利用するには、**テーブルとして書式設定されたデータを用意する必要があります。あらかじめテーブルを作成した状態でデータを入力するか、既存のデータをテーブルに設定しましょう。**
また、データをテーブルに設定しなくても、以下の要件をすべて満たしていればCopilotの利用が可能です。

・ヘッダー行が一つのみ
・ヘッダーが列にのみ存在、行には存在しない
・ヘッダーに入力された内容が重複せず一つのみ
・ヘッダーに空白がない
・書式設定の方法が一貫している
・小計がない
・空白の行または列がない
・結合されたセルがない

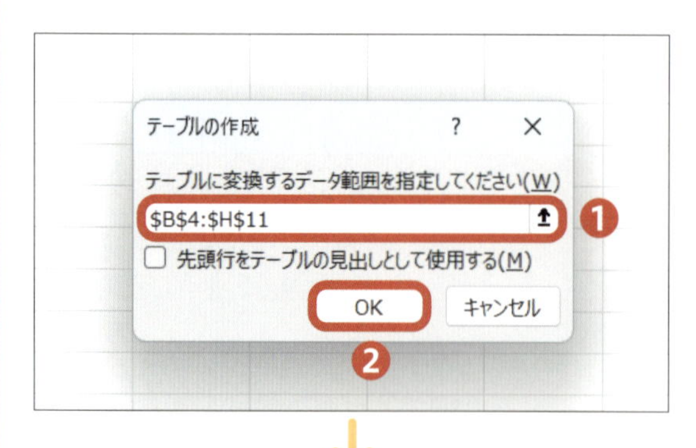

テーブルを設定するには、「挿入」タブの「テーブル」グループの「テーブル」をクリックし、「テーブルの作成」ダイアログボックスでテーブルにする範囲❶を設定して「OK」❷をクリックします。

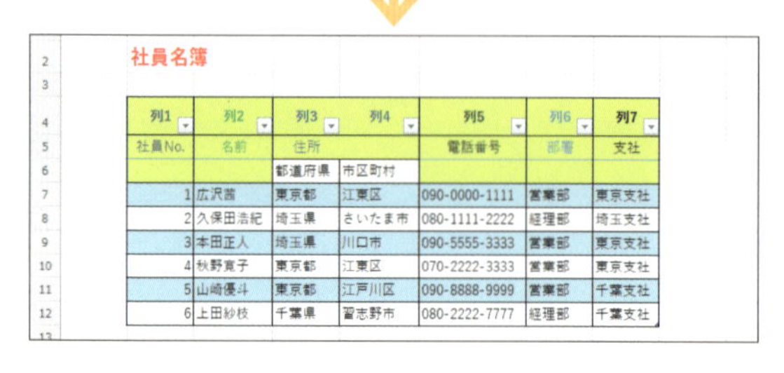

社員名簿

列1	列2	列3	列4	列5	列6	列7
社員No.	名前	住所		電話番号	部署	支社
		都道府県	市区町村			
1	広沢茜	東京都	江東区	090-0000-1111	営業部	東京支社
2	久保田浩紀	埼玉県	さいたま市	080-1111-2222	経理部	埼玉支社
3	本田正人	埼玉県	川口市	090-5555-3333	営業部	東京支社
4	秋野寛子	東京都	江東区	070-2222-3333	営業部	東京支社
5	山崎優斗	東京都	江戸川区	090-8888-9999	営業部	千葉支社
6	上田紗枝	千葉県	習志野市	080-2222-7777	経理部	千葉支社

テーブルが設定されます。

エクセル

4章

エクセルで計算を行いましょう

レッスンをはじめる前に

エクセルで四則計算が行えます

エクセルでは足し算や引き算などの四則計算を行うことができます。エクセルでは、数式に値を入力したセルを指定して計算を行います。たとえば、セルの数値と別のセルの数値を足した数を計算することができます。この場合、セルの数値を変更すると自動的に計算にも反映されます。

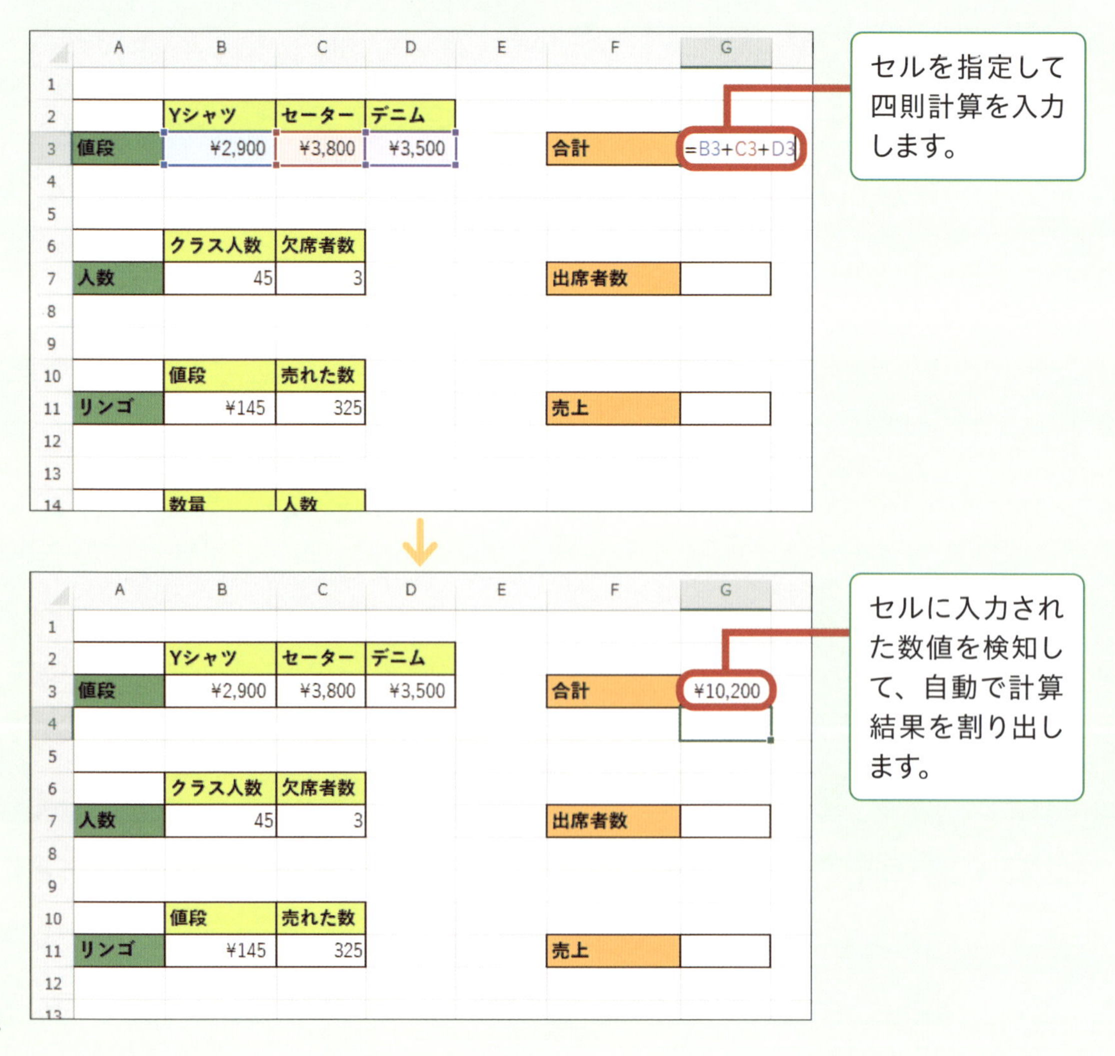

関数を利用した計算が行えます

エクセルには関数という便利な機能があります。関数を使うと、指定された複数のセルの合計の値や平均値を簡単に計算することなどができます。売上データの合計やテストの平均点を出すときに使うとよいでしょう。

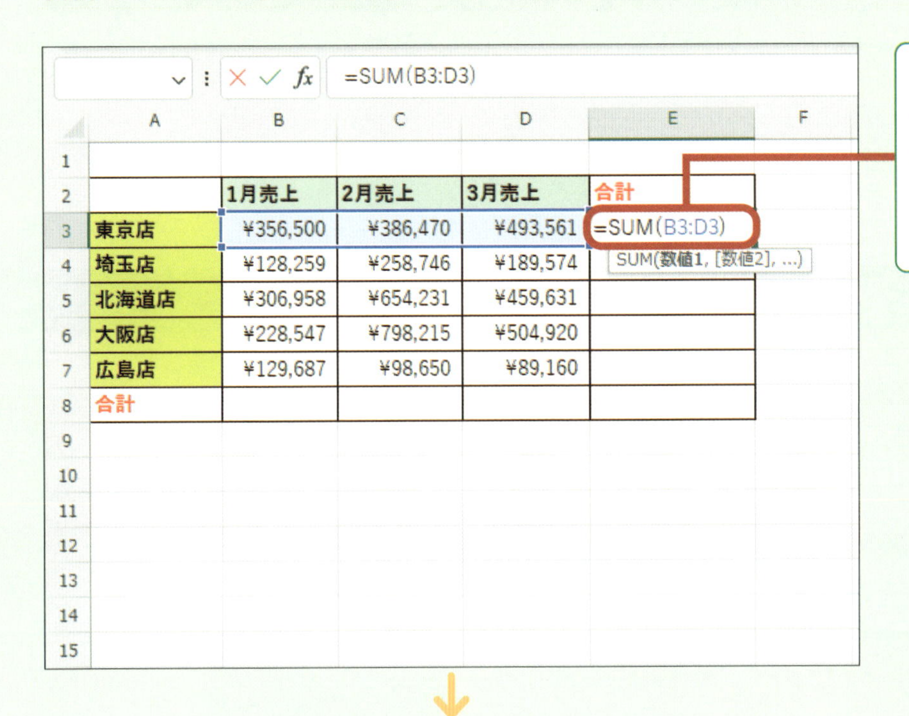

SUM関数では、指定した範囲のセルの合計数値を割り出します。

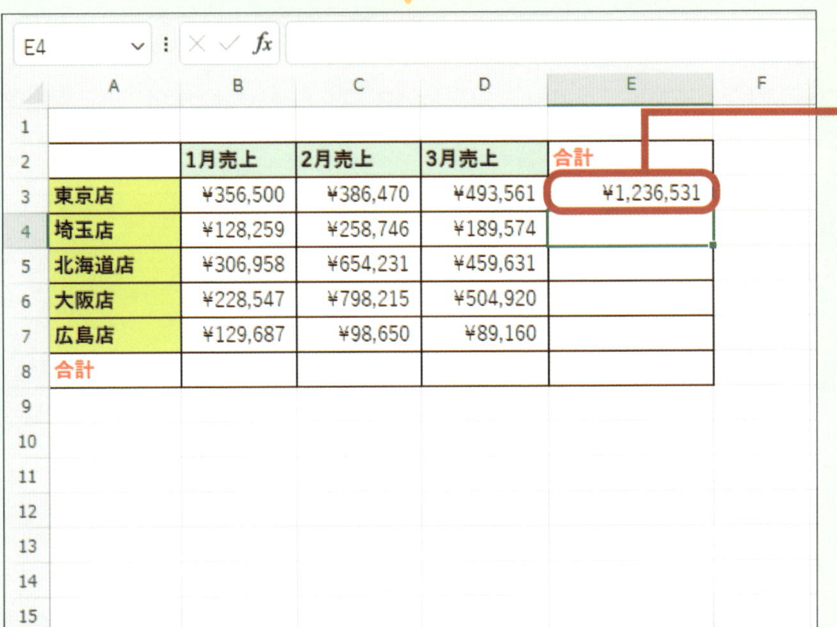

大きい金額を扱うデータなどで活用できます。

レッスン 20 数式を入力して計算を行いましょう

セルに数式を入力して計算を行います。ここでは基本となる四則計算を学んでいきましょう。

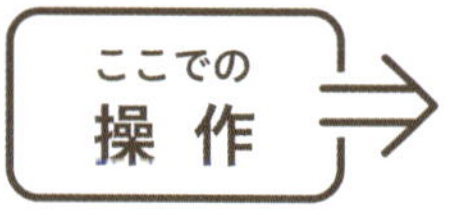

1 セルに数式を入力する

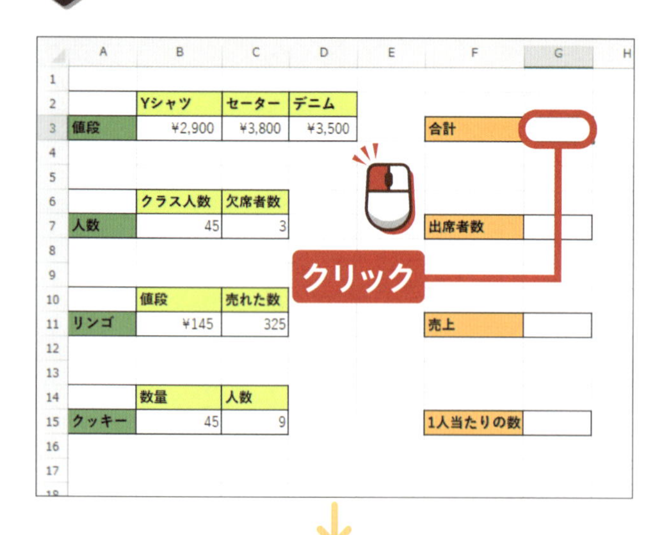

ここではセル「G3」に、「B3」と「C3」と「D3」のデータを足し算した数値が反映されるように数式を入力します。

数式を入力するセル（ここでは「G3」）をクリックして、選択します。

キーボードから「=」を入力します。

●アドバイス●

最初に「=」を入力しないと数式として認識されないので、絶対に入力してください。

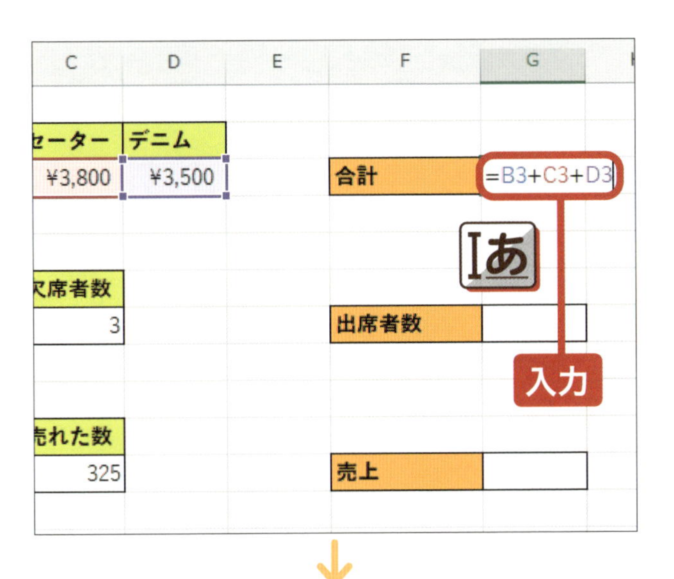

続けてキーボードから「B3+C3+D3」を あ入力します。

●アドバイス●

数式は半角で入力します。

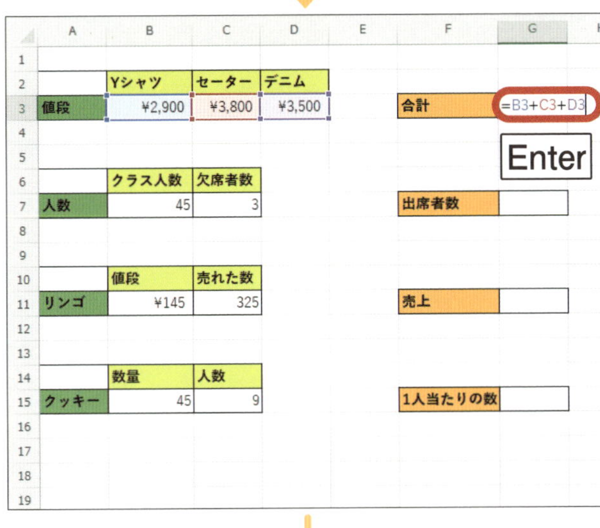

数式の入力が完了したら、キーボードのEnterを押して確定させます。

●アドバイス●

数式に入力したセルはそれぞれ色分けされた状態になっています。

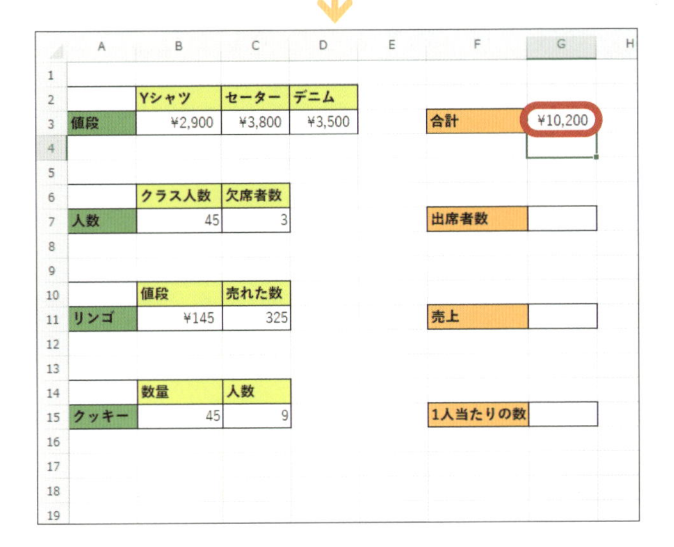

数式が反映され、セル「B3」と「C3」と「D3」のデータを足し算した数値が表示されます。

次のページへ

2 数式の種類

足し算

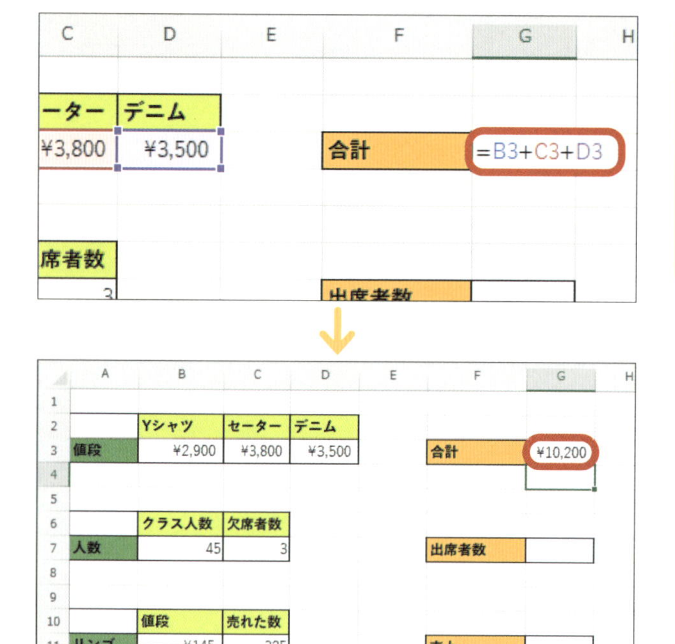

数式の足し算では、「+」(プラス) を使って計算を行います。合計金額を出すときなどに使うとよいでしょう。なお、「+」は全角でも半角でも認識をしてくれます。

引き算

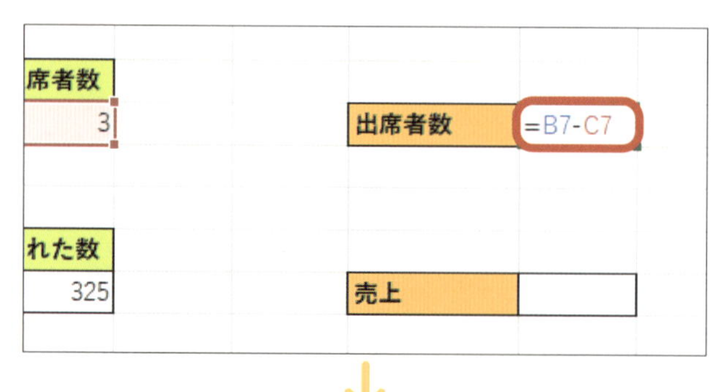

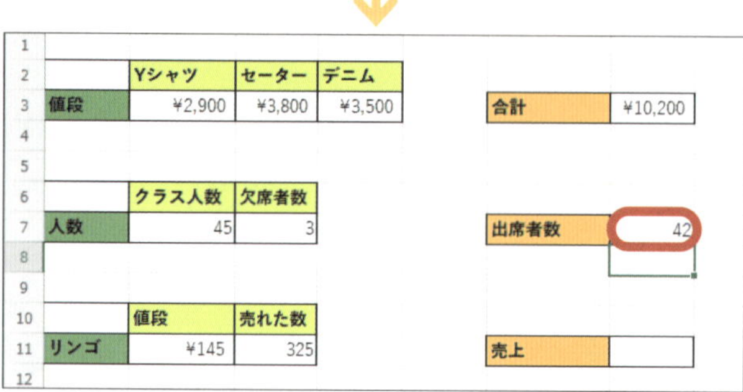

数式の引き算では、「−」(マイナス) を使って計算を行います。残りの数を計算するときなどに使うとよいでしょう。なお、「−」は全角でも半角でも認識をしてくれます。

掛け算

数式の掛け算では、「*」（アスタリスク）を使って計算を行います。金額と売れた個数から売上を出すときなどに使うとよいでしょう。なお、「*」は全角でも半角でも認識をしてくれます。

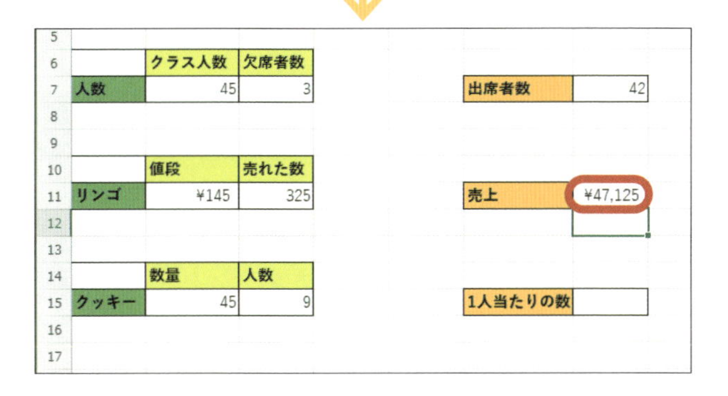

割り算

数式の割り算では、「/」（スラッシュ）を使って計算を行います。1人当たりの数を計算するときなどに使うとよいでしょう。なお、「/」は全角でも半角でも認識をしてくれます。

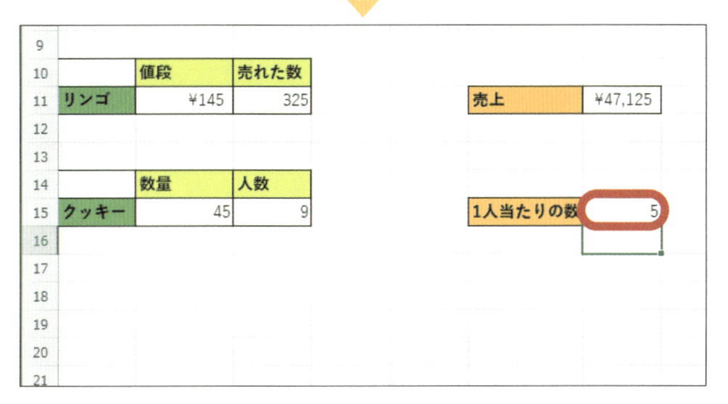

終わり

数値の合計を計算しましょう

エクセルでは関数という、表に入力した数値の合計などを簡単に計算できる機能があります。ここでは合計を行うSUM関数を学びましょう。

1 SUM関数を入力する

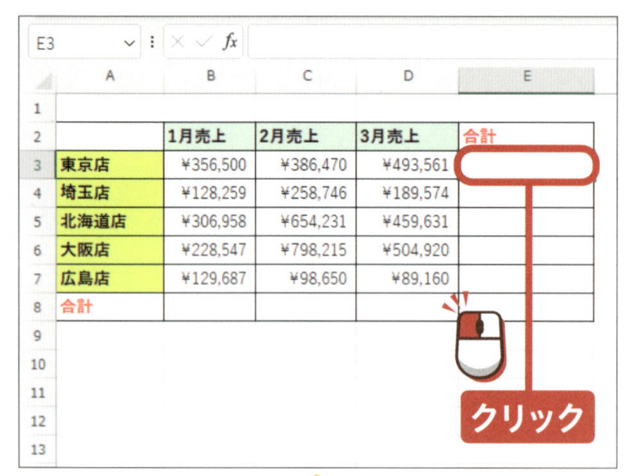

	A	B	C	D	E
1					
2		1月売上	2月売上	3月売上	合計
3	東京店	¥356,500	¥386,470	¥493,561	
4	埼玉店	¥128,259	¥258,746	¥189,574	
5	北海道店	¥306,958	¥654,231	¥459,631	
6	大阪店	¥228,547	¥798,215	¥504,920	
7	広島店	¥129,687	¥98,650	¥89,160	
8	合計				

SUM関数を使って、東京店の1月から3月までの売上の合計を計算します。

関数を入力するセル（ここでは「E3」）を クリックして、選択します。

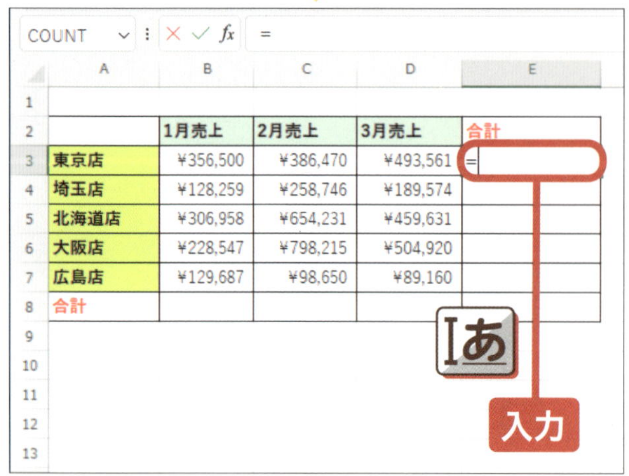

	A	B	C	D	E
1					
2		1月売上	2月売上	3月売上	合計
3	東京店	¥356,500	¥386,470	¥493,561	=
4	埼玉店	¥128,259	¥258,746	¥189,574	
5	北海道店	¥306,958	¥654,231	¥459,631	
6	大阪店	¥228,547	¥798,215	¥504,920	
7	広島店	¥129,687	¥98,650	¥89,160	
8	合計				

最初に「=」を 入力します。

●アドバイス●

数式と同様に、最初に「=」を入力しないと関数として認識されないので、絶対に入力してください。

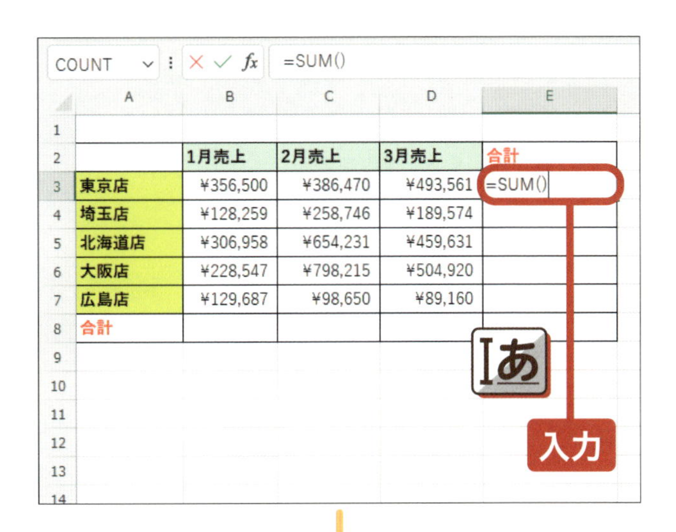

「＝」の後ろに「SUM ()」を入力します。

●アドバイス●
関数は「 ()」を入力しないと認識されないので注意しましょう。

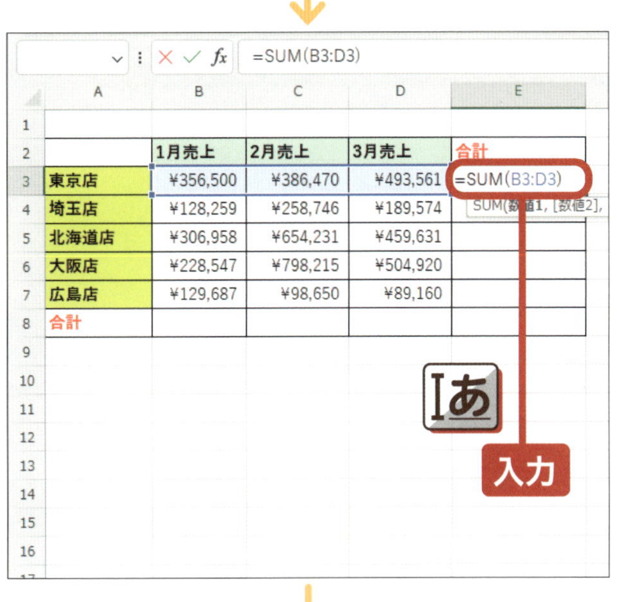

「()」の中に合計を出したいセルの範囲（ここでは「B3」から「D3」）を入力します。

●アドバイス●
「○から○」の「から」は「：」で表します。そのため、ここでは「B3：D3」と入力しています。

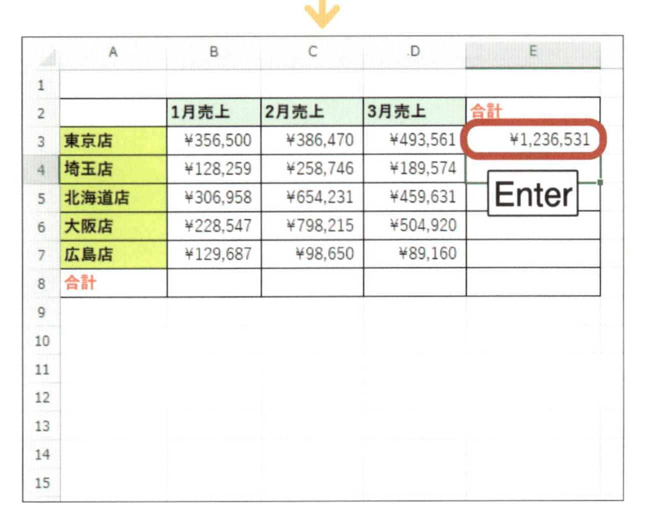

関数の入力が完了したら、キーボードのEnterを押して確定させます。

関数が反映され、セル「B3」から「D3」の合計の数値が表示されます。

終わり

練習用ファイル ▶ E22_数値の変更.xlsx

レッスン 22 計算に使用する数値を変更しましょう

関数に指定したセルの範囲を変更して、計算に使用する数値を変更しましょう。範囲は入力かドラッグの2種類で操作できます。

ダブルクリック →P.18

→P.19

入力 →P.20

1 関数の範囲を入力して変更する

	A	B	C	D	E
1					
2		1月売上	2月売上	3月売上	合計
3	東京店	¥356,500	¥386,470	¥493,561	¥1,236,531
4	埼玉店	¥128,259	¥258,746	¥189,574	¥576,579
5	北海道店	¥306,958	¥654,231	¥459,631	
6	大阪店	¥228,547	¥798,215	¥504,920	
7	広島店	¥129,687	¥98,650	¥89,160	
8	合計				

埼玉店の合計を、1月から3月ではなく、2月から3月までに変更します。

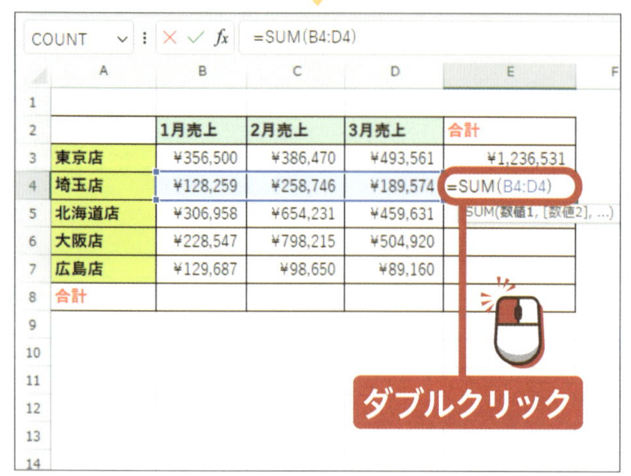

COUNT =SUM(B4:D4)

	A	B	C	D	E
1					
2		1月売上	2月売上	3月売上	合計
3	東京店	¥356,500	¥386,470	¥493,561	¥1,236,531
4	埼玉店	¥128,259	¥258,746	¥189,574	=SUM(B4:D4)
5	北海道店	¥306,958	¥654,231	¥459,631	
6	大阪店	¥228,547	¥798,215	¥504,920	
7	広島店	¥129,687	¥98,650	¥89,160	
8	合計				

関数を変更したいセル（ここでは「E4」）を ダブルクリック します。

セルのデータが編集できる状態になります。

	1月売上	2月売上	3月売上	合計
	¥356,500	¥386,470	¥493,561	¥1,236,531
	¥128,259	¥258,746	¥189,574	=SUM(C4:D4)
店	¥306,958	¥654,231	¥459,631	
	¥228,547	¥798,215	¥504,920	
	¥129,687	¥98,650	¥89,160	

セルの範囲を
入力し直します。
ここでは「C4：D4」に
変更しています。

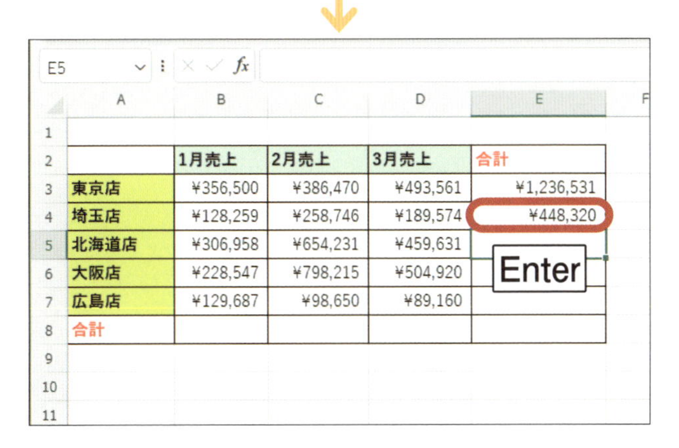

	A	B	C	D	E
1					
2		1月売上	2月売上	3月売上	合計
3	東京店	¥356,500	¥386,470	¥493,561	¥1,236,531
4	埼玉店	¥128,259	¥258,746	¥189,574	¥448,320
5	北海道店	¥306,958	¥654,231	¥459,631	
6	大阪店	¥228,547	¥798,215	¥504,920	
7	広島店	¥129,687	¥98,650	¥89,160	
8	合計				

関数の入力が
完了したら、
キーボードのEnterを
押して確定させます。

変更が確定して、埼玉店の合計が2月から3月までに変更されます。

ヒント 最大値と最小値を割り出す

関数を使えば、表内の数値の最大値または最小値を割り出して表示させることもできます。最大値を割り出すときは「MAX関数」を、最小値を割り出すときは「MIN関数」を使います。

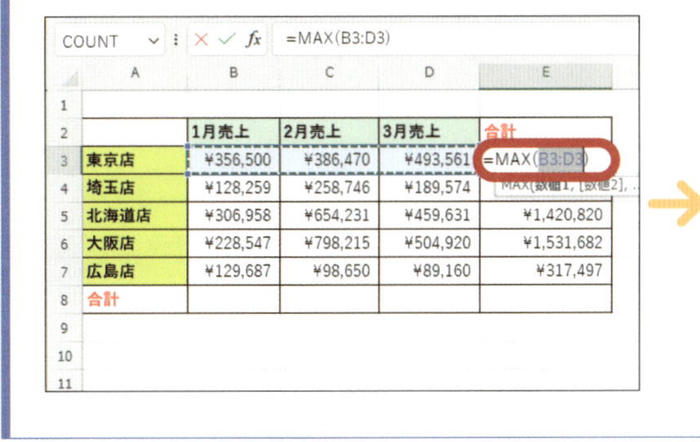

	A	B	C	D	E
2		1月売上	2月売上	3月売上	合計
3	東京店	¥356,500	¥386,470	¥493,561	=MAX(B3:D3)
4	埼玉店	¥128,259	¥258,746	¥189,574	
5	北海道店	¥306,958	¥654,231	¥459,631	¥1,420,820
6	大阪店	¥228,547	¥798,215	¥504,920	¥1,531,682
7	広島店	¥129,687	¥98,650	¥89,160	¥317,497
8	合計				

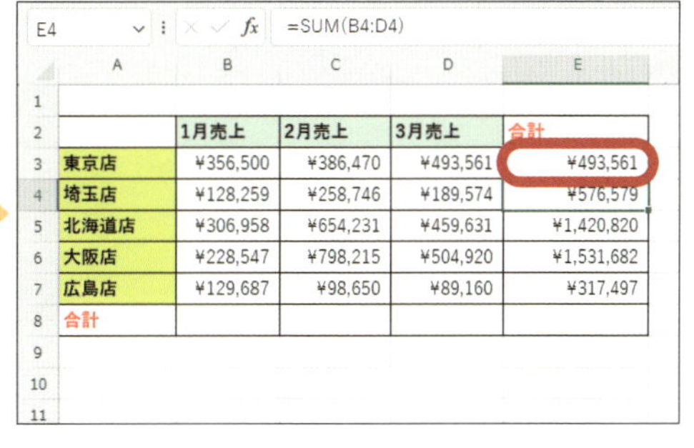

	A	B	C	D	E
2		1月売上	2月売上	3月売上	合計
3	東京店	¥356,500	¥386,470	¥493,561	¥493,561
4	埼玉店	¥128,259	¥258,746	¥189,574	¥576,579
5	北海道店	¥306,958	¥654,231	¥459,631	¥1,420,820
6	大阪店	¥228,547	¥798,215	¥504,920	¥1,531,682
7	広島店	¥129,687	¥98,650	¥89,160	¥317,497
8	合計				

次のページへ

2 関数の範囲をドラッグで変更する

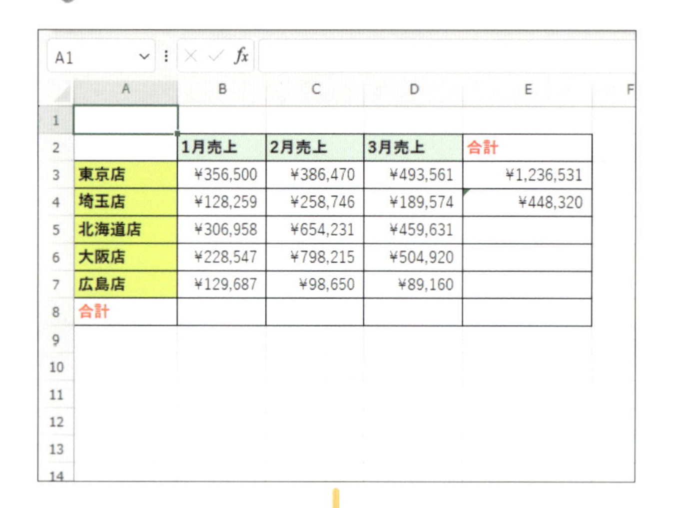

ドラッグ操作で範囲を変更します。ここではセル「E3」の合計を東京店と埼玉店の1月から3月の売上の合計に変更します。

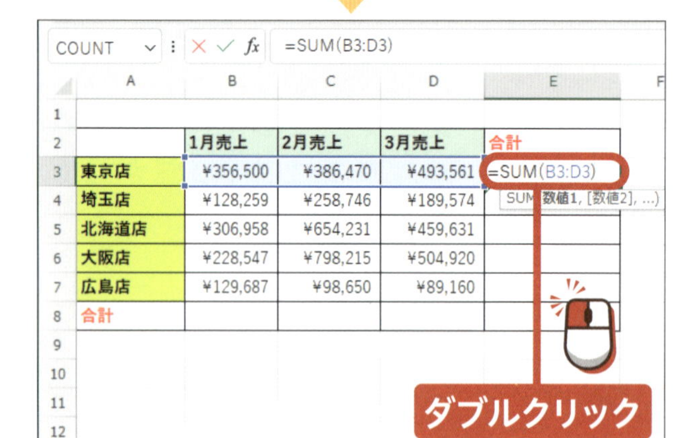

関数を変更したいセル（ここでは「E3」）を**ダブルクリック**します。

セルのデータが編集できる状態になります。

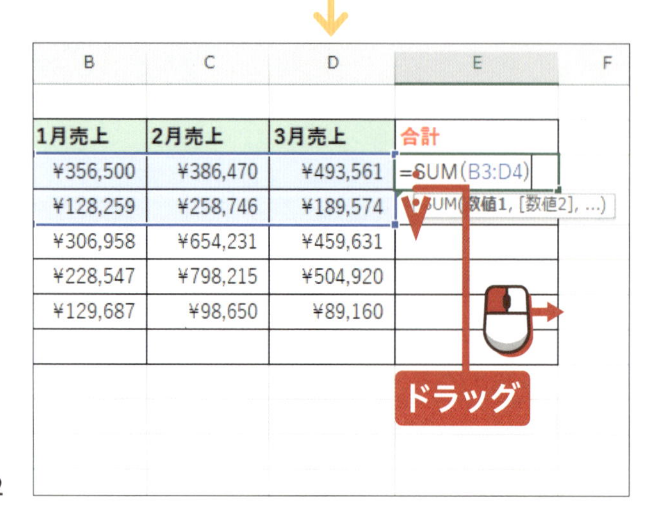

関数の範囲として選択されているセルの四隅の■を**ドラッグ**して、範囲を変更します。

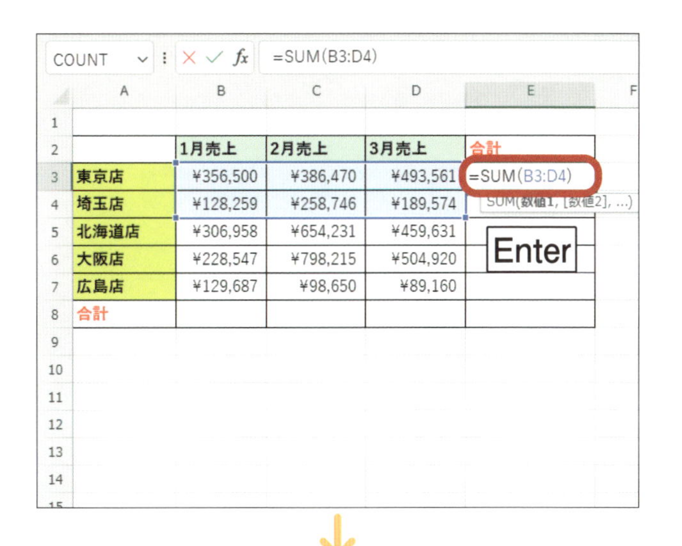

関数の範囲を確認したら、キーボードのEnterを押して確定させせます。

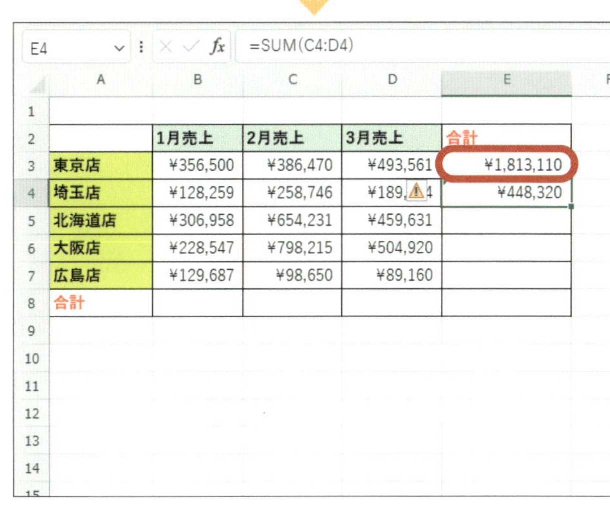

変更が確定して、東京店と埼玉店の1月から3月までの合計に変更されます。

ヒント 平均の関数でも範囲を変更できる

平均を計算するAVERAGE関数でも、関数の範囲を変更できます。操作はP.220の入力の方法と、前ページのドラッグの方法、どちらでも可能です。

終わり

レッスン 23 数式をコピーして簡単に入力しましょう

数式をコピーして貼り付けを行うと、同じような計算を行いたいセルに簡単に数式を入力することができます。

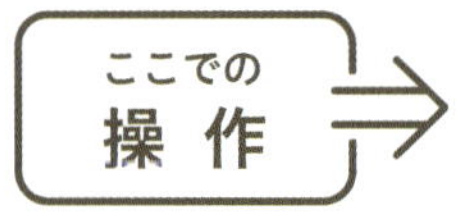

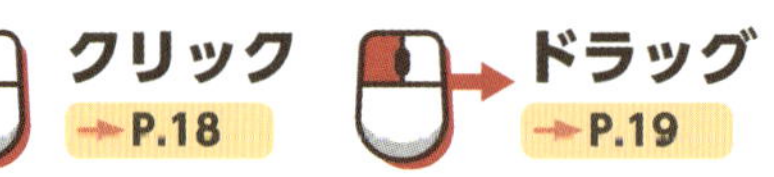

1 数式をコピーする

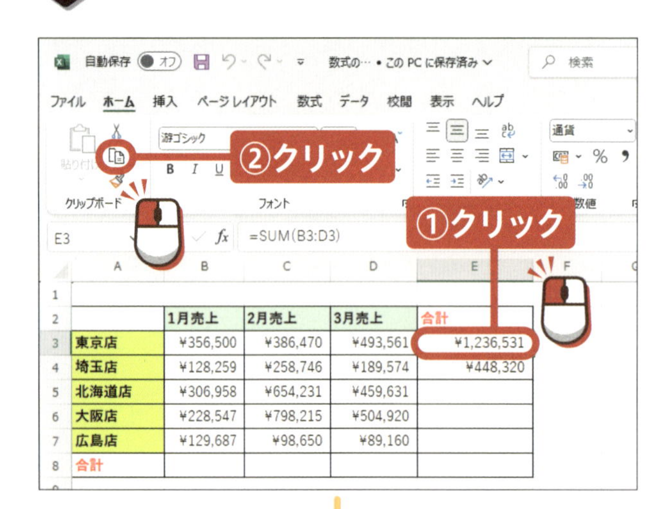

コピーしたいセル（ここでは「E3」）をクリックして、選択します。

「ホーム」タブの「クリップボード」グループのをクリックします。

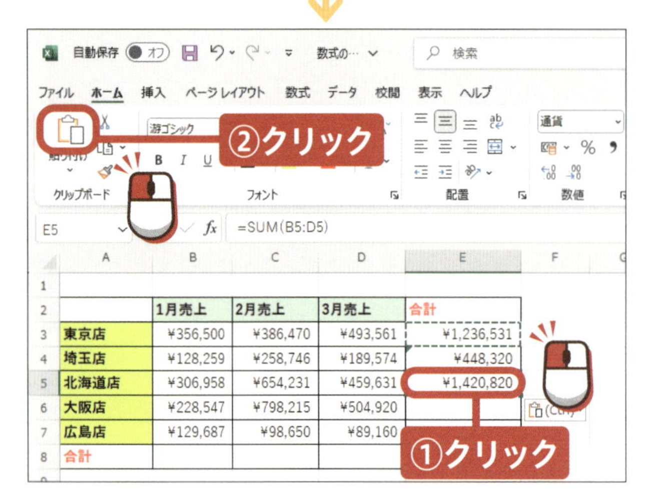

貼り付けたいセル（ここでは「E5」）をクリックして、選択します。

「ホーム」タブの「クリップボード」グループのをクリックします。

2 数式をオートフィルでコピーする

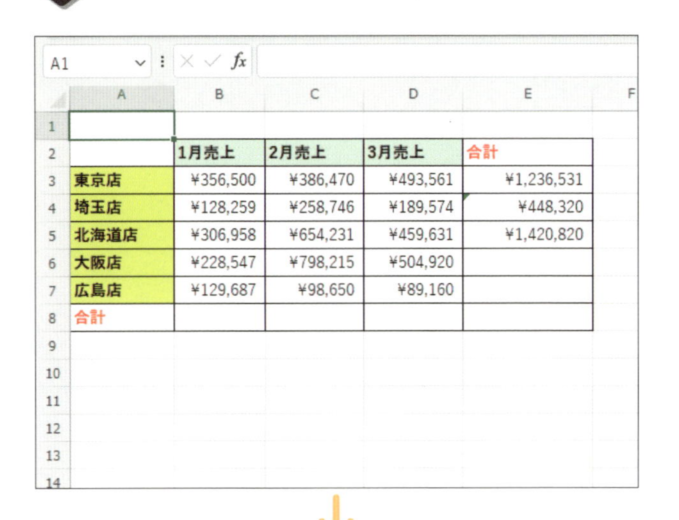

	A	B	C	D	E
1					
2		1月売上	2月売上	3月売上	合計
3	東京店	¥356,500	¥386,470	¥493,561	¥1,236,531
4	埼玉店	¥128,259	¥258,746	¥189,574	¥448,320
5	北海道店	¥306,958	¥654,231	¥459,631	¥1,420,820
6	大阪店	¥228,547	¥798,215	¥504,920	
7	広島店	¥129,687	¥98,650	¥89,160	
8	合計				

セル「E4」～「E7」にオートフィルで数式をコピーします。

●アドバイス●

オートフィルについては、P.169を参照してください。

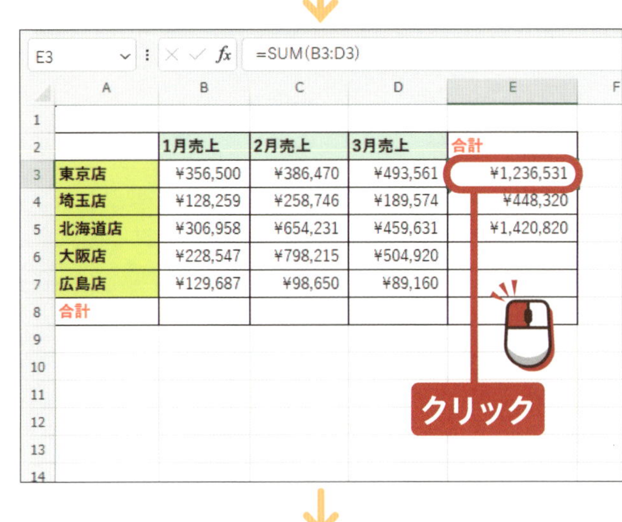

	A	B	C	D	E
1					
2		1月売上	2月売上	3月売上	合計
3	東京店	¥356,500	¥386,470	¥493,561	¥1,236,531
4	埼玉店	¥128,259	¥258,746	¥189,574	¥448,320
5	北海道店	¥306,958	¥654,231	¥459,631	¥1,420,820
6	大阪店	¥228,547	¥798,215	¥504,920	
7	広島店	¥129,687	¥98,650	¥89,160	
8	合計				

コピーしたいセル（ここでは「E3」）をクリックして、選択します。

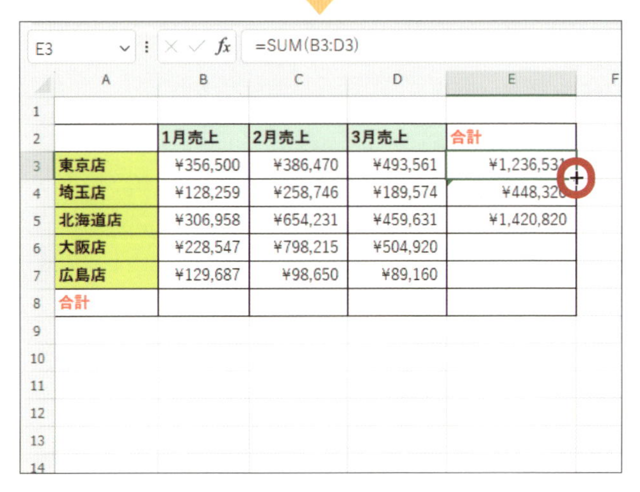

	A	B	C	D	E
1					
2		1月売上	2月売上	3月売上	合計
3	東京店	¥356,500	¥386,470	¥493,561	¥1,236,53
4	埼玉店	¥128,259	¥258,746	¥189,574	¥448,32
5	北海道店	¥306,958	¥654,231	¥459,631	¥1,420,820
6	大阪店	¥228,547	¥798,215	¥504,920	
7	広島店	¥129,687	¥98,650	¥89,160	
8	合計				

選択したセルの右下の■にマウスポインターを重ね合わせます。

マウスポインターが＋に変化します。

次のページへ

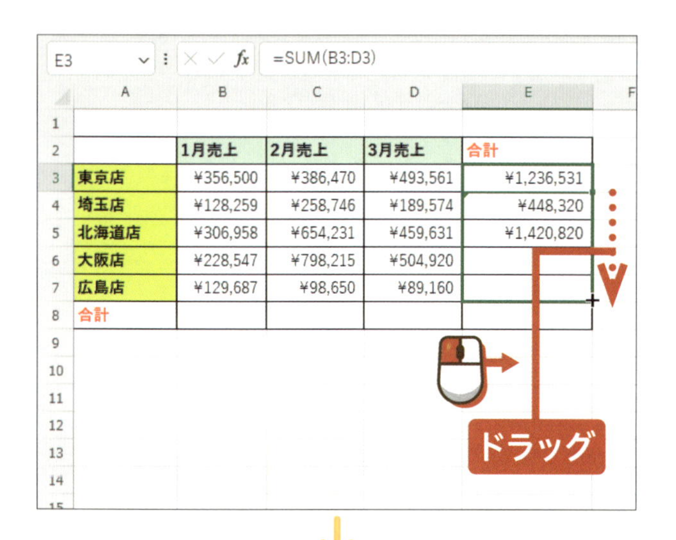

E3 =SUM(B3:D3)

	A	B	C	D	E
1					
2		1月売上	2月売上	3月売上	合計
3	東京店	¥356,500	¥386,470	¥493,561	¥1,236,531
4	埼玉店	¥128,259	¥258,746	¥189,574	¥448,320
5	北海道店	¥306,958	¥654,231	¥459,631	¥1,420,820
6	大阪店	¥228,547	¥798,215	¥504,920	
7	広島店	¥129,687	¥98,650	¥89,160	
8	合計				

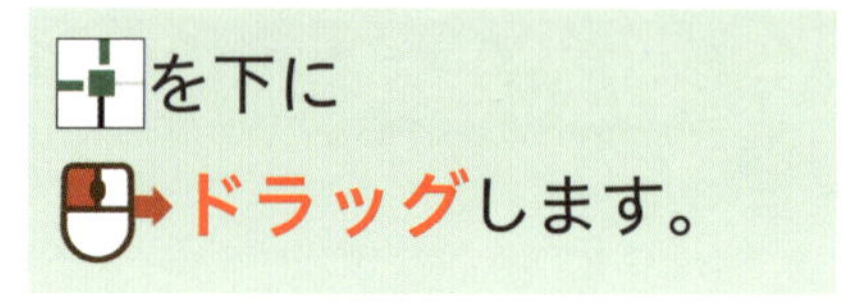

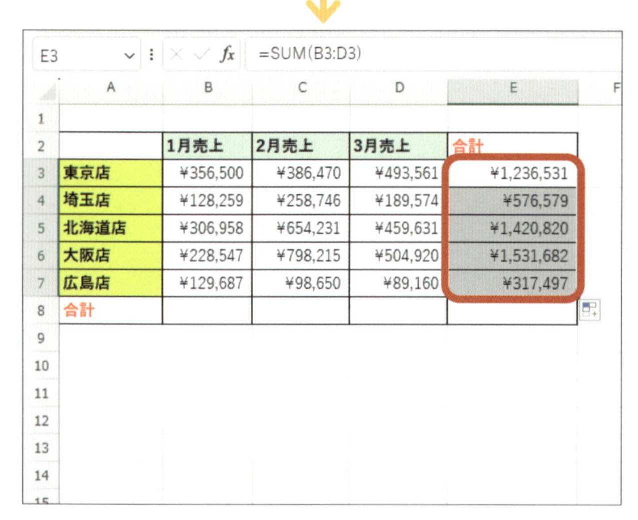

E3 =SUM(B3:D3)

	A	B	C	D	E
1					
2		1月売上	2月売上	3月売上	合計
3	東京店	¥356,500	¥386,470	¥493,561	¥1,236,531
4	埼玉店	¥128,259	¥258,746	¥189,574	¥576,579
5	北海道店	¥306,958	¥654,231	¥459,631	¥1,420,820
6	大阪店	¥228,547	¥798,215	¥504,920	¥1,531,682
7	広島店	¥129,687	¥98,650	¥89,160	¥317,497
8	合計				

ドラッグが完了すると、オートフィルによる数式のコピーが完了します。

ヒント コピーしてもエラーになる場合

数式をコピーして貼り付けをしても、エラーになってしまう場合があります。たとえば、横軸の合計を出しているセルの関数をコピーして、縦軸の合計を出すセルに貼り付けするとエラーになります。関数のコピーは隣り合うセルなど、似たような合計を計算するときに使いましょう。

	A	B	C	D
1				
2		1月売上	2月売上	3月売上
3	東京店	¥356,500	¥386,470	¥493,561
4	埼玉店	¥128,259	¥258,746	¥189,574
5	北海道店	¥306,958	¥654,231	¥459,631
6	大阪店	¥228,547	¥798,215	¥504,920
7	広島店	¥129,687	¥98,650	¥89,160
8	合計	#REF!		

終わり

ステップアップ

Q. オートSUMボタンで何ができる？

A. 自動で合計や平均を計算できます。

「オートSUM」は、データの集計を簡単に行うための便利な機能です。ボタンをクリックするだけで、自動的に計算範囲が選択され、合計や平均などを瞬時に求めることができます。通常、SUM関数で合計を、AVERAGE関数で平均を手動入力する必要がありますが、オートSUMを使えば、これらの計算をワンクリックで完了できます。

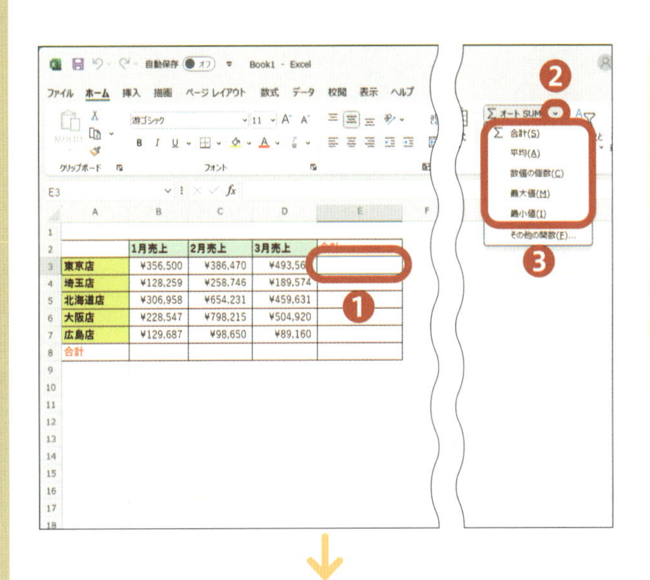

合計の計算結果を計算したいセル❶を選択し、「ホーム」タブの「編集」グループの「オートSUM」の右側の⌄❷をクリックして、計算の種類（ここでは「合計」）❸をクリックします。

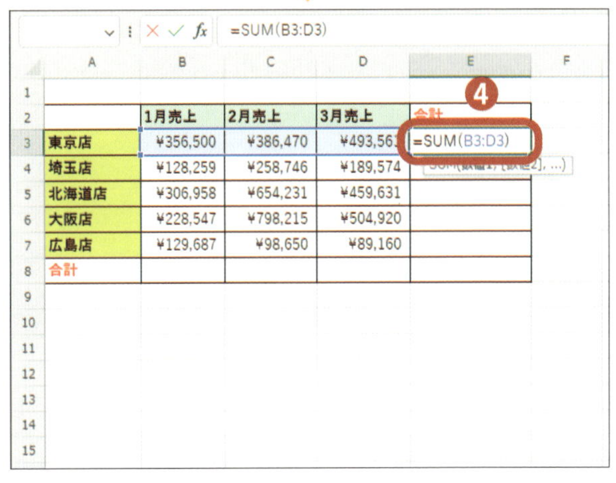

関数（ここではSUM関数）❹が自動で入力されます。合計する範囲を確認して、問題がないようであればキーボードの Enter を押して確定させます。

ステップアップ

Q. Copilotで計算式を生成したい！

A. 作成したい計算式の内容を依頼します。

エクセルで利用できる関数はとても便利ですが、目的の値を出力するためにどのような関数や計算式を使えばよいのかがわからないということもあるでしょう。Copilotでは、**入力したい内容や計算の目的を伝えるだけで、最適な計算式を提案してくれます**。少し難しい計算の場合でも、必要な条件を細かく指示すれば、複雑な関数を組み合わせた計算式を生成してくれます。

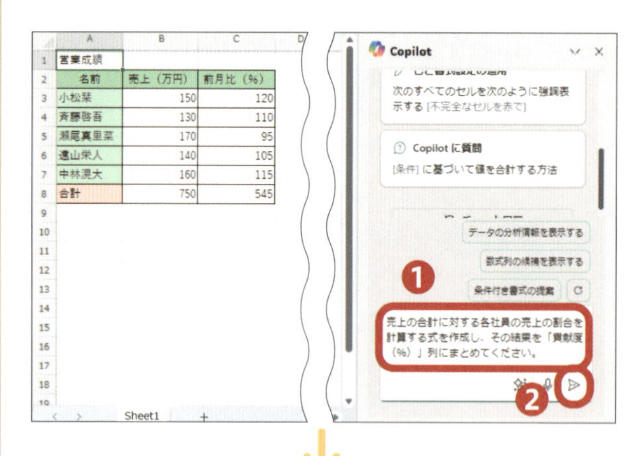

「ホーム」タブの「Copilot」をクリックし、生成してほしい計算式の内容を指示するプロンプト❶を入力して、▷❷をクリックします。ここでは、「売上の合計に対する各社員の貢献度」を求める計算式の作成を依頼しました。

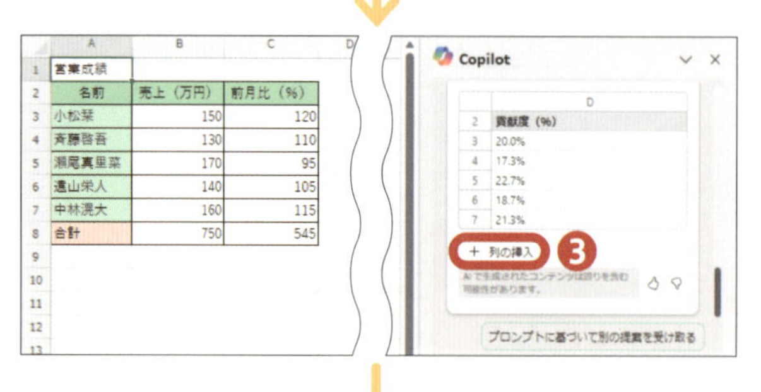

回答が作成されました。内容に問題がなければ、「列の挿入」❸をクリックします。

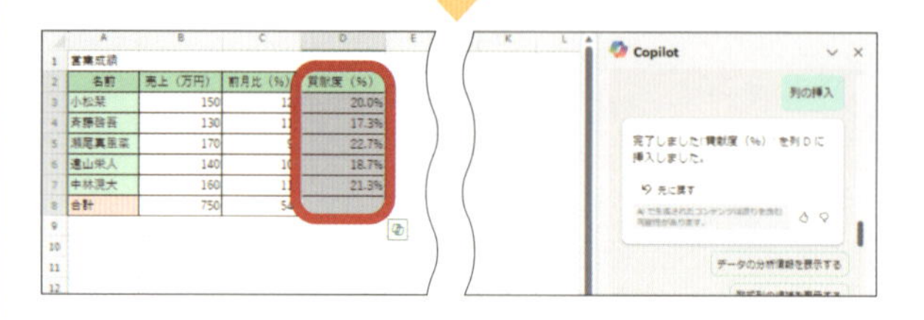

表に「貢献度」の列が追加されました。

エクセル

5章

グラフの作り方を学びましょう

レッスンをはじめる前に

グラフを作成します

エクセルでは、入力したデータに基づいたグラフを作成することができます。作成した表からデータを自動的に読み取り、最適なグラフを作成してくれるので、とても便利です。グラフにはさまざまな種類が用意されていますが、本書では縦棒グラフを中心に解説をしています。

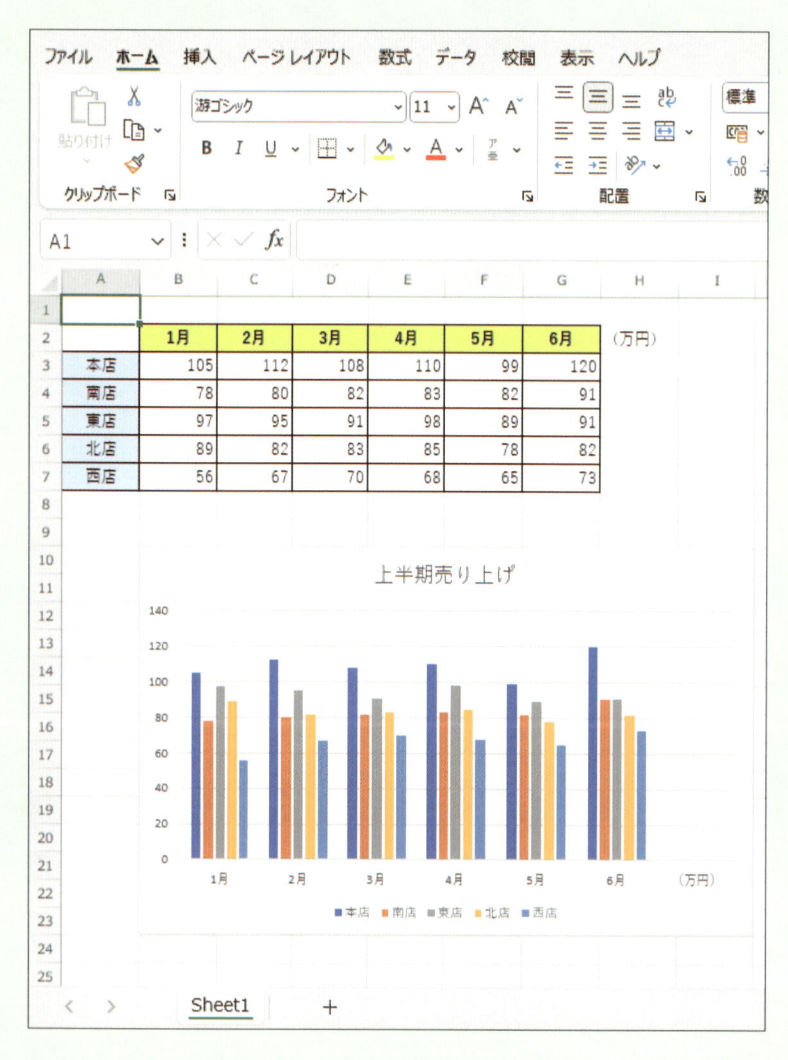

作成した表のデータを基に、きれいなグラフを作成することができます。

グラフを編集します

作成したグラフは、自由に編集することができます。グラフにタイトルを入力したり行と列を変更したり、グラフの種類を変更したりするなど、好きなグラフを完成させることができます。なお、グラフを作成した後に基となる表の数値を変えると、自動的にグラフにも反映されるようになっています。

グラフのスタイルの変更

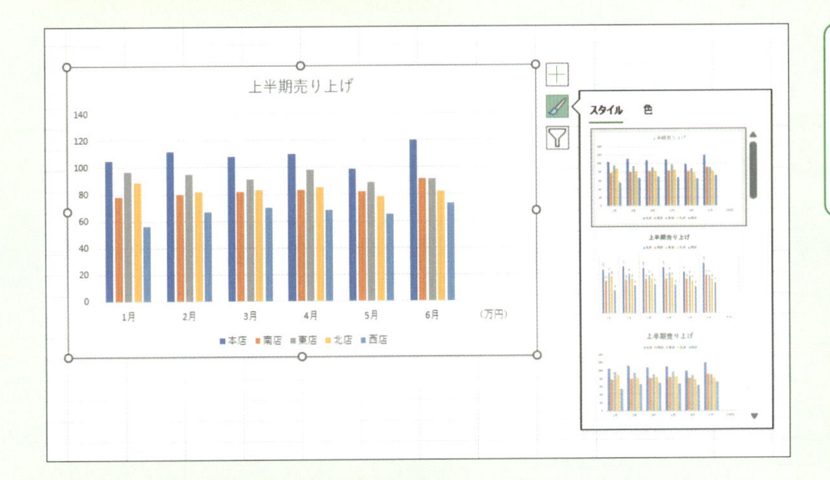

グラフのスタイルを変更すると、グラフの見た目や色を変えられます。

基となる表のデータの変更

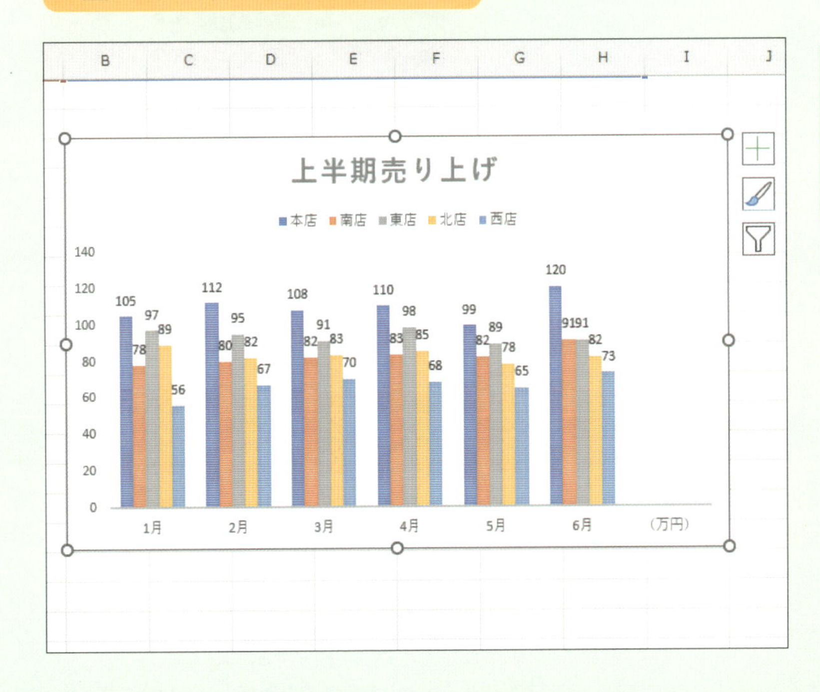

表のデータを変更すると、それに合わせてグラフの縦軸と横軸が変更されます。

グラフを作成しましょう

エクセルではセルに入力したデータを基にして、グラフを作成することができます。まずは、グラフの作成方法を確認しましょう。

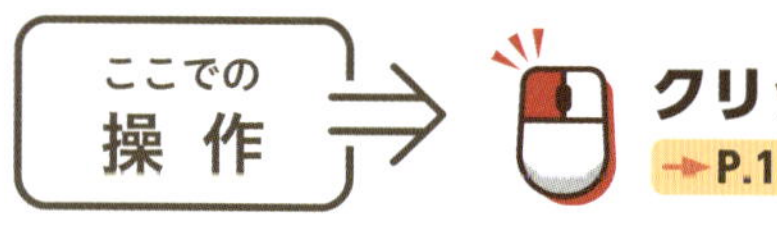

1 グラフを作成する

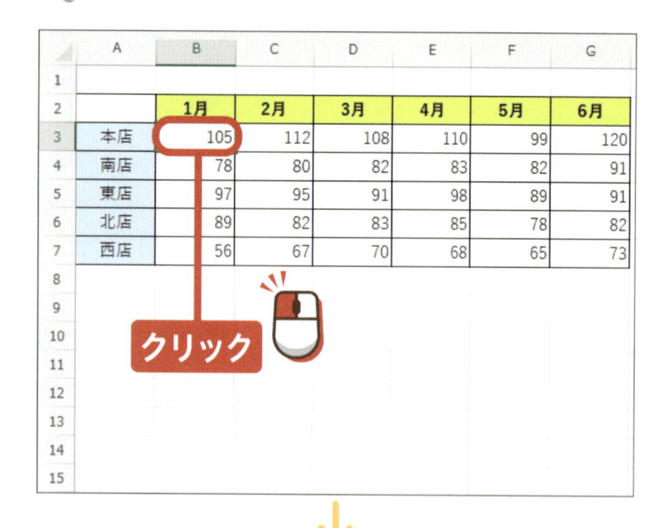

	1月	2月	3月	4月	5月	6月
本店	105	112	108	110	99	120
南店	78	80	82	83	82	91
東店	97	95	91	98	89	91
北店	89	82	83	85	78	82
西店	56	67	70	68	65	73

表のデータを基にグラフを作成します。

表のいずれかのセルをクリックして選択します。

●アドバイス●

表全体を選択する必要はありません。

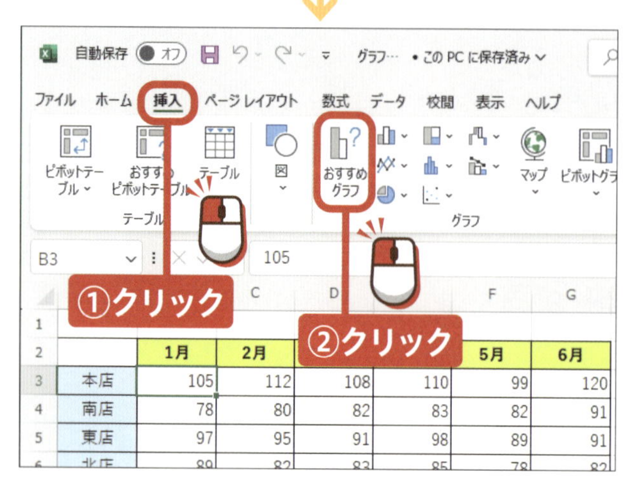

挿入をクリックします。

「グラフ」グループから おすすめグラフ をクリックします。

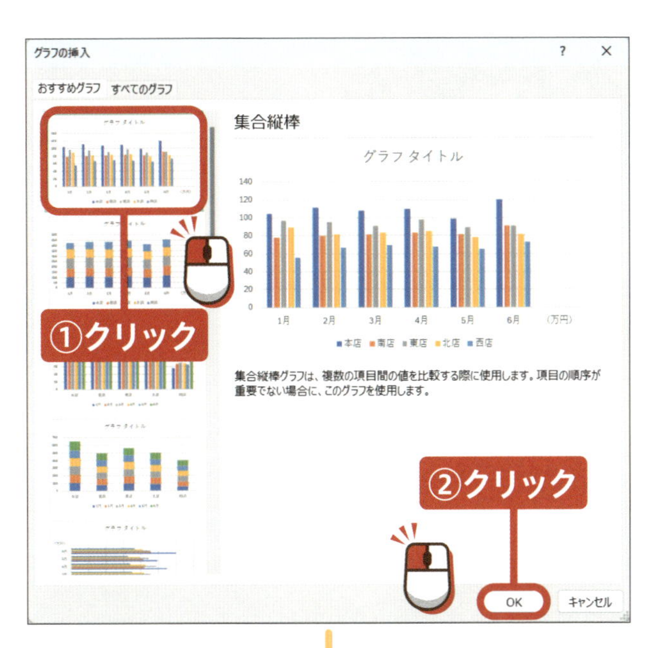

「グラフの挿入」ダイアログボックスが表示されます。

ここでは「集合縦棒」をクリックします。

OK をクリックします。

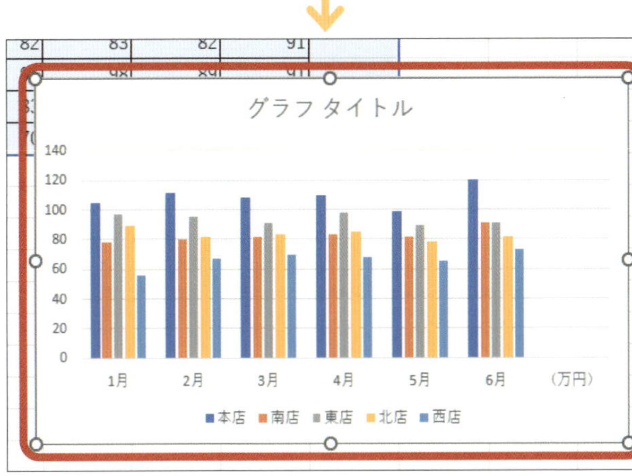

ワークシート上にグラフが挿入されます。

アドバイス

グラフの縦軸と横軸を入れ替えたい場合は、「グラフのデザイン」タブの「データ」グループから をクリックします。

ヒント　グラフ化するデータは表にする

グラフ化するデータは基本的には表で作成しましょう。表に入力された数値からグラフを作成します。

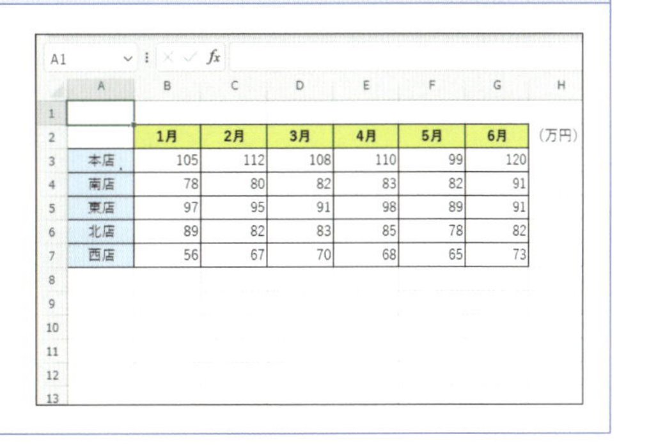

	1月	2月	3月	4月	5月	6月	(万円)
本店	105	112	108	110	99	120	
南店	78	80	82	83	82	91	
東店	97	95	91	98	89	91	
北店	89	82	83	85	78	82	
西店	56	67	70	68	65	73	

終わり

グラフの位置を調整しましょう

挿入したグラフは、最初はエクセルによって決められた場所に配置されます。見やすい位置に移動させてみましょう。

クリック →P.18

1 グラフを移動させる

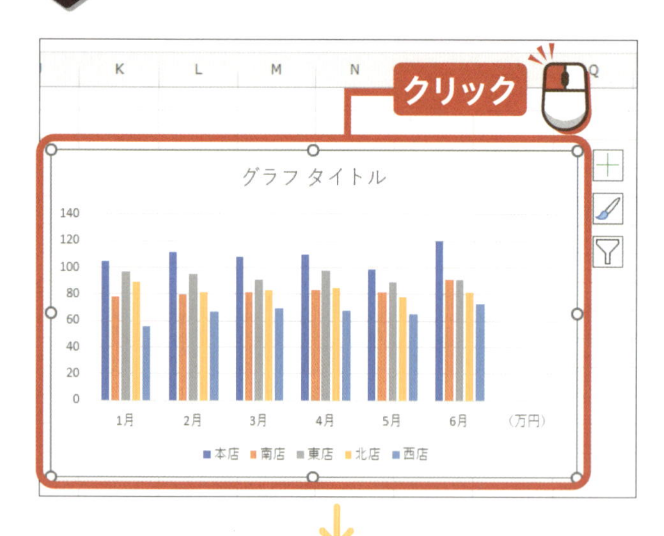

グラフをクリックして選択状態にします。

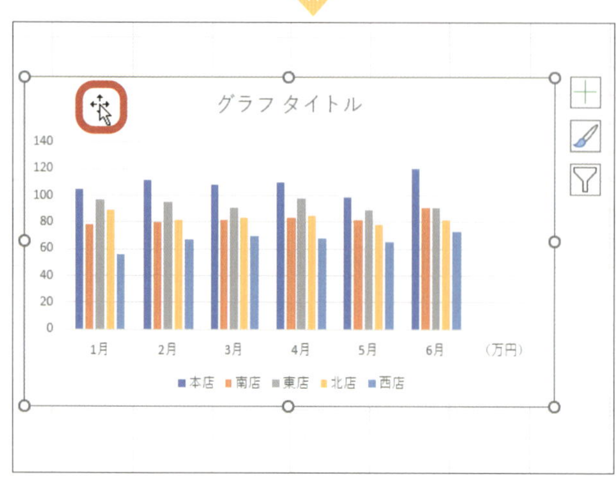

マウスポインターをになる部分までグラフ上で移動させます。

アドバイス

グラフはセルに入力したデータと同様に、コピーと貼り付けを行うことができます。

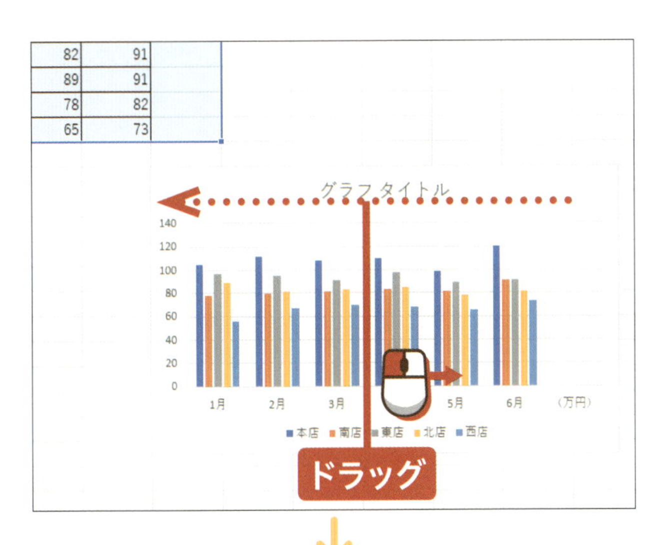

移動させたい位置まで

ドラッグします。

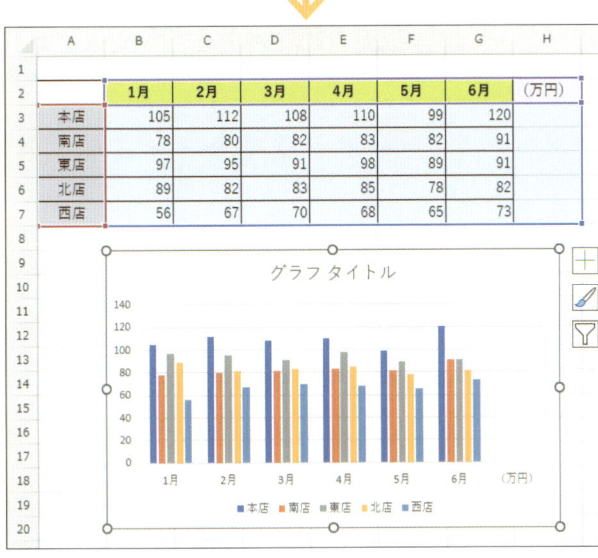

	1月	2月	3月	4月	5月	6月	（万円）
本店	105	112	108	110	99	120	
南店	78	80	82	83	82	91	
東店	97	95	91	98	89	91	
北店	89	82	83	85	78	82	
西店	56	67	70	68	65	73	

グラフの移動が完了します。

ヒント グラフを別のワークシートに移動させる

作成したグラフは別のワークシートに移動させることができます。グラフを右クリックして、開いたメニューから「グラフの移動」をクリックし、移動させる先のワークシートを指定します。

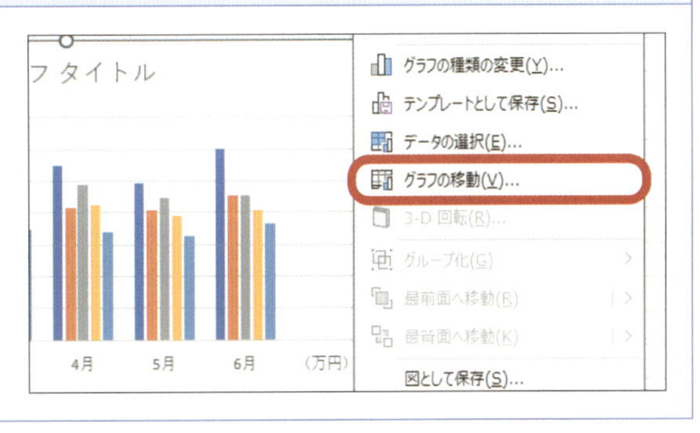

終わり

練習用ファイル ▶ E26_大きさの変更.xlsx

レッスン 26 グラフの大きさを変更しましょう

挿入したグラフの大きさを変更しましょう。今回はグラフをドラッグ操作で拡大してみます。

1 グラフの大きさを変更する

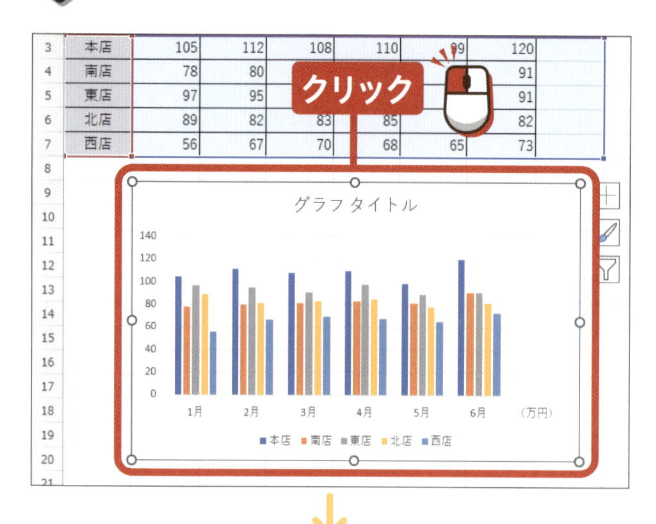

グラフの大きさを変更します。

グラフを クリックして選択状態にします。

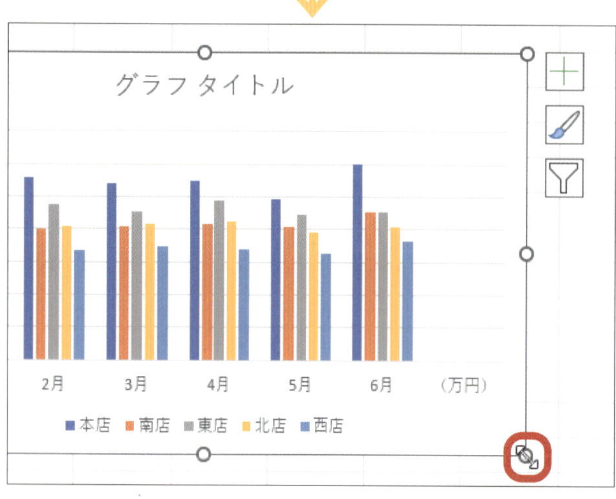

マウスポインターをグラフの上下左右の四隅の○に移動させると、形が⤡のように変わります。

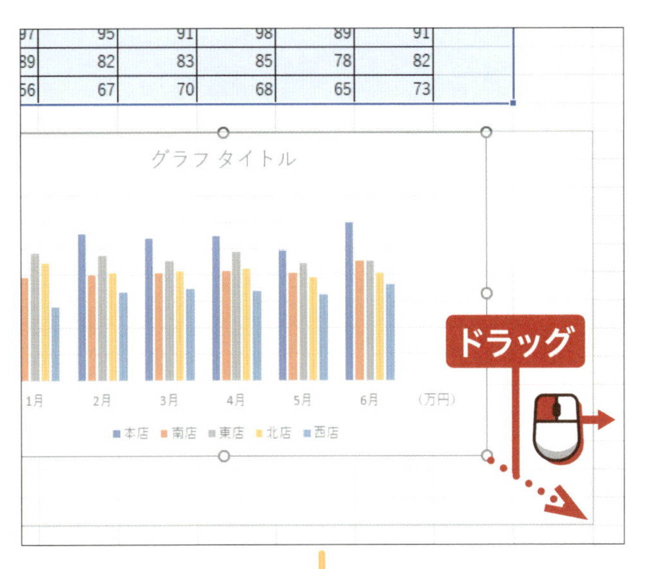

ちょうどよい
大きさになるまで
外側に向けて
ドラッグします。

●アドバイス●

キーボードのShiftを押しながらドラッグすると、縦横の比率を変えずにサイズ変更することができます。

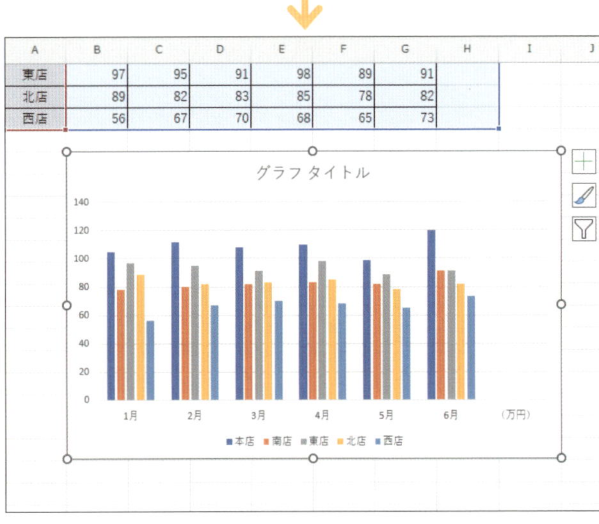

グラフの拡大が完了します。

●アドバイス●

内側に向けてドラッグすることで、グラフを縮小させることもできます。

ヒント 大きさを元に戻す

拡大・縮小したグラフの大きさを元に戻すには、クイックアクセスツールバーの↶をクリックすることで行えます。また、↷をクリックすることで、その操作を取り消すこともできます。

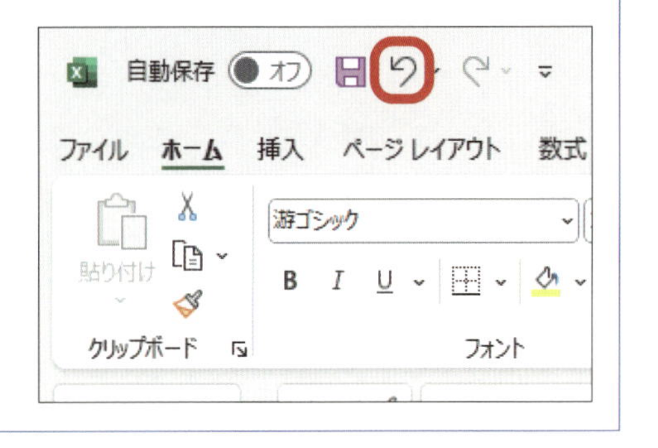

終わり✔

練習用ファイル ▸ E27_グラフのタイトル.xlsx

レッスン27 グラフにタイトルを入力しましょう

グラフのタイトルを入力しましょう。入力した文字にはフォントなどの書式も設定できます。

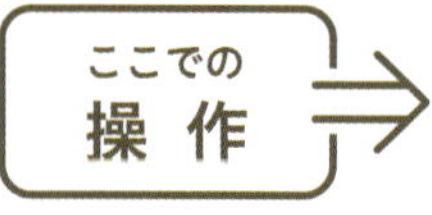

クリック
→P.18

ダブルクリック
→P.18

入力
→P.20

1 グラフにタイトルを入力する

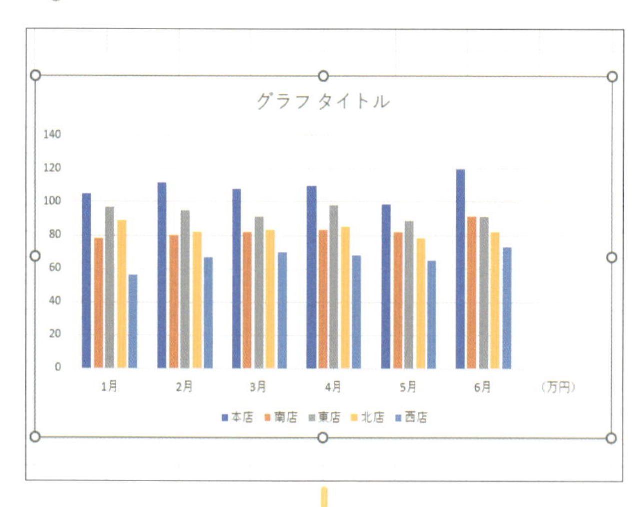

グラフのタイトルを変更します。
グラフを挿入した段階で、グラフ内には「グラフタイトル」というタイトルが入力されています。

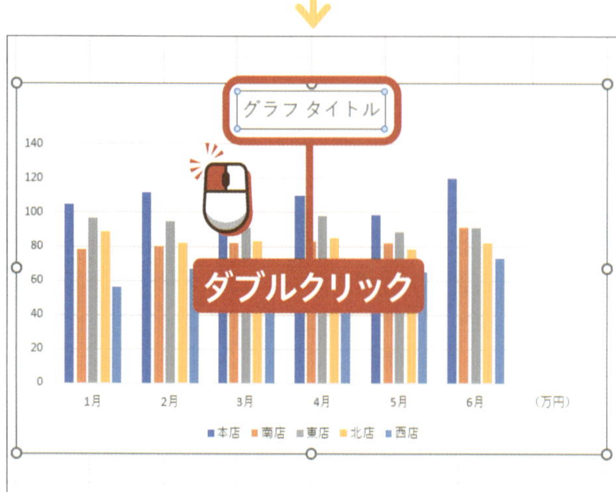

「グラフタイトル」と書かれた部分を**ダブルクリック**して、編集できる状態にします。

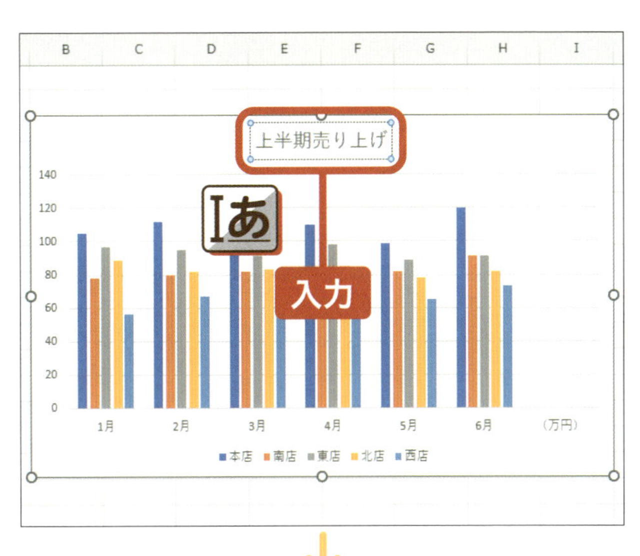

グラフのタイトル(ここでは「上半期売り上げ」)を 入力します。

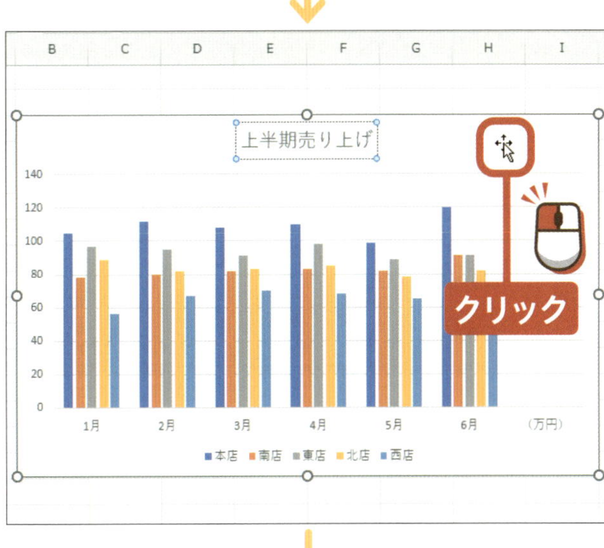

入力が完了したら、入力ボックス以外の部分を クリックすると、確定されます。

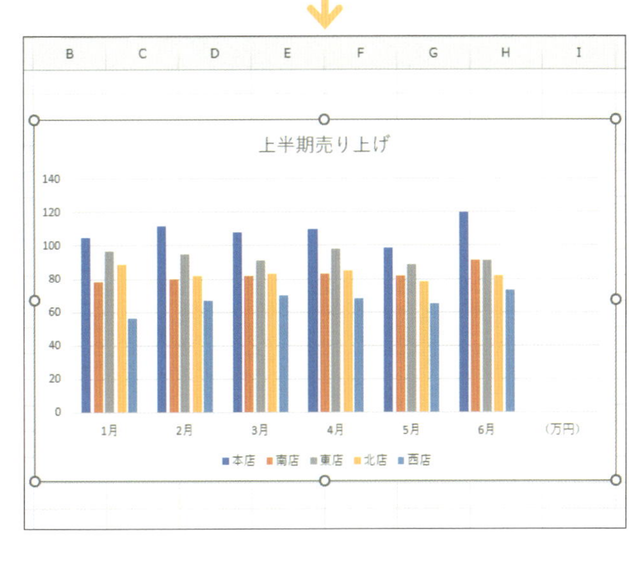

グラフのタイトルが入力されます。

終わり

練習用ファイル ▶ E28_グラフの色.xlsx

レッスン 28 グラフの色やスタイルを変更しましょう

グラフは色やスタイル（デザイン）を変更することができます。目立たせたい部分の色を変えるなどしてみましょう。

ここでの 操作

クリック
→P.18

右クリック
→P.19

1 グラフの色を変更する

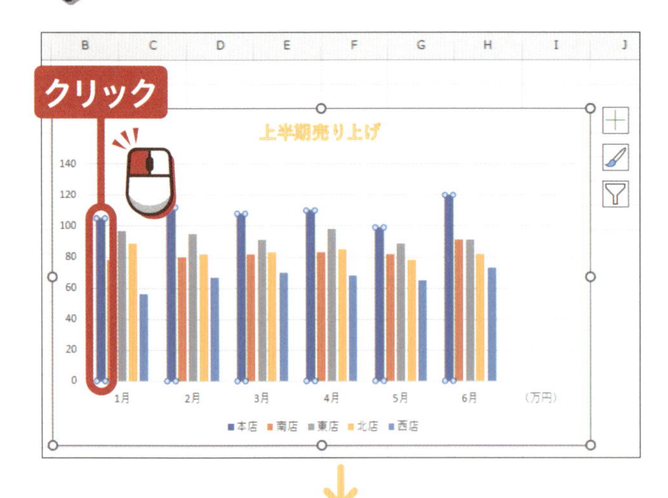

「本店」の要素の色を変更します。

色を変更したい要素をクリックします。

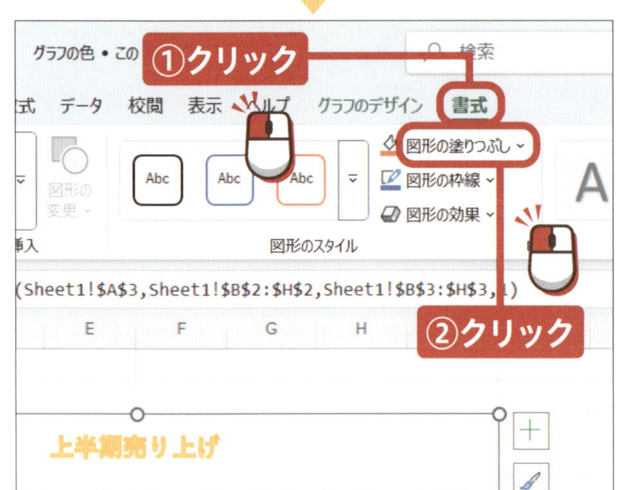

書式をクリックします。

「図形のスタイル」グループから、図形の塗りつぶし をクリックします。

表示された一覧から任意の色（ここでは緑）をクリックします。

アドバイス

をクリックすると、現在設定されている色で塗りつぶされます。

「本店」の要素の色が変更されます。

アドバイス

同じ要素の色が一斉に変更されます。

ヒント 右クリックから色を変更する

要素を右クリックして表示されるメニューからも、色の塗りつぶしが行えます。メニューの上に表示された「塗りつぶし」をクリックして変更します。

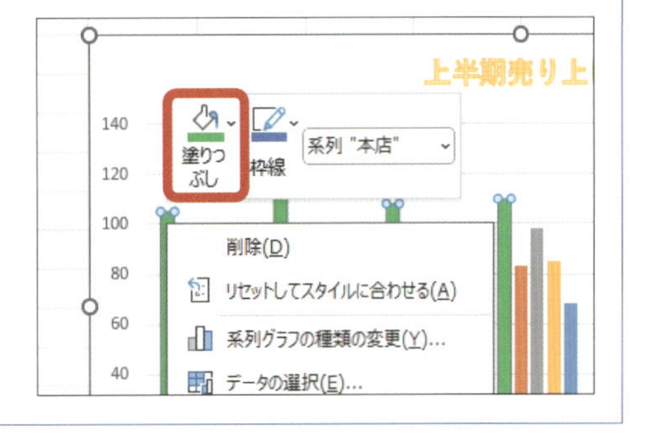

次のページへ

2 グラフのスタイルを変更する

グラフ全体のスタイルを変更します。

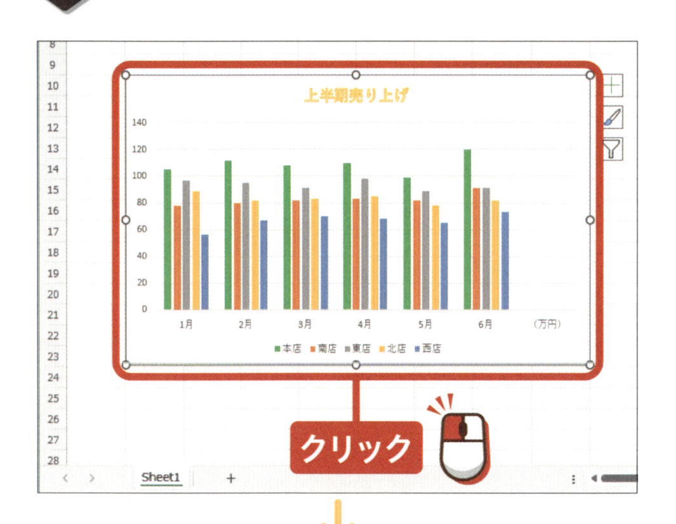

グラフを
クリックして、
選択します。

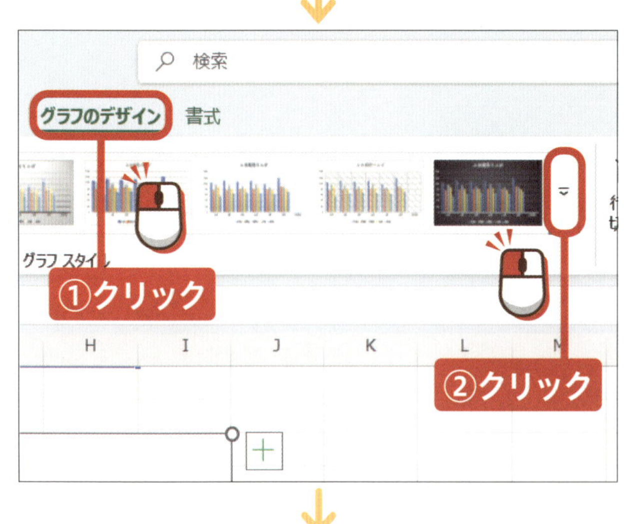

グラフのデザイン を
クリックします。

「グラフスタイル」
グループから、 を
クリックします。

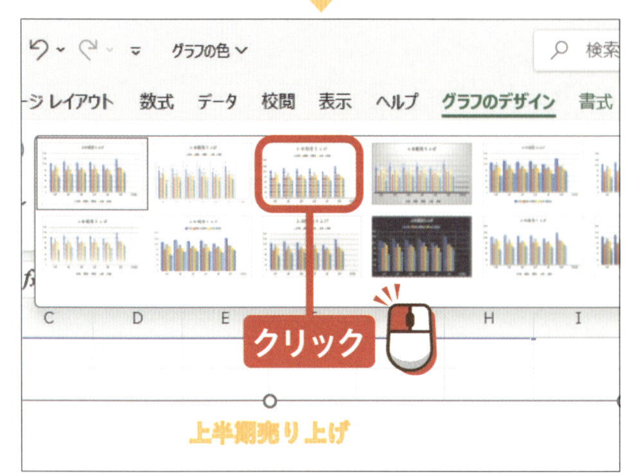

表示された一覧から
任意のスタイルを
クリックします。

ここでは「スタイル3」を選択します。

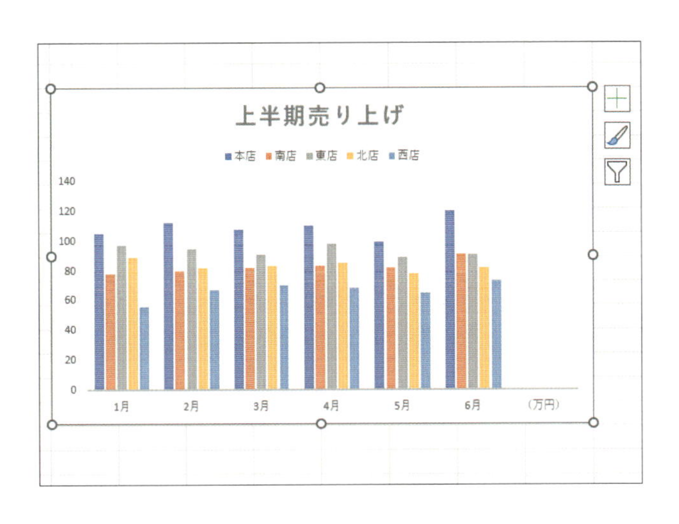

グラフのスタイルが変更されます。

ヒント テンプレートからグラフの色を変更する

「グラフのデザイン」タブの「グラフスタイル」グループの「色の変更」をクリックすると、テンプレートからグラフの色をまとめて変更できます。一つひとつ色を変更するより簡単にグラフ全体の色を変更できます。

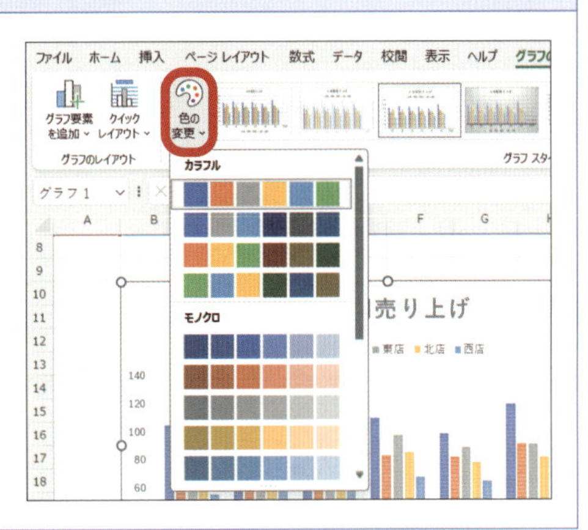

ヒント クイックレイアウト

グラフには「クイックレイアウト」という、テンプレートから簡単にグラフのレイアウトを選択して設定することができる便利な機能があります。
「グラフのデザイン」タブの「グラフのレイアウト」グループから「クイックレイアウト」をクリックして設定します。

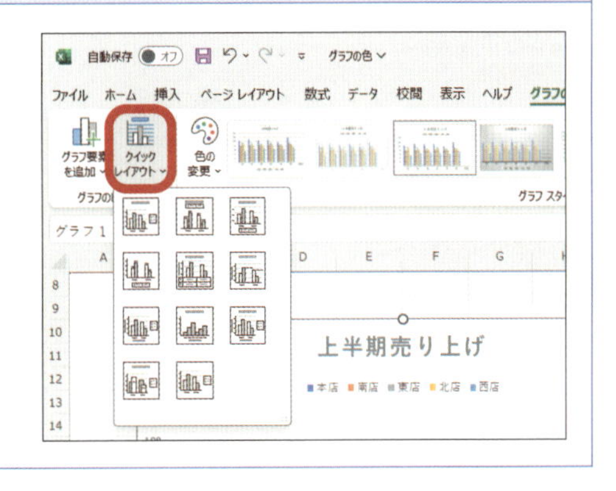

終わり

レッスン 29 グラフの種類を変更しましょう

グラフにはさまざまな種類があります。グラフの種類を変更して、データに合ったグラフを作成してみましょう。

クリック
→P.18

1 グラフの種類を変更する

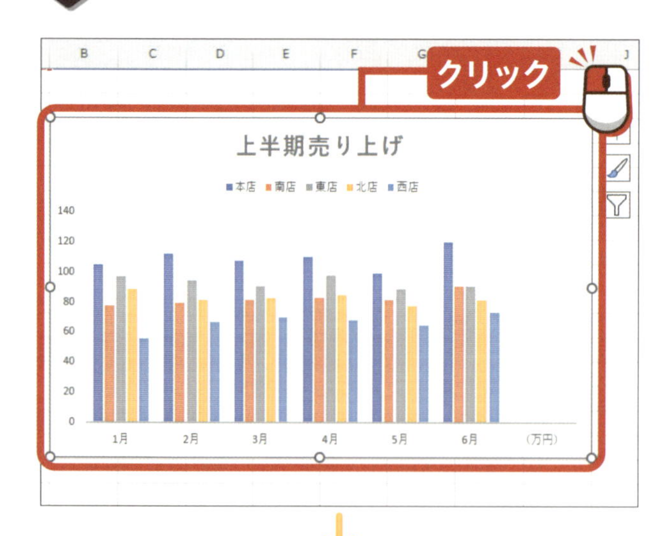

現在は「縦棒グラフ」が設定されています。これを「折れ線グラフ」に変更してみましょう。

グラフをクリックして選択します。

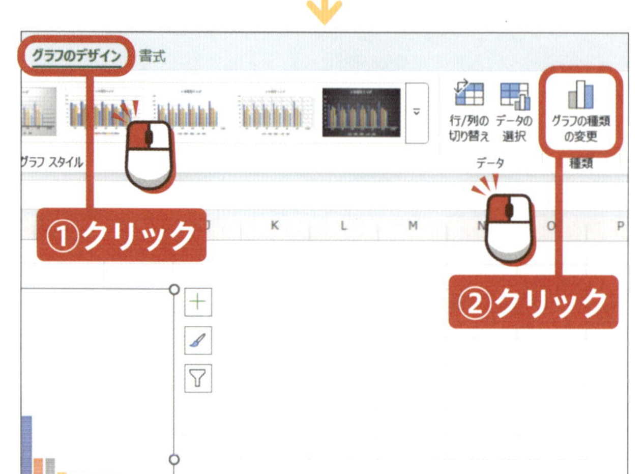

グラフのデザイン をクリックします。

「種類」グループから、グラフの種類の変更 をクリックします。

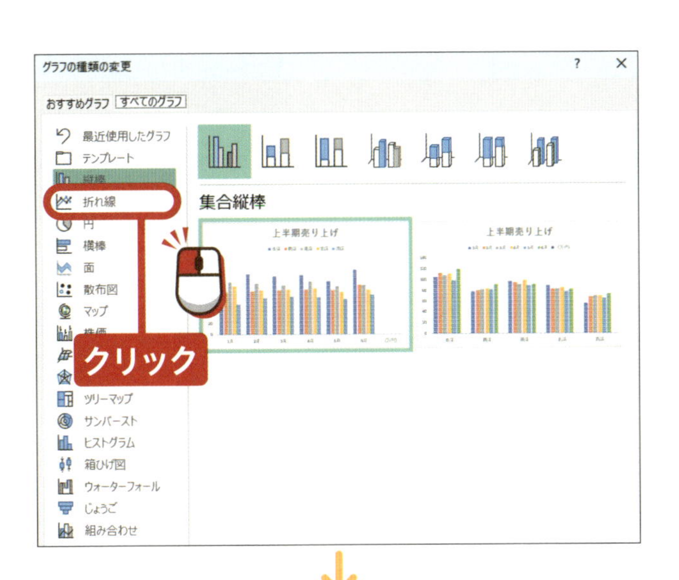

「グラフの種類の変更」ダイアログボックスが表示されます。

を クリックします。

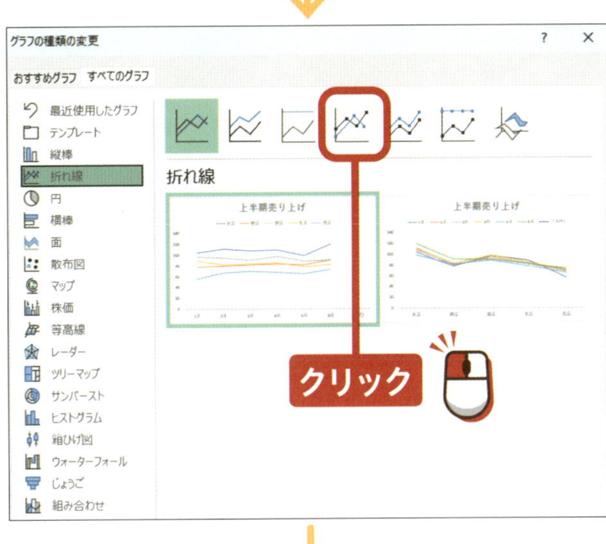

グラフの種類を
クリックして
選択します。

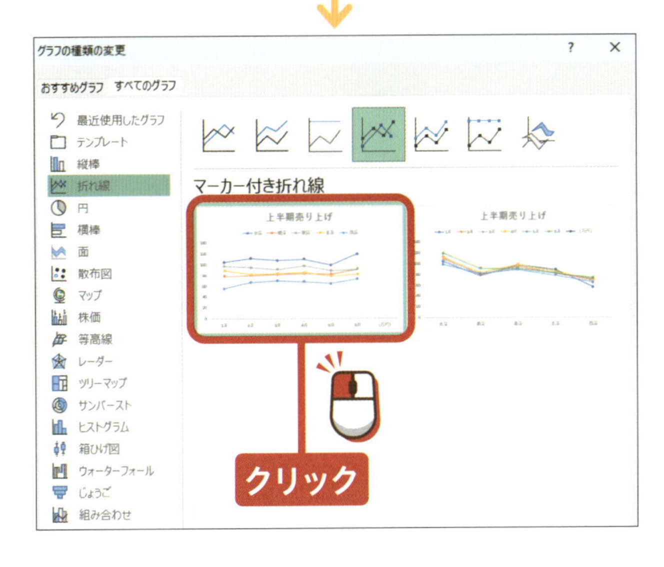

さらに細かい
グラフの種類を
クリックして
選択します。

次のページへ

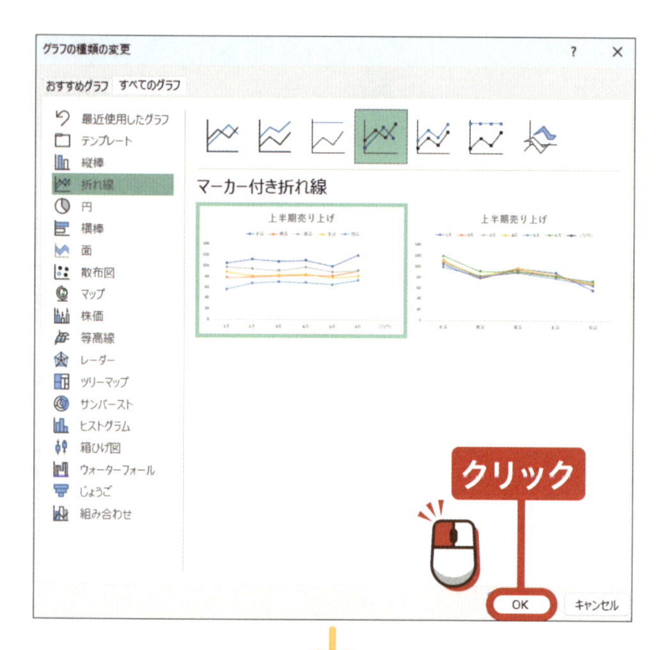

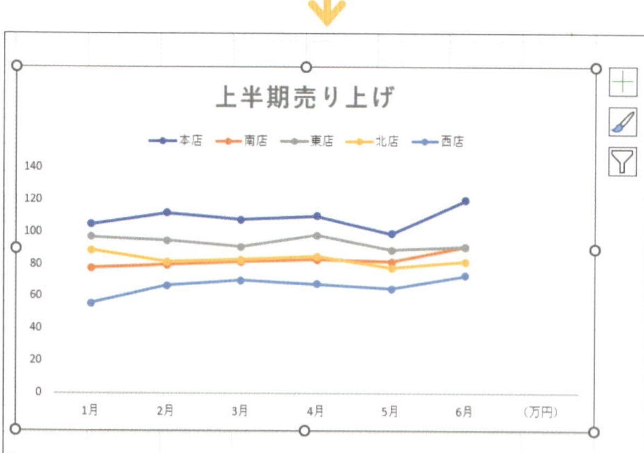

グラフの種類が変更されます。

ヒント おすすめグラフ

「グラフの種類の変更」ダイアログボックスの「おすすめグラフ」タブをクリックすると、現在の表に入力されているデータから最適なグラフの候補を自動でいくつか表示してくれます。そこからグラフを選択することもできます。

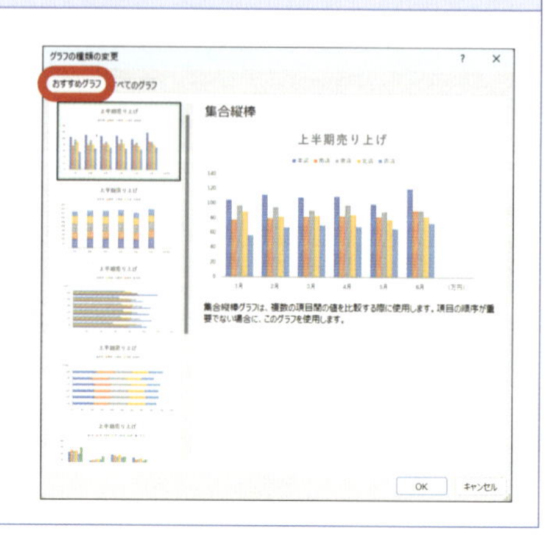

2 変更できるグラフの種類の例

積み上げ縦棒グラフ

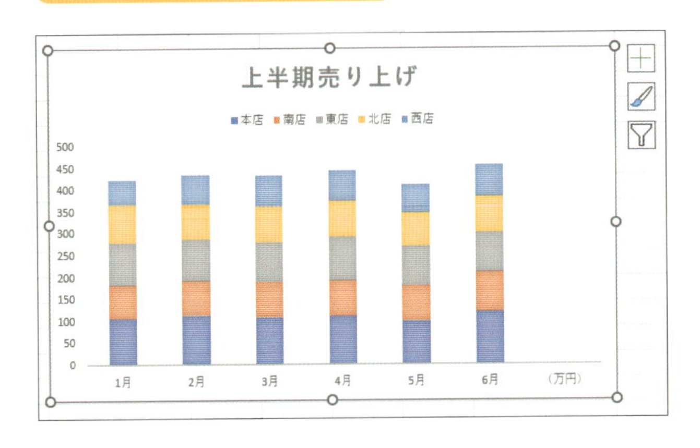

積み上げ縦棒グラフは売上データなど、複数のデータを並べて、最終的に総売上のデータも比較するのに適しています。

横棒グラフ

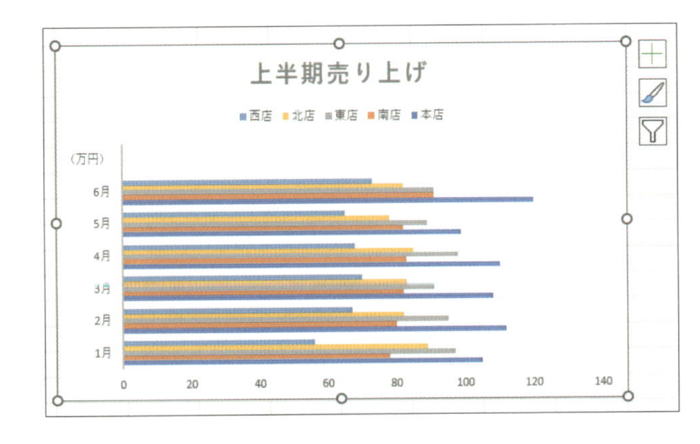

横棒グラフは縦棒グラフを横にした形になります。

円グラフ

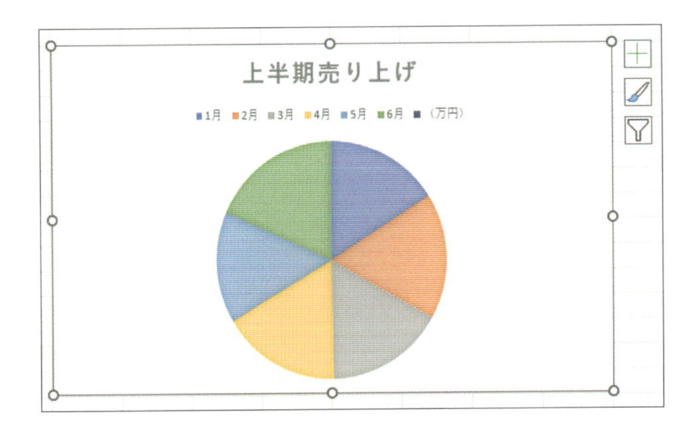

円グラフは全体を100％として、その中の項目ごとの割合を見ることができます。

終わり

ステップアップ

Q. Copilotでデータを簡単に分析したい！

A. 分析したい内容を依頼します。

エクセルで利用できるCopilotでは、データそのもの、またはデータに関する特定の質問に基づいて分析を行えます。分析の結果は、グラフ、ピボットテーブル、要約、傾向など、データ内容に応じてさまざまな形式で表示されます。また、その結果をどう活用するかの提案もしてくれます。客観的に分析してもらうことで、新たな気付きを得られるかもしれません。

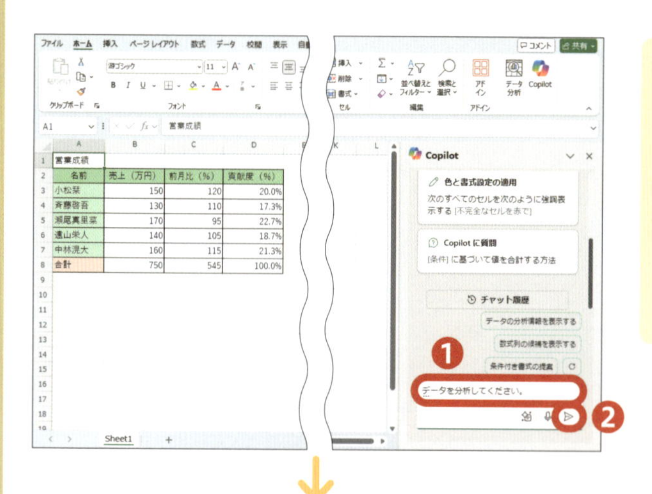

「ホーム」タブの「Copilot」をクリックし、分析してほしい内容を指示するプロンプト❶を入力して、▷❷をクリックします。ここでは、簡単な分析をお願いしてみます。

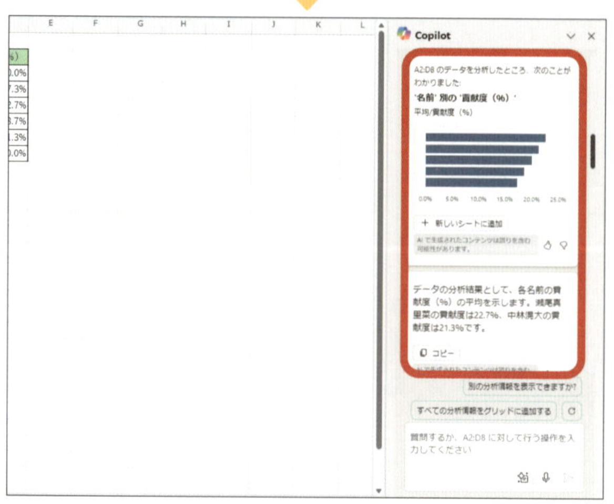

回答が作成されました。

パワーポイント

1章

パワーポイントの基本を学びましょう

1章 パワーポイントの基本を学びましょう

レッスンをはじめる前に

パワーポイントって何？

パワーポイントとは、Microsoftが開発している「スライド作成」ができるアプリケーションのことです。スライドに文字を入力したり、図形や画像、表などのオブジェクトの配置を行ったりすることができます。作成したスライドはスライドショーを使って、画面に映しながら発表を行うことができます。パワーポイントのスライドは、いくつかのテンプレートがデフォルトで用意されていますが、本書ではまっさらな状態から、社内案内やプレゼンテーションを例にスライドを作成して、パワーポイントの使い方について解説をしていきます。

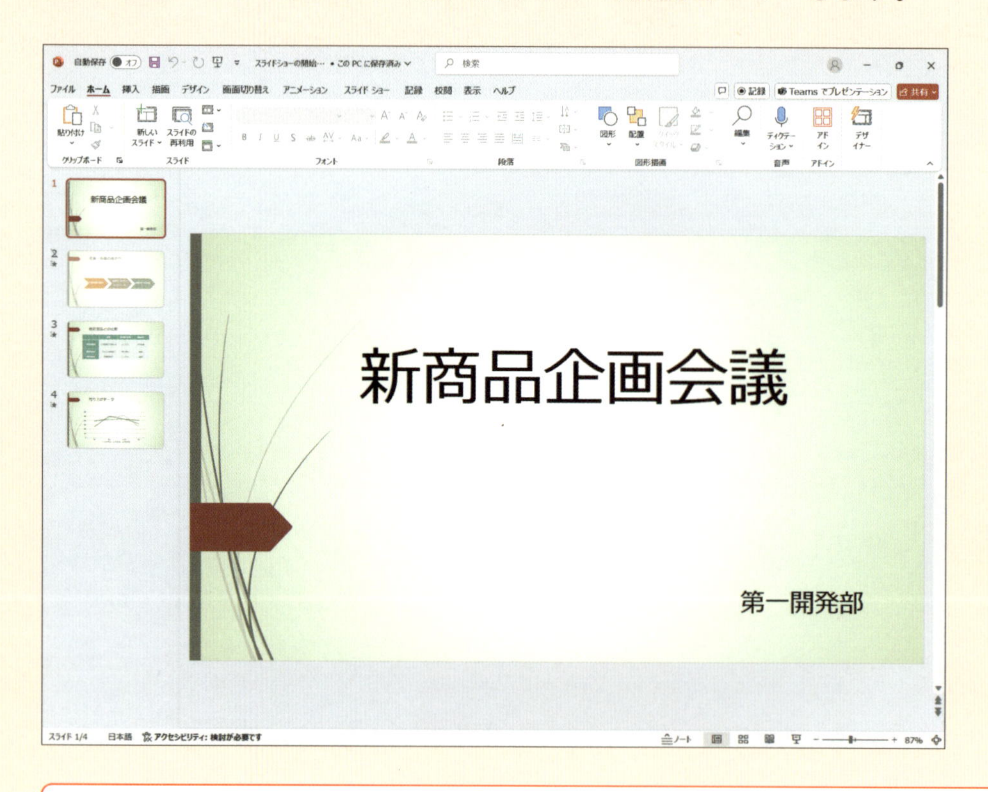

パワーポイントでは、プレゼン資料などのスライドを作成することができます。作成したスライドは、スライドショーで画面に映したり、印刷したりすることができます。

スライドの設定をします

パワーポイントのスライドではさまざまな設定を行うことができます。レイアウトやデザインの変更、スライドの複製などを行い、見栄えのよいスライドを作成していきましょう。

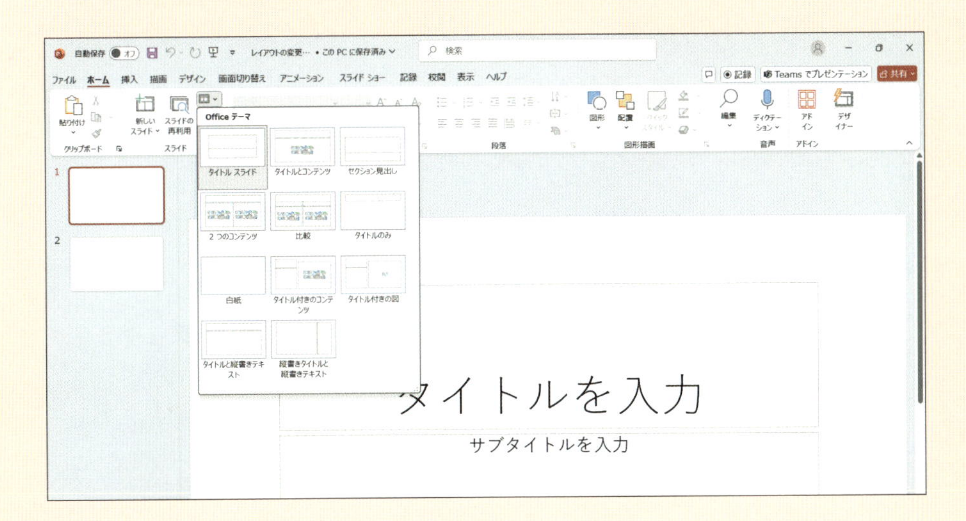

最初にスライドのレイアウトを設定することで、どこに何を配置するかを見やすくすることができます。

パワーポイントには最初からさまざまなデザインが用意されており、設定するだけで見栄えのよいスライドを作ることができます。

レッスン 01

パワーポイントでできることを確認しましょう

まずはパワーポイントで何ができるかを簡単に確認してみましょう。主に「スライドの作成」「オブジェクトの配置」「スライドショー」を行うことできます。

1 文字を入力する(2章)

日時：入社の翌日から2週間
場所：第三多目的ルーム

実施内容については別紙の
資料を参照

パワーポイントでは、文字の入力に「テキストボックス」と呼ばれる入力用のボックスを使います。テキストボックスを自由に配置して、文字を入力していきます。

春からの新人研修について

日時：入社の翌日から**2週間**
場所：第三多目的ルーム

実施内容については別紙の
資料を参照

テキストボックスに入力した文字は、サイズや色、書体などを自由に変更して見やすくすることができます。スライドのタイトルや大事な部分にはそういった書式を設定して、目立つようにしましょう。

2 オブジェクトを配置する(3章)

企業理念

- 思いやりのある仕事
- 創造力を発揮できる環境
- お客様満足度を高める

新卒 〉 チーフ 〉 係長 〉 課長

スライドには図形（オブジェクト）を配置することができます。また写真やイラストなどの画像も配置することができます。

3 スライドショーを開始する(4章)

パワーポイントではスライドを作成するだけでなく、「スライドショー」としてスライドを画面に映すことができます。会社のプレゼンテーションや講習会での講演などで使うことができます。

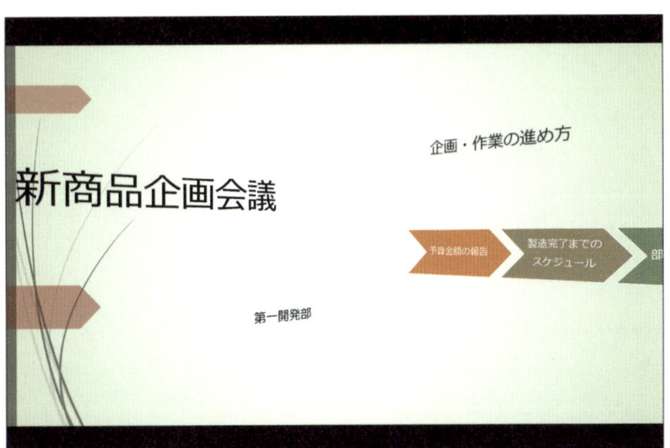

スライドショーには、スライド切り替え時に効果を付けたり、スライドに字幕を入れたりすることができます。

終わり ✔

レッスン 02

パワーポイントの画面の見方と役割を知りましょう

パワーポイントを起動したら、画面の見方を覚えましょう。ここでは、起動時の画面と実際のスライド作成画面について解説します。

1 起動画面を確認する

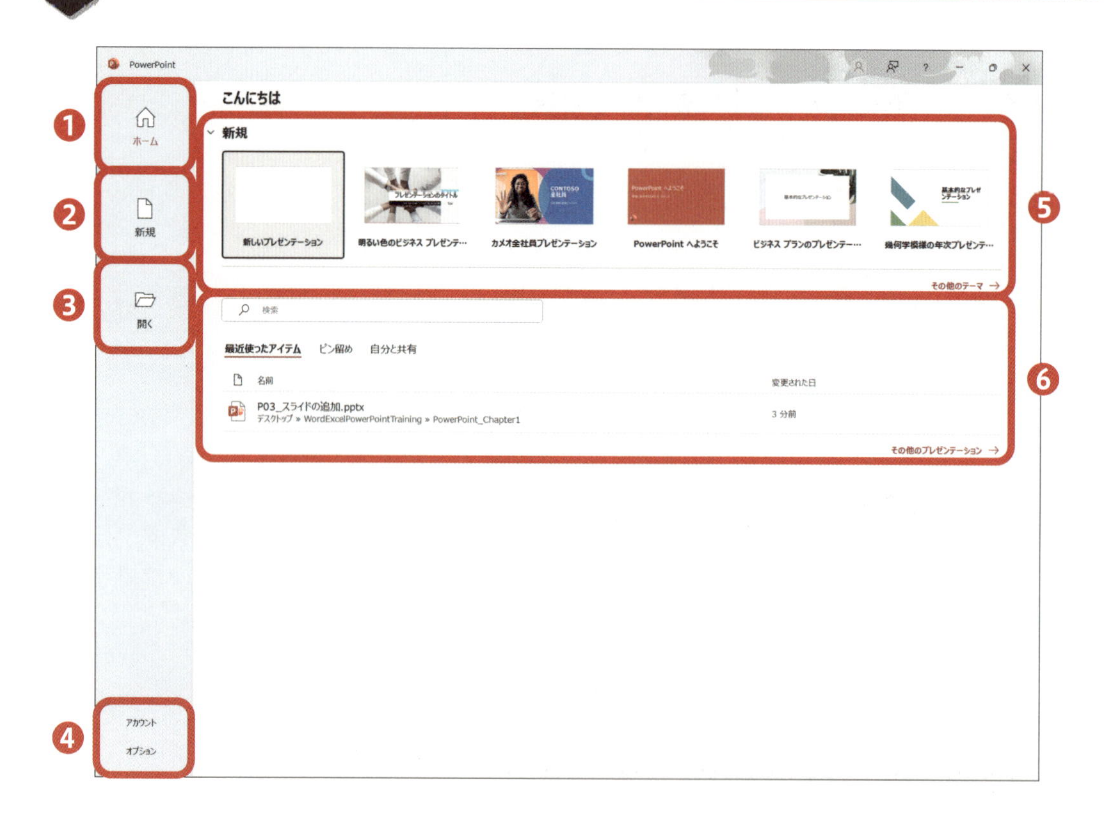

❶ホーム画面（起動画面）が表示されます。

❷新規でパワーポイントのスライド作成画面を開くことができます。

❸過去に作成して保存したパワーポイントファイルを選択して開くことができます。

❹パワーポイントのオプションやアカウント情報を開くことができます。

❺「新規」のショートカットです。ここに表示されているテンプレートを用いてスライド作成画面を開くこともできます。

❻最近開いたパワーポイントファイルが一覧で表示されます。

2 スライド作成画面を確認する

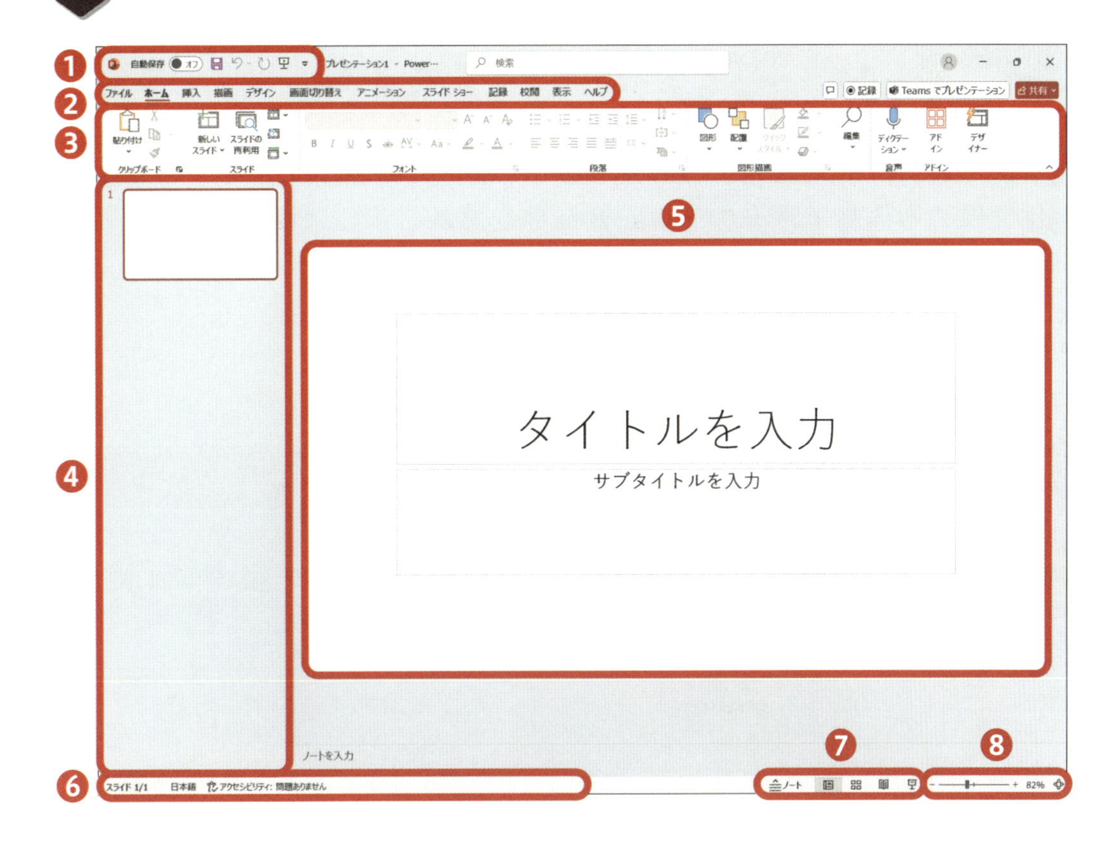

❶クイックアクセスツールバーです。初期設定では、「自動保存」「上書き保存」「元に戻す」「やり直し」「先頭から開始」のアイコンが表示されています。

❷「タブ」が表示されています。それぞれのタブをクリックすることで、それに対応する「リボン」がその下に表示されます。

❸「リボン」が表示されています。リボンに表示された項目を選択すると、対応する機能が実行されます。リボンは機能の種類ごとに「グループ」に分けられています。

❹スライドがスライド番号順に一覧で表示されます。スライドショーを行った場合、上から順番に表示されます。

❺スライド作成を行うエリアです。ここでスライドに文字を入力したり、図形や写真を配置したりして、スライドをデザインすることができます。

❻現在のスライド番号や言語、アクセシビリティについて表示されます。

❼ノートを表示したり、プレゼンテーションの表示を変更したりできます。

❽スライド作成エリアの拡大・縮小をすることができます。

終わり

練習用ファイル ▶ P03_スライドの追加.pptx

レッスン03 スライドを追加しましょう

新規ファイルを作成すると、スライドが1つ最初に作成されています。スライドは何枚でも追加できるので、必要な数を追加しましょう。

1 スライドを追加する

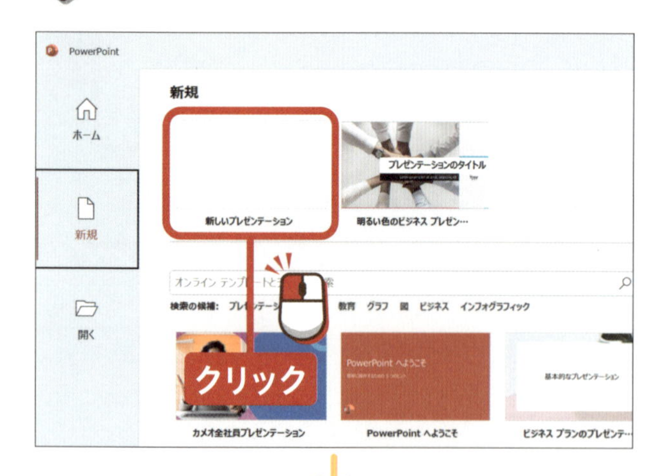

P.34～35を参考に「新規」画面を表示します。

新しいプレゼンテーション を クリックします。

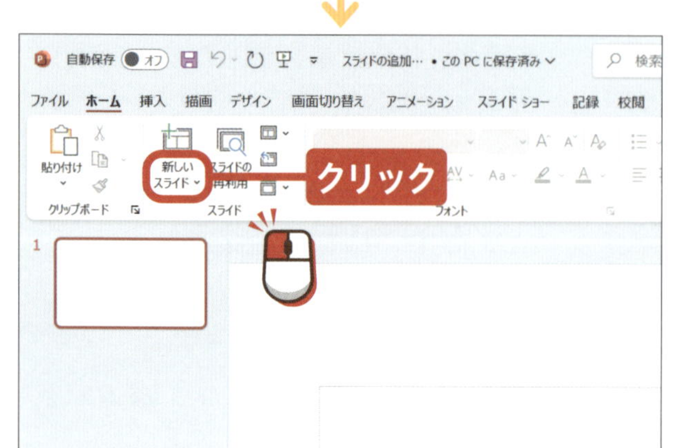

「ホーム」タブの「スライド」グループの 新しいスライド を クリックします。

アドバイス

最初の状態では、「タイトルスライド」のスライドが1枚追加された状態になっています。

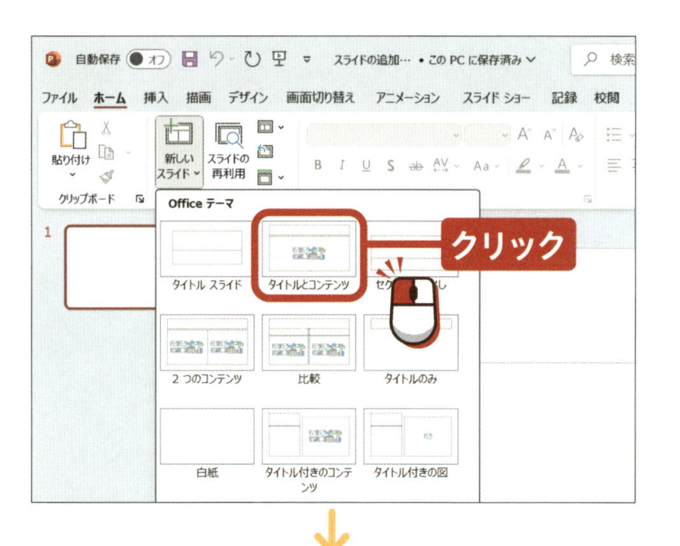

追加したいスライドの種類を選択して**クリック**します。

アドバイス

ここでは「タイトルとコンテンツ」を選択しています。

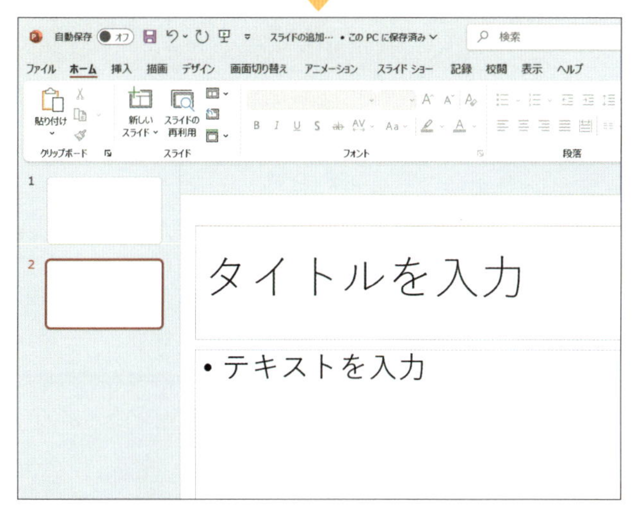

スライドが追加されます。

アドバイス

「新しいスライド」の をクリックすると、「タイトルとコンテンツ」のスライドが追加されます（デフォルト設定の場合）。

ヒント 指定した位置にスライドを追加する

任意の位置にスライドを追加することもできます。挿入したい位置❶をクリックして選択し、「ホーム」タブの「スライド」グループの「新しいスライド」❷をクリックし、追加したいスライドの種類を選択しましょう。

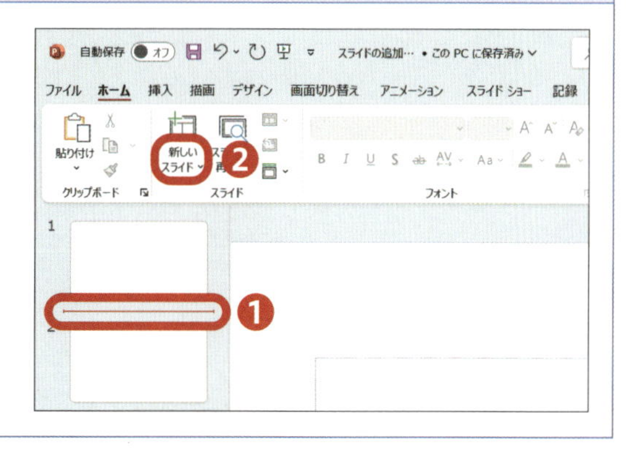

終わり

練習用ファイル ▸ P04_レイアウトの変更.pptx

レッスン 04 スライドのレイアウトを変更しましょう

スライドにはすでにレイアウトが設定されています。目的に合わせてレイアウトを変更しましょう。

クリック
→P.18

1 レイアウトを変更する

スライド作成画面を表示しておきます。

レイアウトを変更したいスライドを クリックして選択します。

●アドバイス●

現在は「タイトルとコンテンツ」のスライドになっています。

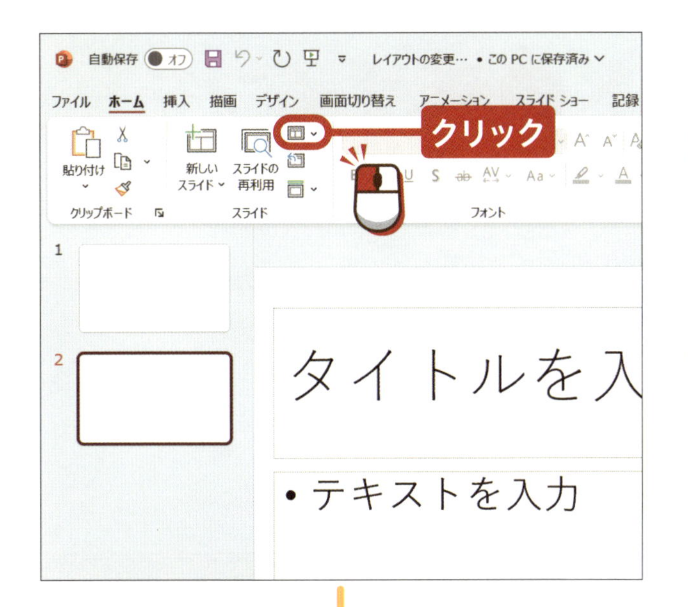

「ホーム」タブの「スライド」グループの ⊞ ⌄ を クリックします。

アドバイス

「タイトルを入力」などの四角の枠は、クリックで選択してキーボードの Delete を押すと削除されます。

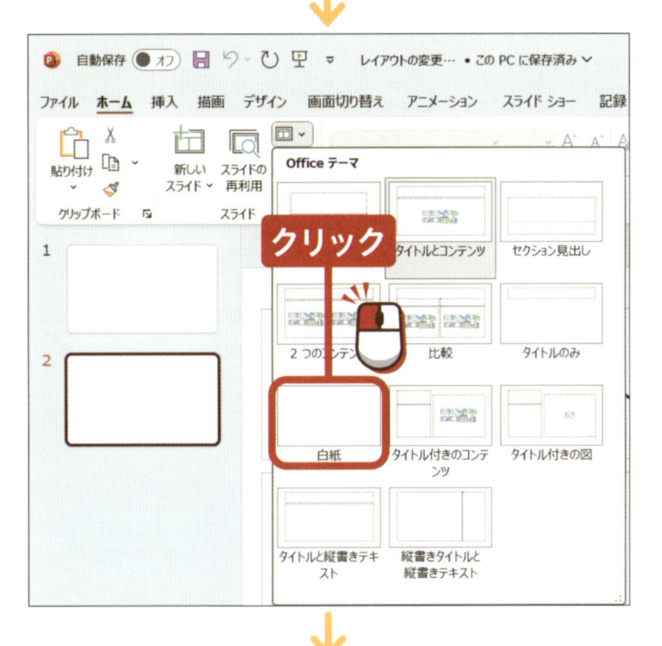

変更したいレイアウトの種類を選択して クリックします。

アドバイス

ここでは「白紙」を選択します。

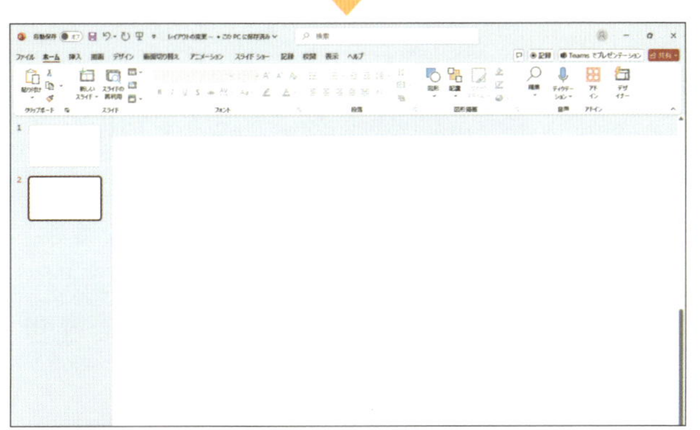

スライドのレイアウトが変更されます。

終わり

スライドのデザインを変更しましょう

パワーポイントではレイアウトのほかにも、スライド全体のデザインをいくつかのデザインから選択して設定することができます。

1 デザインを変更する

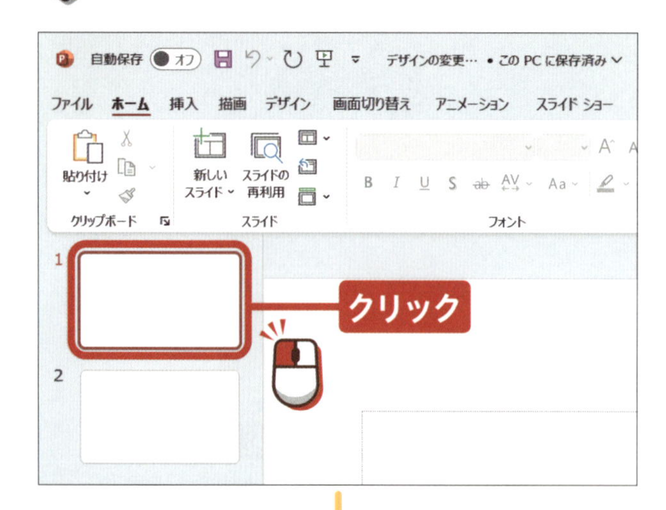

スライドを
クリックして
選択します。

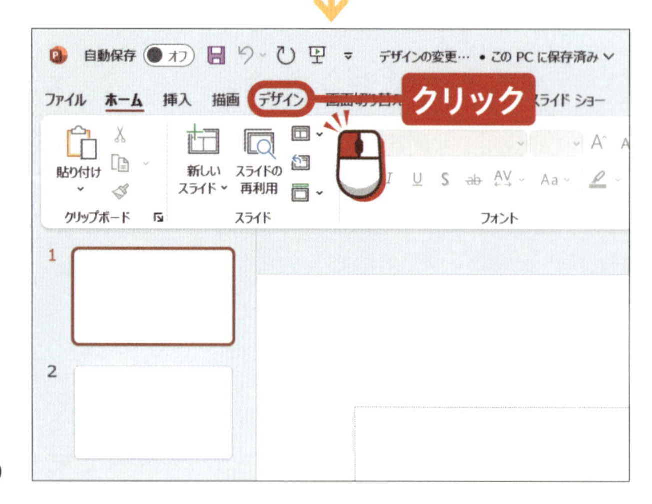

デザインを
クリックします。

アドバイス

左の一覧のスライド上で右クリックし、「スライドの複製」をクリックすると、スライドをコピーすることができます。

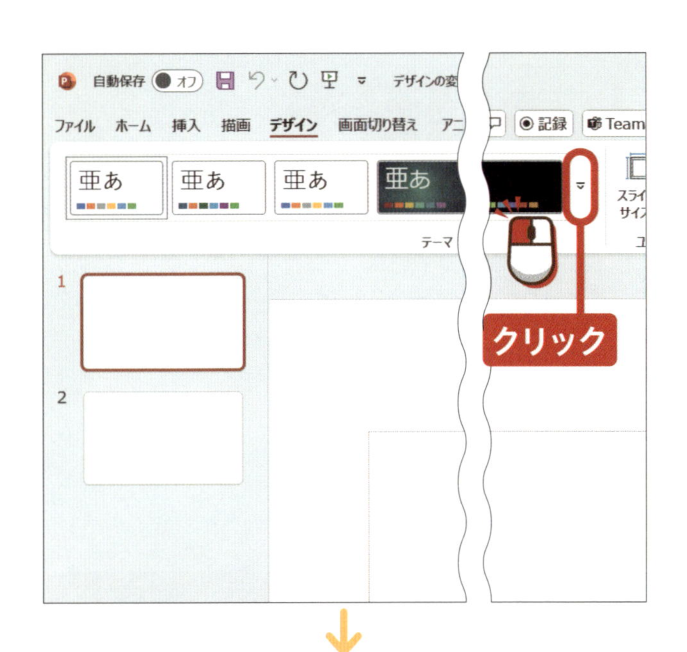

「テーマ」グループの▽を🖱**クリック**します。

一覧から設定したいデザインを🖱**クリック**します。

•アドバイス•

ここでは「回路」を選択しています。

スライドのデザインが変更されます。

•アドバイス•

デザインを選択すると、すべてのスライドのデザインが変更されます。

終わり✔

練習用ファイル ▶ P06_順番の変更.pptx

レッスン 06 スライドの順番を変更しましょう

スライドを作成した後に「このスライドを先に表示したほうがわかりやすい」となった場合、スライドの順番を変更しましょう。

1 スライドの順番を変更する

スライド作成画面を表示しておきます。

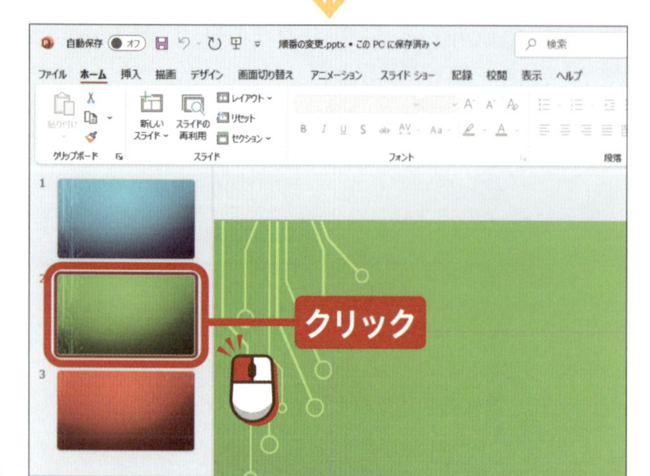

順番を変更したいスライドを
クリックして
選択します。

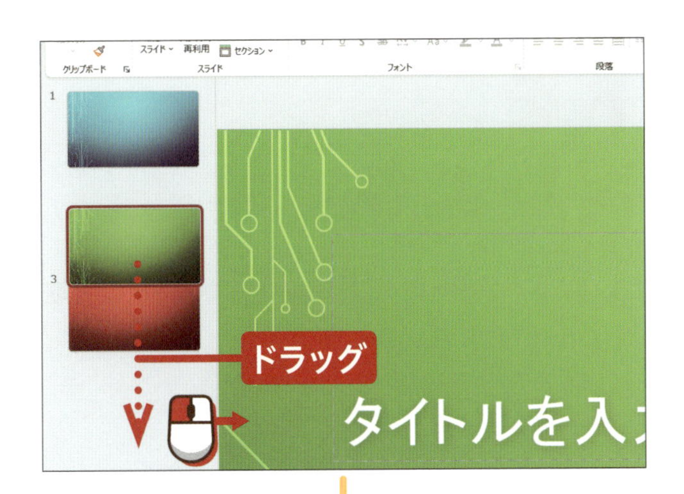

変更先の位置まで**ドラッグ**します。

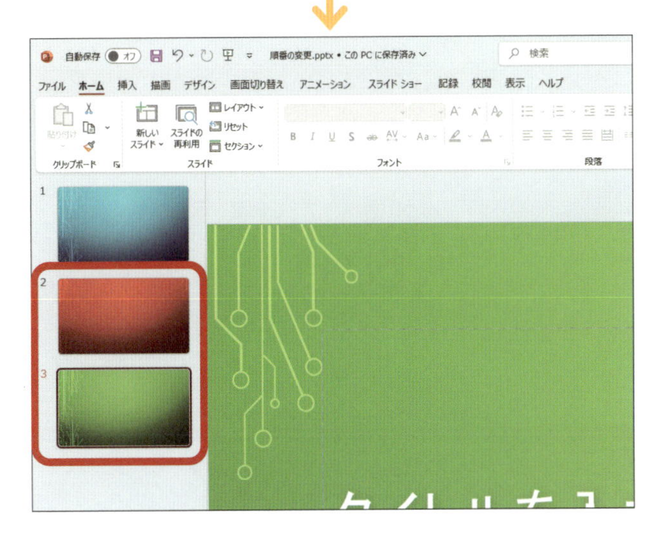

スライドの順番が変更されます。

●アドバイス●

複数のスライドをまとめて選択してドラッグすれば、一度に複数のスライドの順番を入れ替えることができます。

ヒント 元の位置のスライドを残しながら移動する

元になるスライドをそのままの位置に残しながらスライドを複製することができます。Ctrlキーを押しながらドラッグをすると、ドラッグした位置にスライドを複製できます。

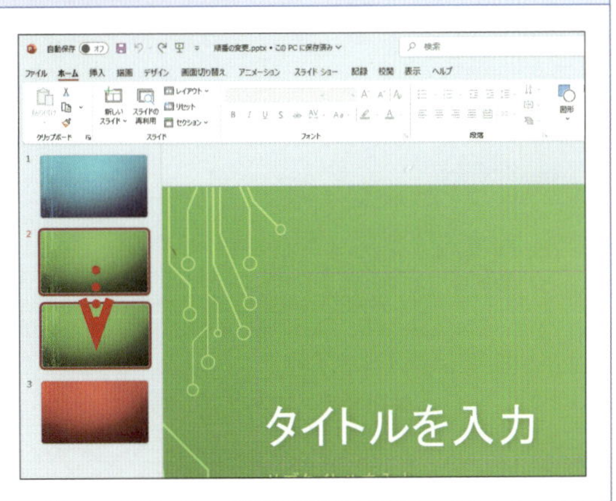

終わり

レッスン 07 スライドを削除しましょう

不要になったスライドは削除しましょう。キーボードのDeleteで簡単に削除することができます。

クリック
→P.18

1 スライドを削除する

削除したいスライドをクリックして選択します。

キーボードのDeleteを押します。

アドバイス
複数のスライドをまとめて選択してDeleteを押せば、一度に複数のスライドを削除することができます。

終わり

ステップアップ

Q. Copilotにスライドの下書きを作ってもらいたい！

A. 作成したいスライドの内容を依頼します。

パワーポイントで、何枚ものスライドを作るのは意外と手間がかかるものです。Copilotでは、どのようなスライドを作成したいかやその目的などを伝えるだけで、数十枚のスライドを生成してくれます。自動的に画像も入れてくれるので、見栄えのよいスライドが簡単に作れます。

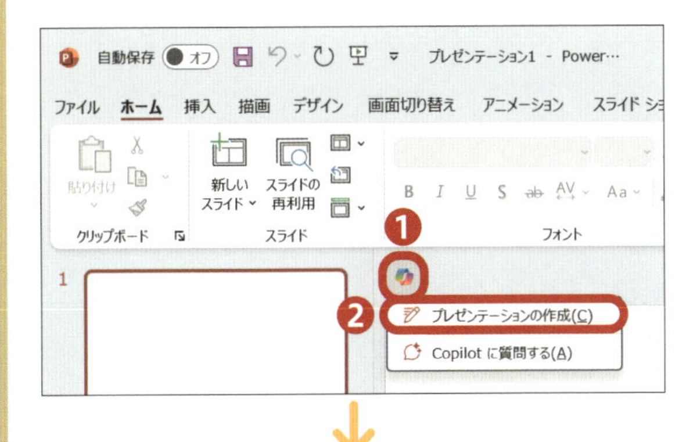

ファイルを新規作成し、スライドの上にある❶をクリックし、「プレゼンテーションの作成」❷をクリックします。

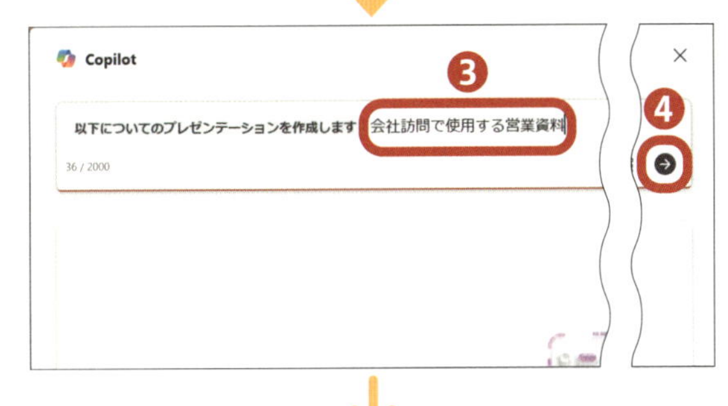

生成してほしいスライドの内容を指示するプロンプト❸を入力し、➔❹をクリックします。ここでは、「会社訪問で使用する営業資料」の作成を依頼しました。

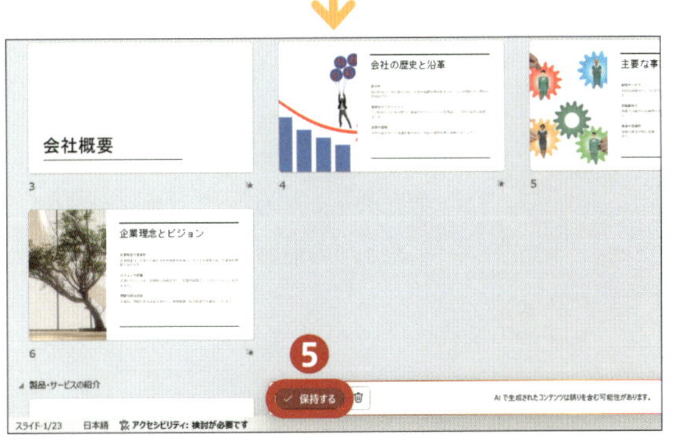

「スライドの生成」をクリックすると、スライドが生成されるので、「保持する」❺をクリックします。

ステップアップ

Q. パワーポイントでCopilotを活用したい！

A. Copilotでスライドの要約や整理、文章の修正ができます。

パワーポイントのCopilotには、スライドの新規作成だけでなく、作成途中のスライドや完成済みのスライドを編集する機能も備わっています。テキストボックス（P.270参照）の内容を書き換えてわかりやすくしたり、スライドの順番を自動的に入れ替えて整理したり、スライドの内容を要約したりといったことができます。

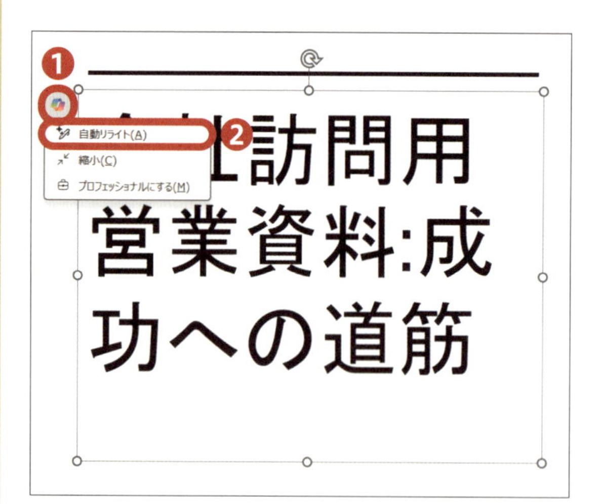

テキストボックスをクリックして選択し、❶をクリックして、「自動リライト」❷をクリックすると、文章の校正などができます。

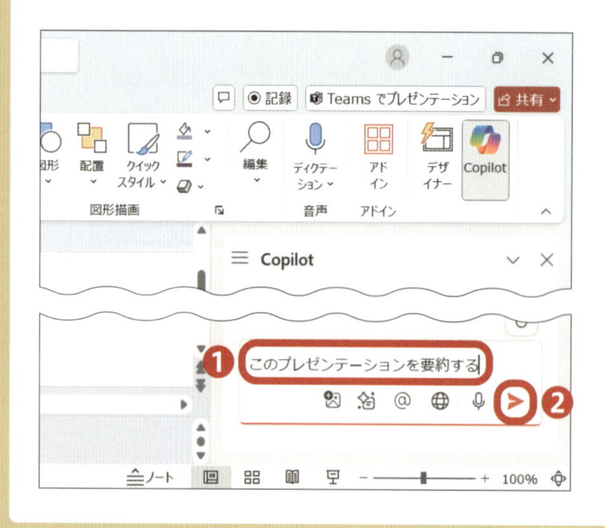

「ホーム」タブの「Copilot」をクリックし、プレゼンテーションを整理したり要約したりといった、依頼したい内容のプロンプト❶を入力して、➤❷をクリックすると、スライドの整理や要約ができます。

パワーポイント

2章

文字の入力と編集の方法を学びましょう

レッスンをはじめる前に

テキストボックスにデータを入力します

パワーポイントでスライドの作成を行うためには、文字や図形を配置する必要があります。テキストボックスとは、スライドに文字を入力するためのオブジェクトです。テキストボックスをスライド上に配置して、その中に文字を入力していきます。また、入力した文字は、後から編集を行って書き換えることができ、不要になったテキストボックスは消去することもできます。

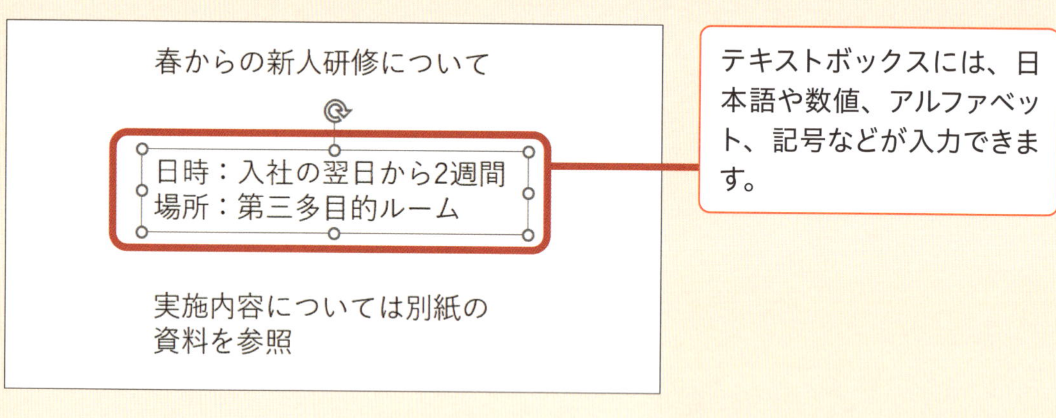

テキストボックスには、日本語や数値、アルファベット、記号などが入力できます。

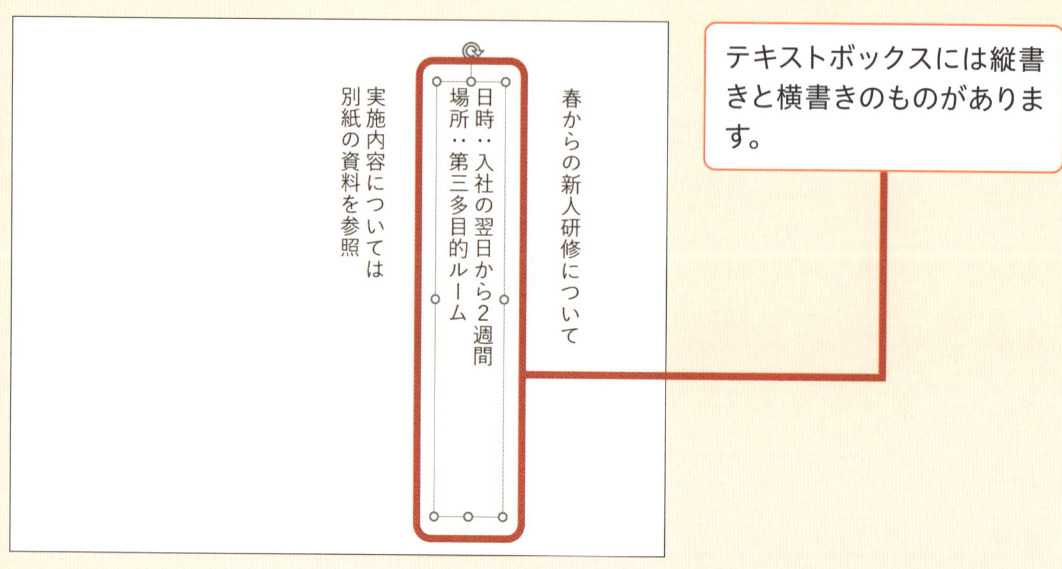

テキストボックスには縦書きと横書きのものがあります。

テキストボックスの書式を変更します

文字を配置しただけでは、見づらいスライドになってしまいます。タイトルなどの強調したい文字を赤い文字に変更したり、見出しを太字にしたりといった書式を設定することができます。書式の設定はテキストボックスごと、あるいは文字ごとに行えます。テキストボックスに書式を設定しておけば、入力された文字を変更した場合でも、変更後の文字は設定した書式で表示されます。

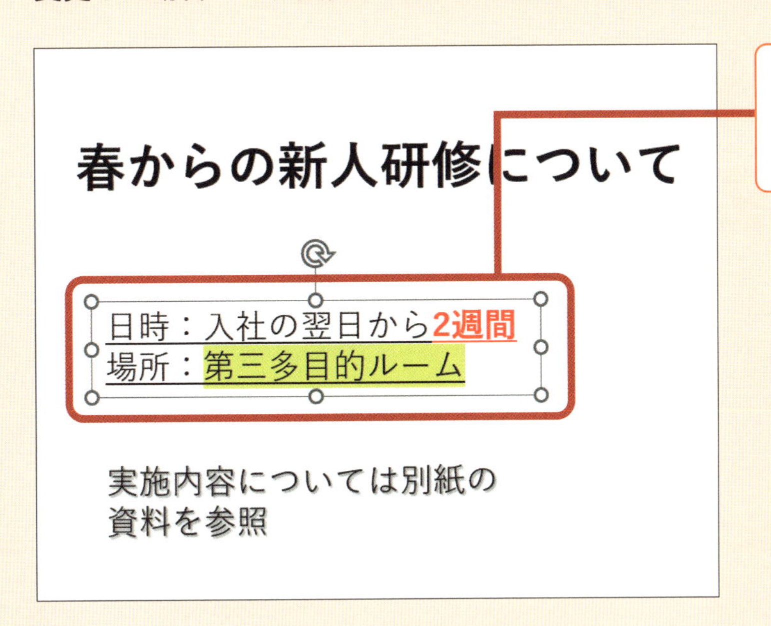

書式の設定では、文字の色や書体などを変更することができます。

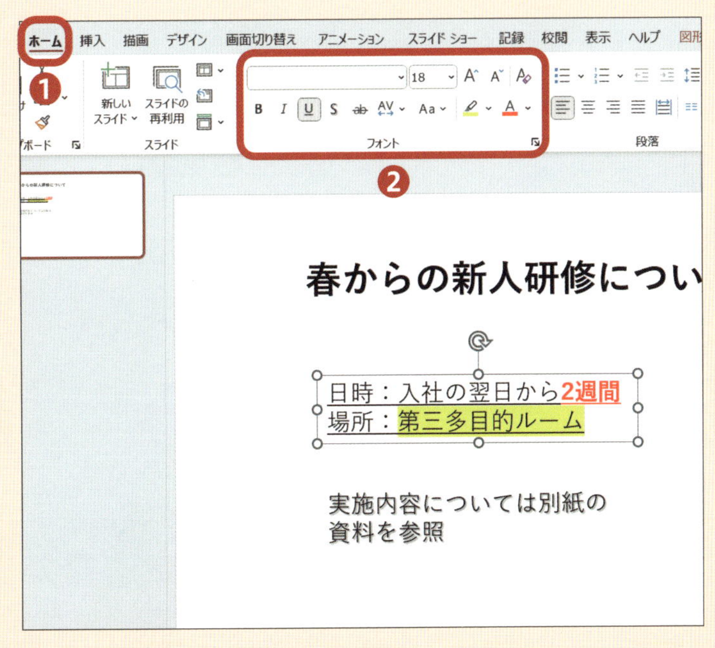

書式の変更は「ホーム」タブ❶の「フォント」グループ❷から行います。

練習用ファイル ▶ P08_テキストボックスの挿入.pptx

レッスン 08 テキストボックスを挿入しましょう

スライドに文字を入力するために、テキストボックスを挿入しましょう。
テキストボックスには横書きと縦書きの2種類があります。

1 横書きのテキストボックスを挿入する

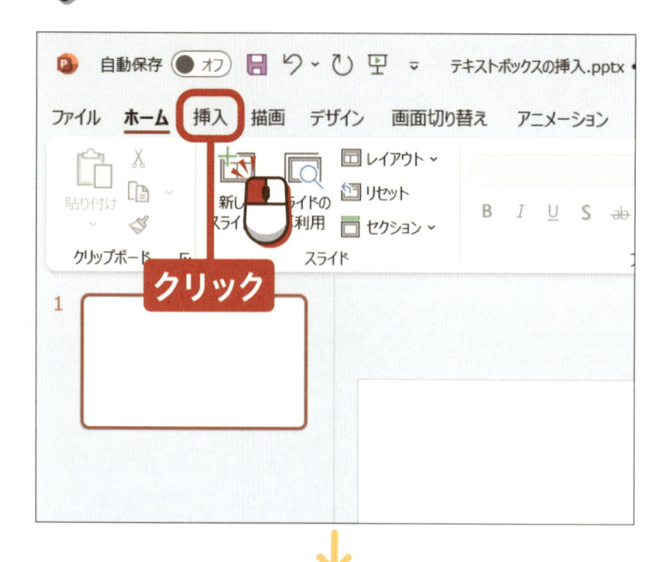

パワーポイントのスライド作成画面を表示します。

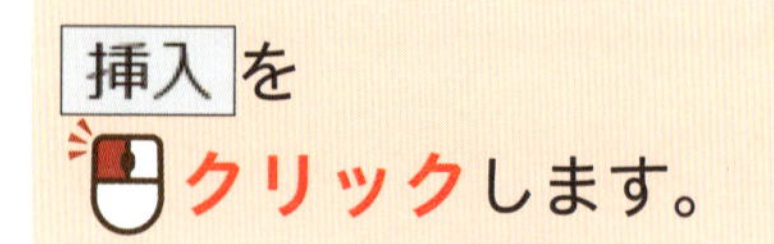

アドバイス

あらかじめP.258を参考に、レイアウトを「白紙」に設定してあります。

「図」グループの図形を
クリックします。

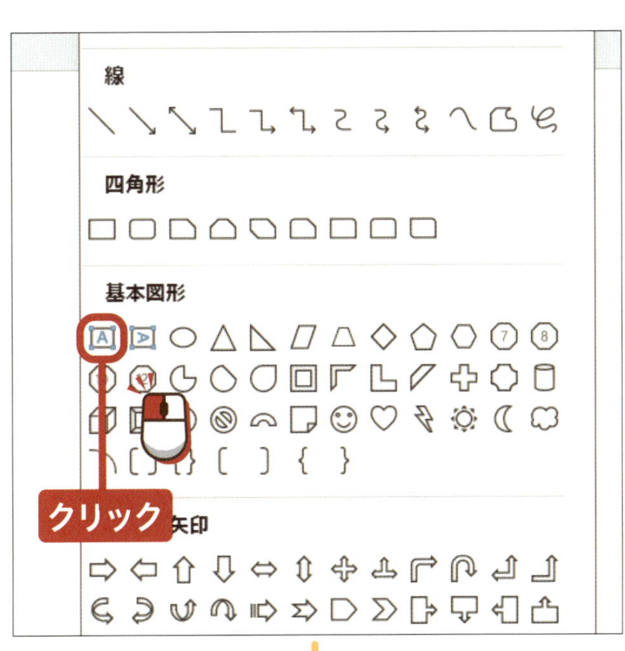

「基本図形」の[A]をクリックします。

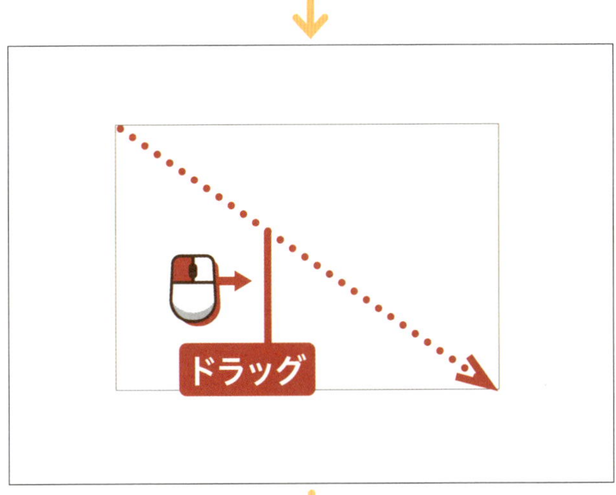

テキストボックスを配置したい位置に、左上から右下へドラッグします。

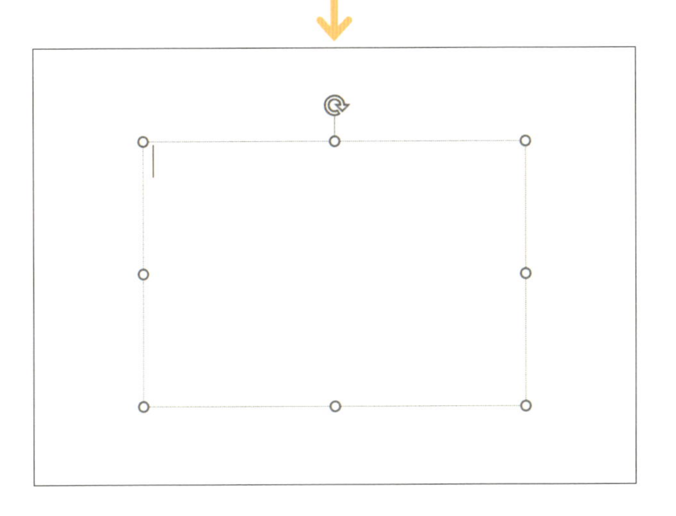

横書きのテキストボックスが配置されます。

次のページへ

2 縦書きのテキストボックスを挿入する

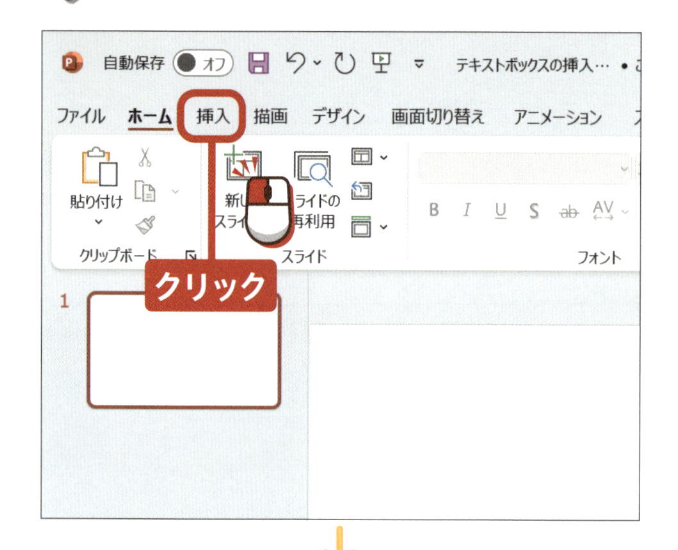

パワーポイントのスライド作成画面を表示します。

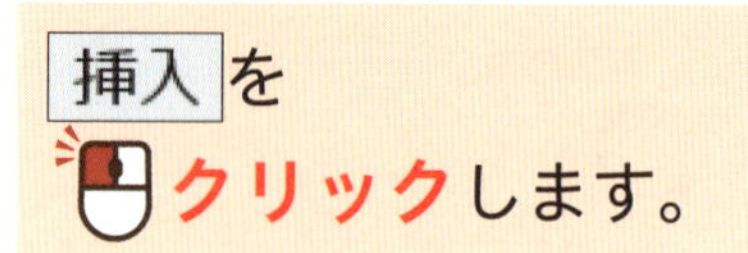

挿入 を
クリックします。

●アドバイス●

あらかじめP.258を参考にレイアウトを「白紙」に設定してあります。

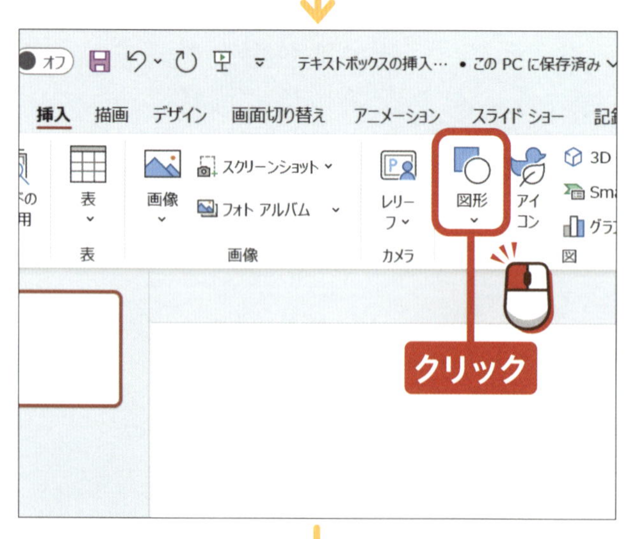

「図」グループの を
クリックします。

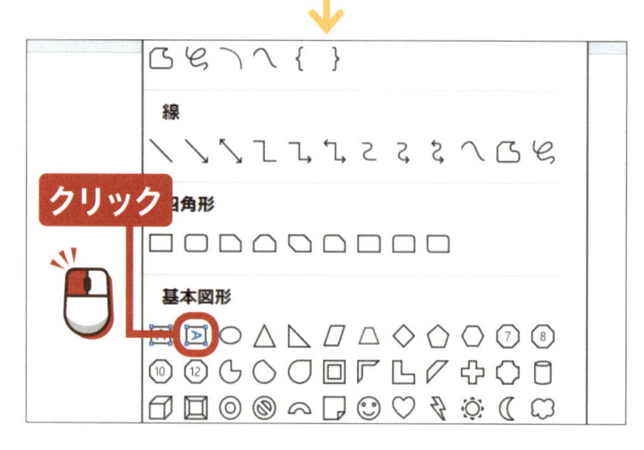

「基本図形」の を
クリックします。

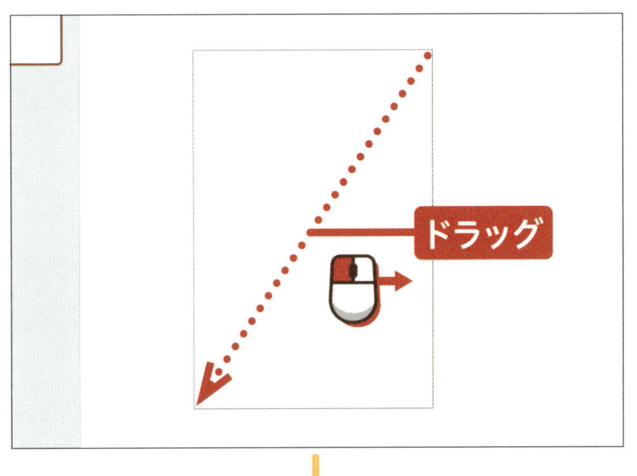

テキストボックスを配置したい位置に、右上から左下へドラッグします。

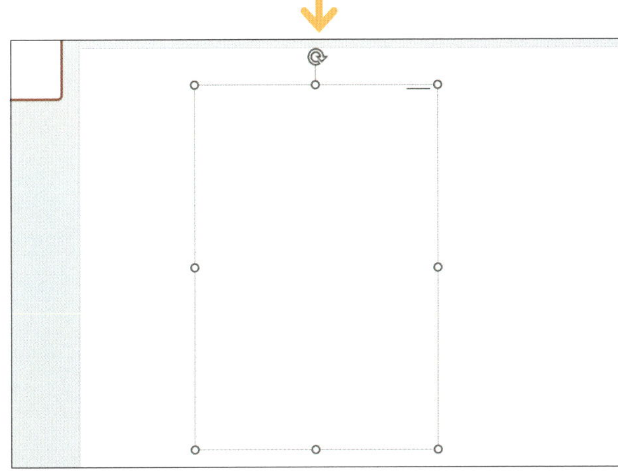

縦書きのテキストボックスが配置されます。

ヒント 縦書きでのアルファベットの入力

縦書きのテキストボックスにアルファベットを入力すると、横に倒れたように入力されてしまいます。これはアルファベットを半角で入力した際のデフォルトの表示です。縦書きでなおかつ通常のようにアルファベットを入力したい場合は全角で入力しましょう。半角全角については、P.277を参照してください。

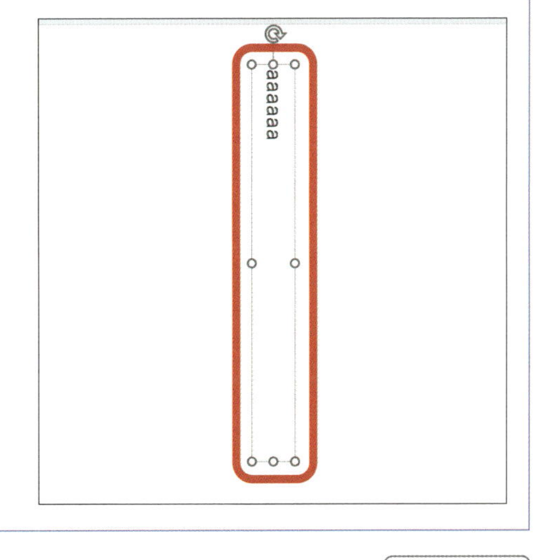

終わり

レッスン 09 テキストボックスに文字を入力しましょう

テキストボックスを挿入したら文字を入力しましょう。数字やアルファベット、日本語、漢字などさまざまな文字を入力できます。

クリック →P.18 右クリック →P.19 入力 →P.20

1 数字を入力する

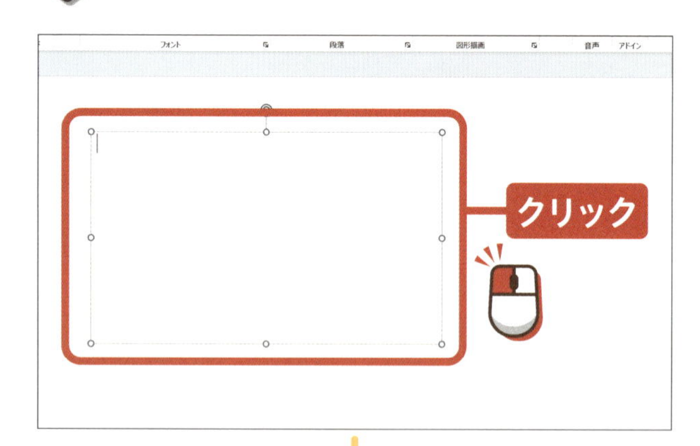

テキストボックスを挿入しておきます。

テキストボックスをクリックして選択します。

キーボードの半角／全角を押して、入力モードをAにしておきます。

アドバイス

Windowsのタスクバーで、現在の入力モードが確認できます。
Aは日本語入力がオフになっている状態です。

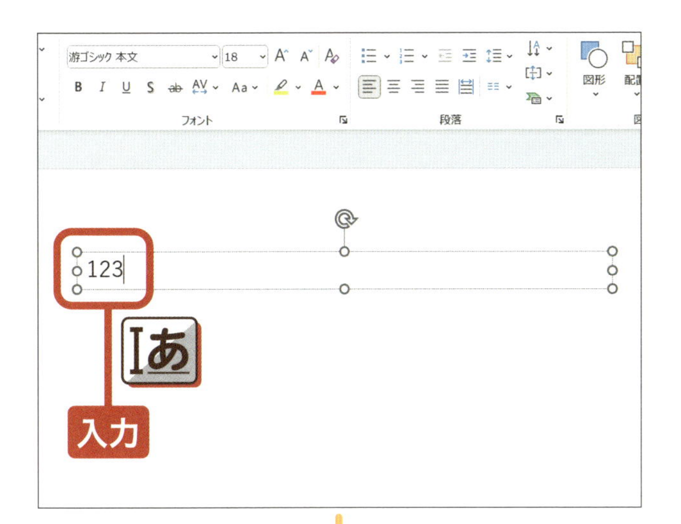

キーボードから
1 2 3を押して、
数値をIあ入力します。

●アドバイス●

入力中はテキストボックス内に縦棒のカーソルが表示されます。

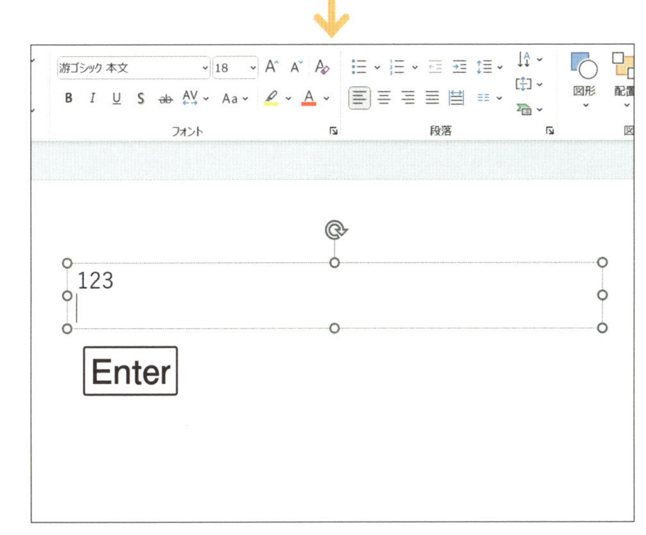

キーボードのEnterを押すと、改行します。

●アドバイス●

日本語入力がオンになっている場合は、Enterを押すと入力が確定されます。

ヒント 記号を入力する

テキストボックスには記号を入力することもできます。「@」や「[]」といった記号も入力できるので、メールアドレスを入力したり、[]で強調させたりできます。

次のページへ

2 英語を入力する

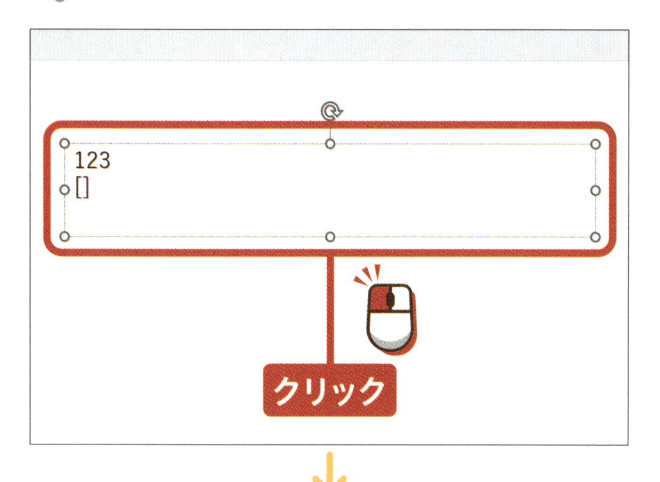

入力したい
テキストボックスを
クリックして
選択します。

キーボードの
半角／全角を押して、
入力モードを
Aにしておきます。

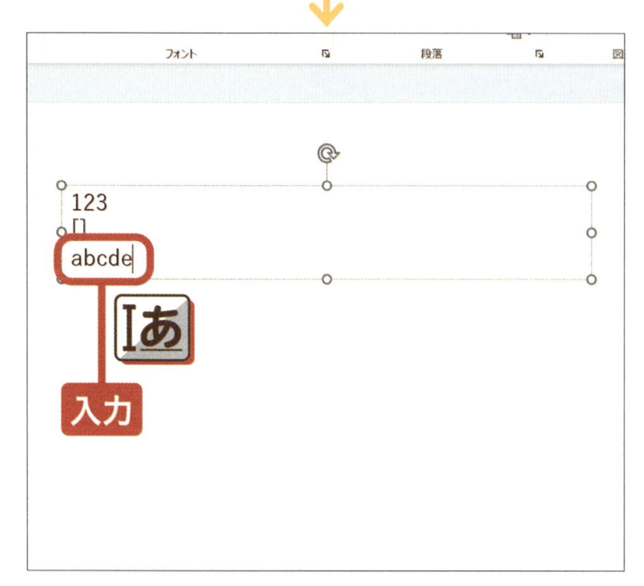

キーボードから
A B C D Eを押して、
アルファベットを
入力します。

アドバイス

通常では半角小文字で入力されます。大文字（「A」など）を入力する場合は、キーボードのShiftを押しながら英字キーを押しましょう。

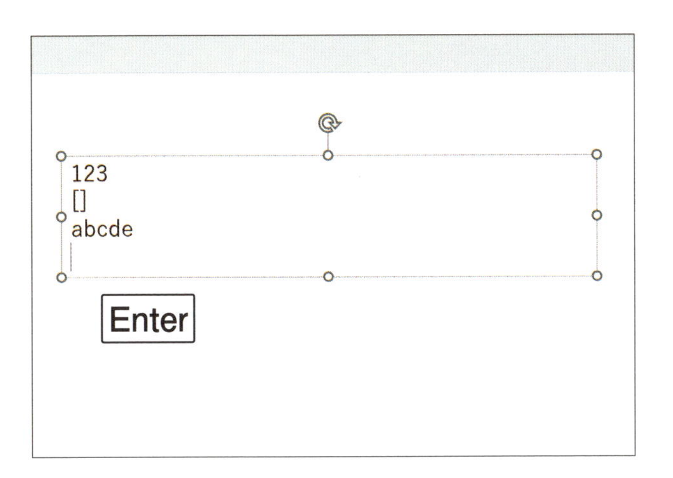

キーボードのEnterを押すと、改行します。

アドバイス

日本語入力がオンになっている場合は、「a」を入力すると「あ」と表示されます。

ヒント 全角と半角の切り替え

通常ではアルファベットは半角文字で入力しますが、全角文字で入力したい場合もあります。その場合は、全角入力に切り替えましょう。全角入力に切り替えるには、日本語入力をオンにした状態でキーボードのShift＋無変換を押します。そうすると、全角で英語を入力できるようになります。なお、再度キーボードのShift＋無変換を押すと、半角入力に戻ります。また、P.85の方法で変更することもできます。

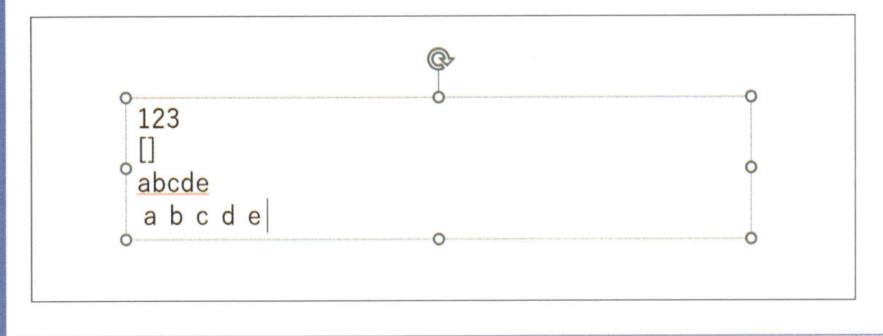

次のページへ

3 日本語を入力する

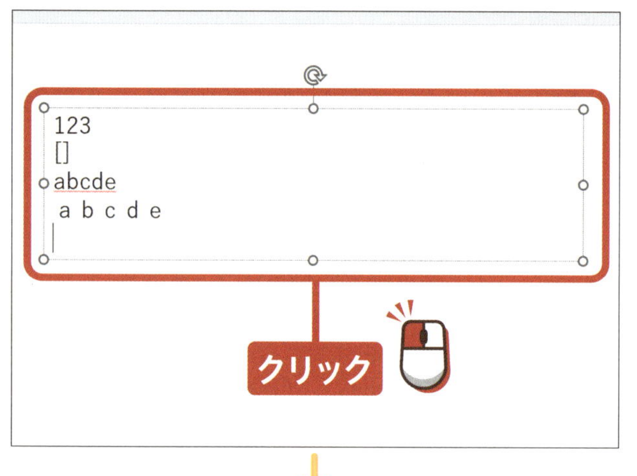

入力したい
テキストボックスを
クリックして
選択します。

キーボードの半角／全角を
押して、
入力モードを
あにしておきます。

●アドバイス●

あは日本語入力がオンになっている状態です。

キーボードから
あいうえおを押して、
日本語をあ入力します。

●アドバイス●

かな入力ではあいうえお、ローマ字入力ではAIUEOと入力します。

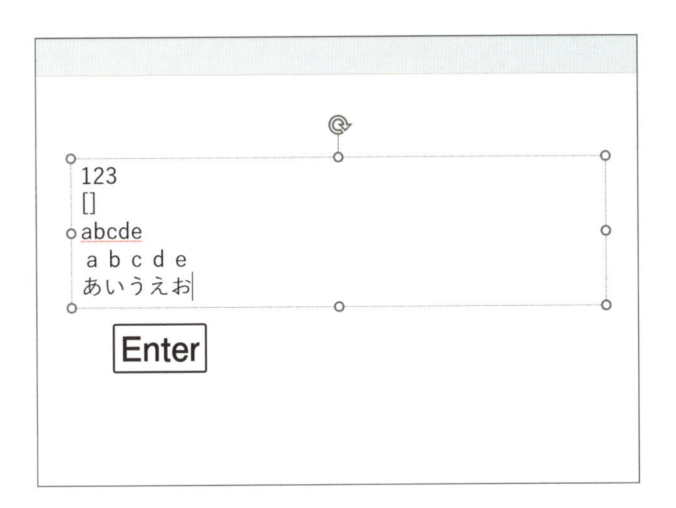

キーボードのEnterを押して、入力を確定します。

アドバイス

Enterを2回押すと、入力を確定して改行します。

ヒント ローマ字入力とかな入力

キーボードを見てみると、各キーのアルファベットの右下にひらがなが書いてあります。このひらがなは「かな入力」を有効にした際に、その文字で入力されます。かな入力設定にするには、画面右下の入力モード❶を右クリックして、「かな入力（オフ）」❷をクリックして、オンにします。なお、ローマ字入力に戻す際は、「かな入力（オン）」をクリックします。

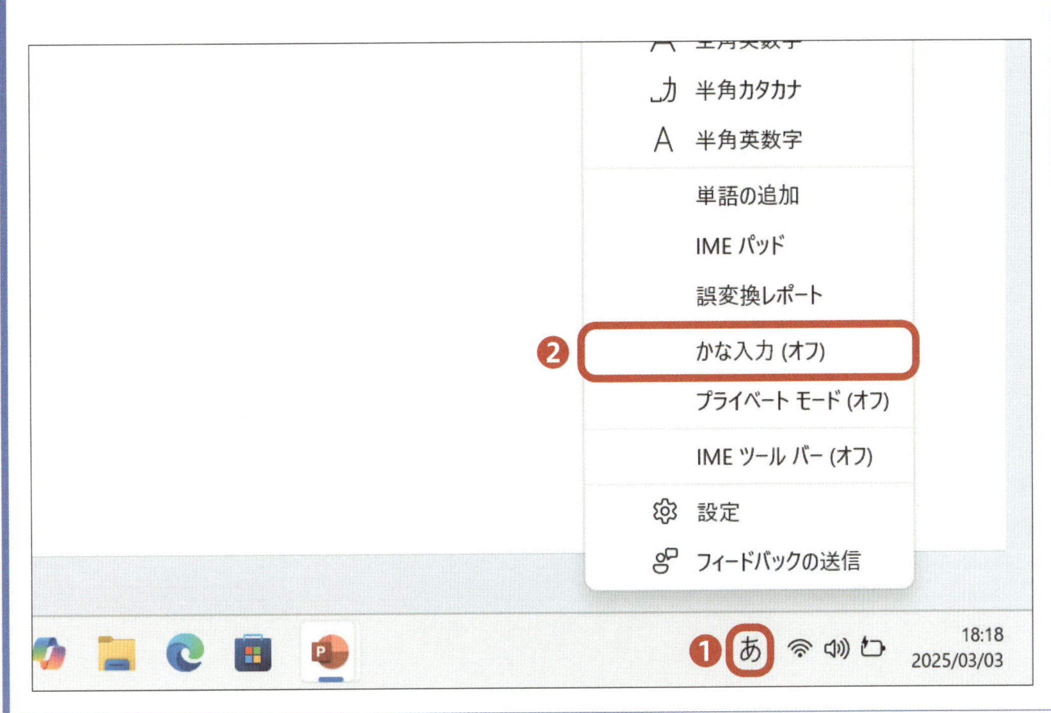

次のページへ

4 漢字を入力する

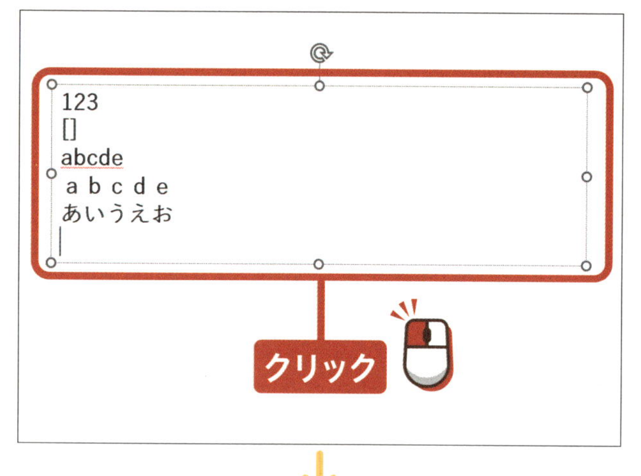

入力したい
テキストボックスを
クリックして
選択します。

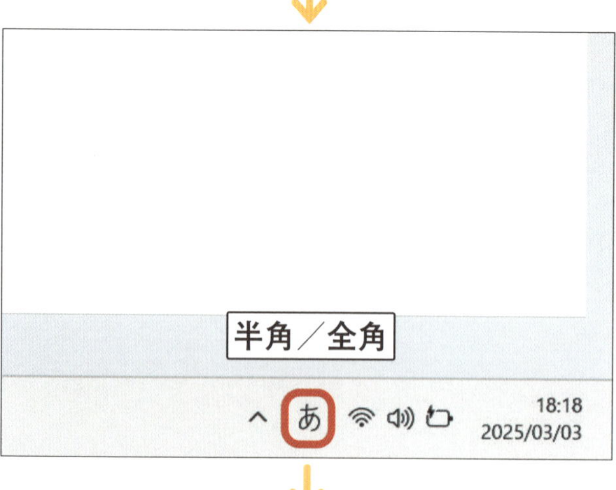

キーボードの
半角／全角を押して、
入力モードを
あにしておきます。

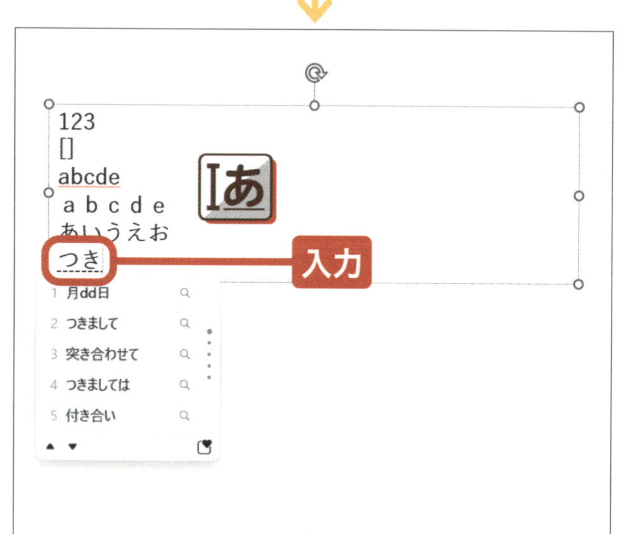

キーボードから
つ きを押して、
日本語を入力します。

アドバイス

かな入力ではつ き、ローマ字入力ではT U K Iと入力します。

キーボードの変換またはSpaceを押して、漢字に変換します。

アドバイス

変換を2回押すと、変換候補一覧が表示されるので、そこから変換したい漢字を選択することもできます。

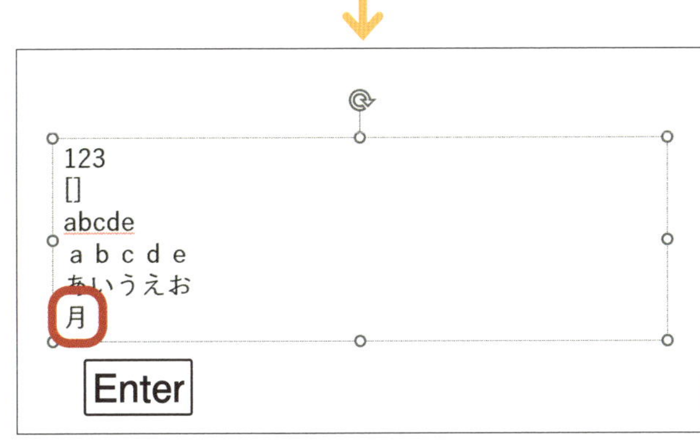

キーボードのEnterを押して、入力を確定します。

アドバイス

Enterを2回押すと、入力を確定して改行します。

ヒント ファンクションキーで変換する

変換する際に、変換またはSpaceではなくファンクションキーを押すと、すぐにカタカナやアルファベットに変換することができます。F7で全角カタカナ、F8で半角カタカナ、F9で全角小文字アルファベット、F10で半角小文字に変換されます。なお、F9とF10は何回か押すと、大文字のアルファベットに変換することもできます。また、F6でカタカナやアルファベットに変換した文字をひらがなに戻すことも可能です。

次のページへ

5 入力を元に戻す

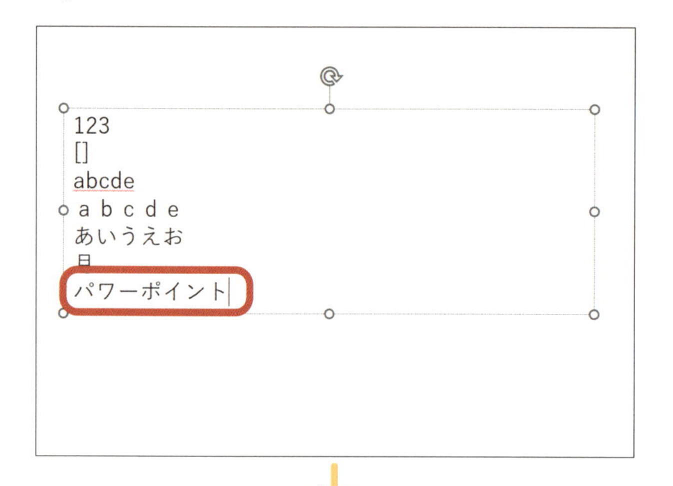

入力したデータに間違いがあったので、入力前の状態に戻します。

アドバイス

「元に戻す」とは、直前の操作を取り消す操作のことです。

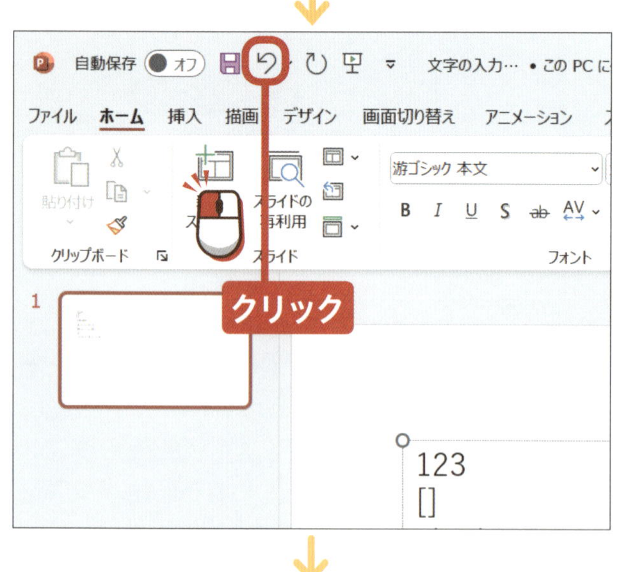

クイックアクセスツールバーの[↶]をクリックします。

アドバイス

キーボードのCtrl＋Zを押すことでも、元に戻すことができます。

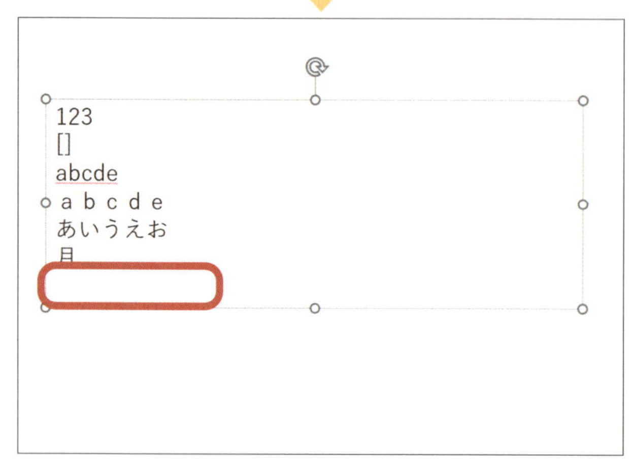

入力前の状態に戻ります。

アドバイス

「元に戻す」操作を繰り返し行うと、操作をさかのぼって取り消していくことができます。

6 入力をやり直す

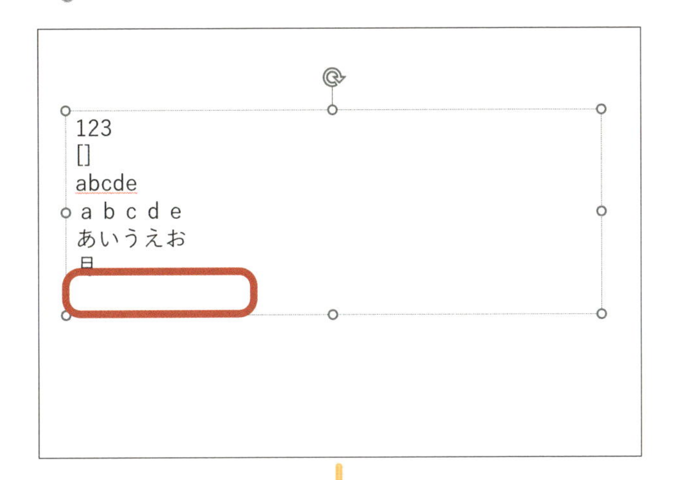

元に戻したデータを、戻す前の状態にやり直します。

アドバイス

「やり直す」とは、直前の「元に戻す」操作を取り消す操作のことです。

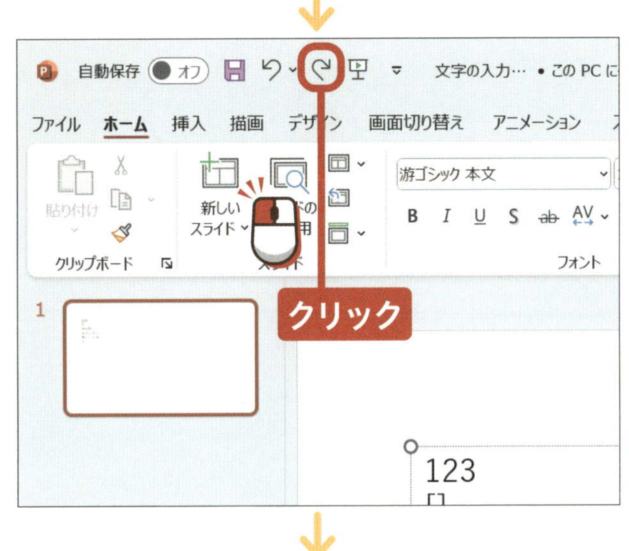

クイックアクセスツールバーの ↻ を **クリック**します。

アドバイス

キーボードの Ctrl + Y を押すことでも、やり直すことができます。

元に戻す前の状態に戻ります。

アドバイス

「やり直す」操作を繰り返し行うと、「元に戻す」操作をさかのぼってやり直していくことができます。

終わり

レッスン 10 テキストボックスの文字を編集しましょう

テキストボックスの文字は後から編集することができます。編集する箇所にカーソルを合わせて、文字を入力し直しましょう。

ここでの操作

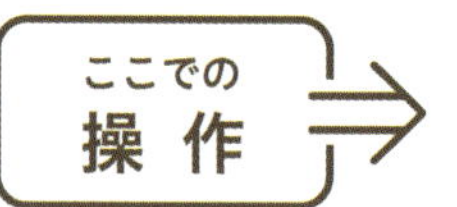

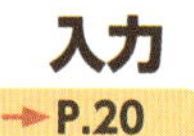

1 入力した文字を編集する

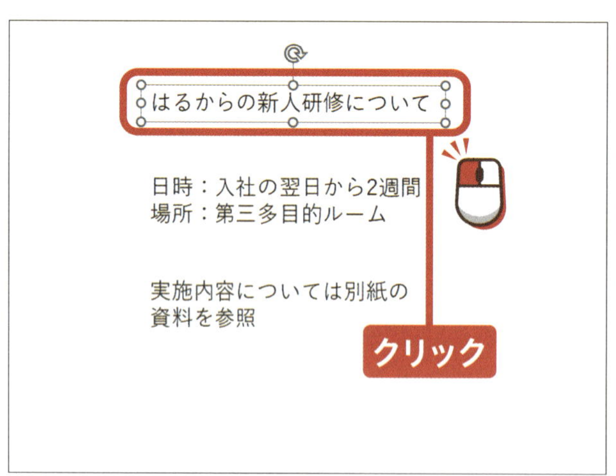

文字を編集したいテキストボックスを**クリック**して、編集できる状態にします。

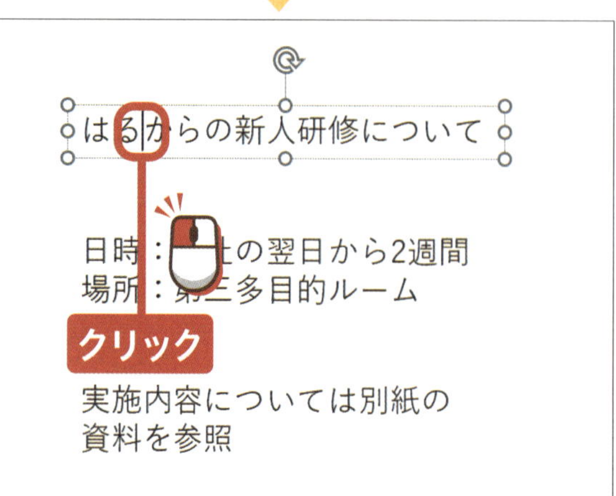

文字を入力し直したい部分を**クリック**して、マウスカーソルを移動させます。

アドバイス

カーソルはカーソルキーで移動させることができます。

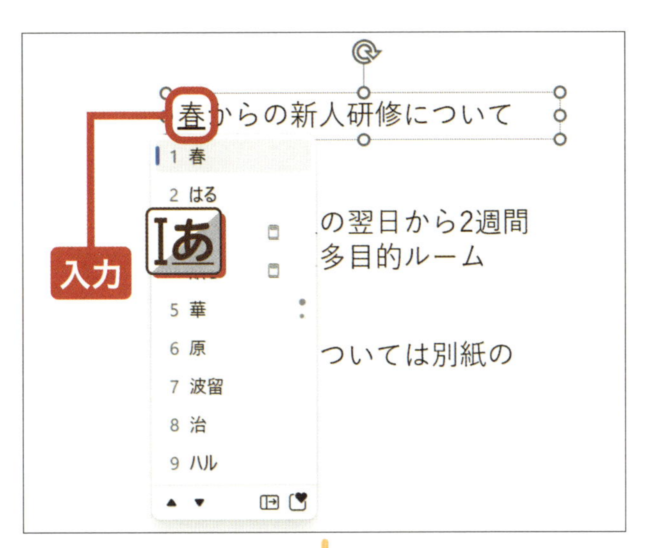

文字を

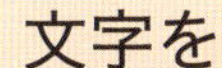入力し直します。

アドバイス

カーソルを合わせて、キーボードのDeleteまたはBackSpaceを押すと、不要な文字を削除できます。

春からの新人研修について
Enter
日時：入社の翌日から2週間
場所：第三多目的ルーム

実施内容については別紙の
資料を参照

キーボードのEnterを押して、入力を確定します。

アドバイス

ここでは「はる」を削除して「春」と入力しています。

ヒント テキストボックスをまとめて削除する

テキストボックスを選択した状態で、Deleteを押すと、テキストボックス全体をまとめて削除できます。一気に入力した文字を変更したいときに利用するとよいでしょう。

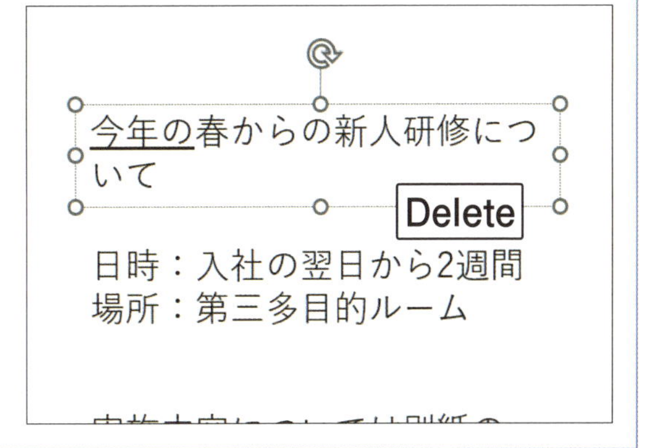

終わり

練習用ファイル ▶ P11_テキストボックスの書式の変更.pptx

テキストボックスの書式を変更しましょう

文字を見やすいように書式を変更しましょう。文字のフォントやサイズ、色などを変更することができます。

1 テキストボックスの書式を変更する

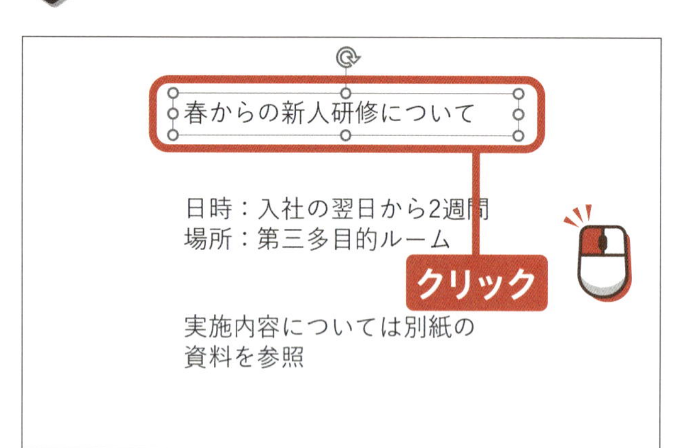

書式を変更したいテキストボックスをクリックして選択します。

●アドバイス●

枠をクリックしてテキストボックス全体を選択します。

画面切り替え　アニメーション　スライド ショー　記録　校閲　表示　ヘルプ
游ゴシック 本文　18
フォント　段落
クリック
春からの新人研修について
日時：入社の翌日から2週間
場所：第三多目的ルーム

文字の色を変更します。

「ホーム」タブの「フォント」グループのAの右側の⌄をクリックします。

●アドバイス●

Aをクリックすると、アイコンの下部の線に合わせて文字の色が変更されます。

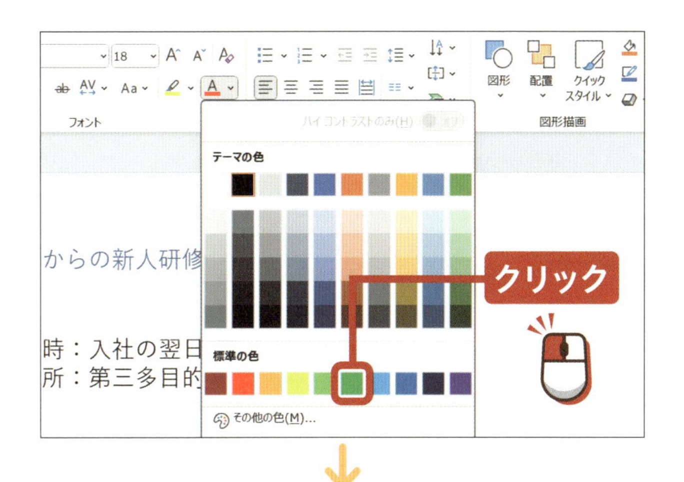

カラーパレットが表示されます。

変更したい色を**クリック**します（ここでは緑を選択します）。

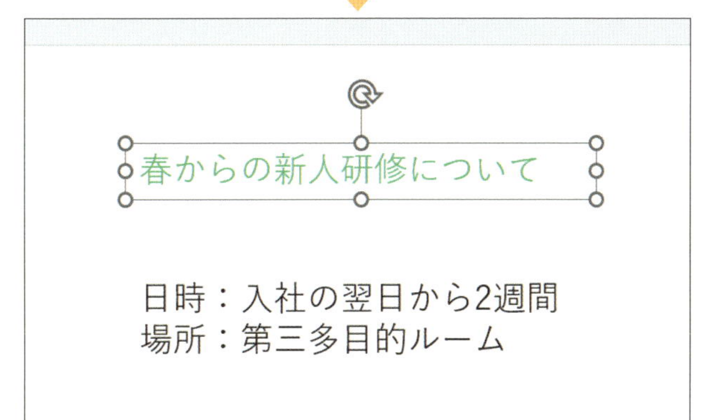

テキストボックスの文字の色が変更されます。

アドバイス

以降はこのテキストボックスの文字を変更した場合も、設定した文字の色はそのまま引き継がれます。

ヒント テキストボックス内にカーソルを置いて右クリックして書式を変更する

テキストボックス内にカーソルを置いて右クリックして表示されるミニツールバーからでも書式を変更することができます。基本的には、「ホーム」タブの「フォント」グループにある書式設定と同じなので、こちらから変更する場合も同様に設定しましょう。なお、テキストボックスを直接右クリックすると異なるツールバーが表示されます（P.289を参照）。

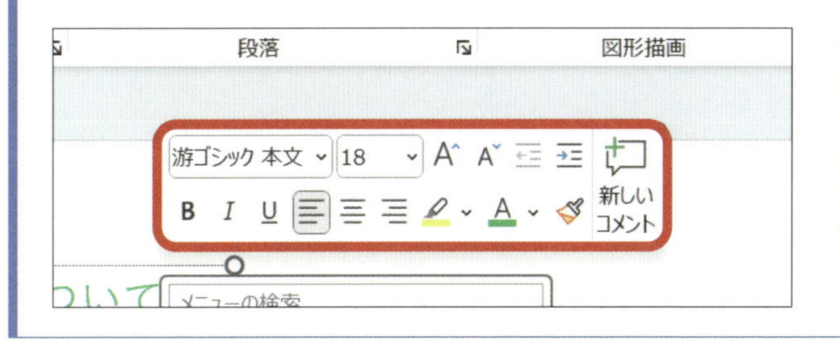

変更したいテキストボックスを右クリックして表示されるミニツールバーからでも書式を変更できます。

終わり

練習用ファイル ▶ P12_テキストボックスのコピー.pptx

レッスン 12 テキストボックスをコピーしましょう

同じテキストを何度も入力する場合、毎回キーボードから入力するのは手間です。そういった場合はコピーを活用しましょう。

1 テキストボックスをコピーする

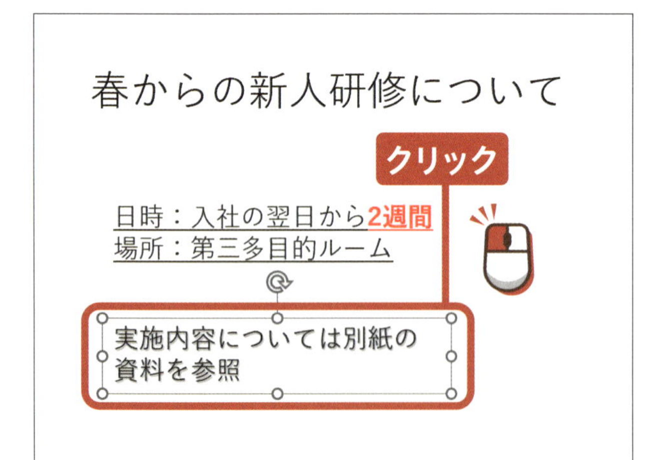

コピーしたいテキストボックスをクリックして選択します。

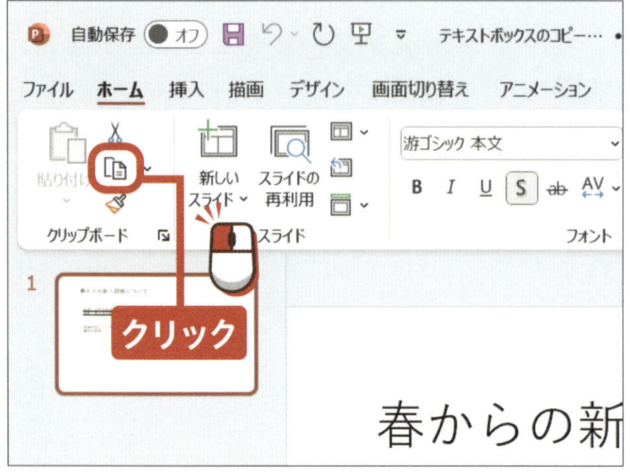

「ホーム」タブの「クリップボード」グループのを クリックします。

アドバイス

キーボードのCtrl＋Cを押すことでも、コピーすることができます。

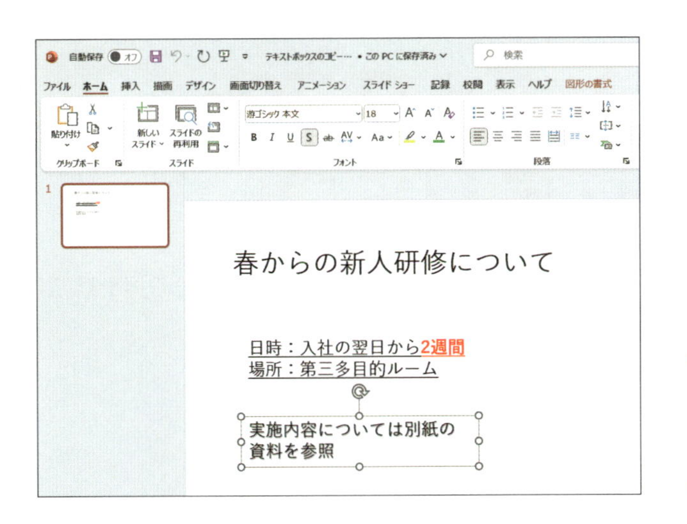

テキストボックスのコピーが完了します。

•アドバイス•

貼り付けについては、次ページを参照してください。

ヒント テキストボックスを右クリックしてコピーする

テキストボックスを右クリックして表示されるメニューから「コピー」をクリックすることでも、テキストボックスをコピーすることができます。

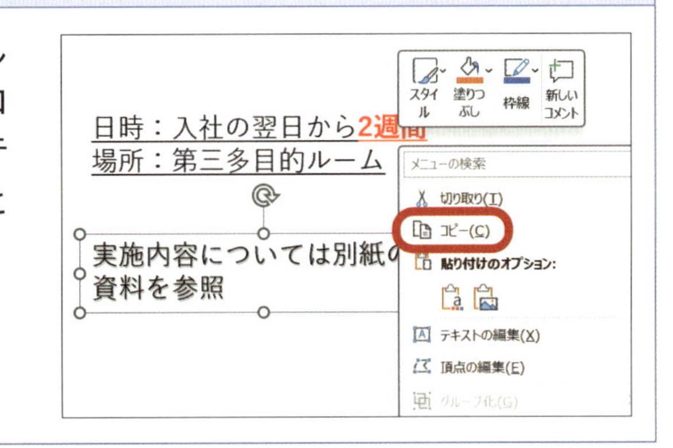

ヒント 複数のテキストボックスを同時に選択する

複数のテキストボックスを選択した状態でコピーをすることもできます。Ctrlを押しながらテキストボックスを順番にクリックすると、複数のテキストボックスが選択された状態になります。この状態でコピーをして貼り付けを行うと、選択したテキストボックスすべてが貼り付けされます。

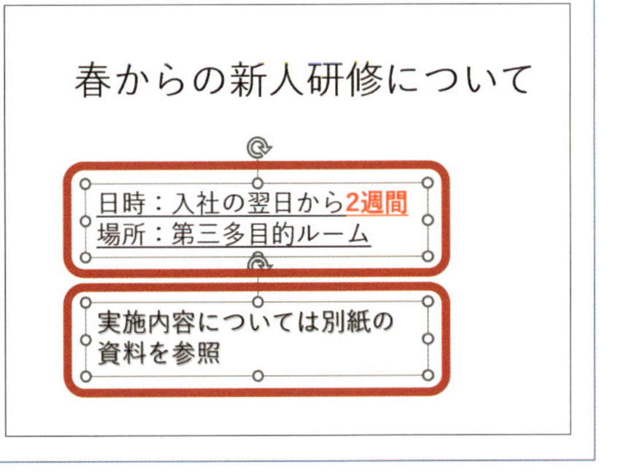

終わり

テキストボックスを貼り付けましょう

テキストボックスをコピーしたら貼り付けをしましょう。貼り付けはコピーされた状態であれば何度も行うことができます。

1 コピーしたテキストボックスを貼り付ける

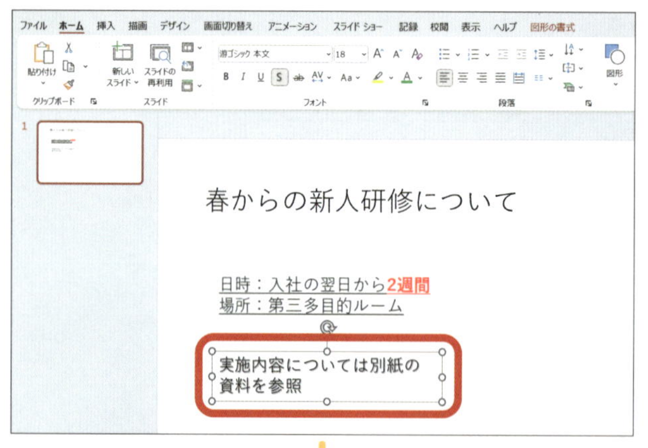

P.288を参考に、テキストボックスをコピーしている状態にします。

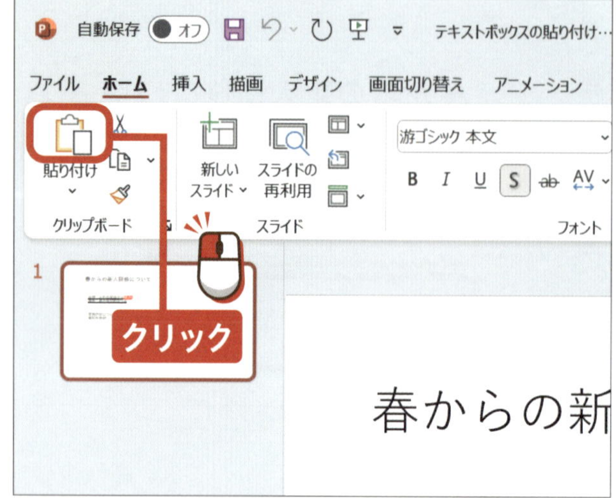

「ホーム」タブの「クリップボード」グループの[貼り付け]を**クリック**します。

アドバイス

キーボードの Ctrl + V を押すことでも、貼り付けることができます。

春からの新人研修について

日時：入社の翌日から2週間
場所：第三多目的ルーム

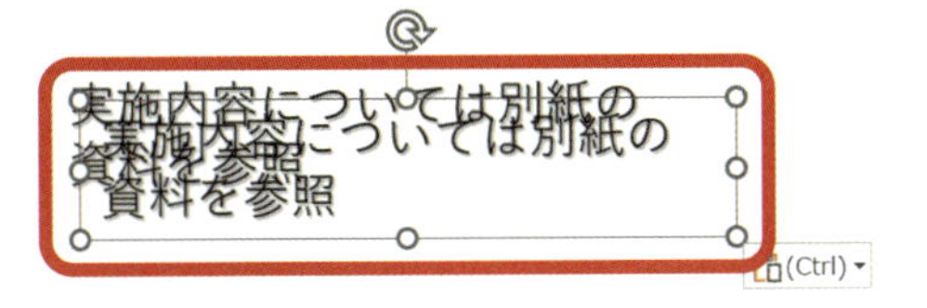

テキストボックスが貼り付けられます。

●アドバイス●

貼り付け以外の作業を行うまでは、貼り付けを何度も行うことができます。

日時：入社の翌日から2週間
場所：第三多目的ルーム

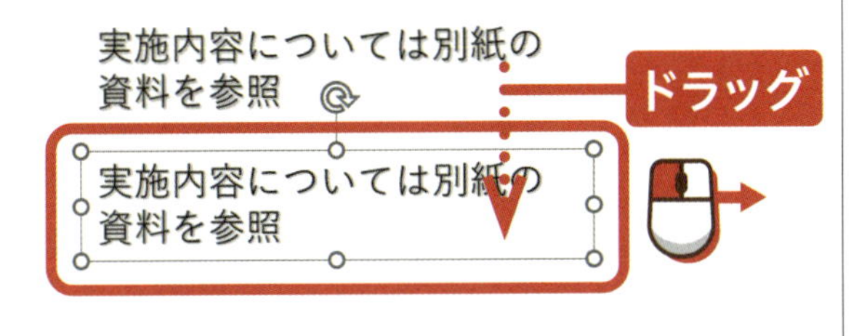

貼り付けた
テキストボックスを
ドラッグして
移動させます。

●アドバイス●

テキストボックスの移動については、P.294を参照してください。

ヒント 書式もコピーされる

テキストボックスに書式を設定してコピーし、貼り付けをすると、書式も一緒に貼り付けされます。

日時：入社の翌日から2週間
場所：第三多目的ルーム

実施内容については別紙の
資料を参照

実施内容については別紙の
資料を参照

終わり

練習用ファイル ▶ P14_テキストボックス内の配置の変更.pptx

テキストボックス内の配置を変更しましょう

テキストボックス内で文字の配置を変更することができます。「左揃え」「中央揃え」「右揃え」で揃えましょう。

クリック
→P.18

1 文字の配置を変更する

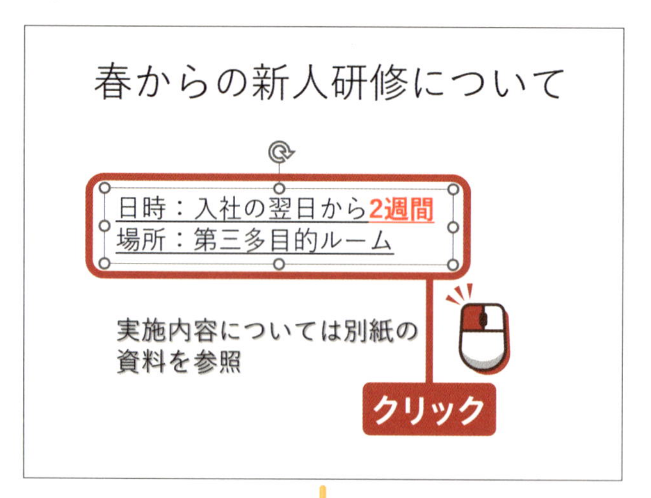

配置を変更したいテキストボックスをクリックして選択します。

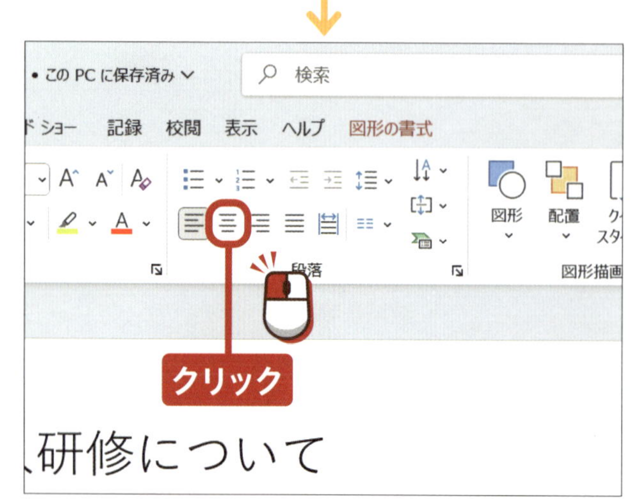

「ホーム」タブの「段落」グループの☰をクリックします。

テキストボックス内の文字が中央揃えになります。

ヒント 左揃え・右揃えにする

テキストボックスを選択して、「ホーム」タブの「段落」グループの❶をクリックすると文字が左揃えに、❷をクリックすると右揃えになります。

左揃え

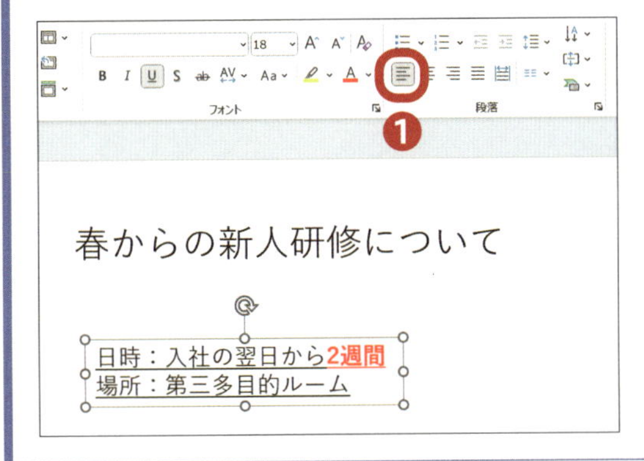

右揃え

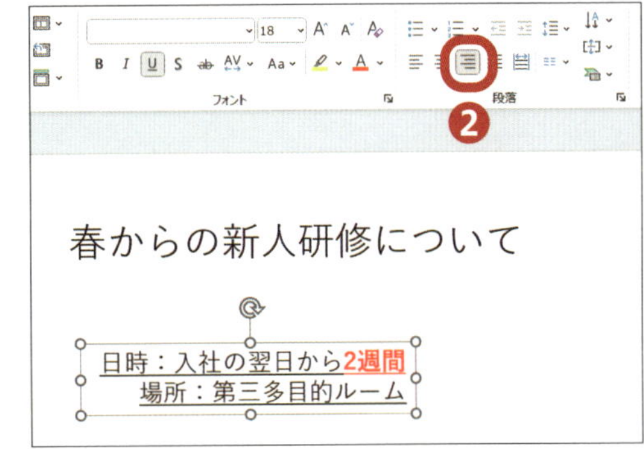

ヒント 均等割り付けにする

テキストボックスの左端と右端に合わせて、文字を均等に配置することを「均等割り付け」と言います。テキストボックスを選択して、をクリックすると均等割り付けになります。

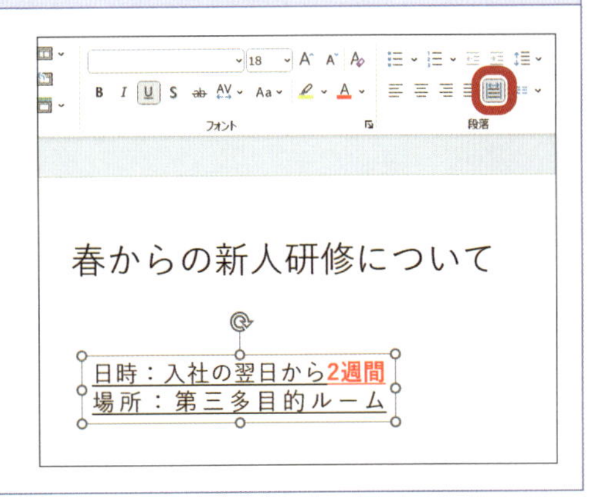

終わり

ステップアップ

Q. テキストボックスの大きさと位置を変更するには？

A. テキストボックスをドラッグしましょう。

テキストボックスを配置して、文字を右端（縦書きの場合は下端）まで入力すると次の行へ改行されます。１行に収めたいという場合は、テキストボックスの大きさを変更して、文字が収まるように調整しましょう。テキストボックスの大きさを調整するには上下左右と四隅にある○をドラッグします。テキストボックスを違う位置に移動させたい場合は、テキストボックスを選択したときに表示される上下左右の線上にマウスポインターを乗せ、⇳になった状態でドラッグをします。

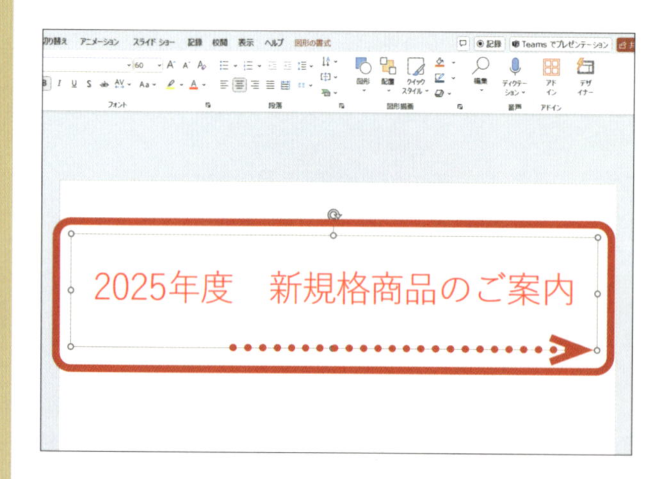

テキストボックスを選択して、上下左右四隅に○が表示されている状態にします。○をドラッグすることでテキストボックスの大きさを変更できます。改行されてしまっていた文字を1行にすることもできます。

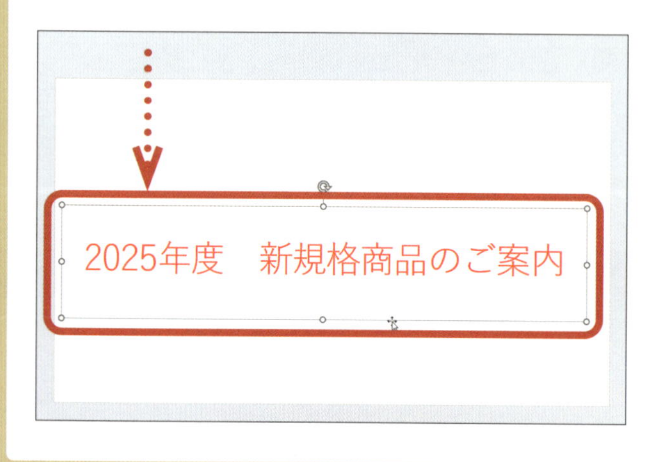

テキストボックスをクリックして選択し、マウスポインターを上下左右の線上に乗せて⇳に変化させます。配置したい位置までドラッグして移動させます。

パワーポイント

3章

図形や画像を配置しましょう

レッスンをはじめる前に

スライドにオブジェクトを配置します

スライドにはテキストボックスだけではなく、図形や写真などの「オブジェクト」も配置することができます。配置できる図形にはさまざまな種類があり、スライドをデザインするだけでなく、矢印などで注目してほしい部分を強調することができます。また、会社案内に自社の写真や自社キャラクターイラストなどを挿入すると、より見栄えのよいスライドに仕上がります。

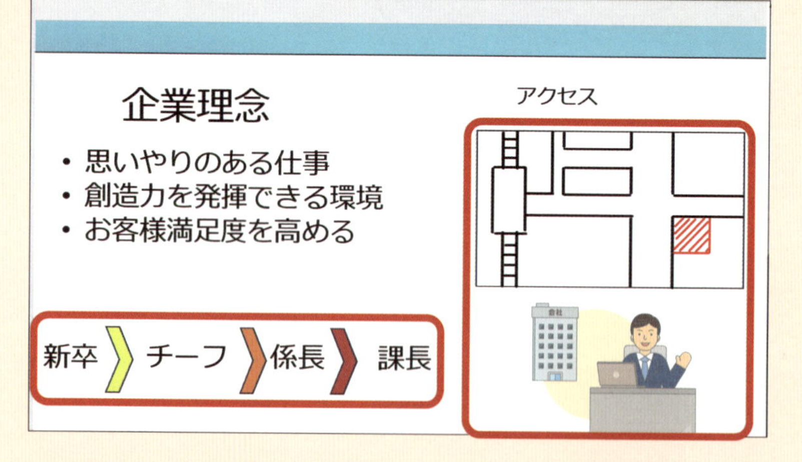

スライドには図形などのオブジェクトを配置できます。

図形以外にも、写真やイラストなどの画像を挿入することもできます。

配置したオブジェクトを編集します

挿入した画像などは、色を変更したり回転させたりして編集することができます。自分の好きなように編集ができるのでいろいろ試してみましょう。また、オブジェクトは複数配置すると重なり合ってしまい、後ろのオブジェクトが見えなくなることがあります。そのような場合は、オブジェクトの前後を入れ替えてみましょう。

オブジェクトは色を変更したり、回転させたりさまざまな編集が行えます。

重なり合ったオブジェクトは前後を入れ替えることができます。

スライドに図形を配置しましょう

スライドにはテキストボックス以外にも、さまざまな図形をオブジェクトとして配置することができます。

1 図形を配置する

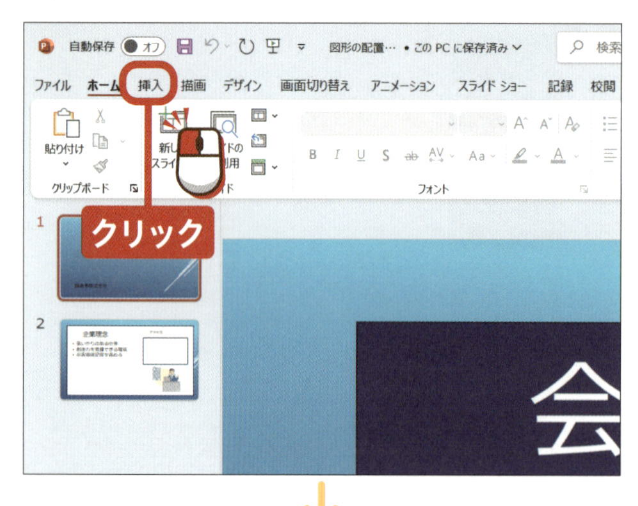

挿入 を
クリックします。

アドバイス

練習用ファイルにはあらかじめいくつかの図形が配置されています。

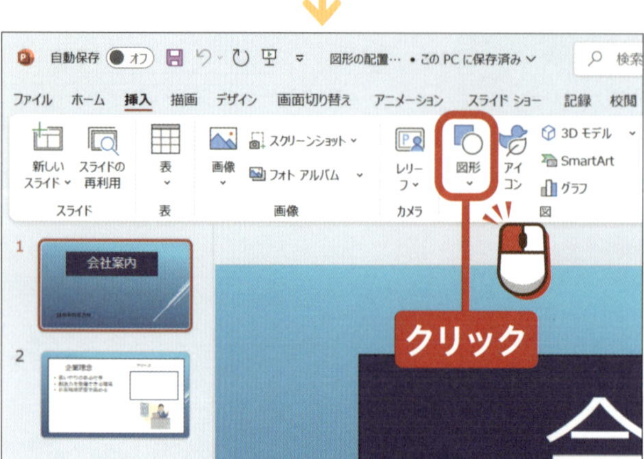

「図」グループの 図形 を
クリックします。

アドバイス

テキストボックスや図形など、スライド上に配置できる要素を総称して「オブジェクト」と呼んでいます。

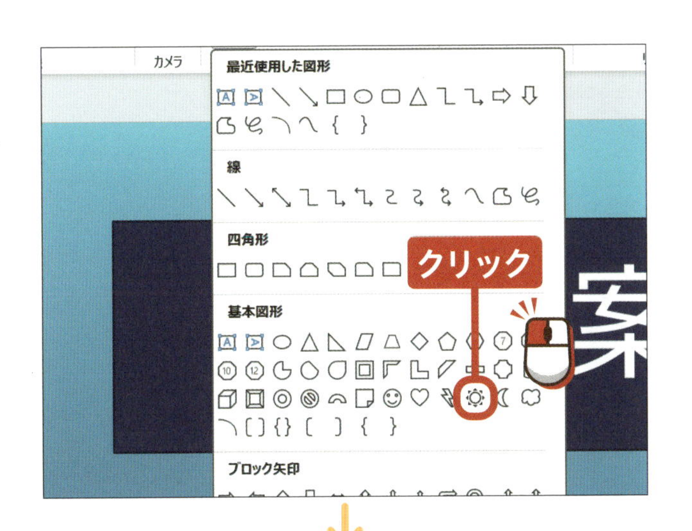

配置したい図形を
クリックします
(ここでは を選択
します)。

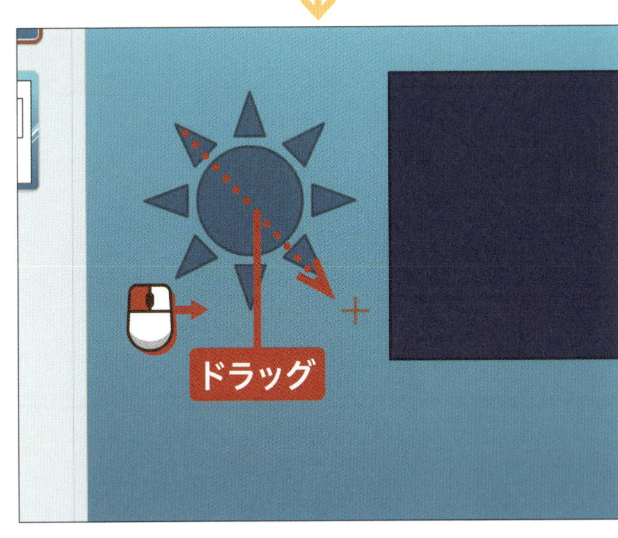

配置したい位置で
左上から右下にかけて
ドラッグすると、
図形が配置されます。

●アドバイス●

キーボードのShiftを押しながらドラッグすると、幅と高さが等しい形状の図形が配置できます。

ヒント スマートアートや表、グラフ

スライドには図形のほかにも、スマートアートと呼ばれる特殊な図形やエクセルなどで使うような表とグラフを挿入することができます。

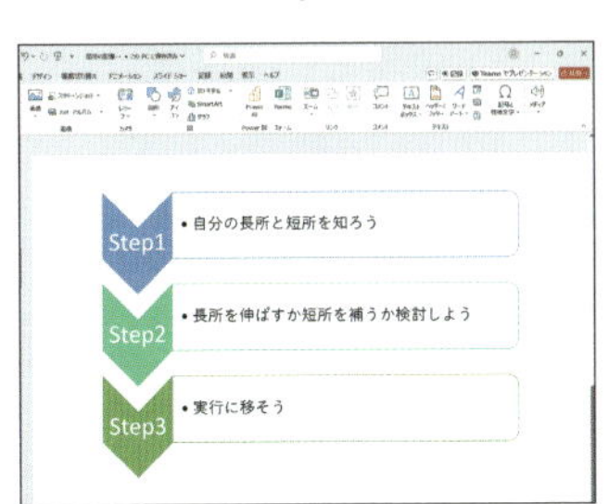

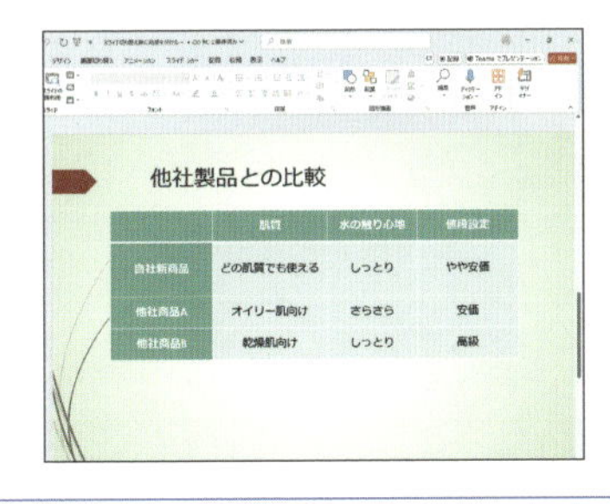

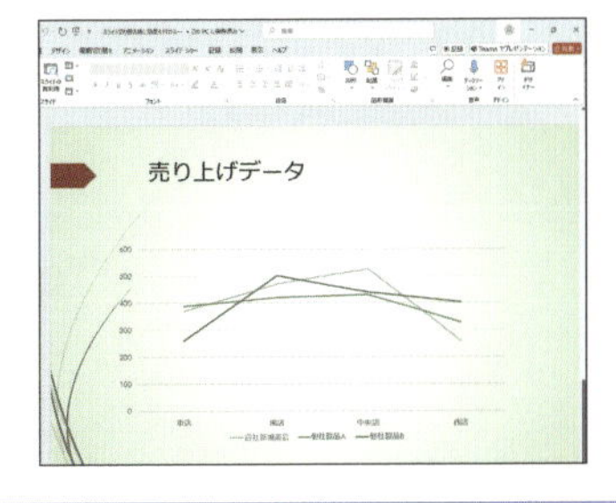

終わり

レッスン 16 図形の大きさを変更しましょう

図形などのオブジェクトは、配置後に大きさを変更することができます。大きさを変更する際はドラッグ操作を行います。

1 大きさを変更する

大きさを変更したいオブジェクトをクリックして選択します。

上下左右四隅の○をドラッグします。

アドバイス

このとき、マウスポインターがに変わります。

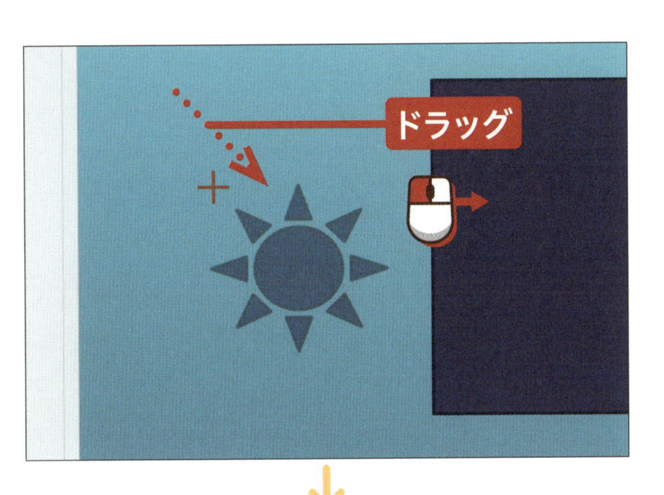

ドラッグして大きさを調整します。

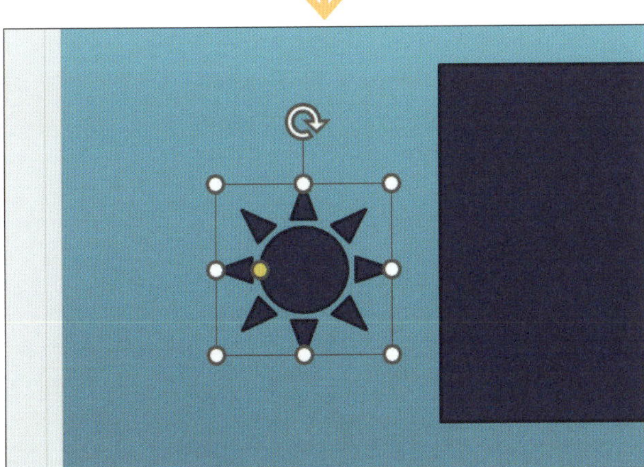

大きさが変更されます。

アドバイス

キーボードのShiftを押しながらドラッグすると、図形の縦と横の比率を保ったまま大きさを変更することができます。

ヒント オブジェクトの位置を移動する

オブジェクトの大きさを変更した後に位置がずれてしまった場合は、位置を修正しましょう。位置を移動したいオブジェクトをクリックして選択し、上下左右四隅のアイコン以外の部分をドラッグします。このとき、オブジェクトの中央をドラッグすると、移動させやすいです。ドラッグが完了すると、オブジェクトの移動も完了します。

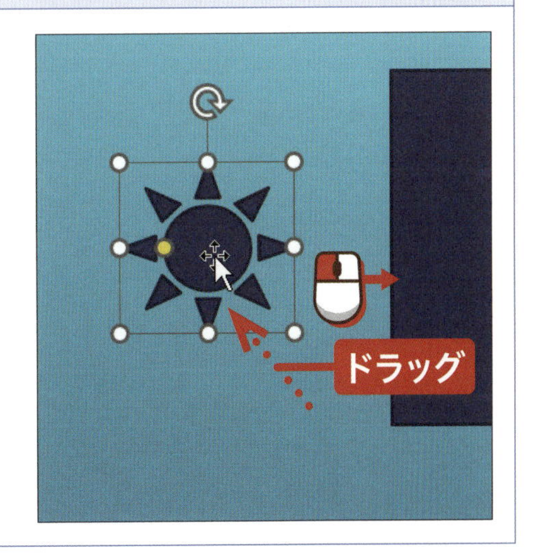

終わり

レッスン 17 図形の色を変更しましょう

配置した図形は最初はスライドのテーマに合わせて色が自動で設定されています。カラフルになるように色を変更しましょう。

クリック
→P.18

1 色を変更する

色を変更したいオブジェクトをクリックして選択します。

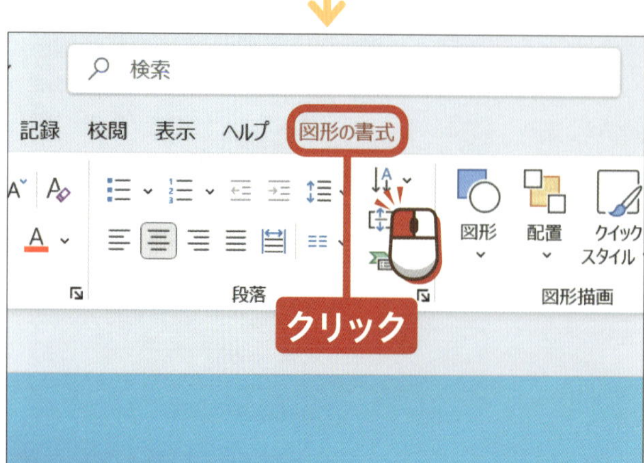

図形の書式をクリックします。

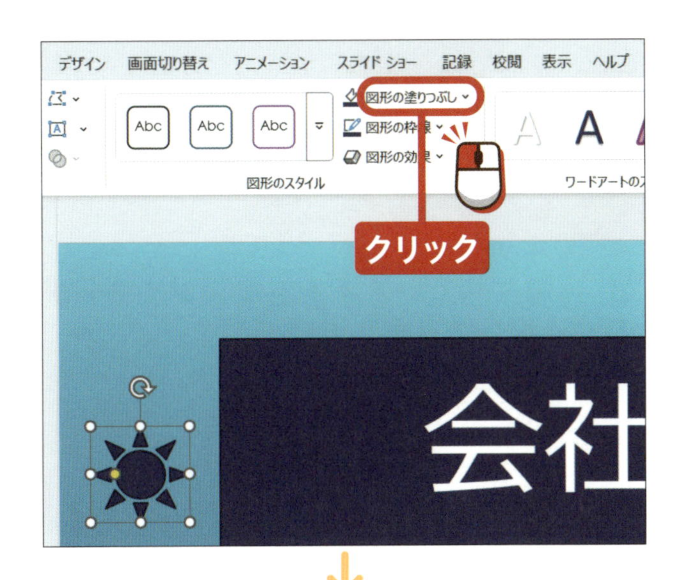

「図形のスタイル」グループの 図形の塗りつぶし を クリックします。

設定したい色（ここでは「赤」）を クリックします。

色が変更されます。

アドバイス

矢印や線などの色を変更する場合は、変更する矢印や線を選択して、「図形のスタイル」グループの「図形の枠線」をクリックします。

終わり

レッスン 18 図形の重なりを変更しましょう

オブジェクトは挿入した順に前面に配置されていきます。オブジェクトが重なり合った場合は、前後の重なりを変更してみましょう。

クリック →P.18

1 前後を変更する

今回は雲の図形を後ろに、太陽の図形を前に配置を変更します。

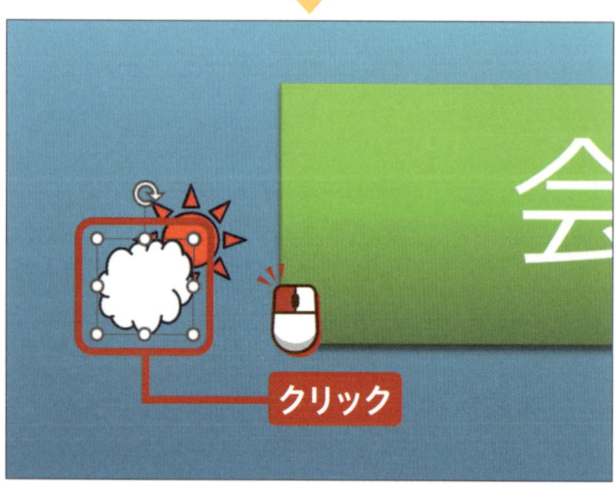

前後を変更したいオブジェクトをクリックして選択します。

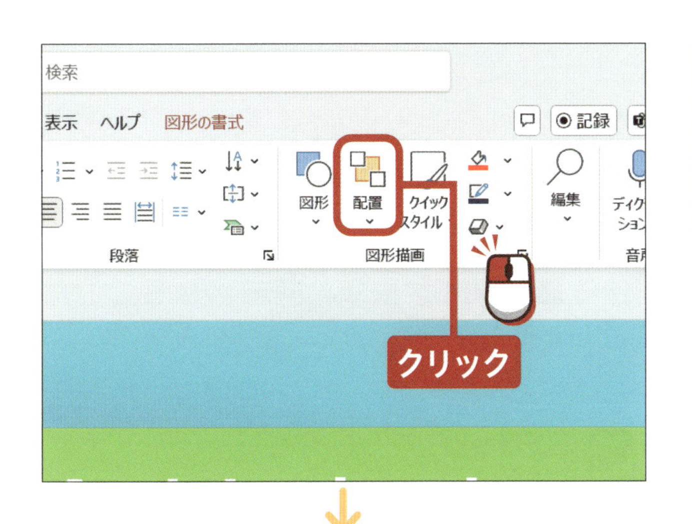

「ホーム」タブの「図形描画」グループの配置をクリックします。

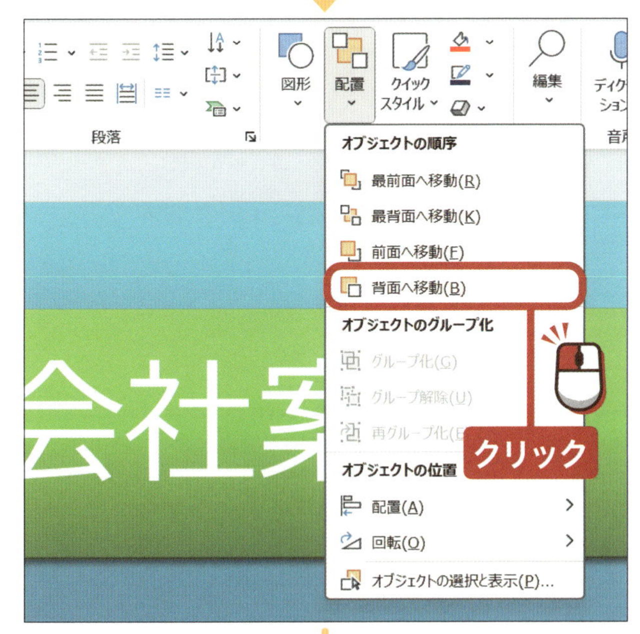

今回は雲を後ろに配置するので、背面へ移動(B)をクリックします。

アドバイス

「背面へ移動」をクリックするごとに、1つずつ後ろに下がっていきます。「最背面へ移動」をクリックすると、一気に一番後ろに移動します。

図形の前後が変更されます。

アドバイス

前に配置したい場合は「前面へ移動」をクリックします。

終わり

図形を回転させましょう

配置したオブジェクトは回転させることができます。回転させることによって、きれいにデザインできることがあります。

1 回転させる

今回は矢印の図形を回転させて斜めに傾けます。

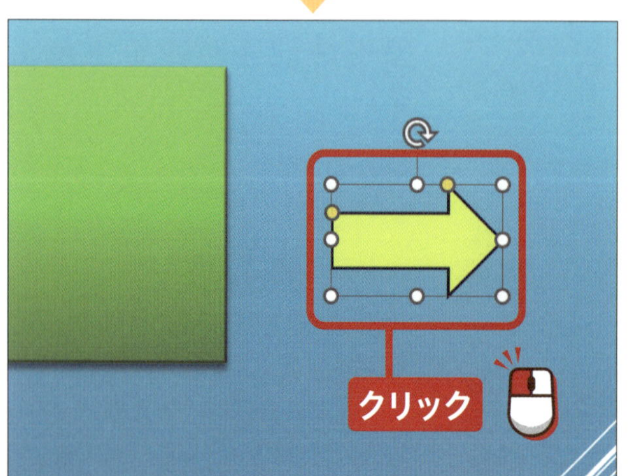

回転させたい図形を**クリック**して選択します。

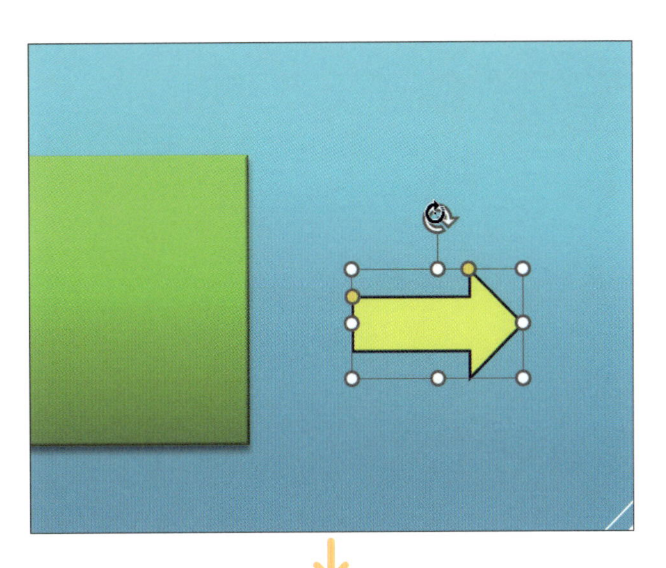

選択した図形の にマウスポインターを置くと、 に変化します。

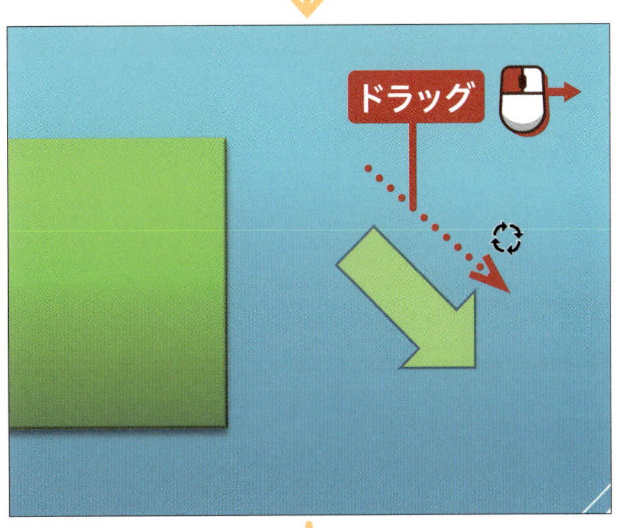

上下左右などに
ドラッグして、
図形を傾けます。

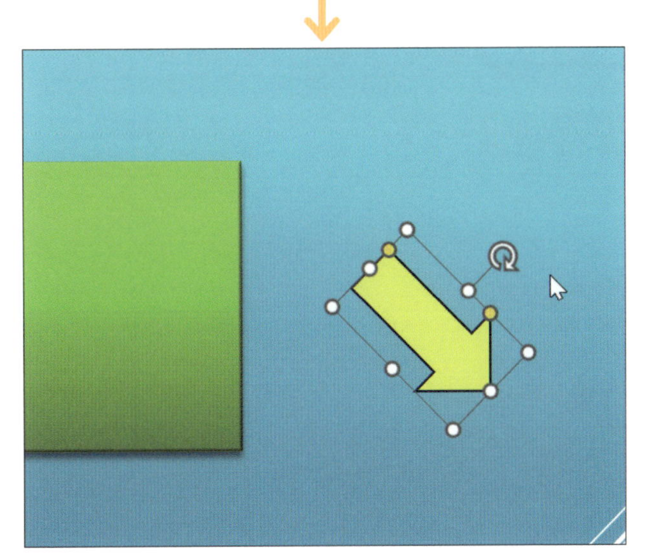

ドラッグが完了すると、図形の回転も完了します。

アドバイス

キーボードのShiftを押しながらドラッグすると、15度ずつ回転します。

終わり

レッスン 20

図形の配置を揃えましょう

複数のオブジェクトを配置して、高さなどの位置を揃えたい場合、上下左右の中央に揃えることができます。

1 配置を揃える

3つの図形を上下の中央で揃えます。

配置を揃えたい図形を Ctrl ＋ クリックで すべて選択します。

●アドバイス●

すべての図形を囲むようにドラッグすれば、複数の図形を同時に選択することができます。

↓

図形の書式 を クリックします。

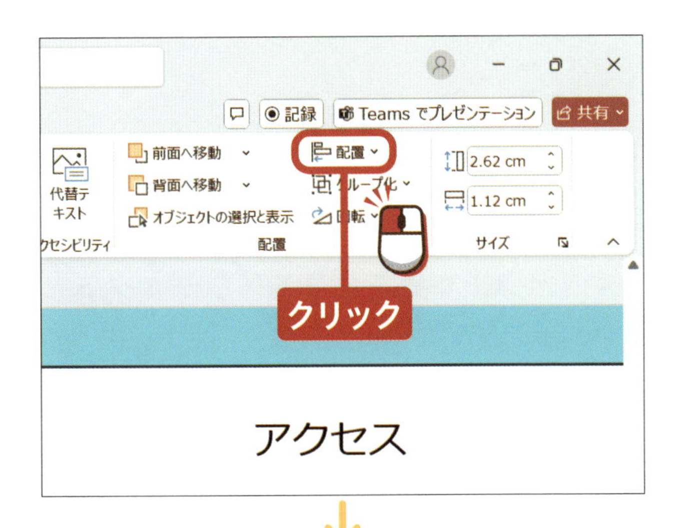

「配置」グループの 配置 を クリックします。

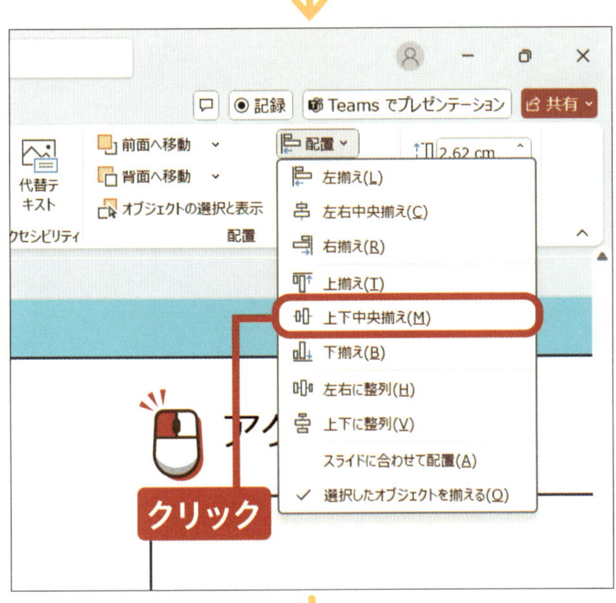

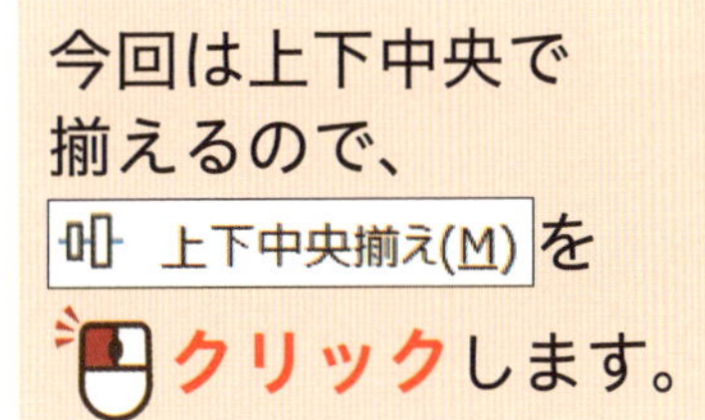

今回は上下中央で揃えるので、上下中央揃え(M) を クリックします。

アドバイス

ほかにも「上揃え」や「左揃え」など、さまざまな位置で図形を揃えることができます。

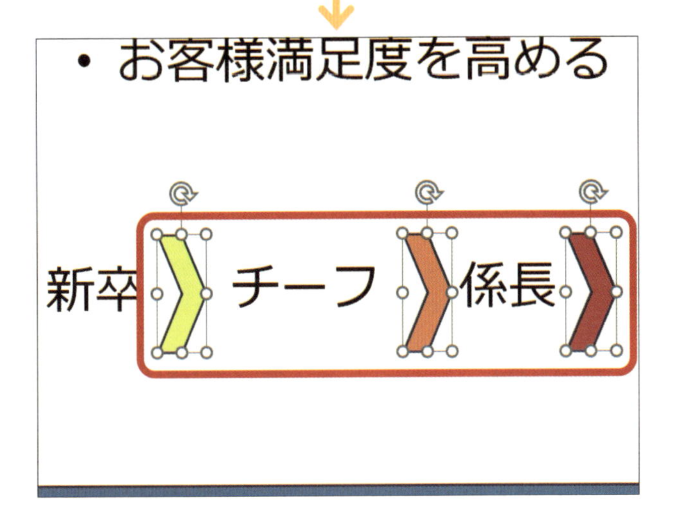

選択した図形がすべて上下中央で揃います。

終わり

練習用ファイル ▶ P21_写真や画像の追加.pptx、P21_会社写真.jpg

写真や画像を追加しましょう

スライドには図形以外にも、写真やイラストなどの画像をオブジェクトとして追加することができます。

ここでの操作

 クリック →P.18

 ドラッグ →P.19

1 写真や画像を追加する

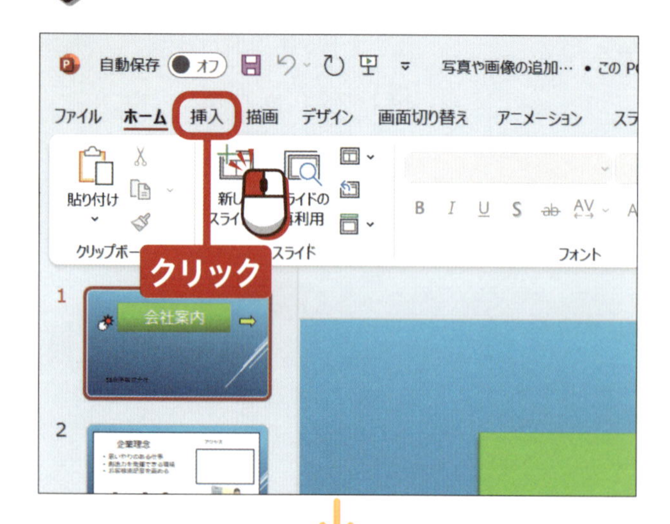

挿入を
クリックします。

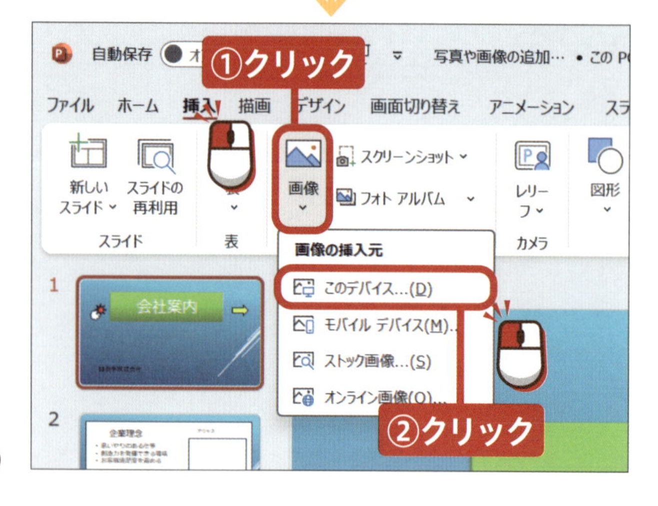

「画像」グループの画像を
クリックします。

今回はパソコンに
保存している画像を
追加するので、
このデバイス...(D)を
クリックします。

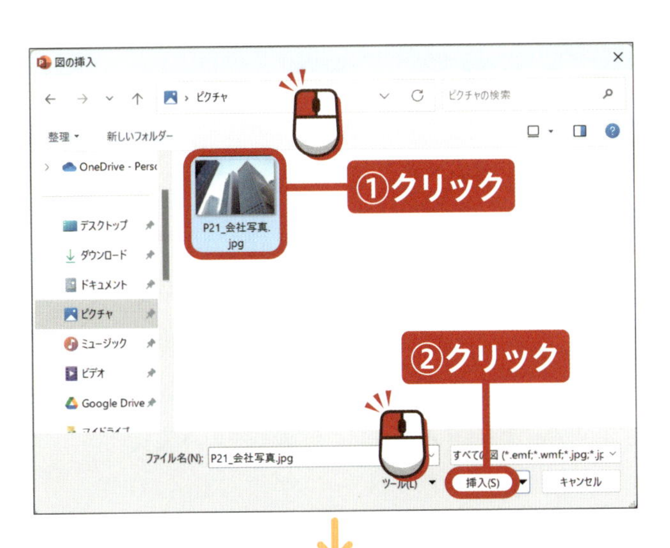

追加したい画像を
クリックして
選択します。

挿入(S)を
クリックします。

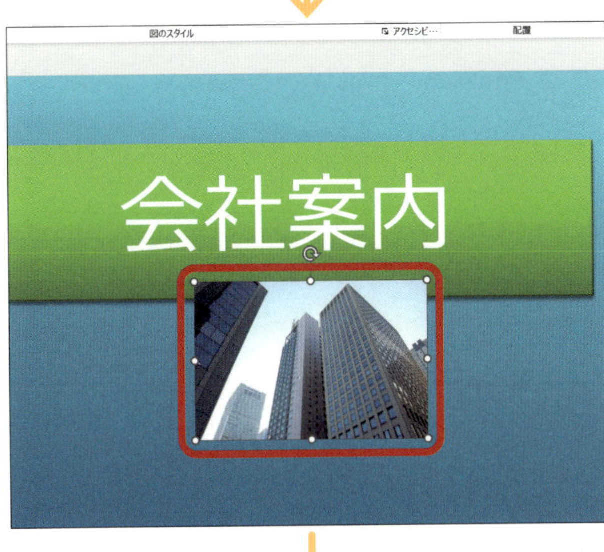

画像が追加されます。

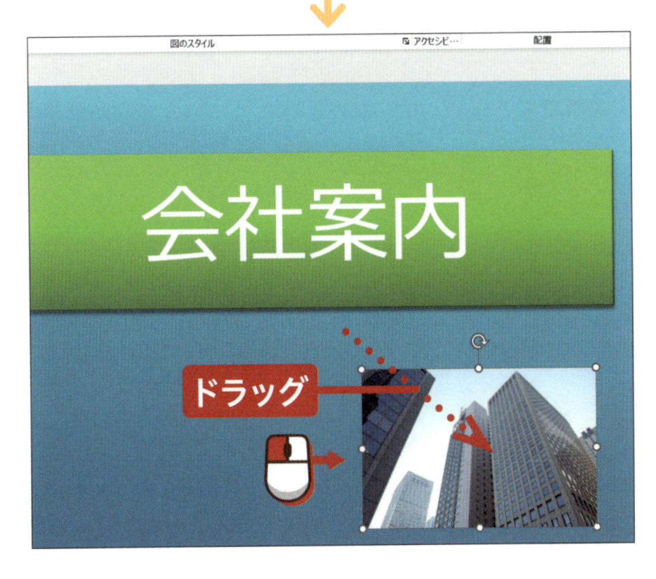

画像を
ドラッグして、
位置を調整します。

アドバイス

追加した画像は、図形と同様に大きさを変更したり、回転させたりすることができます。

終わり

ステップアップ

Q. Copilotでスライドに使う画像を生成したい！

A. Copilotに写真の提案や生成を依頼します。

パワーポイントのCopilotでは、スライドで使う写真をストック画像から選定したり、新しく作成したりすることができます。写真や画像を選定・作成するプロンプトを入力する際は、挿入したい写真についてできる限り詳しく説明すると、Copilotにあなたのイメージがより伝わりやすくなります。

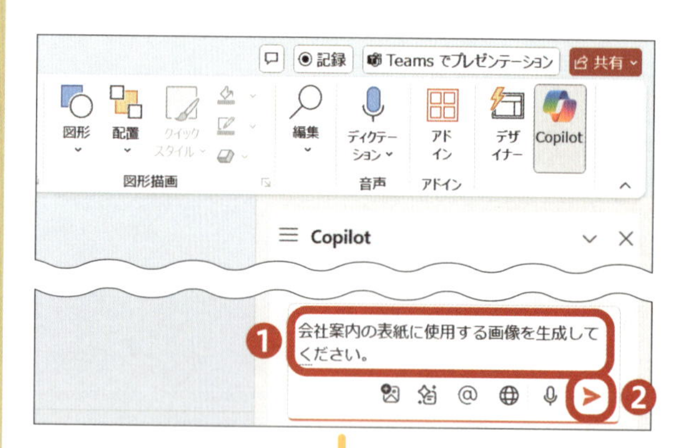

「ホーム」タブの「Copilot」をクリックし、写真や画像を選定・作成するプロンプト❶を入力して、➤❷をクリックします。

しばらくすると、Copilotが選定・生成した画像が4つ表示されます。挿入する画像❸をクリックし、「挿入」❹をクリックすると、スライドに画像が挿入されます。

パワーポイント

4章

スライドショーを開始しましょう

レッスンをはじめる前に

完成したスライドでスライドショーが開始できます

パワーポイントでは、スライドを作成したらスライドショーで発表することができます。今までの章を通して作成してきたスライドを発表しましょう。スライドショーはすぐに開始することもできますが、リハーサルや録画をすることもできます。

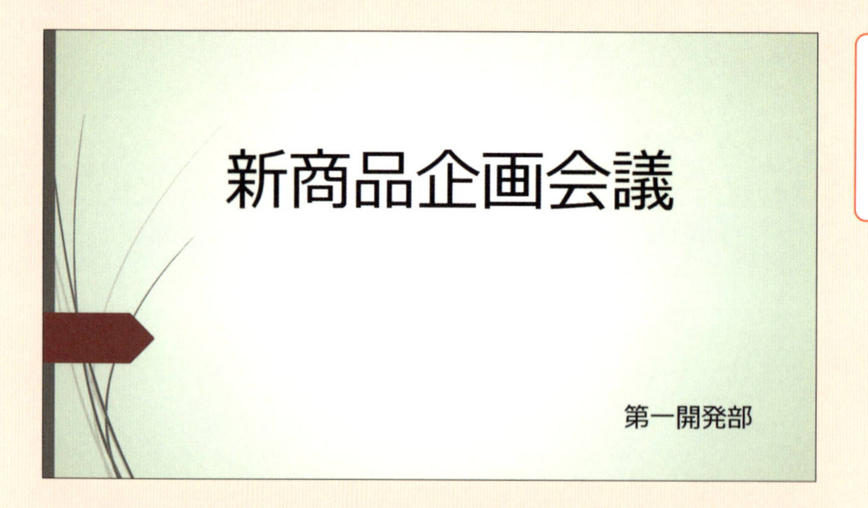

完成したスライドはスライドショーで発表をしましょう。

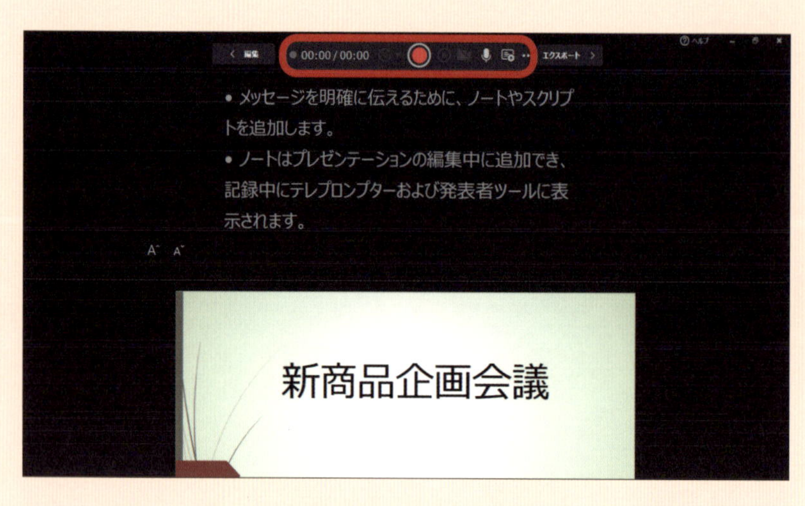

スライドショーは発表前にリハーサルや録画をすることができます。

スライドショーは様々な設定ができます

スライドショーには様々な設定を行うことができます。**スライド切り替え時に効果を付けたり、スライドを切り替えるタイミングを時間で指定したりする**など、あらかじめ設定をしておくと見栄えよく、スムーズに発表を進めることができるでしょう。また**スライドを映すモニターも、パソコンにモニターを接続して指定するだけで簡単に設定を行う**ことができます。

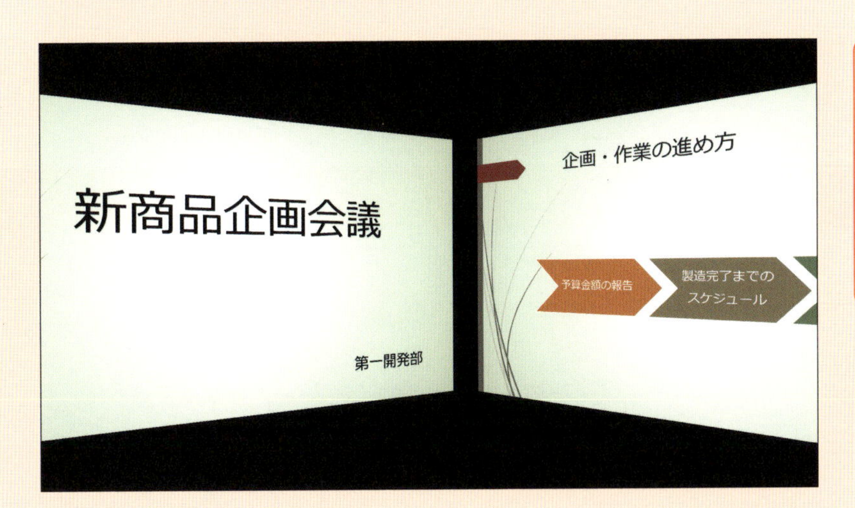

スライドを切り替える効果を付けることができ、効果の種類も多く用意されています。

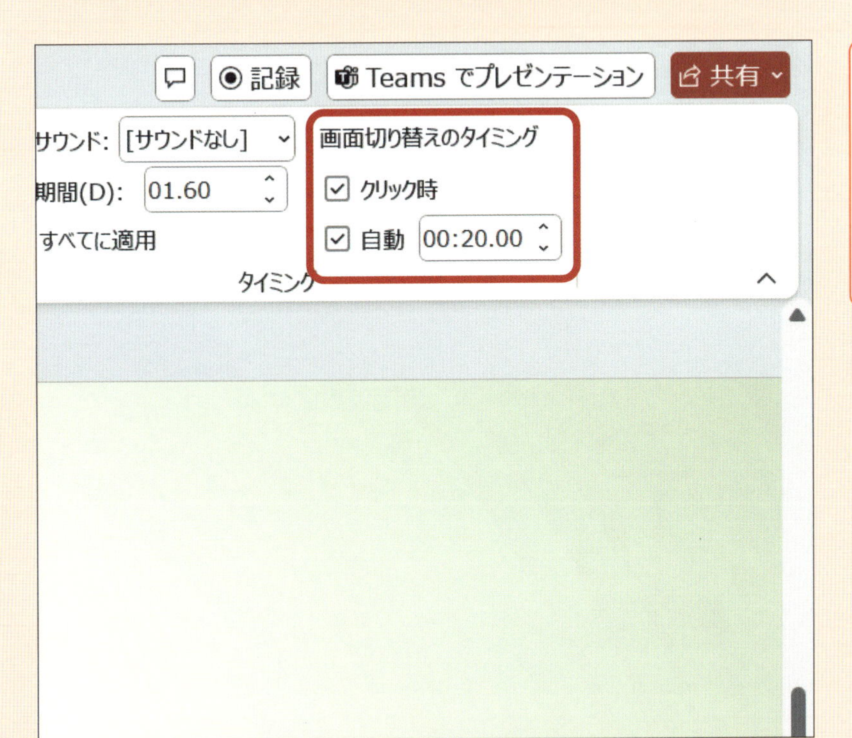

スライドを切り替えるタイミングはクリック時だけでなく、時間で指定することもできます。

練習用ファイル ▶ P22_スライド切り替え時に効果を付ける.pptx

レッスン 22 スライドの切り替え時に効果を付けましょう

スライド切り替え時に効果を付けると、スライドショーで画面を切り替えるときに目を引くことができます。

クリック
→P.18

1 効果を付ける

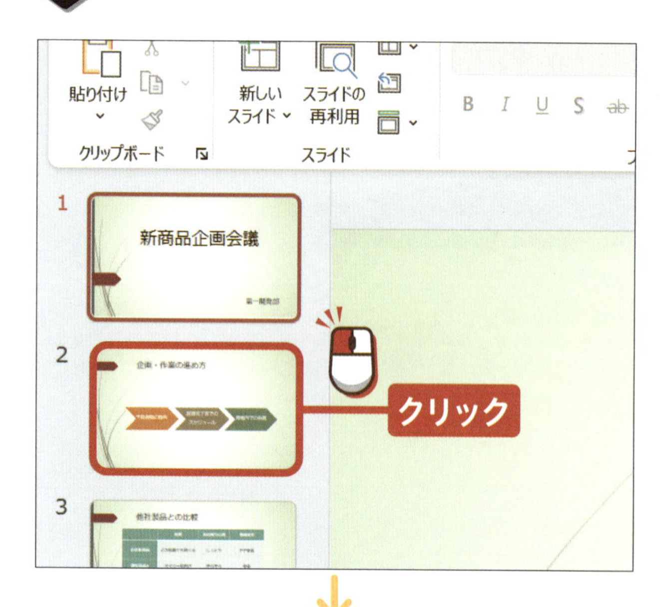

効果を付けたいスライドをクリックして選択します。

↓

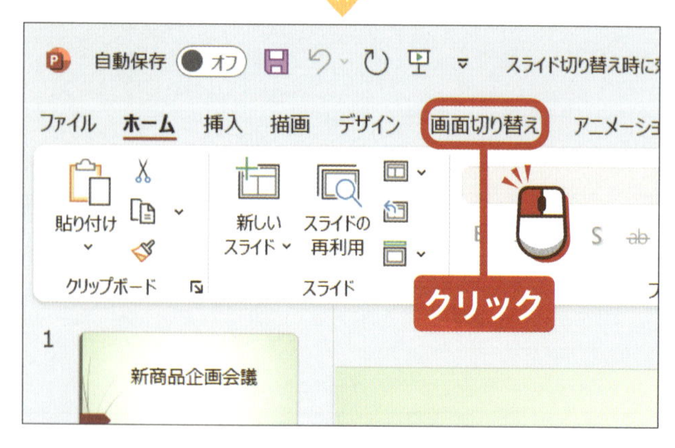

画面切り替え をクリックします。

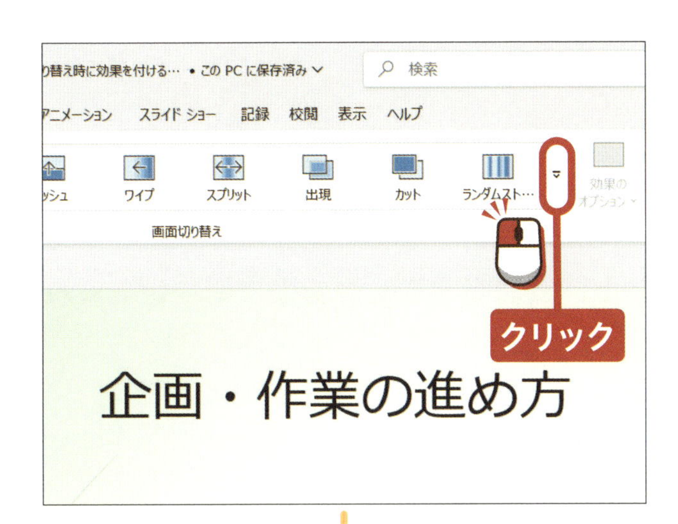

「画面切り替え」グループの▽をクリックします。

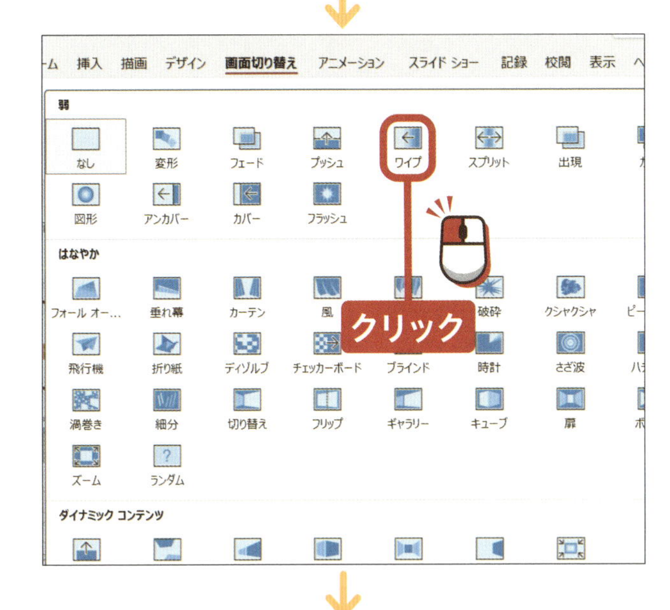

第一開発部

2

企画・作業の進め方

3

他社製品との比較

設定したい効果（ここでは ワイプ）をクリックします。

●アドバイス●

「効果のオプション」から効果の向きなどを設定することができます。設定できる内容は効果の種類によって異なります。

効果を設定したスライドには、スライド番号の下に★が付きます。

●アドバイス●

「プレビュー」をクリックすると、画面上で設定した効果を確認することができます。

終わり

レッスン 23 切り替えタイミングを設定しましょう

スライドの切り替えはクリック時と、時間指定をして自動で切り替えるパターンの2種類があります。

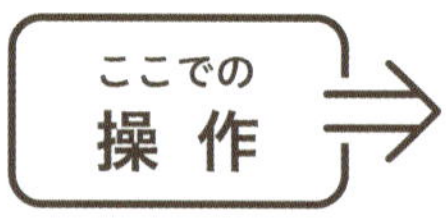

1 時間指定で切り替える

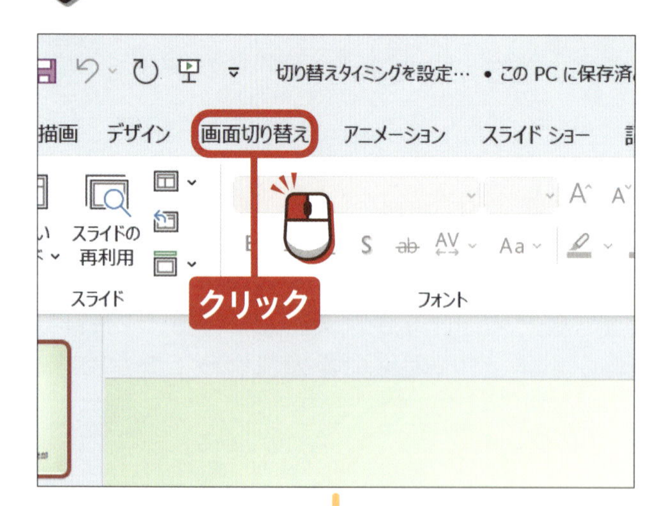

画面切り替え を クリックします。

「タイミング」グループの □ 自動 を クリックしてチェックを付けます。

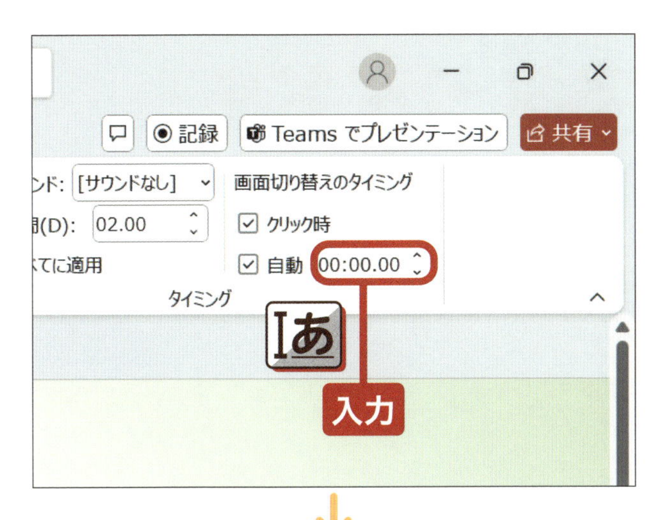

切り替わるタイミングを入力します。

●アドバイス●

欄の右にある⌃と⌄をクリックして時間を指定することもできます。

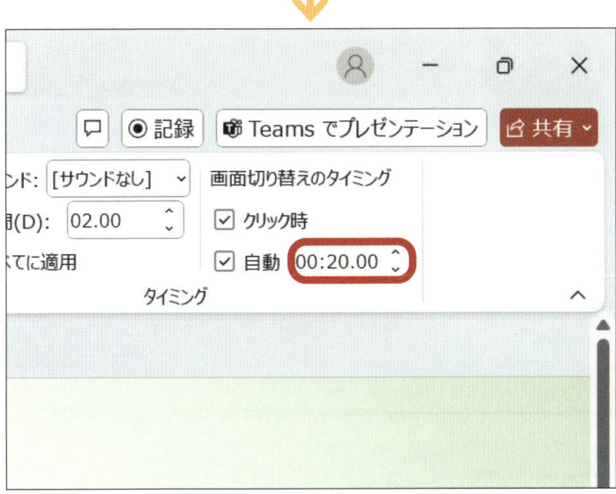

時間指定が完了しました。左の画面では、「20秒」経過で自動的に次のスライドに切り替わります。

●アドバイス●

デフォルトではクリック時にスライドが切り替わります。

ヒント クリック時に切り替える

「画面切り替え」タブの「タイミング」グループの「クリック時」にチェックが入っていると、スライドショーでマウスをクリックすると次のスライドに切り替わります。なお、「クリック時」と「自動」両方にチェックを入れた場合では、時間で自動的に切り替わる前にマウスをクリックすると、次のスライドに切り替えることができます。

終わり

練習用ファイル ▶ P24_公開するスライドを指定.pptx

レッスン 24 公開するスライドを指定しましょう

スライドショーで公開するスライドは選択することができます。公開したくないスライドは非公開に設定しておきましょう。

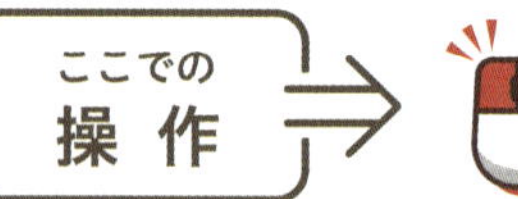

→P.18

1 非表示スライドを設定する

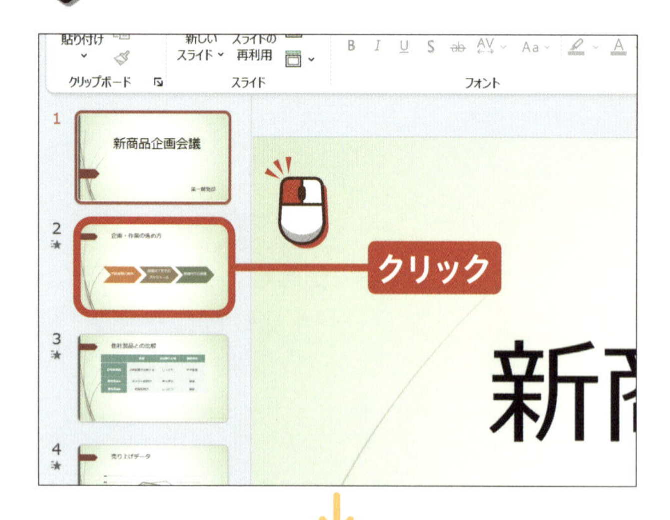

非公開に設定したいスライドをクリックして選択します。

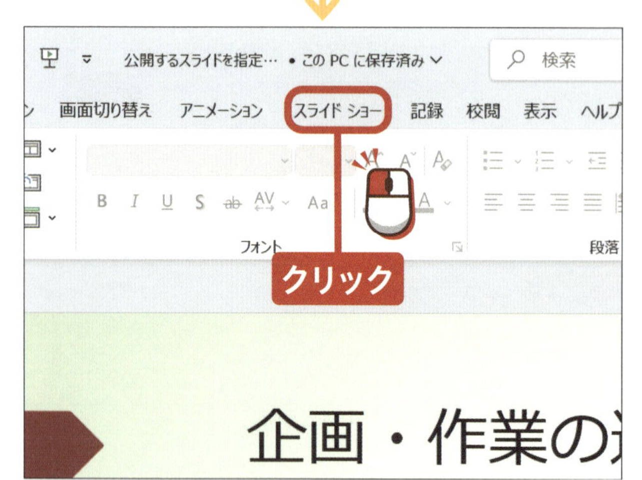

スライド ショー をクリックします。

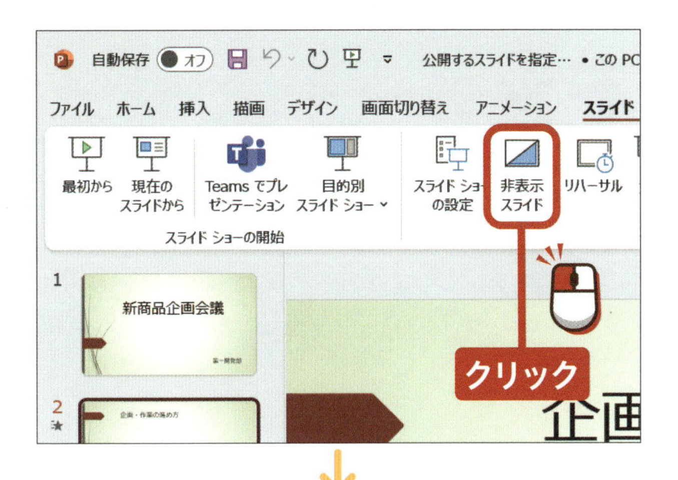

「設定」グループの [非表示スライド] をクリックします。

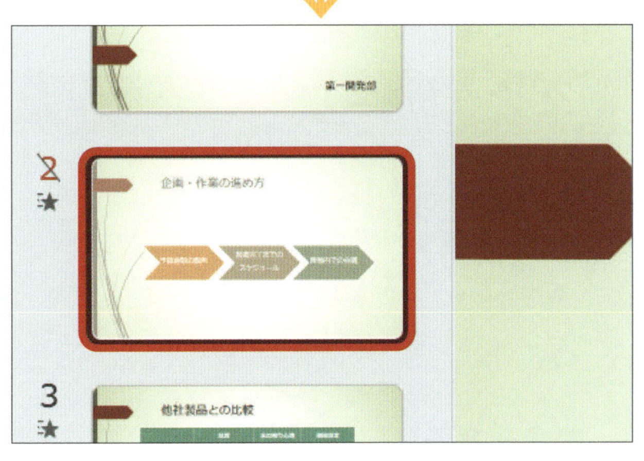

非表示スライドに設定されたスライドは薄い色で表示され、スライド番号に斜線が付きます。

アドバイス

再度クリックすると、非表示が解除されます。

ヒント 非表示スライドを印刷しないように設定する

非表示にしたスライドは、印刷時に印刷されないように設定することもできます。「ファイル」タブをクリックして、「印刷」をクリックし、「すべてのスライドを印刷」をクリックします。一番下にある「非表示スライドを印刷する」のチェックを外すと、非表示スライドを印刷しないように設定できます。なお、印刷についてはP.48～59で解説をしています。

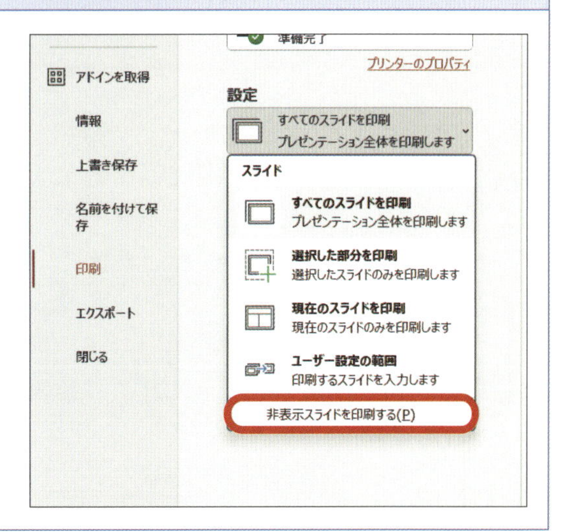

終わり

練習用ファイル ▸ P25_スライドショーの開始.pptx

レッスン 25

スライドショーを開始しましょう

それではスライドショーを開始しましょう。スライドショーの最後のページが終了すると、画面が暗転します。

クリック
→P.18

1 スライドショーを開始する

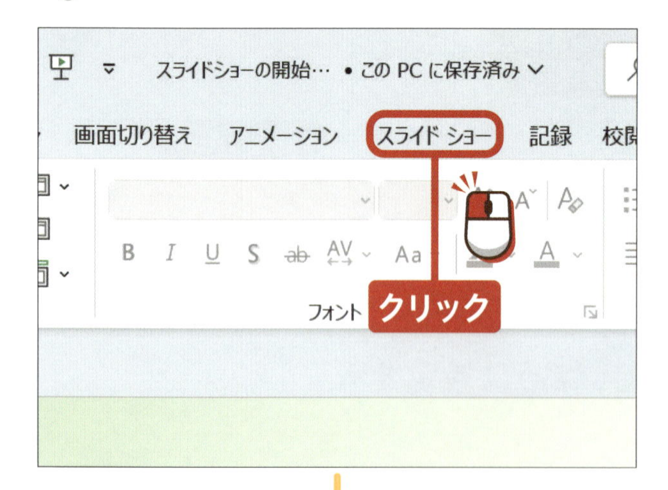

スライド ショーをクリックします。

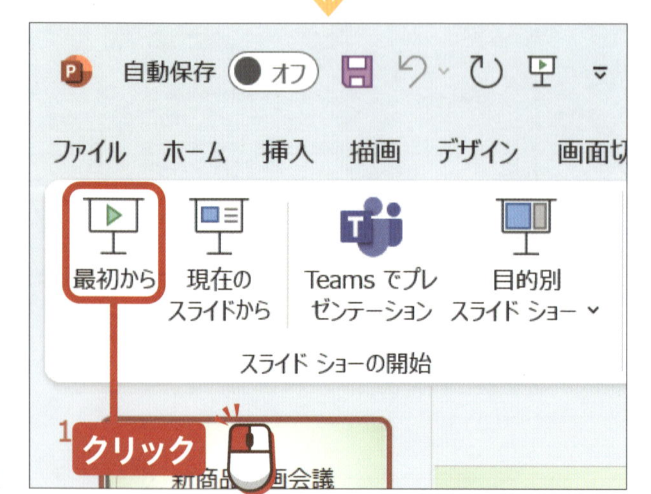

「スライドショーの開始」グループの 最初から をクリックします。

アドバイス

「現在のスライドから」をクリックすると、現在選択しているスライドからスライドショーが開始されます。

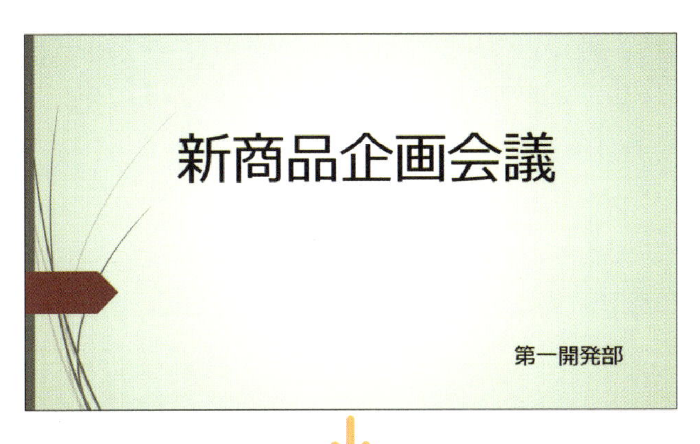

スライドショーが開始されます。

最後のスライドが終了すると、画面が暗転します。

画面を クリック すると、スライド作成画面に戻ります。

ヒント スライドショーでレーザーポインターを使う

スライドショーの途中で、左下のメニューから をクリックし、「レーザーポインター」をクリックすると、画面上にレーザーポインターが表示されます。マウスを動かすことで、レーザーポインターを動かすことができます。

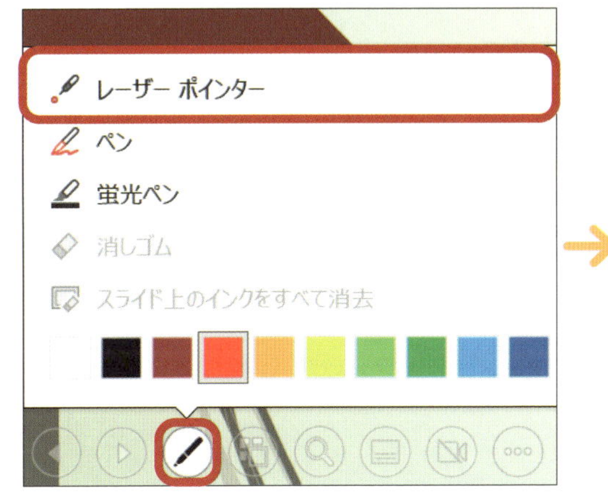

肌質	水の触り心
どの肌質でも使える	しっとり
オイリー肌向け	さらさら
乾燥肌向け	しっとり

終わり

ワード&エクセル&パワーポイントで使えるショートカットキー

共通

キー	機能
Ctrl + F12	「ファイルを開く」ダイアログボックスを表示する
Ctrl + O	「開く」画面を表示する
Ctrl + N	新しい文書／ブック／プレゼンテーションを作成する
Ctrl + S	ファイルを上書きで保存する
F12	「名前を付けて保存」ダイアログボックスを表示する
Ctrl + Z	直前の操作を元に戻す
F4	直前の操作を繰り返す
Ctrl + Y	元に戻した操作をやり直す
Esc	操作中の操作を取り消す

ショートカットキー	機能
Ctrl + A	文書全体／全セル／スライド全体を選択する（エクセルの表内で行うと表のセルを全選択する）
Ctrl + C	選択した内容をコピーする
Ctrl + V	コピーした内容を貼り付ける
Ctrl + X	選択した内容を切り取る
Ctrl + P	「印刷」画面を表示する
Ctrl + W	文書／ブック／プレゼンテーションを閉じる
Ctrl + F1	リボンの表示／非表示
Ctrl + B	太字の書式設定
Ctrl + I	斜体の書式設定
Ctrl + U	下線の書式設定
Alt + F4	アプリを終了する

ワード

キー	機能
Home	カーソル位置を今ある行の行頭に移動する
End	カーソル位置を今ある行の行末に移動する
Page Up	1画面上にスクロールする
Page Down	1画面下にスクロールする
Ctrl ＋ Home	文書の先頭に移動する
Ctrl ＋ End	文書の末尾に移動する
Ctrl ＋ Page Up	前ページの先頭に移動する
Ctrl ＋ Page Down	次ページの先頭に移動する
⇧Shift ＋ F5	前の編集箇所に移動する
Ctrl ＋ ⇧Shift ＋ Home	カーソル位置から文書の先頭までを選択する
Ctrl ＋ ⇧Shift ＋ End	カーソル位置から文書の末尾までを選択する
⇧Shift ＋ ↑ ↓ ← →	選択範囲を上下左右に拡大・縮小する

エクセル

キー	操作
Ctrl + -	セルを削除する
Ctrl + ⇧Shift + +	空白のセルを挿入する
Ctrl + Page Up	前のワークシートを表示する
Ctrl + Page Down	次のワークシートを表示する
Ctrl + ↑ ↓ ← →	セルの行や列などの端までジャンプする
Alt + Enter	セル内で文字を改行する
Ctrl + ⇧Shift + Home	ワークシートの先頭セルまで選択する
Ctrl + ⇧Shift + End	選択中のセルからデータが入力されているセルまでを選択する
Ctrl + ⇧Shift + ^	標準の表示形式を設定する
Ctrl + ⇧Shift + $	通貨の表示形式を設定する
Ctrl + ⇧Shift + #	日付の表示形式を設定する
Ctrl + ⇧Shift + !	桁区切りの表示形式を設定する

パワーポイント

Ctrl + M	スライドを追加する
Ctrl + D	スライドをコピーする
Ctrl + A	スライド内のすべてのオブジェクトを選択する
Ctrl + ⇧Shift + <	フォントのサイズを下げる
Ctrl + ⇧Shift + >	フォントのサイズを上げる
Ctrl + ⇧Shift + [	オブジェクトを1つ背面に移動する
Ctrl + ⇧Shift +]	オブジェクトを1つ前面に移動する
Ctrl + G	複数のオブジェクトをグループ化する
Ctrl + ⇧Shift + G	グループ化を解除する
F5	スライドショーを最初から開始する
⇧Shift + F5	現在選択しているスライドからスライドショーを開始する

Esc	スライドショーを終了する
Ctrl + L	スライドショー中にマウスポインターをレーザーポインターに変更する
Ctrl + K	ハイパーリンクを挿入する

索引 共通操作編

英字

あ行

か行

さ行

た行

な行

は行

ま・ら行

索引 ワード編

英字

あ行

か行

さ行

た行

な行

は行

ま行

や行

索引 エクセル編

英字

あ行

か行

さ行

た行

な行

は行

ま行

や行

ら行

わ行

索引 パワーポイント編

英字

あ行

か行

さ行

た行

な行

は行

ま行

や行

ら行

本書の注意事項

- 本書に掲載されている情報は、2025年4月現在のものです。本書の発行後にワードならびにエクセル、パワーポイントの機能や操作方法、画面が変更された場合は、本書の手順どおりに操作できなくなる可能性があります。
- 本書に掲載されている画面や手順は一例であり、すべての環境で同様に動作することを保証するものではありません。利用環境によって、紙面とは異なる画面、異なる手順となる場合があります。
- 読者固有の環境についてのお問い合わせ、本書の発行後に変更された項目についてのお問い合わせにはお答えできない場合があります。あらかじめご了承ください。
- 本書に掲載されている手順以外についてのご質問は受け付けておりません。
- 本書の内容に関するお問い合わせに際して、お電話によるお問い合わせはご遠慮ください。

著者紹介

早田 絵里（そうだ・えり）

東京都出身。大学卒業後、外資系企業の総務課でエクセルを使ったデータ入力業務を担当。大学在学時にはMOSのエキスパート資格取得。現在では、学校で使うテキストの監修なども担当している。

大石 賢治（おおいし・けんじ）

神奈川県出身。大学卒業後、技術系出版社の勤務を経て、フリーのITライターとして独立。現在はパソコンスクールのインストラクターをしながらWeb、書籍を問わずパソコンやガジェットに関する記事の執筆を中心に活動中。

・本書へのご意見・ご感想をお寄せください。

URL：https://isbn2.sbcr.jp/31079/

いちばんやさしい
ワード&エクセル&パワーポイント超入門
Office 2024 ／ Microsoft 365対応

2025年　5月10日　初版第1刷発行

著者……………………………早田 絵里・大石 賢治
発行者…………………………出井 貴完
発行所…………………………SBクリエイティブ株式会社
〒105-0001 東京都港区虎ノ門2-2-1
https://www.sbcr.jp/
印刷・製本……………………株式会社シナノ
カバーデザイン………………西垂水 敦・岸 恵里香（krran）
カバーイラスト………………香桜里

落丁本、乱丁本は小社営業部にてお取り替えいたします。

Printed in Japan ISBN 978-4-8156-3107-9